远程火箭弹道学

贾沛然　陈克俊　何　力　编著

国防科技大学出版社
湖南·长沙

内容简介

本书深入地分析了弹道导弹和运载火箭及其有效载荷的运动状态，建立了其运动微分方程，揭示了飞行器运动的客观规律，并对弹道学有关的工程实际问题如火箭设计参数选择、多级火箭设计及飞行程序选择等进行了介绍。本书适用于飞行力学专业的教学，对航天飞行器总体设计及控制系统等专业的本科生、研究生及从事这方面工作的设计、试验、应用单位的科技工作者也有参考价值。

图书在版编目(CIP)数据

远程火箭弹道学/贾沛然，陈克俊，何力编著．—长沙：国防科技大学出版社，1993.12(2020.12 重印)

ISBN 978-7-81024-277-6

Ⅰ．远…　Ⅱ．①贾…　②陈…　③何…　Ⅲ．火箭弹道—弹道学　Ⅳ．TJ013

中国版本图书馆 CIP 数据核字(2009)第 029766 号

国防科技大学出版社出版发行
电话：(0731)87000353　邮政编码：410073
责任编辑：石少平　责任校对：黄　煌
新华书店总店北京发行所经销
国防科技大学印刷厂印装
*
开本：787×1092　1/16　印张：17.25　字数：409 千字
2009 年 6 月第 1 版 2020 年 12 月第 3 次印刷　印数：1001－2000 册
ISBN 978-7-81024-277-6
定价：46.00 元

序　言

弹道导弹和运载火箭是以火箭发动机为动力，在控制系统作用下按预定的轨迹飞行至目标点或进入轨道的飞行器。弹道导弹是无人驾驶的进攻性武器，它的有效载荷是弹头；运载火箭是航天运载工具，它的有效载荷是航天器（人造地球卫星、载人飞船、航天站或空间探测器等）。

为了保证飞行器能完成预定的任务，在研制、试验和实际应用过程中，均必须掌握飞行器的机械运动规律。这样，在设计过程中，才能正确地选择飞行器的参数（如起飞重量、发动机推力和控制系统参数等），选择合理的飞行弹道，保证飞行器按预定规律运动；在飞行试验过程中，才能正确评定飞行试验结果，对飞行器及其各分系统的特性作出鉴定；在具体应用中，才可能根据具体任务确定发射诸元，使飞行器准确入轨或攻击目标。

研究这类飞行器运动规律的专门学科为飞行力学。它是应用力学的一个新分支。飞行力学与研究一般力学对象运动规律的理论力学既有区别又有联系。在理论力学中给出了一般力学对象作机械运动时所应遵循的普遍规律和描述其运动的运动微分方程。飞行力学则根据理论力学的普遍规律，深入地分析弹道导弹和运载火箭及其有载荷这一特定对象作机械运动时的特殊矛盾，建立描述其运动的微分方程，揭示飞行器运动的客观规律，并运用这些规律来解决工程实际问题。由于飞行器是一个复杂的系统，描述其运动的微分方程组，在战术、技术所要求的精度指标愈高时，就愈为复杂，在工程上常将这类飞行器的运动分为质心的运动和绕质心的运动两部分进行研究，相应地飞行力学也就分为弹道学和动态分析两部分内容。

1980 年由贾沛然、沈为异合写的《弹道导弹弹道学》铅印教材，是在国防科技大学（前身为中国人民解放军军事工程学院）自 1958 年建立飞行力学专业以来多年的教学和科研基础上写成的，这与肖峰教授、任萱教授的工作基础是分不开的。在十多年的教学科研实践及有关单位使用实践的基础上，考虑到我国航天事业的发展状况，参阅大量国内、外近几年来的有关书籍和论文，写成这本《远程火箭弹道学》。

全书共九章。第一章介绍学习本书所用的一般知识；第二、三章分析飞行器在主动段飞行中所受到的作用力和力矩,介绍控制系统中惯性器件工作原理,对主动段运动方程进行了严格的推导,并讨论了保证一定精度的计算方程;第四、五章建立自由飞行段轨道方程,对以弹头为对象的自由段射程、飞行时间与主动段终点参数关系等进行了讨论,介绍了地球旋转对自由段射程及误差系数的影响及考虑地球扁率的自由段微分方程;第六章讨论再入飞行器的零攻角再入及有升力再入问题,考虑到再入飞行器的发展,以总攻角的形式建立再入运动微分方程,并讨论再入弹道过载、受热等限制及回收走廊等特殊问题;第七章对飞行器主动段运动特性进行了分析,讨论了火箭总体设计中的参数选择问题;第八章专门就多级火箭的设计参数选择问题进行讨论;第九章介绍了主动段飞行程序选择的工程方法及优化设计方法,并对远程多级固体火箭的能量管理问题进行了讨论。

本书是为飞行力学专业学生所写的专业基础教材,也适用于总体设计、火箭自动控制等专业的学生,对从事航天飞行器飞行力学、总体设计及控制系统的科技工作者及试验、使用部队也有参考价值。

在编写本书时,除了作者所在教研室的同志们给予了关心、支持外,也得到设计部门、兄弟院校及应用单位一些科学技术工作者的关心,不少同志为我们提供资料,提出有益的建议,作者在此对所有这些同志表示衷心的感谢。

本书第一、二、三、四、五、七、八各章及附录由贾沛然执笔,何力和陈克俊分别编写第六章和第九章,最后由贾沛然负责全书的统稿及审定工作。

鉴于我们水平有限,书中定还存在缺点和错误,恳请读者指正。

贾沛然
陈克俊
何　力
1993 年 5 月

目　录

主 要 符 号 表

a——大气音速;加速度;椭圆的长半轴;

a_c——哥氏加速度;

a_e——牵连加速度;地球椭球体的长半轴;

A——大地方位角;

b——椭圆的短半轴;

b_e——地球椭球体的短半轴;

B——大地纬度;内罚函数;

c——椭圆的半焦距;落点;

C_x、C_y、C_z——阻力、升力、侧力系数;

C_{x1}、C_{y1}、C_{z1}——轴向力、法向力、横向力系数;

$c.m$——质心;

$c.p$——压力;

D_M——火箭最大直径;

e——轨道偏心率;

E——总能量;偏近点角;

f——引力常数;真近点角;

g——重力加速度;

g——引力加速度;

G——重量;

h——几何高度;单位质量质点对地心的动量矩;

i——轨道倾角;

I_{x1}、I_{y1}、I_{z1}——绕 x_1、y_1、z_1 轴的转动惯量;

J——杰弗里斯常数;目标函数;

J_2——地球引力势中的系数;

l_k——火箭的长度;

L——射程;总升力;

m——质量;

$\dot{m}=\left|\frac{\mathrm{d}m}{\mathrm{d}t}\right|$——质量秒耗量;

m_{x1}、m_{y1}、m_{z1}——滚动、偏航、俯仰力矩系数;

M——马赫数;力矩;平近点角;卯酉中心;

M_{x1}、M_{y1}、M_{z1}——滚动、偏航、俯仰力矩;

M_{st}——静稳定力矩;

M_c——控制力矩;

n——沿椭圆轨道的平均角速度;过载;

N——总法向力;火箭级数;

O——发射点;

O_1——火箭质心(重心);

O_E——地心;

p——大气静压力(压强);

P——发动机推力;圆锥截线半通径;罚函数;

P_e——有效推力;

P_M——起飞载面负荷;

P_{sp}——发动机比推力;

q——动压(速度头);热流;

Q——总吸热量;

r——地心距;

R——地球半径;气体常数;

S_e——喷口截面积;

S_M——主动段火箭最大横截面积;再入段再入飞行器最大横截面积;

t——时间;

T——动能;周期;绝对温度;被动段飞行时间;

u_e——发动机排气速度；

u'_e——发动机有效排气速度；

U——引力势；

v——飞行速度；

V——位能；

W——位速度；

W_D——需要的视速度；

W_e——剩余的视速度模量；

W_M——视速度量模量；

$\dot{W}$——视加速度；

x_g——火箭重心到顶点的距离；

x_p——火箭压心到顶点的距离；

X、Y、Z——空气阻力、升力、侧力；

X_1、Y_1、Z_1——空气动力的轴向力、法向力、横向力；

z——理想速度比；

α——攻角（迎角）；地心方位角；

β——侧滑角；射程角；

γ——滚动角；

δ_φ、δ_ψ、δ_γ——俯仰、偏航、滚动通道的等效航偏角；

ε——结构系数；

ζ——侧向角偏差；

η——总攻角；

θ——速度倾角；

Θ——速度方向对当地水平面的倾角；

λ——经度；有效载荷比；

μ——重力方向对地心矢径的偏角；空气分子量；

μ_1——引力方向对地心矢径的偏角；

μ_k——结构比；

ν——能量参数；倾侧角；

ν_0——火箭重推比；

ρ——空气密度；发射点至空中一点的距离；

σ——航迹偏航角；

$\dot{\sigma}$——椭面矢径的面积速度；

φ——箭体俯仰角；

ϕ——地心纬度；

ψ——偏航角；

ω——角速度；近地点角距；

ω_e——地球自转角速度；

Ω——升交点角距。

上角码

O——单位矢量；

~——标准值。

下角码

a——远地点；

av——平均的；

A——绝对的；

b——箭体；

c——落点；

e——再入点；喷口出口面中心点；

i——多级火箭的级数；

k——主动段终点；

m、max——最大值；

min——最小值；

O——发射点；

opT——最佳值；

p——近地点；

pr——程序；

r——相对的；

T——平移坐标系的；

tot——总的；

u——有效载荷；

V——真空的；

o——地面

第一章　一般知识

对于弹道导弹和航天飞行器，根据其在飞行过程中的受力情况，通常可将其飞行轨道分几段进行研究。首先根据飞行器主发动机工作与否，将飞行轨道分为两段，一是主动段，另一是被动段。而被动段则又可根据飞行器所受空气动力的大小分为自由飞行段和再入飞行段。将飞行轨道进行分段的目的是在不同的飞行段上可采用不同的方法来积分运动微分方程式，以求得飞行器运动的客观规律。

现以远程弹道为例介绍各飞行阶段的特点：

1. 主动段

从导弹离开发射台到主发动机停止工作为止的一段弹道。因为在这一飞行段中发动机一直工作，故称为主动段，或称动力飞行段。该段的特点是发动机和控制系统一直在工作，作用在弹道上的主要有重力及发动机推力、空气动力、控制力和它们产生的相应的力矩。导弹主发动机点火工作，当其提供的推力超过导弹所受的重力后，导弹从发射台起飞，作垂直上升运动。垂直上升段的持续时间为10s左右，此时离地面的高度约近200m，速度约为40m/s。此后，导弹在控制系统作用下开始“转弯”，并指向“目标”。随着时间的增长，导弹的飞行速度、飞行距离逐渐增大，而速度与发射点处地平线的夹角 θ 逐渐减小。当发动机关机时，亦即到主动段终点 K 时，导弹的速度约7000m/s，K 点离地面的高度约为200km，离发射点 O 的水平距离约为700km。该段飞行时间，约为200至300s。

2. 被动段

从主发动机推力为零起到导弹落向地面为止这一段弹道称为被动段。在被动段开始时，弹头与弹体已分离，这一段弹道也就是弹头的弹道。若在弹头上不安装动力装置与控制系统，则弹头依靠在主动段终点处获得的能量作惯性飞行。由于该段弹头不受发动机推力作用，因此将该段称为被动段或无动力飞行段。虽然在被动段中，不对弹头进行控制，但在此段作用在弹上力是可以相当精确地知道的，故而基本上可较准确地掌握弹头的运动规律，从而可保证弹头在一定射击精度要求下去命中目标。

前面已提及，被动段又可分为自由段和再入段，这主要是由于自由段的飞行高度较高，空气稀薄，可以略去空气动力的影响，而在再入段要考虑空气动力对弹头的作用。由于空气密度随高度变化是连续的，因而截然划出一条有、无空气的边界是不可能的，为了简化研究问题起见，人为地以一定高度划出一条边界作为大气边界层。事实上，一般离地面高度为70km左右处的大气密度只有地面大气密度的万分之一，因此可取该高度为自由段与再入段的分界点。

(1)自由段

因为远程导弹主动段终点高度约为200km,弹头由主动段终点飞行至再入点这一段是在极为稀薄的大气中飞行,这时,作用在弹头上的重力远大于空气动力,故可近似地将空气动力略去,即可认为弹头是在真空中飞行。我们将会知道,自由段弹道可近似看作椭圆曲线的一部分,并且此段弹道的射程和飞行时间占全弹道的80%~90%以上。

考虑到对中近程导弹而言,其主动段终点高度约在100km左右,为讨论问题方便,有时即将再入点取为与主动段终点等高度的点。

需要指出的是,导弹在主动段运动时,因受到空气动力矩和控制力矩的作用,而产生绕质心的旋转运动。因此,在主动段终点(即自由段起点)处,导弹绕质心的旋转角速度不为0,并且由于弹头与弹体分离时的扰动,从而使得在自由段不受空气动力矩和控制力矩作用的弹头不会保持其分离时的姿态,而是以固定的角速度绕其质心自由地转动。

(2)再入段

再入段就是弹头重新进入稠密大气层后飞行的一段弹道。弹道高速进入大气层后,将受到巨大的空气动力作用,由于空气动力的制动作用远远大于重力的影响,这既引起导弹强烈的气动加热,也使导弹作剧烈的减速运动。所以,弹头的再入段弹道与自由段有着完全不同的特性。

为了后面集中篇幅研究远程火箭各段的运动规律,在本章中,就地球运动及形状;坐标系间方向余弦阵及矢量导数的关系;常用坐标系及其相互转换;变质量力学基本原理等进行介绍。

§1.1　地球的运动及形状

火箭是从地球上发射出去的。我们关心火箭相对于地球的运动状态、轨迹,作为武器系统的导弹,它在地球上的落点位置是关键的参数。因此,必须对地球的运动规律及形状有一定的认识。

1. 地球的运动

常识所知,作为围绕太阳运动的八大行星之一的地球,它既有绕太阳的转动(公转),也有绕自身轴的转动(自转)。

地球质心绕太阳公转的周期为一年,轨迹为一椭圆。椭圆的近日距离约为1.471亿km,远日距离约为1.521亿km,是一个近圆轨道。

地球自转是绕地轴进行的。地轴与地球表面相交于两点,分别称为北极和南极。地球自转角速度矢量与地轴重合,指向北极。

地轴在地球内部有位置变化,它反映为地球两极的移动,称为极移。极移的原因是地球内部和外部的物质移动。极移的范围很小,就1967年至1973年的实际情况而论,这个范围仅有15m左右。

地球除极移外还有进动。地球为一扁球体，过地心作垂直于地轴的平面，它与地球表面的截痕称为赤道。太阳相对地球地心运动轨道称为黄道。月球相对地心运动轨道称为白道。由于黄道与赤道不共面，两轨道面的夹角为 23°27′，而白道比较靠近黄道，白道平面与黄道平面的夹角平均为 5°9′，因此太阳和月球经常在赤道平面以外对赤道隆起部分施加引力，这是一种不平衡的力。如果地球没有自转，该力将使地球的赤道平面逐渐靠近黄道平面。由于地球自转的存在，上述作用力不会使地轴趋向于黄轴，而是以黄轴为轴作周期性的圆锥运动，这就是地轴的进动。地轴的进动方向与地球自转方向相反，进动的速度是每年 50.24″，因此进动的周期约为 25,800 年。黄道平面与赤道平面的交线与地球运行轨道有两个交点，即所谓的春分点和秋分点。春分点是指太阳相对于地心运动时，由地球赤道面的南半球穿过赤道面的点。秋分点则是太阳由赤道面北半球穿过赤道面的点。由于地轴的进动，春分点在空中是自东向西移动的。

此外，由于白道平面与黄道平面的交线在惯性空间有转动，从北黄极看该交线按顺时针方向每年转动约 19°21′，约 18.6 年完成一周，致使月球对地球的引力作用也同样有周期性变化，从而引起地轴除绕黄轴有进动外还存在章动。

由上述简介可见，地球的运动是一种复杂运动。

在研究运载火箭及远程导弹的运动规律时，上述影响地球运动的因素中，除地球自转外，均不予考虑，因为它们对火箭及导弹飞行运动规律的影响是极小的。因此，本书以后的讨论中即认为地球的地轴在惯性空间内的指向不变，地球以一常值角速度绕地轴旋转。

为了描述地球的自转角速度，则需用到时间计量单位。由于人们的日常生活和上下班的工作日在很大程度上由太阳所决定，因此，把真太阳相继两次通过观测者子午圈所经历的时间间隔称为一个真太阳日。但真太阳相对地心的运动是在黄道平面作椭圆运动，真太阳日的长度不是常值，不便生活中使用。为此，人们设想一个“假太阳”，它也和真太阳一样，按相同的周期及同一方向绕地球运行，但有两点差别：

（ⅰ）它的运行轨道面是赤道平面，而不是黄道平面；

（ⅱ）运动速度是均匀的，等于真太阳在黄道上运动速度的平均速度。

这样就将“假太阳”两次过地球同一子午线的时间间隔称为一个平太阳日。一个平太阳日分为 24 个平太阳时，由于平太阳日是从正午开始，这就把同一白天分成两天。为方便人们生活习惯，将子夜算作一日的开始，所以实际民用时要比平太阳时早开始 12h。

地球绕太阳公转周期为 365.25636 个平太阳日。从图 1-1 可看出，地球旋转一周所要的时间 t 较一个平太阳日要短，也即地球在一个平太阳日要转过的角度比 360°要多 $360°/365.25636\approx 1°$。显然，地球绕太阳公转一周时，地球共自转了 366.25636 圈。因此可得地球自转一周所要的时间为

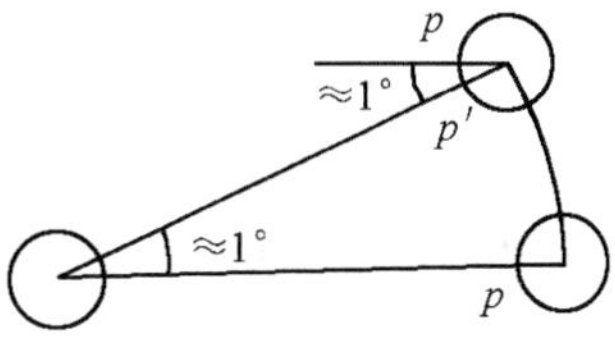

图 1-1　平太阳日与公转关系示意图

$$t=\frac{365.25636\times 24\times 3600\text{s}}{366.25636}=86164.099\text{s}$$

故得地球自转角速度为

$$\omega_e = \frac{2\pi}{t} = 7.292115 \times 10^{-5}\,\mathrm{rad/s}$$

2. 地球的形状

地球是一个形状复杂的物体。由于地球自转，使其形成为一个两极间的距离小于赤道直径的扁球体。地球的物理表面也极不规则，近 30% 是大陆，近 70% 为海洋。陆地的最大高度是珠穆朗玛峰，高度是 8,848m；海洋最低的海沟是太平洋的马里亚纳海渊，深度是 11,521m。地球的物理表面实际上是不能用数字方法描述的。

通常所说的地球形状是指全球静止海平面的形状。全球静止海面不考虑地球物理表面的海陆差异及陆上、海底的地势起伏。它与实际海洋静止表面相重合，而且包括陆地下的假想“海面”，后者是前者的延伸，两者总称大地水准面，如图 1－2 所示。大地水准面的表面是连续的、封闭的，而且没有皱褶与裂痕。故是一个等重力势面。由于重力方向与地球内部不均匀分布的质量吸引作用有关，因此，大地水准面的表面也是一个无法用数学方法描述的非常复杂的表面。实际上往往用一个较简单形状的物体来代替，要求该物体的表面与大地水准面的差别尽可能小，并且在此表面上进行计算没有困难。

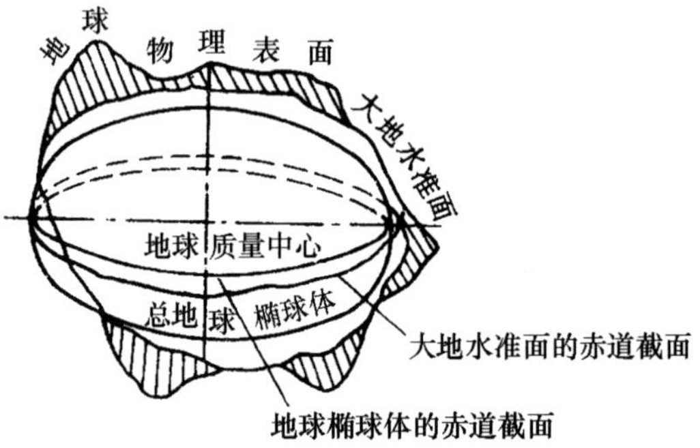

图 2－1　地球物现表面、大地水准面与总地球椭球体

作为一级近似，可以认为地球为一圆球，其体积等于地球体积。圆球体的半径 $R=6,371,004\mathrm{m}$。

在多数情况下，用一椭圆绕其短轴旋转所得的椭球体来代替大地水准面。该椭球体按下列条件确定：

（ⅰ）椭球体中心与地球质心重合，而且其赤道平面与地球赤道平面重合；

（ⅱ）椭球体的体积与大地水准面的体积相等；

（ⅲ）椭球体的表面对大地水准面的表面偏差（按高度）的平方和必须最小。

按上述条件确定的椭球体称为总地球椭球体。用它逼近实际的大地水准面的精度一般来说是足够的。

关于总地球椭球体的几何尺寸，我国采用 1975 年第十六届国际测量协会的推荐值：

地球赤道半径（即总椭球体长半轴）

$$a_e = 6,378,140\mathrm{m}$$

地球扁率

$$\alpha_e = \frac{a_e - b_e}{a_e} = 1/298.257$$

§1.2　坐标系间的方向余弦阵及矢量导数的关系

常识所知,要描述带有方向性的物理量,如一个矢量(力和力矩;运动速度和位置等)、一个物体的姿态,均需选用适当的坐标系来描述。在讨论、研究物体的运动特性和规律时,必须将不同坐标系所描述的物理量统一到一个坐标系中来进行。本节介绍任意两个坐标系间物理量的转换关系。

1. 坐标系之间的方向余弦阵

设 $o_p - x_p y_p z_p$ 及 $o_q - x_q y_q z_q$ 为任意两个原点及坐标轴方向均不重合的右手直角坐标系。令 $\boldsymbol{P}_Q$ 是把 x_q、y_q、z_q 坐标轴单位矢量变换成 x_p、y_p、z_p 坐标轴单位矢量的转换矩阵,则有

$$\boldsymbol{E}_p = \boldsymbol{P}_Q \boldsymbol{E}_q \tag{1-2-1}$$

其中

$$\boldsymbol{E}_p = \begin{bmatrix} \boldsymbol{x}_p^0 \\ \boldsymbol{y}_p^0 \\ \boldsymbol{z}_p^0 \end{bmatrix};\ \boldsymbol{E}_q = \begin{bmatrix} \boldsymbol{x}_q^0 \\ \boldsymbol{y}_q^0 \\ \boldsymbol{z}_q^0 \end{bmatrix}$$

将(1-2-1)式乘以 $\boldsymbol{E}_q$ 的转置矩阵 $\boldsymbol{E}_q^{\mathrm{T}}$,并注意到 $\boldsymbol{E}_q \cdot \boldsymbol{E}_q^{\mathrm{T}} = \boldsymbol{I}$(单位矩阵),则有

$$\boldsymbol{P}_Q = \boldsymbol{E}_p \cdot \boldsymbol{E}_q^{\mathrm{T}} = \begin{bmatrix} \boldsymbol{x}_p^0 \cdot \boldsymbol{x}_q^0 & \boldsymbol{x}_p^0 \cdot \boldsymbol{y}_q^0 & \boldsymbol{x}_p^0 \cdot \boldsymbol{z}_q^0 \\ \boldsymbol{y}_p^0 \cdot \boldsymbol{x}_q^0 & \boldsymbol{y}_p^0 \cdot \boldsymbol{y}_q^0 & \boldsymbol{y}_p^0 \cdot \boldsymbol{z}_q^0 \\ \boldsymbol{z}_p^0 \cdot \boldsymbol{x}_q^0 & \boldsymbol{z}_p^0 \cdot \boldsymbol{y}_q^0 & \boldsymbol{z}_p^0 \cdot \boldsymbol{z}_q^0 \end{bmatrix} \tag{1-2-2}$$

上式可简记为

$$\boldsymbol{P}_Q = [a_{ij}] \quad i,j = 1,2,3 \tag{1-2-3}$$

其中 a_{ij}表示是第 i 行、第 j 行的元素,即

$$a_{11} = \boldsymbol{x}_p^0 \cdot \boldsymbol{x}_q^0 = \cos(x_p, x_q)$$

$$a_{12} = \boldsymbol{x}_p^0 \cdot \boldsymbol{x}_q^0 = \cos(x_p, x_q)$$

余此类推。

$\boldsymbol{P}_Q$ 矩阵中 9 个元素是由两坐标系坐标轴夹角之余弦值所组成,故称该矩阵为方向余弦阵。该矩阵为正交矩阵,这可由 $\boldsymbol{E}_q = \boldsymbol{Q}_p \boldsymbol{E}_p$ 的方向余弦阵写出后看出有 $\boldsymbol{Q}_P = \boldsymbol{P}_Q^{\mathrm{T}}$,且由(1-2-1)式不难写出 $\boldsymbol{E}_q = \boldsymbol{P}_Q^{-1} \boldsymbol{E}_p$,可见 $\boldsymbol{P}_Q^{\mathrm{T}} = \boldsymbol{Q}_P = \boldsymbol{P}_Q^{-1}$. 故得证。

对于具有正交性的方向余弦阵的 9 个元素,只有三个元素是独立的。这是因为这 9 个元素满足每行(或列)自身点乘等于 1、行与行(或列与列)之间互相点乘等于 0,共有 6 个关系式。

两坐标系间方向余弦阵有一个最简单的形式,就是这两坐标系的三个轴中,有一组相对应的坐标轴平行,例如 z_q 与 z_p 平行,而 y_q 与 y_p 夹角为 ξ,则此时方向余弦阵为

$$\boldsymbol{P}_Q = \begin{bmatrix} \cos\xi & \sin\xi & 0 \\ -\sin\xi & \cos\xi & 0 \\ 0 & 0 & 1 \end{bmatrix} \triangleq \boldsymbol{M}_3[\xi] \quad (1-2-4)$$

所记 $\boldsymbol{M}_3[\xi]$即表示这两坐标系第三个轴平行而其它相应两轴夹角为 ξ 的方向余弦阵。不难理解,可将此类方向余弦阵记成一般形式 $\boldsymbol{M}_i[\theta]$,$i(=1,2,3)$表示第 i 轴平行,θ 为其它相应两轴的夹角,并称 $\boldsymbol{M}_i[\theta]$为初等转换矩阵。

现在将坐标系间的方向余弦阵作一应用推广。若有三个右手直角坐标系:$o_s-x_sy_sz_s$、$o_p-x_py_pz_p$、$o_q-x_qy_qz_q$,根据式(1-2-1)可写出它们之间的方向余弦关系

$$\boldsymbol{E}_s = \boldsymbol{S}_p\boldsymbol{E}_p;$$

$$\boldsymbol{E}_p = \boldsymbol{P}_Q\boldsymbol{E}_q;$$

$$\boldsymbol{E}_s = \boldsymbol{S}_Q\boldsymbol{E}_q.$$

而由前两式可得

$$\boldsymbol{E}_s = \boldsymbol{S}_p\boldsymbol{P}_Q\boldsymbol{E}_q$$

将其与第三式比较,则有

$$\boldsymbol{S}_Q = \boldsymbol{S}_p\boldsymbol{P}_Q \quad (1-2-5)$$

由此可见,坐标系之间的方向余弦关系具有传递性。

2. 坐标系转换矩阵的欧拉角表示法

我们可以将一坐标系视为一个刚体,将其相对于另一坐标系的原点经过三次转动,使这两坐标系相应轴重合,将这三个转动的角度作为独立变量来描述这两个坐标系的转换关系,这样,方向余弦阵中 9 元素就可用三个角度的三角函数来表示。这三个角度称为此两坐标系的欧拉角。

设有 P、Q 两右手直角坐标系,为讨论方便,在图 1-3 中将两坐标系原点重合。为找出两坐标系的欧拉角,这里考虑的是将 Q 坐标系先绕 z_q 轴旋转 ξ 角得 $o-x_1y_1z_q$ 系,再绕 y_1 轴转 η 角得 $o-x_py_1z_1$ 系,最后绕 x_p 轴转 ζ 角即转到 $o-x_py_pz_q$ 系。根据初等转换矩阵可写出

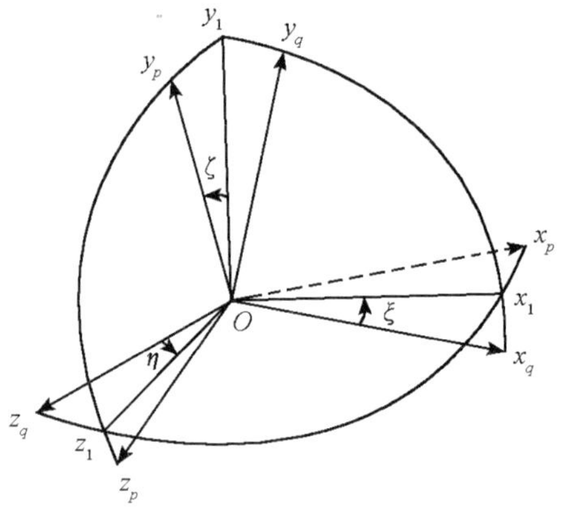

图 1-3　两坐标系的欧拉角关系

$$\begin{bmatrix} x_1 \\ y_1 \\ z_1 \end{bmatrix} = \boldsymbol{M}_3[\xi]\begin{bmatrix} x_q \\ y_q \\ z_q \end{bmatrix}; \quad \begin{bmatrix} x_p \\ y_1 \\ z_1 \end{bmatrix} = \boldsymbol{M}_2[\eta]\begin{bmatrix} x_1 \\ y_1 \\ z_q \end{bmatrix}; \quad \begin{bmatrix} x_p \\ y_p \\ z_p \end{bmatrix} = \boldsymbol{M}_1[\zeta]\begin{bmatrix} x_p \\ y_1 \\ z_1 \end{bmatrix}$$

再运用转换矩阵的递推性,可得

$$\boldsymbol{P}_Q = \boldsymbol{M}_1[\zeta]\cdot\boldsymbol{M}_2[\eta]\cdot\boldsymbol{M}_3[\xi] \quad (1-2-6)$$

经矩阵乘法运算,即得

$$P = \begin{bmatrix} \cos\xi\cos\eta & \sin\xi\cos\eta & -\sin\eta \\ \cos\xi\sin\eta\sin\zeta - \sin\xi\cos\zeta & \sin\xi\sin\eta\sin\zeta + \cos\xi\cos\zeta & \cos\eta\sin\zeta \\ \cos\xi\sin\eta\cos\zeta + \sin\xi\sin\zeta & \sin\xi\sin\eta\cos\zeta - \cos\xi\sin\zeta & \cos\eta\cos\zeta \end{bmatrix} \quad (1-2-7)$$

上述即为用欧拉角 ξ、η、ζ 表示的两坐标系间方向余弦阵。由于任意两坐标系经转动至重合的三个角度与转动的次序有关，根据转动次序的排列数可知共有六种次序，亦即有六组不同的欧拉角，这样(1-2-7)式中的每个元素的表达式也就不同，但每个元素的值却是唯一的。

3. 坐标系间矢量导致的关系

设有原点重合的两个右手直角坐标系，其中 $o-xyz$ 坐标系相对于另一坐标系 P 以角速度 $\boldsymbol{\omega}$ 转动。$\boldsymbol{x}^0$、$\boldsymbol{y}^0$、$\boldsymbol{z}^0$ 为转动坐标系的单位矢量，则任意矢量 $\boldsymbol{A}$ 可表示为

$$\boldsymbol{A} = a_x\boldsymbol{x}^0 + a_y\boldsymbol{y}^0 + a_z\boldsymbol{z}^0 \quad (1-2-8)$$

将上式微分，得

$$\frac{d\boldsymbol{A}}{dt} = \frac{da_x}{dt}x^0 + \frac{da_y}{dt}y^0 + \frac{da_z}{dt}z^0 + a_x\frac{dx^0}{dt} + a_y\frac{dy^0}{dt} + a_z\frac{dz^0}{dt} \quad (1-2-9)$$

定义

$$\frac{\delta\boldsymbol{A}}{\delta t} = \frac{da_x}{dt}\boldsymbol{x}^0 + \frac{da_y}{dt}\boldsymbol{y}^0 + \frac{da_z}{dt}\boldsymbol{z}^0 \quad (1-2-10)$$

该 $\delta\boldsymbol{A}/\delta t$ 是处于转动坐标系 $o-xyz$ 内的观测者所见到的矢量 $\boldsymbol{A}$ 随时间的变化率。对于该观测者而言，只有 $\boldsymbol{A}$ 的分量能变，而单位矢量 $\boldsymbol{x}^0$、$\boldsymbol{y}^0$、$\boldsymbol{z}^0$ 是固定不动的。但对于处于 P 坐标系内的观测者来说，$d\boldsymbol{x}^0/dt$ 是具有位置矢量 $\boldsymbol{x}^0$ 的点由于转动 ω 而造成的速度。由理论力学可知该点速度为 $\omega\times\boldsymbol{x}^0$，同理可得

$$\frac{dy^0}{dt} = \boldsymbol{\omega}\times\boldsymbol{y}^0, \quad \frac{dz^0}{dt} = \boldsymbol{\omega}\times\boldsymbol{z}^0$$

将上述关系式代入(1-2-9)式即得

$$\frac{d\boldsymbol{A}}{dt} = \frac{\delta\boldsymbol{A}}{\delta t} + \boldsymbol{\omega}\times\boldsymbol{A} \quad (1-2-11)$$

将 $\delta\boldsymbol{A}/\delta t$ 称为在转动坐标系 $o-xyz$ 中的“局部导数”(或称“相对导数”)。$d\boldsymbol{A}/dt$ 称为“绝对导数”，相当于站在惯性坐标系中的观测者所看到的矢量 $\boldsymbol{A}$ 的变化率。

需要强调的是，实际推导中并未用到惯性坐标系的假设，因此，对于任意两个有相对转动的坐标系，关系式(1-2-11)是普遍成立的。

§1.3　常用坐标系及其相互转换

在飞行力学中，为方便描述影响火箭运动的物理量及建立火箭运动方程，可建立多种坐标系。本节介绍其中常用的一些坐标系及这些坐标系的相互转换关系。另外一些坐标系将在具体章节中进行介绍和引用。

1. 常用坐标系

(1)地心惯性坐标系 $O_E - X_IY_IZ_I$

该坐标系的原点在地心 O_E 处。O_EX_I 轴在赤道面内指向平春分点,由于春分点随时间变化具有进动性,根据 1976 年国际天文协会决议,1984 年起采用新的标准历元,以 2000 年 1 月 15 日的平春分点为基准。O_EZ_I 轴垂直于赤道平面,与地球自转轴重合,指向北极。O_EY_I 轴的方向是使得该坐标系成为右手直角坐标系的方向。

该坐标系可用来描述洲际弹道导弹、运载火箭的飞行弹道以及地球卫星、飞船等的轨道。

(2)地心坐标系 $O_E - X_EY_EZ_E$

坐标系原点在地心 O_E,O_EX_E 在赤道平面内指向某时刻 t_0 的起始子午线(通常取格林威治天文台所在子午线),O_EZ_E 轴垂直于赤道平面指向北级。$O_E—X_EY_EZ_E$ 组成右手直角坐标系。由于坐标 O_EX_E 与所指向的子午线随地球一起转动,因此这个坐标系为一动参考系。

地心坐标系对确定火箭相对于地球表面的位置很适用。

(3)发射坐标系 $O - xyz$

坐标原点与发射点 o 固连。ox 轴在发射点水平面内,指向发射瞄准方向。oy 轴垂直于发射点水平面指向上方。oz 轴与 xoy 面相垂直并构成右手坐标系。由于发射点 o 随地球一起旋转,所以发射坐标系为一动坐标系。

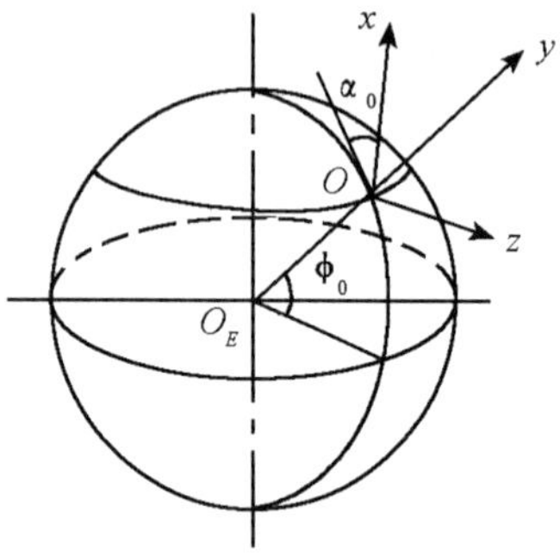

图 1-4　发射坐标系之一

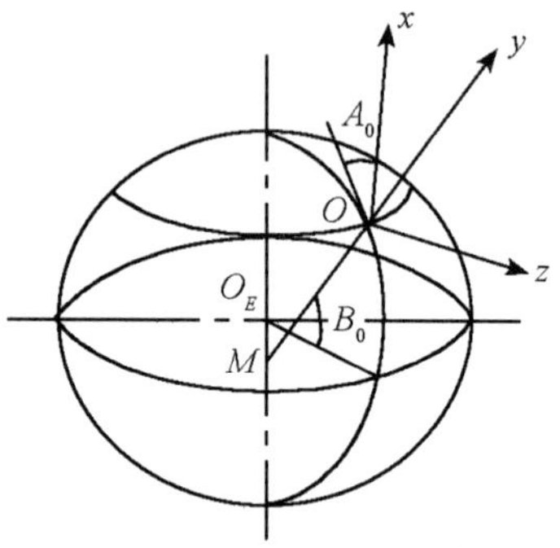

图 1-5　发射坐标系之二

以上是该坐标系的一般定义。当把地球分别看成是圆球或椭球时,其坐标系的具体含意是不同的。因为过发射点的圆球表面的切平面与椭球表面的切平面不重合,即圆球时 oy 轴与过 o 点的半径 R 重合,如图 1-4 所示,而椭球时 oy 轴与椭圆过 o 点的主法线重合,如图 1-5 所示。它们与赤道平面的夹角分别称为地心纬度(记作 ϕ_0)和地理纬度(记作 B_0)。在不同的切平面 ox 轴与子午线切线正北方向的夹角分别称为地心方位角(记作 α_0)和射击方位角(记作 A_0),这些角度均以对着 y 看去顺时针为正。

利用该坐标系可建立火箭相对于地面的运动方程,便于描述火箭相对大气运动所受到的作用力。

(4)发射惯性坐标系 $o_A - x_A y_A z_A$

火箭起飞瞬间，o_A 与发射点 o 重合，各坐标轴与发射坐标系各轴也相应重合。火箭起飞后，o_A 点及坐标系各轴方向在惯性空间保持不动。

利用该坐标来建立火箭在惯性空间的运动方程。

(5)平移坐标系 $o_T - x_T y_T z_T$

该坐标系原点根据需要可选择在发射坐标系原点 o，或是火箭的质心 o_1，o_T 始终与 o 或 o_1 重合，但其坐标轴与发射惯性坐标系各轴始终保持平行。

该坐标系用来进行惯性器件的对准和调平。

(6)箭体坐标系 $o_1 - x_1 y_1 z_1$

坐标原点 o_1 为火箭的质心。$o_1 x_1$ 为箭体外壳对称轴，指向箭的头部。$o_1 y_1$ 在火箭的主对称面内，该平面在发射瞬时与发射坐标系 xoy 平面重合，y_1 轴垂直 x_1 轴，z_1 轴垂直于主对称面，顺着发射方向看去，z_1 轴指向右方。$o_1 - x_1 y_1 z_1$ 为右手直角坐标系。

该坐标系在空间的位置反映了火箭在空中的姿态。

(7)速度坐标系 $o_1 - x_v y_v z_v$

坐标系原点为火箭的质心。$o_1 x_v$ 轴沿飞行器的飞行速度方向。$o_1 y_v$ 轴在火箭的主对称面内，垂直 $o_1 x_v$ 轴。$o_1 z_v$ 轴垂直于 $x_v o_1 y_v$ 平面，顺着飞行方向看去，z_v 轴指向右方。$o_1 - x_v y_v z_v$ 亦为右手直角坐标系。

用该坐标系与其它坐标系的关系反映出火箭的飞行速度矢量状态。

2. 各坐标系间转换关系

(1)地心惯性坐标系与地心坐标系的方向余弦阵。

由定义可知这两坐标系之 $o_E Z_I$、$o_E Z_E$ 是重合的，而 $o_E X_I$ 指向平春分点，$o_E X_E$ 指向所讨论时刻格林威治天文台所在子午线与赤道的交点，$o_E X_I$ 与 $o_E X_E$ 的夹角可通过天文年历表查算得到，记该角为 Ω_G。显然，这两个坐标系之间仅存在一个欧拉角 Ω_G，因此不难写出两个坐标系的转换矩阵关系。

$$\begin{bmatrix} X_E \\ Y_E \\ Z_E \end{bmatrix} = \boldsymbol{E}_I \begin{bmatrix} X_I \\ Y_I \\ Z_I \end{bmatrix} \tag{1-3-1}$$

其中

$$\boldsymbol{E}_I = \boldsymbol{M}_3[\boldsymbol{\Omega}_G] = \begin{bmatrix} \cos\boldsymbol{\Omega}_G & \sin\boldsymbol{\Omega}_G & 0 \\ -\sin\boldsymbol{\Omega}_G & \cos\boldsymbol{\Omega}_G & 0 \\ 0 & 0 & 1 \end{bmatrix} \tag{1-3-2}$$

(2)地心坐标系与发射坐标系之间的方向余弦阵

如图 1-6 所示，设地球为一圆球，发射点在地球表面的位置可用经度 λ_0、地心纬度 ϕ_0 来表示，ox 指向射击方向，该轴与过 o 点的子午北切线之夹角为地心方位角 α_0。

要使这两个坐标系各轴相应平行，可先绕 $O_E Z_E$ 轴反转 $90° - \lambda_0$，然后绕新坐标系

O_EX' 正向转 ϕ_0，即可将 O_EY 轴转至与 oy 轴平行，此时再绕与 oy 平行的新的第二轴反转 $90°+\alpha_0$，即使得两坐标系相应各轴平行。而 $-(90°-\lambda_0)$、ϕ_0、$-(90°+\alpha_0)$ 即为三个欧拉角。依据式(1-2-6)可写出方向余弦阵关系式：

$$\begin{bmatrix} \boldsymbol{x}^0 \\ \boldsymbol{y}^0 \\ \boldsymbol{z}^0 \end{bmatrix} = \boldsymbol{G}_E \begin{bmatrix} \boldsymbol{x}_E^0 \\ \boldsymbol{y}_E^0 \\ \boldsymbol{z}_E^0 \end{bmatrix} \tag{1-3-3}$$

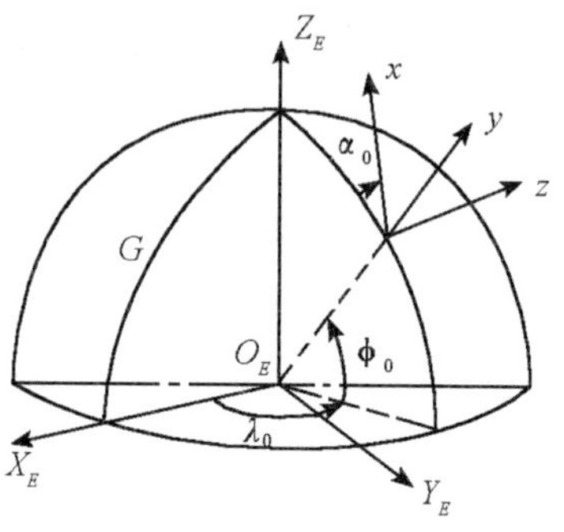

图 1-6　$O_E-X_EY_EZ_E$ 与 $o-xyz$ 关系图

其中

$$\boldsymbol{G}_E = \boldsymbol{M}_2[-(90°+\alpha_0)]\boldsymbol{M}_1[\phi_0]\boldsymbol{M}_3[-(90°-\lambda_0)]$$

$$= \begin{bmatrix} -\sin\alpha_0\sin\lambda_0 - \cos\alpha_0\sin\phi_0\cos\lambda_0 & \sin\alpha_0\cos\lambda_0 - \cos\alpha_0\sin\phi_0\sin\lambda_0 & \cos\alpha_0\cos\phi_0 \\ \cos\phi_0\cos\lambda_0 & \cos\phi_0\sin\lambda_0 & \sin\phi_0 \\ -\cos\alpha_0\sin\lambda_0 + \sin\alpha_0\sin\phi_0\cos\lambda_0 & \cos\alpha_0\cos\lambda_0 + \sin\alpha_0\sin\phi_0\sin\lambda_0 & -\sin\alpha_0\cos\phi_0 \end{bmatrix} \tag{1-3-4}$$

若将地球考虑为总地球椭球体，则发射点在椭球体上的位置可用经度 λ_0、地理纬度 B_0 确定，ox 轴的方向则以射击方位角 A_0 表示。这样两坐标系间的方向余弦阵只需将式(1-3-4)中之 ϕ_0、α_0 分别用 B_0、A_0 代替，即可得到。

(3)发射坐标系与箭体坐标系间的欧拉角及方向余弦阵

这两个坐标系的关系用以反映箭体相对于发射坐标系的姿态角。为使一般状态下的这两坐标系转至相应轴平行，现采用下列转动顺序：先绕 oz 轴正向转动 φ 角，然后绕新的 y' 轴正向转动 ψ 角，最后绕新的 x_1 轴正向转 γ 角。图 1-7 绘出两坐标系的欧拉角关系，该图是将它们原点重合在一起的。这样不难写出两个坐标系的方向余弦关系。

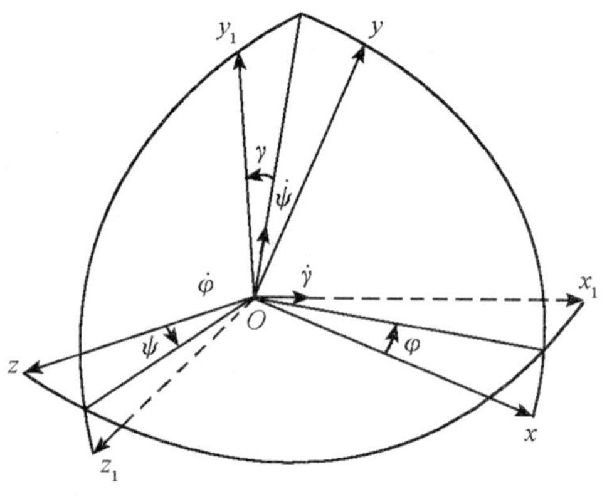

图 1-7　发射坐标系与箭体坐标系欧拉角关系图

$$\begin{bmatrix} \boldsymbol{x}_1^0 \\ \boldsymbol{y}_1^0 \\ \boldsymbol{z}_1^0 \end{bmatrix} = \boldsymbol{B}_G \begin{bmatrix} \boldsymbol{x}^0 \\ \boldsymbol{y}^0 \\ \boldsymbol{z}^0 \end{bmatrix} \tag{1-3-5}$$

其中

$$\boldsymbol{B}_G = \boldsymbol{M}_1[\gamma]\boldsymbol{M}_2[\psi]\boldsymbol{M}_3[\varphi]$$

$$= \begin{bmatrix} \cos\varphi\cos\psi & \sin\varphi\cos\psi & -\sin\psi \\ \cos\varphi\sin\psi\sin\gamma - \sin\varphi\cos\gamma & \sin\varphi\sin\psi\sin\gamma + \cos\varphi\cos\gamma & \cos\psi\sin\gamma \\ \cos\varphi\sin\psi\cos\gamma + \sin\varphi\sin\gamma & \sin\varphi\sin\psi\cos\gamma - \cos\varphi\sin\gamma & \cos\psi\cos\gamma \end{bmatrix} \tag{1-3-6}$$

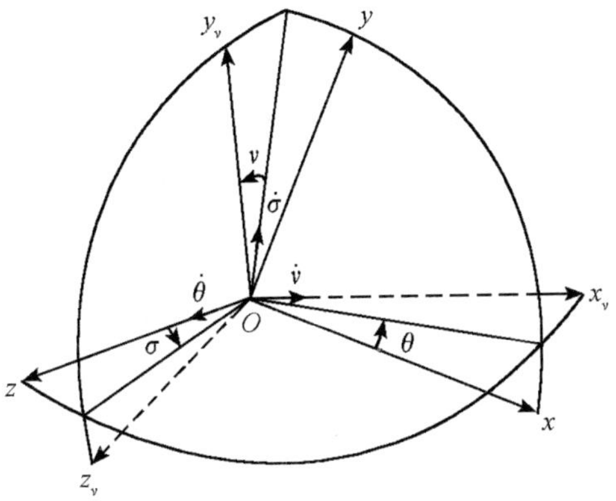

图 1－8　发射坐标系与速度坐标系欧拉角关系图

由图 1－7 可看出各欧拉角的物理意义。

角 φ 称为俯仰角，为火箭纵轴 ox_1 在射击平面 xoy 上的投影量与 x 轴的夹角，投影量在 x 的上方为正角；

角 ψ 称为偏航角，为轴 ox_1 与射击平面的夹角，ox_1 在射击平面的左方，ψ 角取正值；

角 γ 称为滚动角，为火箭绕 x_1 轴旋转的角度，当旋转角速度矢量与 x_1 轴方向一致，则该角 γ 取为正值。

(4)发射坐标系与速度坐标系间的欧拉角及方向余弦阵

两个坐标系的转动至平行的顺序及欧拉角可由图 1－8 看出，图中将两个坐标系原点重合，绕 oz 轴正向转动 θ 角(速度倾角)，接着绕 y' 轴正向转动 σ 角(航迹偏航角)，最后绕 x_v 轴正向转动 ν 角(倾侧角)，即可使地面坐标系与速度坐标系相重合，上述 θ、σ、ν 角即为三个欧拉角，图 1－8 中表示的各欧拉角均定义为正值。不难写出这两个坐标系的方向余弦阵关系

$$\begin{bmatrix} \boldsymbol{x}_v^0 \\ \boldsymbol{y}_v^0 \\ \boldsymbol{z}_v^0 \end{bmatrix} = \boldsymbol{V}_G \begin{bmatrix} \boldsymbol{x}^0 \\ \boldsymbol{y}^0 \\ \boldsymbol{z}^0 \end{bmatrix} \tag{1-3-7}$$

其中方向余弦阵

$$\begin{aligned} \boldsymbol{V}_G &= \boldsymbol{M}_1[\nu]\boldsymbol{M}_2[\sigma]\boldsymbol{M}_3[\theta] \\ &= \begin{bmatrix} \cos\theta\cos\sigma & \sin\theta\cos\sigma & -\sin\sigma \\ \cos\theta\sin\sigma\sin\nu - \sin\theta\cos\nu & \sin\theta\sin\sigma\sin\nu + \cos\theta\cos\nu & \cos\sigma\sin\nu \\ \cos\theta\sin\sigma\cos\nu + \sin\theta\sin\nu & \sin\theta\sin\sigma\cos\nu - \cos\theta\sin\nu & \cos\sigma\cos\nu \end{bmatrix} \end{aligned} \tag{1-3-8}$$

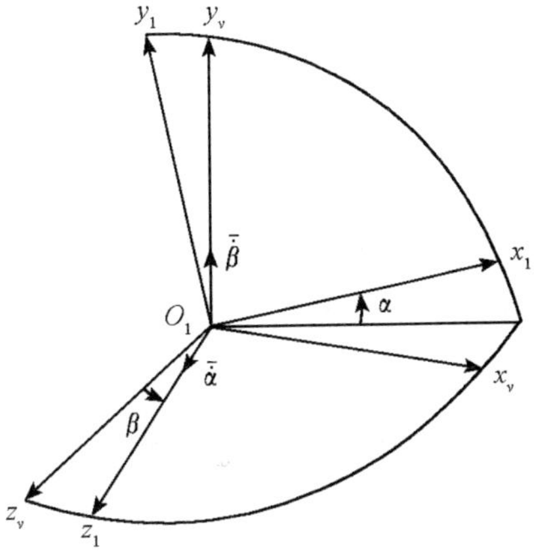

图 1－9　速度坐标系与箭体坐标系关系图

(5)速度坐标系与箭体坐标系间的欧拉角及方向余弦阵

据定义，速度坐标系 o_1y_v 轴在火箭主对称平面 $x_1o_1y_1$ 内。因此，这两个坐标系间的转换关系只存在两个欧拉角。将速度坐标系先绕 o_1y_v 转 β 角，β 角称为侧滑角；然后，绕新的侧轴 c_1z_1 转动 α 角，α 角称为攻角。即达到两个坐标系重合。图 1－9 给出两个坐标系的欧拉角关系。图中之 α、β 均为正值方向。因此，可得两个坐标系的方向余弦关系为

$$\begin{bmatrix} x_1^0 \\ y_1^0 \\ z_1^0 \end{bmatrix} = \boldsymbol{B}_V \begin{bmatrix} x_v^0 \\ y_v^0 \\ z_v^0 \end{bmatrix} \tag{1-3-9}$$

其中,$\boldsymbol{B}_V$ 表示由速度坐标系到箭体坐标系的方向余弦阵:

$$\begin{aligned} \boldsymbol{B}_V &= \boldsymbol{M}_3[\alpha]\boldsymbol{M}_2[\beta] \\ &= \begin{bmatrix} \cos\beta\cos\alpha & \sin\alpha & -\sin\beta\cos\alpha \\ -\cos\beta\sin\alpha & \cos\alpha & \sin\beta\sin\alpha \\ \sin\beta & 0 & \cos\beta \end{bmatrix} \end{aligned} \tag{1-3-10}$$

由图 1-9 可看出这两个欧拉角的意义是:

侧滑角 β 是速度轴 x_v 与箭体主对称面的夹角,顺 o_1x_1 看去,o_1x_v 在主对称面右方为正;

攻角 α 是速度轴 o_1x_v 在主对称面的投影与 o_1x_1 的夹角,顺 o_1x_1 轴看去,速度轴的投影量在 o_1x_1 的下方为正。

(6)平移坐标系或发射惯性坐标系与发射坐标系的方向余弦阵

设地球为一圆球,据定义,发射惯性坐标系在发射瞬时与发射坐标系是重合的,只是由于地球旋转,使固定在地球上的发射坐标系在惯性空间的方位发生变化。记从发射瞬时到所讨论时刻的时间间隔为 t,则发射坐标系绕地轴转动 $\omega_e t$ 角。

显然,如果发射坐标系与发射惯性坐标系各有一轴与地球转动轴相平行,那它们之间方向余弦阵将是很简单的。一般情况下,这两个坐标系对转动轴而言是处于任意的位置。因此,首先考虑将这两个坐标系经过一定的转动使得相应的新坐标系各有一轴与转动轴平行,而且要求所转动的欧拉角是已知参数。图 1-10 表示出一般情况下两个坐标系的关系,由此我们可先将 $o_A - x_Ay_Az_A$ 与 $o-xyz$ 分别绕 y_A、y 轴转动角 α_0,这即使得 x_A、x 转到发射点 o_A、o 所在子午面内,此时 z_A 与 z 即转到垂直于各自子午面在过发射点的纬圈的切线方向。然后再绕各自新的侧轴转 ϕ_0 角,从而得新的坐标系 $o_A-\xi_A\eta_A\zeta_A$ 及 $o-\xi\eta\zeta$,此时 ξ_A 轴与 ξ 轴均平行于地球转动轴。最后,将新的坐标系与各自原有坐标系固连起来,这样,$o_A-\xi_A\eta_A\zeta_A$ 仍然为惯性坐标系,$o-xyz$ 也仍然为随地球一起转动的相对坐标系。

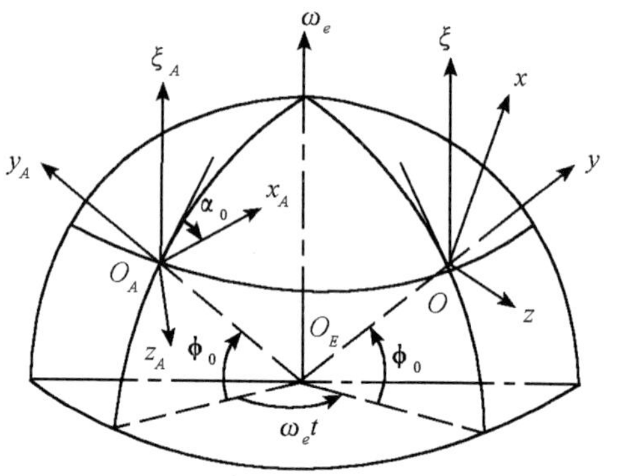

图 1-10　发射惯性坐标系与发射坐标系关系图

不难根据上述坐标系转动关系写出下列转换关系式:

$$\begin{bmatrix} \xi_A^0 \\ \eta_A^0 \\ \zeta_A^0 \end{bmatrix} = \boldsymbol{A} \begin{bmatrix} x_A^0 \\ y_A^0 \\ z_A^0 \end{bmatrix} \tag{1-3-11}$$

$$\begin{bmatrix} \boldsymbol{\xi}^0 \\ \boldsymbol{\eta}^0 \\ \boldsymbol{\zeta}^0 \end{bmatrix} = \boldsymbol{A} \begin{bmatrix} \boldsymbol{x}^0 \\ \boldsymbol{y}^0 \\ \boldsymbol{z}^0 \end{bmatrix} \tag{1-3-12}$$

其中

$$\boldsymbol{A} = \begin{bmatrix} \cos\alpha_0\cos\phi_0 & \sin\phi_0 & -\sin\alpha_0\cos\phi_0 \\ -\cos\alpha_0\sin\phi_0 & \cos\phi_0 & \sin\alpha_0\sin\phi_0 \\ \sin\alpha_0 & 0 & \cos\alpha_0 \end{bmatrix} \tag{1-3-13}$$

注意到在发射瞬时 $t=0$ 处，$o_A-\xi_A\eta_A\zeta_A$ 与 $o-\xi\eta\zeta$ 重合，且 ξ_A、ζ 的方向与地球自转轴 ω_e 的方向一致。那么，在任意瞬时 t 时，这两个坐标系存在一个绕 ξ_A 的欧拉角 $\omega_e t$，故它们之间有下列转换关系：

$$\begin{bmatrix} \boldsymbol{\xi}^0 \\ \boldsymbol{\eta}^0 \\ \boldsymbol{\zeta}^0 \end{bmatrix} = \boldsymbol{B} \begin{bmatrix} \boldsymbol{\xi}_A^0 \\ \boldsymbol{\eta}_A^0 \\ \boldsymbol{\zeta}_A^0 \end{bmatrix} \tag{1-3-14}$$

其中

$$\boldsymbol{B} = \begin{bmatrix} 1 & 0 & 0 \\ 0 & \cos\omega_e t & \sin\omega_e t \\ 0 & -\sin\omega_e t & \cos\omega_e t \end{bmatrix} \tag{1-3-15}$$

根据转换矩阵的传递性，由式(1-3-11)、式(1-3-12)及式(1-3-14)可得到：

$$\begin{bmatrix} \boldsymbol{x}^0 \\ \boldsymbol{y}^0 \\ \boldsymbol{z}^0 \end{bmatrix} = \boldsymbol{G}_A \begin{bmatrix} \boldsymbol{x}_A^0 \\ \boldsymbol{y}_A^0 \\ \boldsymbol{z}_A^0 \end{bmatrix} \tag{1-3-16}$$

其中 $\boldsymbol{G}_A$ 为发射惯性坐标系与发射坐标系之间的方向余弦阵：

$$\boldsymbol{G}_A = \boldsymbol{A}^{-1}\boldsymbol{B}\boldsymbol{A} \tag{1-3-17}$$

由于 $\boldsymbol{A}$ 为正交矩阵，故有 $\boldsymbol{A}^{-1}=\boldsymbol{A}^T$。

将式(1-3-13)、式(1-3-15)代入式(1-3-17)，运用矩阵乘法可得到矩阵 $\boldsymbol{G}_A$ 中的每个元素。令 g_{ij} 表示 $\boldsymbol{G}_A$ 中的第 i 行第 j 列元素，则有

$$\begin{cases} g_{11} = \cos^2\alpha_0\cos^2\phi_0(1-\cos\omega_e t)+\cos\omega_e t \\ g_{12} = \cos\alpha_0\sin\phi_0\cos\phi_0(1-\cos\omega_e t)-\sin\alpha_0\cos\phi_0\sin\omega_e t \\ g_{13} = -\sin\alpha_0\cos\alpha_0\cos^2\phi_0(1-\cos\omega_e t)-\sin\phi_0\sin\omega t \\ g_{21} = \cos\alpha_0\sin\phi_0\cos\phi_0(1-\cos\omega_e t)+\sin\alpha_0\cos\phi_0\sin\omega_e t \\ g_{22} = \sin^2\phi_0(1-\cos\omega_e)+\cos\omega_e t \\ g_{23} = -\sin\alpha_0\sin\phi_0\cos\phi_0(1-\cos\omega_e t)+\cos\alpha_0\cos\phi_0\sin\omega_e t \\ g_{31} = -\sin\alpha_0\cos\alpha_0\cos^2\phi_0(1-\cos\omega_e t)+\sin\phi_0\sin\omega_e t \\ g_{32} = -\sin\alpha_0\sin\phi_0\cos\phi_0(1-\cos\omega_e t)-\cos\alpha_0\cos\phi_0\sin\omega_e t \\ g_{33} = \sin^2\alpha_0\cos^2\phi_0(1-\cos\omega_e t)+\cos\omega_e t \end{cases} \tag{1-3-18}$$

将式(1－3－18)中含 $\omega_e t$ 的正弦、余弦函数展成 $\omega_e t$ 的幂级数,略去三阶及三阶以上各项,即

$$\begin{cases} \cos\omega_e t = 1 - \dfrac{1}{2}(\omega_e t)^2 \\ \sin\omega_e t = \omega_e t \end{cases} \qquad (1-3-19)$$

并将 ω_e 在地面坐标系内投影。各投影分量可按下列步骤求取:首先在过发射点 o 的子午面内将 ω_e 分解为 oy 方向和水平(垂直 oy)方向的两个分量,然后再将水平分量分解为沿 ox 轴方向与 oz 轴方向的分量。在这图 1－11 上的 o 点处画出。由此可得 ω_e 在地面坐标系的三个分量为

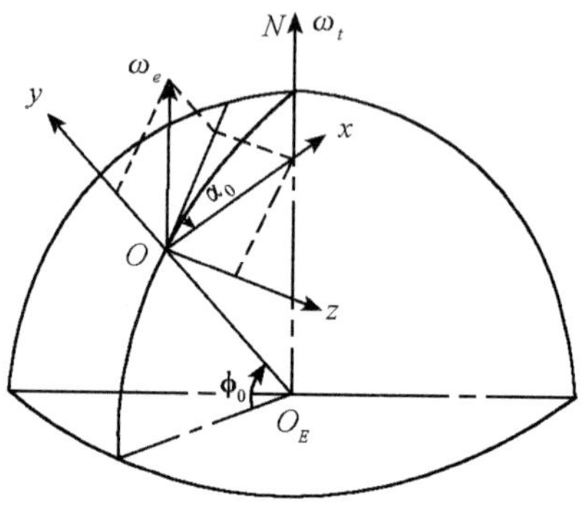

图 1－11　ω_e 在 $o-xyz$ 上投影

$$\begin{bmatrix} \omega_{ex} \\ \omega_{ey} \\ \omega_{ez} \end{bmatrix} = \omega_e \begin{bmatrix} \cos\phi_0\cos\alpha_0 \\ \sin\phi_0 \\ -\cos\phi_0\sin\alpha_0 \end{bmatrix} \qquad (1-3-20)$$

将(1－3－19)式及(1－3－20)式代入式(1－3－18),则得 $\boldsymbol{G}_T$ 准确至 $\omega_e t$ 的二次方项的形式

$$\boldsymbol{G}_A = \begin{bmatrix} 1-\dfrac{1}{2}(\omega_e^2-\omega_{ex}^2)t^2 & \omega_{ex}t+\dfrac{1}{2}\omega_{ex}\omega_{ey}t^2 & -\omega_{ey}t+\dfrac{1}{2}\omega_{ex}\omega_{ex}t^2 \\ -\omega_{ex}t+\dfrac{1}{2}\omega_{ex}\omega_{ey}t^2 & 1-\dfrac{1}{2}(\omega_e^2-\omega_{ey}^2)t^2 & \omega_{ex}t+\dfrac{1}{2}\omega_{ey}\omega_{ex}t^2 \\ \omega_{ey}t+\dfrac{1}{2}\omega_{ex}\omega_{ex}t^2 & -\omega_{ex}t+\dfrac{1}{2}\omega_{ey}\omega_{ex}t^2 & 1-\dfrac{1}{2}(\omega_e^2-\omega_{ex}^2)t^2 \end{bmatrix}$$

$$(1-3-21)$$

如果将 $\boldsymbol{G}_A$ 进一步近似至 $\omega_e t$ 的一次项,则由上式可得

$$\boldsymbol{G}_A = \begin{bmatrix} 1 & \omega_{ex}t & -\omega_{ey}t \\ -\omega_{ez}t & 1 & \omega_{ex}t \\ \omega_{ey}t & -\omega_{ex}t & 1 \end{bmatrix} \qquad (1-3-22)$$

不难理解,由于平移坐标系与发射惯性坐标系各轴始终保持平行,因此,这两个坐标系与地面坐标系之间的方向余弦阵应是相同的,即

$$\boldsymbol{G}_T = \boldsymbol{G}_A \qquad (1-3-23)$$

如果将地球考虑成标准椭球体,则只需将上述方向余弦阵元素中之地心方位角 α_0 和地心纬度 ϕ_0 分别代以大地方位角 A_0 及大地纬度 B_0 即可。

以上介绍了一些坐标系之间的方向余弦阵,虽未给出所有常用坐标系中任意两个坐标系间的方向余弦关系,但运用转换矩阵的递推性是不难找到的。

3. 一些欧拉角的联系方程

在实际运用中,一些描述坐标系关系的欧拉角可通过转换矩阵的递推性找到它们之间的联系方程。这样,当知道某些欧拉角后,就可以通过联系方程来求取另外一些欧拉

角。

(1)速度坐标系、箭体坐标系及发射坐标系之间欧拉角联系方程

由发射坐标系转换到速度坐标系,既可直接进行转换:

$$\begin{bmatrix} \boldsymbol{x}_v^0 \\ \boldsymbol{y}_v^0 \\ \boldsymbol{z}_v^0 \end{bmatrix} = \boldsymbol{V}_G \begin{bmatrix} \boldsymbol{x}^0 \\ \boldsymbol{y}^0 \\ \boldsymbol{z}^0 \end{bmatrix}$$

也可利用转换矩阵的递推性,通过箭体坐标系再转换到速度坐标系:

$$\begin{bmatrix} \boldsymbol{x}_v^0 \\ \boldsymbol{y}_v^0 \\ \boldsymbol{z}_v^0 \end{bmatrix} = \boldsymbol{V}_B \boldsymbol{B}_G \begin{bmatrix} \boldsymbol{x}^0 \\ \boldsymbol{y}^0 \\ \boldsymbol{z}^0 \end{bmatrix}$$

比较上两式可知

$$\boldsymbol{V}_G = \boldsymbol{V}_B \boldsymbol{B}_G$$

该式的展开形式为:

$$\begin{aligned}
&\begin{bmatrix} \cos\theta\cos\sigma & \sin\theta\cos\sigma & -\sin\sigma \\ \cos\theta\sin\sigma\sin\nu - \sin\theta\cos\nu & \sin\theta\sin\sigma\sin\nu + \cos\theta\cos\nu & \cos\sigma\sin\nu \\ \cos\theta\sin\sigma\cos\nu + \sin\theta\cos\nu & \sin\theta\sin\sigma\cos\nu - \cos\theta\sin\nu & \cos\sigma\cos\nu \end{bmatrix} \\
&= \begin{bmatrix} \cos\alpha\cos\beta & -\sin\alpha\cos\beta & \sin\beta \\ \sin\alpha & \cos\alpha & 0 \\ -\cos\alpha\sin\beta & \sin\alpha\sin\beta & \cos\beta \end{bmatrix} \\
&\times \begin{bmatrix} \cos\varphi\cos\psi & \sin\varphi\cos\psi & -\sin\psi \\ \cos\varphi\sin\psi\sin\gamma - \sin\varphi\cos\gamma & \sin\varphi\sin\psi\sin\gamma + \cos\varphi\cos\gamma & \cos\psi\sin\gamma \\ \cos\varphi\sin\psi\cos\gamma + \sin\varphi\sin\gamma & \sin\varphi\sin\psi\cos\gamma - \cos\varphi\sin\gamma & \cos\psi\cos\gamma \end{bmatrix}
\end{aligned} \tag{1-3-24}$$

等式左端的方向余弦阵中有 3 个欧拉角:θ、σ、ν,而等式右端的方向余弦阵中包含 5 个欧拉角:φ、ψ、γ、α、β. 由于方向余弦阵中的 9 个元素只有 3 个是独立的,因此由式(1-3-24)只能找到 3 个独立的关系性。选定 3 个联系方程的方法是必须是在不同一行或同一列的 3 个方向余弦元素。在式(1-3-24)中,可选下列 3 个联系方程:

$$\begin{cases} \sin\sigma = \cos\alpha\cos\beta\sin\psi + \sin\alpha\cos\beta\cos\psi\sin\gamma - \sin\beta\cos\psi\cos\gamma \\ \cos\sigma\sin\nu = -\sin\psi\sin\alpha + \cos\alpha\cos\psi\sin\gamma \\ \cos\theta\cos\sigma = \cos\alpha\cos\beta\cos\varphi\cos\psi - \sin\alpha\cos\beta(\cos\varphi\sin\psi\sin\gamma - \sin\varphi\cos\gamma) \\ \qquad + \sin\beta(\cos\varphi\sin\psi\cos\gamma + \sin\varphi\sin\gamma) \end{cases} \tag{1-3-25}$$

因 β、σ、ν、ψ 和 γ 均较小,将它们的正弦、余弦量展成台劳级数取至一阶数量,并将上述各量之一阶微量的乘积作为高阶微量略去,则上式可简化、整理为

$$\begin{cases} \sigma = \psi\cos\alpha + \gamma\sin\alpha - \beta \\ \nu = \gamma\cos\alpha - \psi\sin\alpha \\ \theta = \varphi - \alpha \end{cases} \tag{1-3-26}$$

将 α 也视为小量,按上述原则作进一步简化可得:

$$\begin{cases}\sigma=\psi-\beta\\ \nu=\gamma\\ \theta=\varphi-\alpha\end{cases}\tag{1-3-27}$$

由上面讨论可知，在这8个欧拉角中，只有5个是独立的，当知道其中的5个，即可通过3个联系方程将其他3个欧拉角找到。

(2)箭体坐标系相对于发射坐标系的姿态角与相对于平移坐标系姿态角之间的关系

已知箭体坐标系与发射坐标系的方向余弦阵为 $\boldsymbol{G}_B$，其中3个欧拉角顺序排列为 φ、ψ、γ，箭体坐标系与平移坐标系之间的欧拉角亦可按顺序排列记为 φ_T、ψ_T、γ_T，其方向余弦阵 $\boldsymbol{T}_B$ 与 $\boldsymbol{G}_B$ 在形式上相同，为

$$\boldsymbol{T}_B=\begin{bmatrix}\cos\varphi_T\cos\psi_T & \cos\varphi_T\sin\psi_T\sin\gamma_T-\sin\varphi_T\cos\gamma_T & \cos\varphi_T\sin\psi_T\cos\gamma_T+\sin\varphi_T\sin\gamma_T\\ \sin\varphi_T\cos\psi_T & \sin\varphi_T\sin\psi_T\sin\gamma_T+\cos\varphi_T\cos\gamma_T & \sin\varphi_T\sin\psi_T\cos\gamma_T-\cos\varphi_T\sin\gamma_T\\ -\sin\psi_T & \cos\psi_T\sin\gamma_T & \cos\psi_T\cos\gamma_T\end{bmatrix}\tag{1-3-28}$$

由转换矩阵的递推性有

$$\boldsymbol{T}_B=\boldsymbol{T}_G\boldsymbol{G}_B\tag{1-3-29}$$

其中 $\boldsymbol{T}_G$、$\boldsymbol{G}_B$ 的矩阵分别可由式(1-3-21)、(1-3-6)得到。

考虑到 ψ、γ、ψ_T、γ_T 和 $\omega_e t$ 均为小量，将它们的正弦、余弦展成台劳级数取至一阶微量，则可将式(1-3-29)写成展开式后准确至一阶微量的形式

$$\begin{bmatrix}\cos\varphi_T & -\sin\varphi_T & \psi_T\cos\varphi_T+\gamma_T\sin\varphi_T\\ \sin\varphi_T & \cos\varphi_T & \psi_T\sin\varphi_T-\gamma_T\cos\varphi_T\\ -\psi_T & \gamma_T & 1\end{bmatrix}$$

$$=\begin{bmatrix}1 & -\omega_{ex}t & \omega_{ey}t\\ \omega_{ez}t & 1 & -\omega_{ex}t\\ -\omega_{ey}t & \omega_{ex}t & 1\end{bmatrix}\begin{bmatrix}\cos\varphi & -\sin\varphi & \psi\cos\varphi+\gamma\sin\varphi\\ \sin\varphi & \cos\varphi & \psi\sin\varphi-\gamma\cos\varphi\\ -\psi & \gamma & 1\end{bmatrix}\tag{1-3-30}$$

在上面矩阵等式中选取不属同一行或同一列的三个元素建立三个等式，即可找到两种姿态角的关系式

$$\begin{cases}\varphi_T=\varphi+\omega_{ex}t\\ \psi_T=\psi+(\omega_{ey}\cos\varphi-\omega_{ex}\sin\varphi)t\\ \gamma_T=\gamma+(\omega_{ey}\sin\varphi+\omega_{ex}\cos\varphi)t\end{cases}\tag{1-3-31}$$

上式中，相应姿态角的差值是由地球旋转影响地面坐标系方向轴的变化引起的。

§1.4 变质量力学基本原理

当研究火箭的运动时，在每一瞬时，只将在该瞬时位于“规定”表面以内的质点作为它的组成。这一“规定”的表面，通常是取火箭的外表面和喷管的出口断面。火箭发动机工作时，燃料燃烧后的气体质点不断地由火箭内部喷出，火箭的质量不断减少，因此，整个火

箭运动过程是一变质量系,实际上火箭质量变化原因除燃料(占起飞时质量的十分之八、九)消耗外,还有控制发动机系统及冷却系统工作时的工质消耗,以及作为再入大气层的弹头或飞行器烧蚀影响等,这些都使火箭整体不是一个定质点系。这样,动力学的经典理论就不能直接用来研究火箭的运动,因而有必要介绍有关变质量系运动的基本力学原理。

1. 变质量质点的基本方程

设有一质量随时间变化的质点,其质量在 t 时刻为 $m(t)$,并具有绝对速度 $\boldsymbol{V}$,此时该质点的动量为

$$\boldsymbol{Q}(t)=m(t)\boldsymbol{V} \qquad (1-4-1)$$

在 $\mathrm{d}t$ 时间内,有外界作用在系统质点上的力 $\boldsymbol{F}$,且质点 $\boldsymbol{M}$ 向外以相对速度 $\boldsymbol{V}_r$ 喷射出元质量 $-\mathrm{d}m$,如图 1－12所示意。显然

$$-\mathrm{d}m=m(t)-m(t+\mathrm{d}t) \qquad (1-4-2)$$

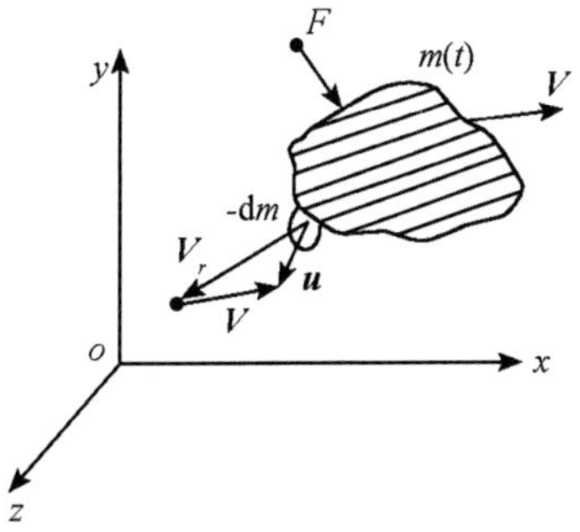

图 1－12　变质量质点示意图

假设在 $\mathrm{d}t$ 时间内质点 $m(t+\mathrm{d}t)$ 具有的速度增量为 $\mathrm{d}\boldsymbol{V}$,那么在 $t+\mathrm{d}t$ 时刻,整个质点的动量应为

$$\boldsymbol{Q}(t+\mathrm{d}t)=[m(t)-(-\mathrm{d}m)](\boldsymbol{V}+\mathrm{d}\boldsymbol{V})+(-\mathrm{d}m)(\boldsymbol{V}+\boldsymbol{V}_r) \qquad (1-4-3)$$

略去 $\mathrm{d}m\mathrm{d}\boldsymbol{V}$ 项,则

$$\boldsymbol{Q}(t+\mathrm{d}t)=m(t)(\boldsymbol{V}+\mathrm{d}\boldsymbol{V})-\mathrm{d}m\boldsymbol{V}_r \qquad (1-4-4)$$

比较(1－4－1)、(1－4－4)两式,可得整个质点在 $\mathrm{d}t$ 时间内的动量变化量

$$\mathrm{d}\boldsymbol{Q}=m\mathrm{d}\boldsymbol{V}-\mathrm{d}m\boldsymbol{V}_r \qquad (1-4-5)$$

根据常质量质点动量定理有

$$\frac{\mathrm{d}\boldsymbol{Q}}{\mathrm{d}t}=\boldsymbol{F} \qquad (1-4-6)$$

式中 $\boldsymbol{F}$ 是指外界作用在整个质点上的力。

即有

$$m\frac{\mathrm{d}\boldsymbol{V}}{\mathrm{d}t}=\boldsymbol{F}+\frac{\mathrm{d}m}{\mathrm{d}t}\boldsymbol{V}_r \qquad (1-4-7)$$

该方程称为密歇尔斯基方程,即为变质量质点基本方程,对于不变质量质点,$\mathrm{d}m/\mathrm{d}t=0$,则由式(1－4－7)得到熟知的牛顿第二定律的一般表达式

$$m\frac{\mathrm{d}\boldsymbol{V}}{\mathrm{d}t}=\boldsymbol{F} \qquad (1-4-8)$$

如果将式(1－4－7)中具有力的因次项$(\mathrm{d}m/\mathrm{d}t)\boldsymbol{V}_r$ 视为作用在质点 $\boldsymbol{M}$ 上的力,记为 $\boldsymbol{P}_r$. 则可将式(1－4－7)式写成如下形式:

$$m\frac{\mathrm{d}\boldsymbol{V}}{\mathrm{d}t}=\boldsymbol{F}+\boldsymbol{P}_r \qquad (1-4-9)$$

其中 $\boldsymbol{P}_r$ 称为喷射反作用力。

对于物体而言,$\mathrm{d}m/\mathrm{d}t<0$,故喷射反作用力的方向与 $\boldsymbol{V}_r$ 方向相反,是一个加速力。

由上可知,物体产生运动状态的变化,除外界作用力外,还可通过物体本身向所需运

动反方向喷射物质而获得加速度，这称为直接反作用原理。

根据密歇尔斯基方程，如果质点不受外力作用，则有

$$m\frac{\mathrm{d}\boldsymbol{V}}{\mathrm{d}t}=\frac{\mathrm{d}m}{\mathrm{d}t}\boldsymbol{V}_r$$

若设 $\boldsymbol{V}$ 与 $\boldsymbol{V}_r$ 正好反向，即有

$$m\frac{\mathrm{d}v}{\mathrm{d}t}=-\frac{\mathrm{d}m}{\mathrm{d}t}v_r$$

则

$$\mathrm{d}v=-v_r\frac{\mathrm{d}m}{m}$$

当喷射元质量的速度 v_r 为定值，对上式积分可得

$$v-v_0=-v_r\ln\frac{m}{m_0} \tag{1-4-10}$$

其中 v_0、m_0 分别为起始时刻质点所具有的速度和质量。m_0 为物体结构质量 m_k 与全部可喷射物质质量 m_T 之和。

若初始速度 $v_0=0$，在 m_T 全部喷射完时，物体具有的速度则为

$$v_k=-v_r\ln\frac{m_k}{m_0} \tag{1-4-11}$$

此式即为著名的齐奥尔柯尔斯基公式。用该式计算出的速度为理想速度。

该式说明，物体不受外力作用时，变质量质点在给定的 m_0 中，喷射物质占有的质量 m_T 愈多或喷射物质质量一定，但喷射元质量的速度 v_r 愈大，则质点的理想速度就愈大。

2. 变质量质点系的质心运动方程和绕质心转动方程

当组成物体为变质量质点系时，其中除有一些质点随物体作牵连运动外，在物体内部还有相对运动，这对物体的运动也是有影响的。此时，若对该物体运用密歇尔斯基方程来建立运动方程，则存在近似性，因此必须对变质量质点系进行专门的讨论。

在理论力学中已介绍离散质点系的动力学方程，即在 $o-XYZ$ 为惯性参考系中，有一质点系 S，该质点系由 N 个质点组成，离散质点 m_i 在惯性坐标系中的矢径为 $\boldsymbol{r}_i$，外界作用于系统 S 上的总外力为 $\boldsymbol{F}_S$，则系统 S 的平动方程及转动方程分别为

$$\boldsymbol{F}_S=\sum_{i=1}^{N}m_i\frac{\mathrm{d}^2\boldsymbol{r}_i}{\mathrm{d}t^2} \tag{1-4-12}$$

$$\boldsymbol{M}_S=\sum_{i=1}^{N}m_i\boldsymbol{r}_i\times\frac{\mathrm{d}^2\boldsymbol{r}_i}{\mathrm{d}t^2} \tag{1-4-13}$$

现要研究连续质系(即物体)的运动方程，则将物体考虑成是无数个具有无穷小质量的质点组成的系统。在这种情况下，方程(1－4－12)和(1－4－13)中的求和符号必须用积分符号来代替，于是有

$$\boldsymbol{F}=\int_m\frac{\mathrm{d}^2\boldsymbol{r}}{\mathrm{d}t^2}\mathrm{d}m \tag{1-4-14}$$

$$M = \int_m r \times \frac{d^2 r}{dt^2} dm \qquad (1-4-15)$$

上两式中虽只有一个积分符号，实质上，对于一个三维系统，该积分为三重积分。这是因为 dm 可以写成ρdV，其中 ρ 是质量密度，dV是体积元，故将该体积分以$\int_m$ 表示。

(1)连续质系 S 的质心运动方程

设系统 S 对惯性坐标系有转动速度 ω_T，而系统 S 中的任一质点元 p 在惯性坐标系中的矢径 $\boldsymbol{r}$ 可以表示为系统 S 质心的矢径 $\boldsymbol{r}_{c.m}$ 与质心到质点元 p 的矢量 ρ 之和，如图 1－13 所示。即有

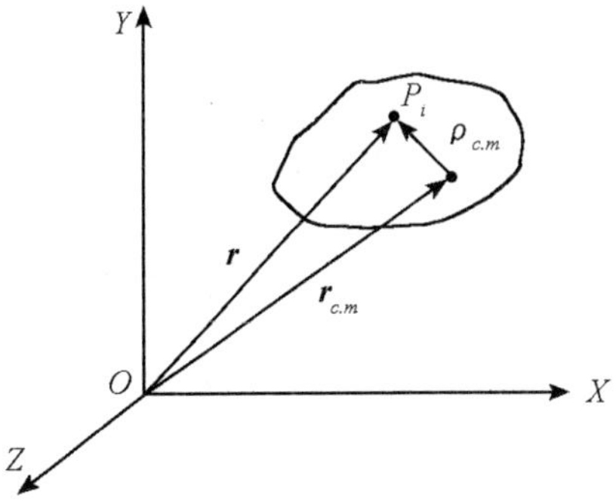

图 1－13　质点系矢量关系

$$r = \rho + r_{c.m} \qquad (1-4-16)$$

利用方程(1－2－11)得到 p 点的绝对加速度为：

$$\frac{d^2 r}{dt^2} = \frac{d^2 r_{c.m}}{dt^2} + 2\omega_T \times \frac{\delta\rho}{\delta t} + \frac{\delta^2\rho}{\delta t^2} + \frac{d\omega_T}{dt} \times \rho + \omega_T \times (\omega_T \times \rho) \qquad (1-4-17)$$

由于 ρ 表示系统 S 的质点到质心的矢径，根据质心的定义有 $\int_m \rho dm = 0$. 因此，将式(1－4－17) 代入式(1－4－14) 后，即有

$$F_S = m\frac{d^2 r_{c.m}}{dt^2} + 2\omega_r \times \int_m \frac{\delta\rho}{\delta t} dm + \int_m \frac{\delta^2\rho}{\delta t^2} dm \qquad (1-4-18)$$

式(1－4－18) 为适用于任意变质量物体的一般运动方程，从而可得任意变质量物体的质心运动方程为

$$m\frac{d^2 r_{c.m}}{dt^2} = F_s + F'_k + F'_{rel} \qquad (1-4-19)$$

其中

$$F'_k = -2\omega_T \times \int_m \frac{\delta\rho}{\delta t} dm$$

$$F'_{rel} = \int_m \frac{\delta^2\rho}{\delta t^2} dm$$

F'_k、F'_{rel}分别称为系统 S 的附加哥氏力和附加相对力。

(2)连续质点系 S 的转动方程

由式(1－4－15)不难写出变质量质点系 S 在力 $\boldsymbol{F}$ 的作用下所产生的绕惯性坐标系原点 o 和绕系统 S 的质心的力矩方程

$$M_0 = \int_m r \times \frac{d^2 r}{dt^2} dm \qquad (1-4-20)$$

$$M_{c.m} = \int_m \rho \times \frac{d^2 r}{dt^2} dm \qquad (1-4-21)$$

顾及到以后研究导弹在空中的姿态变化是以绕质心的转动来进行的，因此，下面对式

(1-4-21)进行讨论。

将式(1-4-17)代入式(1-4-21),则力矩方程即可写为

$$\boldsymbol{M}_{c.m}=\int_m\rho\times\frac{\mathrm{d}^2\boldsymbol{r}_{c.m}}{\mathrm{d}t^2}\mathrm{d}m+2\int_m\rho\times\left(\omega_T\times\frac{\delta\rho}{\delta t}\right)\mathrm{d}m$$
$$+\int_m\rho\times\frac{\delta^2\rho}{\delta t^2}\mathrm{d}m+\int_m\rho\times\left(\frac{\mathrm{d}\omega_T}{\mathrm{d}t}\times\rho\right)\mathrm{d}m+\int_m\rho\times[\omega_T\times(\omega_T\times\rho)]\mathrm{d}m$$

注意到 $\boldsymbol{r}_{c.m}$ 与质量 dm 无关,且按质心的定义有 $\int_m\rho\mathrm{d}m=0$,故上式简化为:

$$\boldsymbol{M}_{c.m}=2\int_m\rho\times\left(\omega_T\times\frac{\delta\rho}{\delta t}\right)\mathrm{d}m+\int_m\rho\times\frac{\delta^2\rho}{\delta t^2}\mathrm{d}m$$
$$+\int_m\rho\times\left(\frac{\mathrm{d}\omega_T}{\mathrm{d}t}\times\rho\right)\mathrm{d}m+\int_m\rho\times[\omega_T\times(\omega_T\times\rho)]\mathrm{d}m \tag{1-4-22}$$

上式为适用于任意变质量物质的绕质心的一般转动方程。据此可写成另一种形式,首先将上式移项写为

$$\int_m\rho\times[\omega_T\times(\omega_T\times\rho)]\mathrm{d}m+\int_m\rho\times\left(\frac{\mathrm{d}\omega_T}{\mathrm{d}t}\times\rho\right)\mathrm{d}m=\boldsymbol{M}_{c.m}+\boldsymbol{M}'_k+\boldsymbol{M}'_{rel} \tag{1-4-23}$$

其中

$$\boldsymbol{M}'_k=-2\int_m\rho\times\left(\omega_T\times\frac{\delta\rho}{\delta t}\right)\mathrm{d}m$$
$$\boldsymbol{M}'_{rel}=-\int_m\rho\times\frac{\delta^2\rho}{\delta t^2}\mathrm{d}m$$

$\boldsymbol{M}'_k$、$\boldsymbol{M}'_{rel}$ 分别称为系统 S 的附加哥氏力矩和附加相对力矩。

式(1-4-23)左端的第一项,根据矢量叉乘运算法则可得

$$\int_m\rho\times[\omega_T\times(\omega_T\times\rho)]\mathrm{d}m=\omega_T\times\int_m\rho\times(\omega_T\times\rho)\mathrm{d}m \tag{1-4-24}$$

记

$$\boldsymbol{H}_{c.m}=\int_m\rho\times(\omega_r\times\rho)\mathrm{d}m \tag{1-4-25}$$

该式是将系统视为刚体后,该刚体对质心的总角动量。

现以变质量物体的质心作为原点 o_1,建立一个与该物体固连的任意直角坐标系 o_1-xyz,并设有

$$\omega_T=[\omega_{Tx}\quad\omega_{Ty}\quad\omega_{Tz}]^{\mathrm{T}}$$
$$\rho=[x\quad y\quad z]^{\mathrm{T}}$$

则

$$\boldsymbol{H}_{c.m}=\int_m\rho\times(\omega_T\times\rho)\mathrm{d}m=\int_m[\omega_T\cdot(\rho\cdot\rho)-\rho\cdot(\omega_T\cdot\rho)]\mathrm{d}m$$

$$=\int_m\begin{bmatrix}y^2+z^2 & -xy & -xz\\ -yx & z^2+x^2 & -yz\\ -zx & -zy & x^2+y^2\end{bmatrix}\begin{bmatrix}\omega_{Tx}\\ \omega_{Ty}\\ \omega_{Tx}\end{bmatrix}\mathrm{d}m$$

(1－4－26)

定义

$$\begin{cases}I_{xx}=\int_m(y^2+z^2)\mathrm{d}m\\ I_{yy}=\int_m(z^2+x^2)\mathrm{d}m\\ I_{zz}=\int_m(x^2+y^2)\mathrm{d}m\\ I_{xy}=I_{yz}=\int_m xy\mathrm{d}m\\ I_{xz}=I_{zx}=\int_m xz\mathrm{d}m\\ I_{yz}=I_{xy}=\int_m yz\mathrm{d}m\end{cases}\tag{1－4－27}$$

其中 I_{xx}、I_{yy}、I_{zz} 称为转动惯量,余下的称为惯量积。

为书写简便起见,可将式(1－4－26)写为

$$\boldsymbol{H}_{c.m}=\bar{\boldsymbol{I}}\cdot\omega_T\tag{1－4－28}$$

其中

$$\bar{\boldsymbol{I}}=\begin{bmatrix}I_{xx} & -I_{xy} & -I_{xz}\\ -I_{yx} & I_{yy} & -I_{yz}\\ -I_{zx} & -I_{zy} & I_{zz}\end{bmatrix}\tag{1－4－29}$$

称为惯量张量。

将式(1－4－28)代入式(1－4－24)可得

$$\int_m\rho\times[\omega_T\times(\omega_T\times\rho)]\mathrm{d}m=\omega_T\times(\bar{\boldsymbol{I}}\cdot\omega_T)\tag{1－4－30}$$

同理,可将式(1－4－23)之左端第二项写成

$$\int_m\rho\times\left(\frac{\mathrm{d}\omega_T}{\mathrm{d}t}\times\rho\right)\mathrm{d}m=\bar{\boldsymbol{I}}\cdot\frac{\mathrm{d}\omega_T}{\mathrm{d}t}\tag{1－4－31}$$

最终可将式(1－4－23)写成

$$\bar{\boldsymbol{I}}\cdot\frac{\mathrm{d}\omega_T}{\mathrm{d}t}+\omega_T\times(\bar{\boldsymbol{I}}\cdot\omega_T)=\boldsymbol{M}_{c.m}+\boldsymbol{M'}_k+\boldsymbol{M'}_{rel}\tag{1－4－32}$$

显然,式(1－4－32)左端是惯性力矩。

式(1－4－19)及式(1－4－32)是变质量物体的一般的质心运动方程和绕质心运动方程,形式上与适用于刚体的方程式相同。因此,我们引进一条重要的原则——刚化原理,

现叙述如下：

在一般情况下，任意一个变质量系统在 t 瞬时的质心运动方程和绕质心运动方程，能用这样一个刚体的相应方程来表示，这个刚体的质量等于系统在 t 瞬时的质量，而它受的力除了真实的外力和力矩外，还要加两个附加力和两个附加力矩，即附加哥氏力、附加相对力和附加哥氏力矩、附加相对力矩。

第二章　作用在火箭上的力和力矩

根据刚化原理，对于运载火箭这一变质量质点系，必须将作用在火箭上的外力、外力矩及两个附加力和两个附加力矩的表达式找到，才可具体建立它的质心运动方程和绕质心运动方程并进行求解。本章结合火箭飞行中所受到的力和力矩的物理意义及其表达式予以讨论。

§2.1　附加力、附加力矩及火箭发动机特性

1. 附加力和附加力矩

设火箭为一轴对称体，发动机喷管出口截面积为 S，火箭的质心记为 o_1，燃料燃烧过程中 t 时刻质心 o_1 相对于箭体的运动速度矢量为 $\boldsymbol{V}_{rc}$，而箭体内质点相对于箭体的速度矢量为 $\boldsymbol{V}_{rb}$，则该质点相对于可变质心的速度矢量为 $\delta\rho/\delta t$，它与 $\boldsymbol{V}_{rb}$、$\boldsymbol{V}_{rc}$ 有如下关系

$$\frac{\delta\rho}{\delta t}=\boldsymbol{V}_{rb}-\boldsymbol{V}_{rc} \tag{2-1-1}$$

在附录[Ⅰ]中介绍的雷诺迁移定理，有

$$\int_m\frac{\delta\boldsymbol{H}}{\delta t}\mathrm{d}m=\frac{\delta}{\delta t}\int_m\boldsymbol{H}\mathrm{d}m+\int_{S_e}\boldsymbol{H}(\rho_m\boldsymbol{V}_{rb}\cdot\boldsymbol{n})\mathrm{d}S_e \tag{2-1-2}$$

其中：

$\boldsymbol{H}$——某一矢量点函数；

ρ_m——流体质量密度；

$\boldsymbol{V}_{rb}$——燃烧产物相对于火箭的速度；

$\boldsymbol{n}$——喷管截面 S_e 的外法向单位矢量。

式(2-1-2)表示被积函数的导数与积分的导数之间的关系。

运用式(2-1-2)，可将作用于火箭上的附加力和力矩具体表达式导出。

(1)附加相对力

由式(1-4-19)知附加相对力为

$$\boldsymbol{F}'_{ret}=-\int_m\frac{\delta^2\rho}{\delta t^2}\mathrm{d}m$$

将 $\delta\rho/\delta t$ 代替式(2-1-2)之 $\boldsymbol{H}$，即得

$$\boldsymbol{F}'_{rel} = -\frac{\delta}{\delta t}\int_m \frac{\delta\rho}{\delta t}\mathrm{d}m - \int_{S_e}\frac{\delta\rho}{\delta t}(\rho_m \boldsymbol{V}_{rb}\cdot\boldsymbol{n})\mathrm{d}S_e \tag{2-1-3}$$

将式(2-1-1)代入等式(2-1-3)右端第二积分式,则有

$$\int_{S_e}\frac{\delta\rho}{\delta t}(\rho_m \boldsymbol{V}_{rb}\cdot\boldsymbol{n})\mathrm{d}S_e = \int_{S_e}\boldsymbol{V}_{rb}(\rho_m \boldsymbol{V}_{rb}\cdot\boldsymbol{n})\mathrm{d}S_e - \int_{S_e}\boldsymbol{V}_{rc}(\rho_m \boldsymbol{V}_{rb}\cdot\boldsymbol{n})\mathrm{d}S_e \tag{2-1-4}$$

对火箭而言,质心 o_1 相对于箭体的速度 $\boldsymbol{V}_{rc}$ 与 $\mathrm{d}S_e$ 无关,而流动质点只有从火箭发动机喷口截面 S_e 处流出火箭体外,$\boldsymbol{V}_{rb}$ 只是指 S_e 面上的质点相对于箭体的速度。如果把 S_e 面上质点的排出速度看成是相同的,记 $\boldsymbol{V}_{rb}(\mathrm{d}S_e)=\boldsymbol{u}_e$,则 $\boldsymbol{V}_{rc}$、$\boldsymbol{u}_e$ 均可提到各积分号外面。

事实上有

$$\int_{S_e}(\rho_m \boldsymbol{V}_{rb}\cdot\boldsymbol{n})\mathrm{d}S_e = \dot{m} \tag{2-1-5}$$

$\dot{m}$ 称为质量秒耗量,且 $\dot{m}=\left|\frac{\mathrm{d}m}{\mathrm{d}t}\right|$。

式(2-1-4)可写为

$$\int_{S_e}\frac{\delta\rho}{\delta t}(\rho_m \boldsymbol{V}_{rb}\cdot\boldsymbol{n})\mathrm{d}S_e = \dot{m}\boldsymbol{u}_e - \dot{m}\boldsymbol{V}_{rc} \tag{2-1-6}$$

如果过 $\boldsymbol{S}_e$ 的各质点之速度 $\boldsymbol{V}_{rb}$ 不相同,则记

$$\boldsymbol{u}_e = \frac{1}{\dot{m}}\int_{S_e}\boldsymbol{V}_{rb}(\rho_m \boldsymbol{V}_{rb}\cdot\boldsymbol{n})\mathrm{d}S_e \tag{2-1-7}$$

仍可得式(2-1-5)之形式。

式(2-1-3)右端第一项积分式运用雷诺迁移定理则可写成

$$\int_m \frac{\delta\rho}{\delta t}\mathrm{d}m = \frac{\delta}{\delta t}\int_m \rho\mathrm{d}m + \int_{S_e}\rho(\rho_m \boldsymbol{V}_{rb}\cdot\boldsymbol{n})\mathrm{d}S_e \tag{2-1-8}$$

根据质心定义,该式右端第一项积分式为零。令喷口截面上任意一矢量 ρ 为火箭质心 o_1 到截面中心矢量 ρ_e 与截面中心到该点的矢量 $\boldsymbol{v}$ 之和,见图 2-1 所示,即有

$$\rho = \rho_e + \boldsymbol{v} \tag{2-1-9}$$

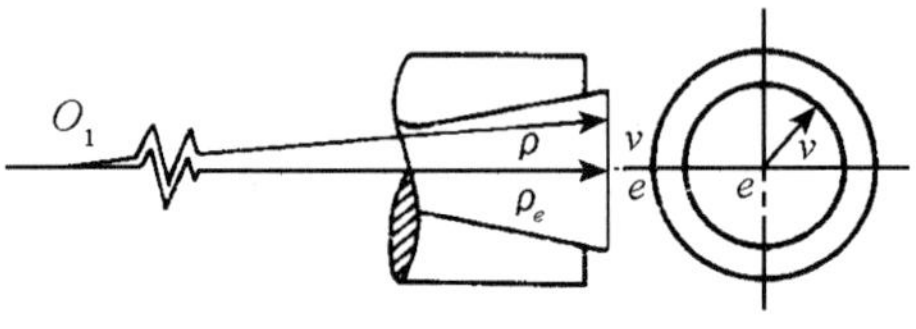

图 2-1 火箭喷口截面上质点位置矢径

如果过 S_e 的 $\boldsymbol{V}_{rb}$ 相同,且 S_e 对喷口截面中心点 e 为对称面,则

$$\int_{S_e}\boldsymbol{v}(\rho_m \boldsymbol{V}_{rb}\cdot\boldsymbol{n})\mathrm{d}S_e = 0 \tag{2-1-10}$$

因此,式(2-1-8)右端第二积分式即等于喷口截面中心矢径 ρ_e 与质量秒耗量 $\dot{m}$ 的乘积。而式(2-1-8)即可写为

$$\int_m \frac{\delta\rho}{\delta t}\mathrm{d}m = \dot{m}\rho_e \tag{2-1-11}$$

当然,如果 S_e 为不对称面时,则 ρ_e 即可用

$$\rho_e = \frac{1}{\dot{m}}\int_{S_e}\rho(\rho_m \boldsymbol{V}_{rb}\cdot\boldsymbol{n})\mathrm{d}S_e \tag{2-1-12}$$

计算得到。

这样，等式(2-1-3)右端第一项即可写成

$$\frac{\delta}{\delta t}\int_m \frac{\delta\rho}{\delta t}\mathrm{d}m = \dot{m}\dot{\rho}_e + \ddot{m}\rho_e \tag{2-1-13}$$

将式(2-1-6)、(2-1-13)代入式(2-1-3)即得

$$\boldsymbol{F}'_{rel} = -\dot{m}\dot{\rho}_e - \ddot{m}\rho_e - \dot{m}u_e + \dot{m}\boldsymbol{V}_{rc} \tag{2-1-14}$$

当考虑到火箭质点相对流动的非定常性很小，特别在火箭发动机稳定工作后，可认为是定常流动，即认为 $\ddot{m}=0$；而质心的相对速度 $\boldsymbol{V}_{rc}$ 及喷口截面中心矢径 ρ_e 的变化率 $\dot{\rho}_e$ 远小于 $\boldsymbol{u}_e$，因此，$\dot{m}\dot{\rho}_e$ 及 $\dot{m}\boldsymbol{V}_{rc}$ 均可忽略不计。这样，附加相对力就可写成

$$\boldsymbol{F}'_{rel} = -\dot{m}\boldsymbol{u}_e \tag{2-1-15}$$

并由此得出结论，附加相对力的大小与通过出口面 A_e 的线动量通量相等，而方向相反。

(2)附加哥氏力

由式(1-4-19)知，附加哥氏力为

$$\boldsymbol{F}'_k = -2\omega_T \times \int_m \frac{\delta\rho}{\delta t}\mathrm{d}m$$

将式(2-1-11)代入，则得

$$\boldsymbol{F}'_k = -2\dot{m}\omega_T \times \rho_e \tag{2-1-16}$$

(3)附加哥氏力矩

据表达式(1-4-23)有

$$\boldsymbol{M}'_k = -2\int_m \rho \times \left(\omega_T \times \frac{\delta\rho}{\delta t}\right)\mathrm{d}m \tag{2-1-17}$$

注意到

$$\frac{\delta}{\delta t}[\rho\times(\omega_T\times\rho)] = \frac{\delta\rho}{\delta t}\times(\omega_T\times\rho) + \rho\times\left(\frac{\mathrm{d}\omega_T}{\mathrm{d}t}\times\rho\right) + \rho\times\left(\omega_T\times\frac{\delta\rho}{\delta t}\right)$$

及

$$\frac{\delta\rho}{\delta t}\times(\omega_T\times\rho) = \omega_T\times\left(\frac{\delta\rho}{\delta t}\times\rho\right) + \rho\times\left(\omega_T\times\frac{\delta\rho}{\delta t}\right)$$

则有

$$2\rho\times\left(\omega_T\times\frac{\delta\rho}{\delta t}\right) = \frac{\delta}{\delta t}[\rho\times(\omega_T\times\rho)] - \rho\times\left(\frac{\mathrm{d}\omega_T}{\mathrm{d}t}\times\rho\right) - \omega_T\times\left(\frac{\delta\rho}{\delta t}\times\rho\right) \tag{2-1-18}$$

将该结果代入式(2-1-17)则有

$$\boldsymbol{M}'_k = -\int_m\left\{\frac{\delta}{\delta t}[\rho\times(\omega_T\times\rho)] - \rho\times\left(\frac{\mathrm{d}\omega_T}{\mathrm{d}t}\times\rho\right) - \omega_T\times\left(\frac{\delta\rho}{\delta t}\times\rho\right)\right\}\mathrm{d}m$$

将上式右端第一项运用雷诺迁移定理后，即有

$$\boldsymbol{M}'_k = -\frac{\delta}{\delta t}\int_m \rho\times(\omega_T\times\rho)\mathrm{d}m - \int_{S_e}\rho\times(\omega_T\times\rho)(\rho_m\boldsymbol{V}_{rb}\cdot\boldsymbol{n})\mathrm{d}S_e$$

$$+\int_{m}\rho\times\left(\frac{\mathrm{d}\omega_T}{\mathrm{d}t}\times\rho\right)\mathrm{d}m+\int_{m}\omega_T\times\left(\frac{\delta\rho}{\delta t}\times\rho\right)\mathrm{d}m \tag{2-1-19}$$

根据式(1-4-28)有

$$\int_{m}\rho\times(\omega_T\times\rho)\mathrm{d}m=\bar{\boldsymbol{I}}\cdot\omega_T$$

微分上式得

$$\frac{\delta}{\delta t}\int_{m}\rho\times(\omega_T\times\rho)\mathrm{d}m=\frac{\delta\bar{\boldsymbol{I}}}{\delta t}\cdot\omega_T+\bar{\boldsymbol{I}}\cdot\frac{\mathrm{d}\omega_T}{\mathrm{d}t} \tag{2-1-20}$$

将式(1-4-31)、(2-1-20)代入式(2-1-19)则得

$$\boldsymbol{M}'_k=-\frac{\delta\bar{\boldsymbol{I}}}{\delta t}\cdot\omega_T+\omega_T\times\int_{m}\frac{\delta\rho}{\delta t}\times\rho\mathrm{d}m-\int_{S_e}[\rho\times(\omega_T\times\rho)](\rho_m\boldsymbol{V}_{rb}\cdot\boldsymbol{n})\mathrm{d}S_e \tag{2-1-21}$$

将式(2-1-9)代入上式,并注意到当 S_e 为对称面,且过 S_e 的各质点之速度 $\boldsymbol{V}_{rb}$ 相同,则式(2-1-21)即可写为

$$\boldsymbol{M}'_k=-\frac{\delta\bar{\boldsymbol{I}}}{\delta t}\cdot\boldsymbol{\omega}_T-\dot{m}\rho_e\times(\omega_T\times\rho_e)$$
$$-\int_{S_e}\boldsymbol{v}\times(\omega_T\times\boldsymbol{v})(\rho_m\boldsymbol{V}_{rb}\cdot\boldsymbol{n})\mathrm{d}S_e+\omega_T\times\int_{m}\frac{\delta\rho}{\delta t}\times\rho\mathrm{d}m \tag{2-1-22}$$

上式为附加哥氏力矩的完整表达式。注意到火箭喷口截面尺寸较之火箭的纵向尺寸要小得多,因此上式中在 S_e 上的积分项可略去不计。而上式的最后一项表示火箭内部有质量对质心相对运动所造成的角动量。由于火箭中液体介质的相对速度很小;燃烧产物的气体质量也很小,且可将燃烧室的平均气流近似看成与纵轴平行。因此,该项积分也可略去不计。最后可认为附加哥氏力矩为

$$\boldsymbol{M}'_k=-\frac{\delta\bar{\boldsymbol{I}}}{\delta t}\cdot\omega_T-\dot{m}\rho_e\times(\omega_T\times\rho_e) \tag{2-1-23}$$

该力矩的第二项是由于单位时间内喷出的气流所造成的力矩,它起到阻尼作用,通常称为喷气阻尼力矩。第一项为转动惯量变化引起的力矩,对火箭来说,因为 $\delta\bar{\boldsymbol{I}}/\delta t$ 各分量为负值,所以该项起减小阻尼的作用,该力矩的量级约为喷气阻尼力矩的 30%。

(4)附加相对力矩

由式(1-4-23)有

$$\boldsymbol{M}'_{rel}=-\int_{m}\rho\times\frac{\delta^2\rho}{\delta t^2}\mathrm{d}m$$

将其改写为

$$\boldsymbol{M}'_{rel}=-\int_{m}\frac{\delta}{\delta t}\left(\rho\times\frac{\delta\rho}{\delta t}\right)\mathrm{d}m$$

运用雷诺迁移定理得:

$$\boldsymbol{M}'_{rel}=-\frac{\delta}{\delta t}\int_{m}\rho\times\frac{\delta\rho}{\delta t}\mathrm{d}m-\int_{S_e}\rho\times\frac{\delta\rho}{\delta t}(\rho_m\boldsymbol{V}_{rb}\cdot\boldsymbol{n})\mathrm{d}S_e$$

将式(2-1-1)代入上式,并利用式(2-1-11),则得

$$\boldsymbol{M}'_{rel} = -\frac{\delta}{\delta t}\int_m \rho \times \frac{\delta\rho}{\delta t}\mathrm{d}m - \int_{S_e}(\rho \times \boldsymbol{V}_{rb})(\rho_m\boldsymbol{V}_{rb} \cdot \boldsymbol{n})\mathrm{d}S_e + \dot{m}\rho_e \times \boldsymbol{V}_{rc} \tag{2-1-24}$$

截面 S_e 上的 $\boldsymbol{V}_{rb}$ 可分解为平均排气速度矢量 $\boldsymbol{u}_e$ 与截面上速度矢量 $\boldsymbol{V}_\eta$，即

$$\boldsymbol{V}_{rb} = \boldsymbol{u}_e + \boldsymbol{V}_\eta \tag{2-1-25}$$

由于 $\boldsymbol{V}_\eta$ 在截面 S_e 上具有对称性，则有

$$\int_{S_e}\boldsymbol{V}_\eta(\rho_m\boldsymbol{V}_{rb} \cdot \boldsymbol{n})\mathrm{d}S_e = 0 \tag{2-1-26}$$

将式(2-1-11)、(2-1-25)代入式(2-1-24)，同时利用式(2-1-5)、(2-1-10)及(2-1-26)可得到

$$\boldsymbol{M}'_{rel} = -\frac{\delta}{\delta t}\int_m\left(\rho \times \frac{\delta\rho}{\delta t}\right)\mathrm{d}m - \int_{S_e}(\upsilon \times \boldsymbol{V}_\eta)(\rho_m\boldsymbol{V}_{rb} \cdot \boldsymbol{n})\mathrm{d}S_e - \dot{m}\rho_e \times (\boldsymbol{u}_e - \boldsymbol{V}_{rc}) \tag{2-1-27}$$

按照与前述相同的理由，略去上式中含有体积分的项。同时，考虑到 $|\upsilon|$ 与 ρ_e 相比、$\boldsymbol{V}_{rc}$ 及 $\boldsymbol{V}_\eta$ 与 $\boldsymbol{U}_e$ 的绝对值相比均很小而略去，因此附加相对力矩可用下式近似表示：

$$\boldsymbol{M}'_{rel} = -\dot{m}\rho_e \times \boldsymbol{u}_e \tag{2-1-28}$$

至此，已推导出附加力和附加力矩的表达式，归纳如下：

$$\begin{cases}\boldsymbol{F}'_{rel} = -\dot{m}\boldsymbol{u}_e \\ \boldsymbol{F}'_k = -2\dot{m}\omega_T \times \rho_e \\ \boldsymbol{M}'_{rel} = -\dot{m}\rho_e \times \boldsymbol{u}_e \\ \boldsymbol{M}'_k = -\dfrac{\delta\bar{\boldsymbol{I}}}{\delta t}\cdot\omega_T - \dot{m}\rho_e \times (\omega_T \times \rho_e)\end{cases} \tag{2-1-29}$$

式中，质量秒耗量 $\dot{m}$、平均排气速度 $\boldsymbol{u}_e$ 当发动机确定后即为已知，惯量张量 $\bar{\boldsymbol{I}}$ 及 t 瞬时质心 o_1 至喷口截面中心的矢量矩 ρ_e 则决定于火箭总体设计及火箭燃烧情况，而火箭转动角速度 ω_T 为火箭运动方程中的一个变量。

2. 火箭发动机特性

相对力 $\boldsymbol{F}'_{rel}$ 实质是利用排出燃气所需的力产生推动火箭前进的反作用力。化学火箭发动机是将火箭自身携带的燃烧剂和氧化剂(统称为推进剂)送入燃烧室内进行化学反应(燃烧)。主要燃烧产物就是释放的化学能所加热了的燃气。由于这些热燃烧被限制在容积相当小的燃烧室内，所以燃气的热膨胀就导致高压。这些被压缩的燃气通过喷管膨胀而加速，产生作用于火箭的反作用力。

火箭所携带的推进剂的物理状态，可以分为液体推进剂、固体推进剂和固—液推进剂三种类型。与此对应的火箭叫做液体火箭、固体火箭和固—液火箭。

液体火箭的推进剂有单组元推进剂、双组元推进剂之分。单组元推进剂如过氧化氢(H_2O_2)或肼(N_2H_4)在催化剂的作用下进行分解，从而产生高温、高压燃气、双组元推进剂为自燃推进剂，如液氢—液氧、偏二甲肼—四氧化二氮等。以双组元推进剂为例的火箭发

动机工作状态是将推进剂分别贮存在燃料箱和氧化剂箱内，涡轮泵将推进剂送入燃烧室进行燃烧以产生高温、高压燃气。涡轮泵可以利用一部分燃气能量来驱动，也有采用独立的燃气发生器提供燃气来驱动。近代多级火箭发动机中多采用预燃室，即燃料与一部分氧化剂先在预燃室中进行化学反应，其预燃产物先去驱动涡轮泵，然后再进入主燃烧室，并在主燃烧室内与剩下的氧化剂进行反应。对于简单的液体火箭，可以用使推进剂箱内增压的方法来取代涡轮泵。

固体火箭是将全部推进剂装在燃烧室壳体内，在固体药柱表面进行燃烧。药柱的形状设计极为重要，因为药柱形状决定了固体火箭的相对力对时间的变化关系。固体推进剂可以是把燃料和氧化剂组合在一个分子内的推进剂(称双基药)，也可以是燃料和氧化剂的混合物(称复合药)。

固—液火箭发动机的氧化剂装在压力容器内并用挤压方式送入燃烧室，固体燃料在表面与氧化剂发生化学反应，从而产生高温、高压的燃烧产物。

不论哪种化学火箭发动机，为了获得其相对力，均需将火箭发动机装在试车台上进行热试车。火箭发动机在试车台上安装方式通常有水平安装、垂直安装。水平安装可能显得容易些，但大型火箭发动机的结构可能不十分合适于作水平试车，另外，对于液体火箭发动机，会由于点火延滞致使注入燃烧室内的推进剂未燃烧而留在燃烧室内，这样有可能导致爆炸。故常采用垂直安装。火箭发动机的静态试车是一门专业性很强的技术。不属本书讨论范畴，下面仅以水平安装试车原理给出发动机特征量。

图 2-2 为水平安装试车原理示意图。在试车台上，火箭处于静态试验过程，除了重力和试车台反作用力存在并相互抵消外，就只有轴向力。应注意的是该轴向力并不单纯是相对力 $-\dot{m}u_e$，还包括火箭表面大气静压力和喷管出口截面上燃气静压力所形成的轴向力，这两部分静压力称为静推力，记为 $\boldsymbol{P}_{st}$，它应为

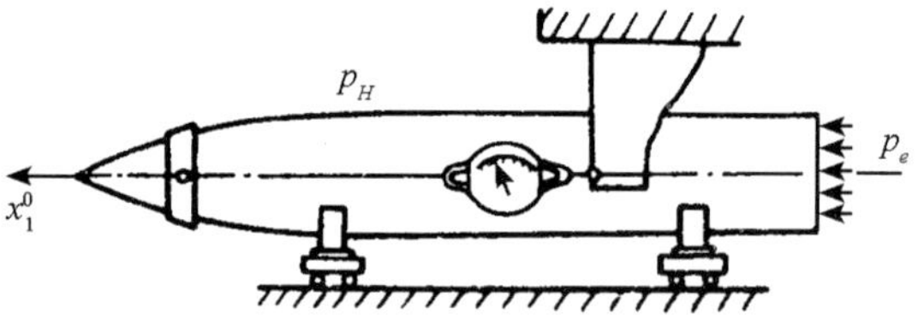

图 2-2　水平试车原理示意图

$$\boldsymbol{P}_{st} = \int_{S_e} \boldsymbol{p}\,\mathrm{d}s + \int_{S_b} \boldsymbol{p}_H\,\mathrm{d}s \tag{2-1-30}$$

其中：

S_e——喷口截面积；

S_b——箭体表面积(不包括 S_e 部分)；

$\boldsymbol{p}_H$——火箭试车台所在高度的大气压，其方向垂直于 S_b 表面；

$\boldsymbol{p}$——喷口截面上燃气静压，可取平均值 $\boldsymbol{p}_e$，其方向与 x_1 轴正向重合。

考虑到火箭外形具有对称性，则静推力为：

$$\boldsymbol{P}_{st} = S_e(p_e - p_H)\boldsymbol{x}_1^0 \tag{2-1-31}$$

其中 $\boldsymbol{x}_1^0$ 为火箭纵轴方向的单位矢量。

因此，一台发动机的推力(简称台推力)就定义为相对力 $-\dot{m}u_e$ 和静推力 P_{st}之和：

$$\boldsymbol{P} = -\dot{m}u_e + S_e(p_e - p_H)\boldsymbol{x}_1^0 \qquad (2-1-32)$$

与静推力对应,相对力 $-\dot{m}u_e$ 也称动推力或推力动分量。注意到排气速度 $\boldsymbol{u}_e$ 指向 $\boldsymbol{x}_1^0$ 的反向,故推力值为

$$P = \dot{m}u_e + S_e(p_e - p_H) \qquad (2-1-33)$$

气动力学计算和实验表明,在一定范围内可以认为排气速度 u_e 不变,同时排气端面的压力 p_e 正比于秒消耗量 $\dot{m}$,因此,u_e、$p_e/\dot{m}$ 这两个量与外部大气压 p_H 无关。故可记

$$u'_e = u_e + S_e\frac{p_e}{\dot{m}} \qquad (2-1-34)$$

u'_e 称为有效排气速度。

因此,式(2-1-33)可表示为

$$P = \dot{m}u'_e - S_e p_H \qquad (2-1-35)$$

在真空时,有

$$P_v = \dot{m}u'_e \qquad (2-1-36)$$

在地面时,有

$$P_0 = \dot{m}_0 u'_e - S_e p_0 \qquad (2-1-37)$$

其中 p_0 为地面大气压;$\dot{m}$ 为地面时发动机秒流量。

由式(2-1-37)有

$$u'_e = \frac{P_0 + S_e p_0}{\dot{m}_0} \qquad (2-1-38)$$

有效排气速度 u'_e 可由地面发动机试车来确定。

显然,推力也可写为

$$P = \frac{\dot{m}}{\dot{m}_0}(P_0 + S_e p_0) - S_e p_H \qquad (2-1-39)$$

这里 $\dot{m}$ 与 $\dot{m}_0$ 不同,是基于对远程火箭在火箭加速飞行过程中由于加速度及泵等工作状态有变化这个因素的考虑。一般情况下,不考虑 $\dot{m}$ 的变化,即认为 $\dot{m} = \dot{m}_0 =$ 常数,则式(2-1-39)写为

$$P = P_0 + S_e(p_0 - p_H) \qquad (2-1-40)$$

或者

$$P = P_v - S_e p_H \qquad (2-1-41)$$

现引入描述发动机性能的一个重要指标:比推力(或称比冲量)。它的定义为:发动机在无限小时间间隔 δt 内产生的冲量 $p\delta t$ 与该段时间间隔内消耗的推进剂重量 $\dot{m}g_0\delta t$ 之比,即

$$P_{SP} = \frac{P\delta t}{\dot{m}g_0\delta t} = \frac{P}{\dot{m}g_0} \qquad (2-1-42)$$

式中 g_0 为海平面标准重力加速度。

将式(2-1-35)代入上式即有

$$P_{sp} = \frac{u'_e}{g_0} - \frac{S_e p_H}{\dot{m}g_0} \qquad (2-1-43)$$

由上式可知真空比推力 $I_{SP.V}$ 与地面比推力 $P_{SP.0}$ 分别为

$$P_{SP.V}=\frac{u'_e}{g_0} \tag{2-1-44}$$

$$P_{SP.0}=\frac{u'_e}{g_0}-\frac{S_e p_0}{m g_0}=\frac{P_0}{G_0} \tag{2-1-45}$$

从地面到真空，比推力可增加 10% ~ 15%。

对于固体推进剂，P_{sp} 大致在 200s ~ 300s，现代的液体推进剂的 P_{sp} 较高，约在 250s ~ 460s。固液混合推进剂组合的比推力通常略高于固体推进剂。

火箭飞行过程中，单台液体发动机的推力随时间的变化曲线如图 2 - 3 所示。当发出发动机点火指令后，火箭推力由 0 开始急剧增加。当 $P(t_0)=G(t_0)$ 时，火箭推力即使火箭开始加速、离开发射台。发动机由点火到额定工作状态有一段时间，设 t_1 为火箭发动机达到额定工作状态的时刻。随后随着火箭离地面的高度增加而使得大气静压力 $S_e P_H$ 减小，即静推力增大，所以 P 在增大，最大为真空推力 P_v。当火箭运动状态达到所要求的指标时，则发出关闭发动机指令，记该时刻为 t_2。但在关机指令发出后，燃烧室由于有剩余推进剂的燃烧仍然产生推力，直至燃烧完全结束，推力才为 0，记该瞬时为 $t_{p=0}$。由 t_2 至 $t_{p=0}$ 这段时间内发动机燃烧室剩余燃料所产生的推力会造成推力冲量 I，其大小可表示为

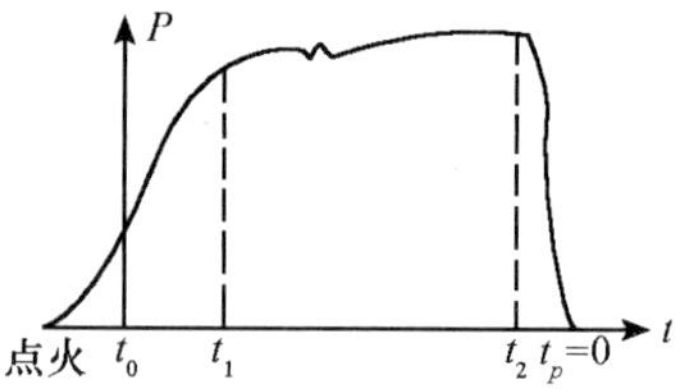

图 2 - 3　单台发动机在飞行过程中 $p(t)$ 示意图

$$I=\int_{t_2}^{t_{p=0}} P(t)\,\mathrm{d}t \tag{2-1-46}$$

推力冲量 I 又称后效冲量。它是一随机变量，变化范围约为平均值的 15%。这种瞬变特性对导弹的级间分离或头体分离是有影响的，更重要的是它直接影响导弹的精度。

为了减少推力冲量对导弹运动的影响，在关机之前可先下达“预备关机指令”，使发动机先工作在输入较少推进剂的工作状态。然后当火箭运动状态满足所要求的指标时，再下达全部关闭发动机的命令，停止推进剂的供应，这样发动机燃烧室内剩余的推进剂较少，从而减少后效冲量。

现代火箭是采用先关闭主发动机，然后由几个很小推力的发动机（游动发动机）继续工作，使火箭运动满足规定指标时，再关闭小推力发动机，以达到减小后效冲量影响的目的。

§2.2　引力和重力

1. 引力

对于一个保守力场，场外一单位质点所受到该力场的作用力称为场强，记作 $\boldsymbol{F}$，它是矢量场。场强 $\boldsymbol{F}$ 与该质点在此力场中所具有的势函数 U，有如下关系

$$\boldsymbol{F} = \mathrm{grad}\,U \tag{2-2-1}$$

式中势函数 U 为一标量函数，又称引力位。

地球对球外质点的引力场为一保守力场，若设地球为一均质圆球，可把地球质量 M 看作集中于地球中心，则地球对球外距地心为 r 的一单位质点的势函数为

$$U = \frac{fM}{r} \tag{2-2-2}$$

其中，f 为万有引力常数。

记 $\mu = fM$，称为地球引力系数。

由式(2-2-1)可得地球对距球心 r 处一单位质点的场强为

$$\mathbf{g} = -\frac{fM}{r^2}\boldsymbol{r}^0 \tag{2-2-3}$$

场强 **g** 又称为单位质点在地球引力场中所具有的引力加速度矢量。

显然，若地球外一质点具有的质量为 m，则地球对该质点的引力即为

$$\boldsymbol{F} = m\mathbf{g} \tag{2-2-4}$$

实际地球为一形状复杂的非均质的物体，要求其对地球外一点的势函数，则需对整个地球进行积分来获得，即

$$U = f\int_M \frac{\mathrm{d}m}{\rho} \tag{2-2-5}$$

式中，$\mathrm{d}m$ 为地球单元体积的质量，ρ 为 $\mathrm{d}m$ 至空间所研究的一点的距离。

由上式看出，要精确地求出势函数，则必须已知地球表面的形状和地球内部的密度分布，才能计算该积分值。这在目前还是很难做到的。应用球函数展开式可导出地球的引力位的标准表达式为

$$U = \frac{fM}{r}\left[1 + \sum_{n=2}^{\infty}\sum_{m=0}^{n}\left(\frac{a_e}{r}\right)^n (C_{nm}\cos m\lambda + S_{nm}\sin m\lambda) P_{nm}(\sin\phi)\right] \tag{2-2-6}$$

也可写为

$$U = \frac{fM}{r} - \frac{fM}{r}\sum_{n=2}^{\infty}\left(\frac{a_e}{r}\right)^n J_n P_n(\sin\phi) + \frac{fM}{r}\sum_{n=2}^{\infty}\sum_{m=1}^{n}\left(\frac{a_e}{r}\right)^n (C_{nm}\cos m\lambda + S_{nm}\sin m\lambda) P_{nm}(\sin\phi) \tag{2-2-7}$$

上两式中：

a_e 为地球赤道平均半径；

J_n 为带谐系数，而 $J_n = -C_{no}$；

C_{nm}、S_{nm}(其中 $n \neq m$)称为田谐系数，$n = m$ 时，称为扇谐系数；

$P_n(\sin\phi)$称为勒让德函数；

$P_{nm}(\sin\phi)$称为缔合勒让德函数；

ϕ、λ 为地球之地心纬度和经度。

式(2-2-7)的物理意义可这样理解：该式右端之第一项即为地球为圆球时所具有的引力位；右端之第二项含有带谐系数，故称作带谐项，它是将地球描述成许多凸形和凹形的带(如图 2-4(a)所示)，用以对认为地球是球形所得引力位的修正，该项又称为带谐函

数；右端之第三项中，$n \neq m$ 的部分，即含田谐系数的项，它将地球描述成凸凹相间如同棋盘图形（如图 2-4(b)所示），用以对第一项修正，该部分称为田谐项，也称田谐函数，而 $n = m$ 的部分，则为将地球描述成凸凹的扇形（如图 2-4(c)所示），也是修正项，该部分含有扇谐系数，故称扇谐项或扇谐数。

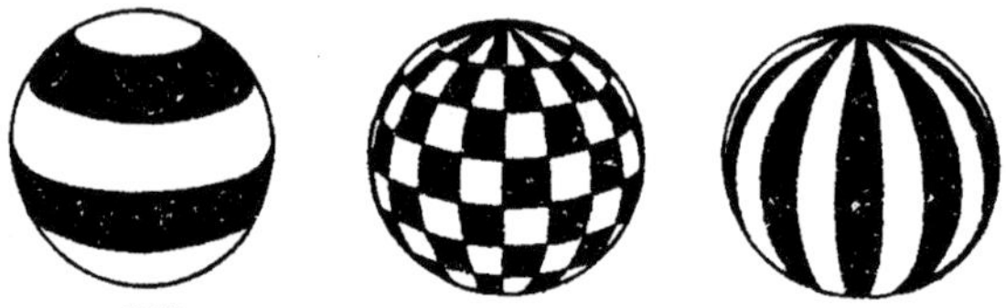

图 2-4　各种谐函数示意图

由式(2-2-7)可知，如果知道谐系数的值，就可描绘出地球的引力位，事实上，该式之 n 是由 2 至无穷大，要全部给出这些系数是不可能的。但随着空间事业的不断发展，观测数据不断增多，因而，谐系数的求解也日趋完善。美国哥达德(Goddard)宇航中心发表的地球模型 GEM-10C，给出了 $n = 180$ 的三万多个谐系数。

不同的地球模型，所得到的谐系数有所差异，对于两轴旋转椭球体，且质量分布对于地轴及赤道面有对称性，则该椭球体对球外单位质点的引力位 U 为无穷级数

$$U = \frac{fM}{r}\left[1 - \sum_{n=1}^{\infty} J_{2n}\left(\frac{a_e}{r}\right)^{2n} P_{2n}(\sin\phi)\right] \quad (2-2-8)$$

式中各符号意义同式(2-2-7)，该式中仅存在偶阶带谐系数 J_{2n}。

式(2-2-8)所表示的引力位 U 通常称为正常引力位，考虑到工程实际使用中的精度取至 J_4 即可，则把

$$U = \frac{fM}{r}\left[1 - \sum_{n=1}^{2} J_{2n}\left(\frac{a_e}{r}\right)^{2n} P_{2n}(\sin\phi)\right] \quad (2-2-9)$$

取作正常引力位。

由于谐系数与地球模型有关，不同的地球模型下谐系数有差异，但 J_2、J_4 中，前者是统一的，后者差异较小。我国采用 1975 年国际大地测量协会推荐的数值：除第一章介绍的总地球椭球体的参数值 ω_e、a_e、α_3、fM 外，带谐系数值为

$$J_2 = 1.08263 \times 10^{-3}$$

$$J_4 = -2.37091 \times 10^{-6}$$

式(2-2-9)中勒让德函数为

$$P_2(\sin\phi) = \frac{3}{2}\sin^2\phi - \frac{1}{2}$$

$$P_4(\sin\phi) = \frac{35}{8}\sin^4\phi - \frac{15}{4}\sin^2\phi + \frac{3}{8}$$

在弹道设计和计算中，有时为了方便，还可近似取式(2-7-9)中之 J_2 为止的引力位作为正常引力位，即

$$U = \frac{fM}{r}\left[1 + \frac{J_2}{2}\left(\frac{a_e}{r}\right)^2(1 - 3\sin^2\phi)\right] \quad (2-2-10)$$

值得指出的是正常引力位是人为假设的，不论是式(2-2-9)或式(2-2-10)，其所表示的正常引力位与实际地球的引力位均有差别，这一差别称为引力位的异常。若要求弹道计算的精度较高，则需顾及引力位异常的影响。

在以后的讨论中，均取式(2-2-10)作为正常引力位。

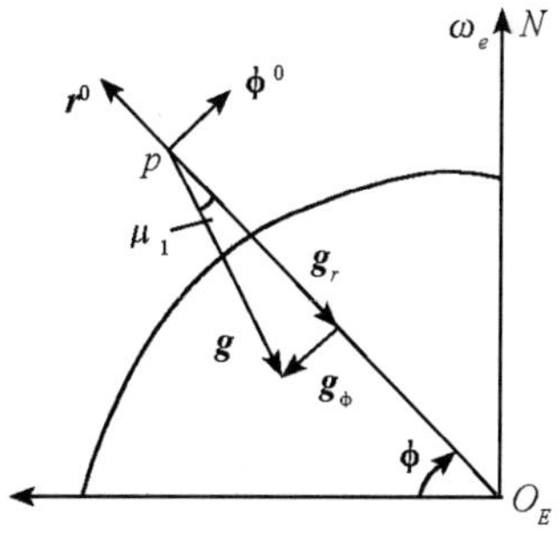

图 2-5 g 在 $\mathbf{r}^0$ 与 ϕ^0 上投影

有了势函数后即可运用式(2-2-1)求取单位质量质点受地球引力作用的引力加速度矢量 $\boldsymbol{g}$。由式(2-2-10)可见正常引力位仅与观测点的距离 r 及地心纬度 ϕ 有关。因此，引力加速度 $\boldsymbol{g}$ 总是在地球地轴与所考察的空间点构成的平面内，该平面与包含 $\boldsymbol{r}$ 在内的子午面重合，如图 2-5 所示。

对于位于 P 点的单位质量质点而言，为计算该点的引力加速度矢量，作为 P 点的子午面。令 $\overline{O_EP} = \boldsymbol{r}$，$\boldsymbol{r}$ 的单位矢量为 $\boldsymbol{r}^0$，并令在此子午面内垂直 $\overline{O_EP}$ 且指向 ϕ 增加方向的单位矢量为 ϕ^0，则引力加速度 $\boldsymbol{g}$ 在 $\boldsymbol{r}^0$ 及 ϕ^0 方向的投影分别为

$$\begin{cases} g_r = \dfrac{\partial U}{\partial r} = -\dfrac{fM}{r^2}\left[1 + \dfrac{3}{2}J_2\left(\dfrac{a_e}{r}\right)^2(1 - 3\sin^2\phi)\right] \\ g_\phi = \dfrac{1}{r}\dfrac{\partial U}{\partial \phi} = -\dfrac{fM}{r^2}\dfrac{3}{2}J_2\left(\dfrac{a_e}{r}\right)^2\sin 2\phi \end{cases} \tag{2-2-11}$$

令

$$J = \frac{3}{2}J_2$$

则

$$\begin{cases} g_r = -\dfrac{fM}{r^2}\left[(1 + J\left(\dfrac{a_e}{r}\right)^2(1 - 3\sin^2\phi)\right] \\ g_\phi = -\dfrac{fM}{r^2}J\left(\dfrac{a_e}{r}\right)^2\sin 2\phi \end{cases} \tag{2-2-12}$$

显见，当上式中不考虑含 J 的项，即得

$$\begin{cases} g_r = -\dfrac{fM}{r^2} \\ g_\phi = 0 \end{cases}$$

因此，含 J 的项，即是考虑了地球扁率后，对作为均质圆球的地球的引力加速度的修正，而且当考虑地球扁率时，还有一个方向总是指向赤道一边的分量 g_ϕ，这是由于地球的赤道略为隆起，此处质量加大的原因而引起的。

为了计算方便，常常把引力加速度投影在矢径 $\boldsymbol{r}$ 和地球自转 ω_e 方向。显然，这只需将矢量 g_ϕ 分解到 $\boldsymbol{r}$ 及 ω_e 方向上即可。由图 2-5 可看出

$$g_\phi = g_{\phi r}\boldsymbol{r}^0 + g_{\phi\omega_e}\omega_e^0 = -g_\phi\tan\phi\boldsymbol{r}^0 + \frac{g_\phi}{\cos\phi}\omega_e^0 \tag{2-2-13}$$

将式(2-2-12)之 g_ϕ 代入上式可得

$$g_\phi = 2\frac{u}{r^2}J(\frac{a_e}{r})^2\sin^2\phi\boldsymbol{r}^0 - 2\frac{u}{r^2}J(\frac{a_e}{r})^2\sin\phi\omega_e^0 \quad (2-2-14)$$

这样引力加速度矢量可表示成下面两种形式

$$g = g_r\boldsymbol{r}^0 + g_\phi\phi^0 \quad (2-2-15)$$

或

$$g = g'_r\boldsymbol{r}^0 + g_{\omega e}\omega_e^0 \quad (2-2-16)$$

其中

$$\begin{cases} g'_r = g_r + g_{\phi r} = -\frac{fM}{r^2}\left[1 + J(\frac{a_e}{r})^2(1-5\sin^2\phi)\right] \\ g_{\omega e} = g_{\phi\omega e} = -2\frac{fM}{r^2}J(\frac{a_e}{r})^2\sin\phi \end{cases} \quad (2-2-17)$$

由图 2-5 看到引力加速度矢量 $\boldsymbol{g}$ 与该点的矢径 $\boldsymbol{r}$ 的夹角 μ_1 为

$$\tan\mu_1 = g_\varphi / g_r \quad (2-2-18)$$

考虑到 μ_1 很小,近似取 $\tan\mu_1 \approx \mu_1$。在将式(2-2-11)代入上式右端后取至 J 的准确度时式(2-2-18)可整理得

$$\mu_1 \approx J(\frac{a_e}{r})^2\sin 2\phi \quad (2-2-19)$$

对于地球为两轴旋转椭球体的情况,其表面任一点满足椭圆方程

$$\frac{x^2}{a_e^2} + \frac{y^2}{b_e^2} = 1$$

设该点地心距为 r_0,则不难将上式写成

$$b_e^2 r_0^2\cos^2\phi + a_e^2 r_0^2\sin^2\phi = a_e^2 b_e^2$$

即有

$$r_0 = \frac{a_e b_e}{\sqrt{b_e^2\cos^2\phi + a_e^2\sin^2\phi}} \quad (2-2-20a)$$

注意到椭球的扁率为

$$\alpha_e = \frac{a_e - b_e}{a_e}$$

代入式(2-2-20a):

$$r_0 = \frac{a_e^2(1-\alpha_e)}{a_e\sqrt{(1-\alpha_e)^2\cos^2\phi + \sin^2\phi}} = a_e(1-\alpha_e)(1-2\alpha_e\cos^2\phi + \alpha_e^2\cos^2\phi)^{-\frac{1}{2}}$$

记

$$\chi = 2\alpha_e\cos^2\phi - \alpha_e^2\cos^2\phi$$

因为 χ 为小量,将其代入前式,并按级数展开,则可得两轴旋转体表面上任一点 r_0 与赤道半径 a_e 及该点地心距与赤道平面夹角 ϕ 之间有下列关系式

$$r_0 = a_e(1 - \alpha_e\sin^2\phi - \frac{3}{8}\alpha_e^2\sin^2 2\phi - \cdots) \quad (2-2-20b)$$

已知

$$a_e = \frac{a_e - b_e}{a_e} = \frac{1}{298.257}$$

故当考虑到扁率一阶项时，可将 a_e^2 以上项略去，则

$$\frac{a_e}{r_0} \approx \frac{1}{1 - a_e \sin^2 \phi}$$

$$(\frac{a_e}{r_0})^2 \approx \frac{1}{1 - 2a_e \sin^2 \phi} \approx 1 + 2a_3 \sin^2 \phi$$

将该结果代入式(2 - 2 - 19)，得

$$\mu_{10} = J(1 + 2a_e \sin^2 \phi)\sin 2\phi$$

J、a_e 均为小量，故在准确至 a_E 量级时，可取

$$\mu_{10} = J\sin 2\phi \tag{2-2-21}$$

该 μ_{10} 即为地球为旋转椭球体的表面一点引力加速度矢量 $\boldsymbol{g}$ 与该点地心矢径 r 的夹角，该角的大小是准确至 a_e 级的值。不难由式(2 - 2 - 21)看出，当 $\phi = \pm 45°$时，$|\mu_{10}|$取最大值：

$$|\mu_{10}| = J = 1.62395 \times 10^{-3}\,\text{rad} = 5.6'$$

由图 1 - 4 可知，空间任一点引力加速度大小为

$$g = g_r / \cos\mu_1$$

由于 μ_1 很小，取 $\cos\mu_1 \approx 1$，故

$$g = g_r = -\frac{fM}{r^2}\left[1 + J(\frac{a_e}{r})^2(1 - 3\sin^2\phi)\right] \tag{2-2-22}$$

当 $1 - 3\sin^2\phi = 0$，即 $\phi = 35°15'52''$时，有

$$g = -\frac{fM}{r^2}$$

将该 ϕ 角代入式(2 - 2 - 20)，在准确至 a_e 量级时，则有

$$r_0 = a_e(1 - a_3 \cdot \frac{1}{3}) = 6371.11\text{km}$$

通常将此 r_0 值取作球形引力场时的地球平均半径，记为 R。

2. 重力

如地球外一质量为 m 的质点相对于地球是静止的，该质点受到地球的引力为 $m\boldsymbol{g}$。另由于地球自身在以 ω_e 角速度旋转，故该质点还受到随同地球旋转而引起的离心惯性力，将该质点所受的引力和离心惯性力之和称为该质点所受的重力，记为 mg。则

$$mg = m\boldsymbol{g} + m\boldsymbol{a}'_e \tag{2-2-23}$$

其中 $\boldsymbol{a}'_e = -\omega_e \times (\omega_e \times \boldsymbol{r})$称离心加速度。

空间一点的离心惯性加速度 a'_e 是在该点与地轴组成的子午面内并与地轴垂直指向球外。将其分解到 $\boldsymbol{r}°$及 $\phi°$方向，其大小分别记为 a'_{er}、$a'_{e\phi}$，则可得

$$\begin{cases} a'_{er} = r\omega_e^2 \cos^2\phi \\ a'_{e\phi} = -r\omega_e^2 \sin\phi\cos\phi \end{cases} \tag{2-2-24}$$

显然，g 同属于$\boldsymbol{a}'_e$、g 所在的子午面内（图 2－6）。将式（2－2－11）与式（2－2－24）代入式（2－2－23）即可得到重力加速度 g 在该子午面内 $\boldsymbol{r}^{\circ}$ 及 ϕ° 方向的分量为

$$\begin{cases} g_r = -\dfrac{fM}{r^2}\left[1 + J\left(\dfrac{a_e}{r}\right)^2(1 - 3\sin^2\phi)\right] + r\omega_e^2\cos^2\phi \\ g_\phi = -\dfrac{fM}{r^2}J\left(\dfrac{a_e}{r}\right)^2\sin2\phi - r\omega_e^2\cos\phi\sin\phi \end{cases} \tag{2－2－25}$$

将上式经过整理可得如下形式：

$$\begin{cases} g_r = -\dfrac{fM}{r^2}\left[1 + J\left(\dfrac{a_e}{r}\right)^2(1 - 3\sin^2\phi) - q\left(\dfrac{r}{a_e}\right)^3\cos^2\phi\right] \\ g_\phi = -\dfrac{fM}{r^2}\left[J\left(\dfrac{a_e}{r}\right)^2 + \dfrac{q}{2}\left(\dfrac{r}{a_e}\right)^{e}\right]\sin2\phi \end{cases} \tag{2－2－26}$$

其中 $q = \dfrac{a_e\omega_e^2}{\dfrac{fM}{a_e^2}}$ 为赤道上离心加速度与引力加速度之比。

将 a_e、ω_e、fM 值代入可算得

$$q = 3.4614\times10^{-3} = 1.0324a_e$$

可见 q 与 a_e 是同量级的参数。

由图 2－6 可见，空间 P 点之重力加速度矢量在过该点的子午面内，g 的指向不通过地心，即 $\boldsymbol{g}$ 与 $\boldsymbol{r}$ 之间有一夹角 μ，该角可用

$$\tan\mu = \frac{g_\phi}{g_r}$$

算得。

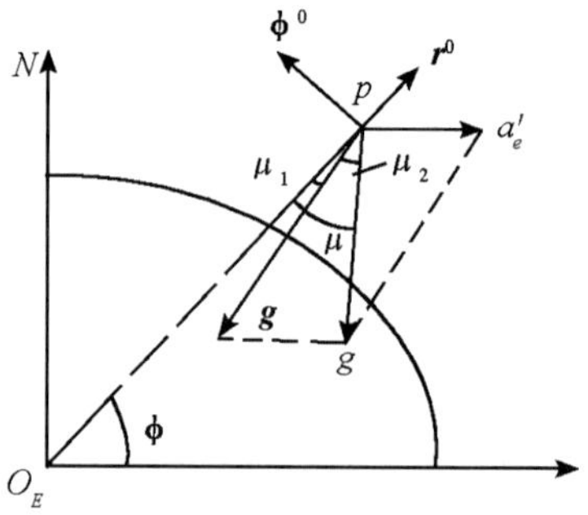

图 2－6　地球外一点的重力加速度示意图

当考虑到 μ 角很小，上式左端近似为 μ，而右端在准确到 a_e 量级时可展开得到：

$$\mu \approx J\left(\frac{a_e}{r}\right)^2\sin2\phi + \frac{q}{2}\left(\frac{r}{a_e}\right)^3\sin2\phi \tag{2－2－27}$$

式（2－2－27）右端第一项即为 μ_1，它是 $\boldsymbol{g}$ 与 r 的夹角；记第二项为 μ_2，它是由于有离心加速度存在造成的 g 与 $\boldsymbol{g}$ 之间的夹角，则式（2－2－27）可记为

$$\mu = \mu_1 + \mu_2$$

火箭发射时是以发射点的垂线方向亦即 g 的方向定向。当将地球形状视为一两轴旋转椭球体时，在椭球表面上任一点的重力垂线即为椭球面上过该点的法线。如图 2－7 所示，该法线从发射点 O 到与地轴交点 M 的长度 OM，称为椭球面上 o 点的卯酉半径，记为 N，M 称为卯酉中心。N 与赤道平面的夹角记为

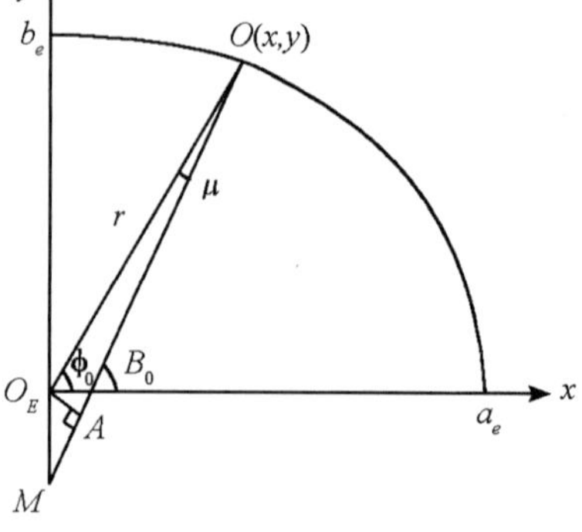

图 2－7　椭球表面一点卯酉半径

B,即为地理纬度。而 M 与椭球中心 O_E 之间的距离为 O_EM。由于椭球面上各点的法线不指向同一中心,故 M 点是沿地轴移动的,即 O_EM 的长度与 o 点在椭球面上的位置有关。

发射点 o 所在子午面的椭圆曲线方程为

$$\frac{x^2}{a_e^2} + \frac{y^2}{b_e^2} = 1$$

则过 O 点的椭圆法线的斜率为

$$\tan B_0 = -\frac{\mathrm{d}x}{\mathrm{d}y} = \frac{y}{x}\frac{a_e^2}{b_e^2}$$

而过 o 点的矢径 $\boldsymbol{r}$ 与赤道平面的夹角为地心纬度 ϕ_0,由图 2-7 可知

$$\tan\phi_0 = \frac{y}{x}$$

则地理纬度 B_0 与地心纬度 ϕ_0 之间有下列严格关系

$$\tan B_0 = \frac{a_e^2}{b_e^2}\tan\phi_0 \tag{2-2-28}$$

当知道 B_0、ϕ_0 中任一参数值,即可准确求得另一个参数值,从而可求得

$$\mu_0 = B_0 - \phi_0 \tag{2-2-29}$$

由图 2-7,过 O_E 作 OM 垂线交于 A,并注意到 μ 为一微量,则有

$$O_EM = \frac{O_EA}{\cos B_0} \approx \frac{r_0\mu_0}{\cos B_0} \tag{2-2-30}$$

将 $b_e = a_e(1 - a_e)$ 代入式(2-2-28),并准确到 a_e 量级时,有

$$\tan B_0 - \tan\phi_0 = 2a_e\tan\phi_0$$

由于

$$\tan B_0 - \tan\phi_0 = \frac{\sin(B_0 - \phi_0)}{\cos B_0\cos\phi_0}$$

则得

$$\sin(B_0 - \phi_0) = 2a_e\sin\phi_0\cos B_0$$

注意到式(2-2-29)且考虑到 μ 很小,故有

$$\mu_0 = a_e\sin 2B_0 = a_e\sin 2\phi_0 \tag{2-2-31}$$

不难看出,在椭球面上,当 $\phi = \pm 45°$时,μ 取最大值,即

$$\mu_{0\max} = a_e = 11.5'$$

将式(2-2-31)代入式(2-2-30)可得

$$O_EM = 2r_0a_e\sin B_0 = 2r_0a_e\sin\phi_0 \tag{2-2-32}$$

此时卯酉半径 N 为

$$\begin{aligned} N &= OA + AM = r_0 + O_EM\sin B_0 \\ &= r_0(1 + 2a_e\sin^2 B_0) \end{aligned} \tag{2-2-33}$$

将式(2-2-20)代入上式,略去 a_e^2 以上各项,则得

$$N = a_e(1 + \alpha_e \sin^2 B_0) \tag{2-2-34}$$

由上式可见:在赤道上,$N = a_e$;在非赤道面上任一点的卯酉半径均大于赤道半径 a_e,最大的卯酉半径是两极点处的值,为 $a_e(1+\alpha_e)$。

由图 2-6 可知空间任一点的重力加速度大小为

$$g = g_r / \cos\mu$$

在准确到 α_e 量级时,可取 $\cos\mu = 1$,则

$$g \approx g_r = -\frac{fM}{r^2}\left[1 + J\left(\frac{a_e}{r}\right)^2(1 - 3\sin^2\phi) - q\left(\frac{r}{a_e}\right)^3\cos^2\phi\right] \tag{2-2-35}$$

§2.3 地球大气与空气动力、气动力矩

1. 地球大气

虽然地球大气的全部质量大约仅为地球质量的百万分之一,可是大气对火箭的动力飞行弹道、近地卫星运行轨道和各种再入飞行器运动弹道均有较大的影响。这是因为任何物体只要有相对于大气的运动都会产生空气动力,故需介绍一些有关大气特性的基本知识。

(1)大气分层

为了讨论大气的一般特性,比较方便的办法是根据大气的温度分布,把它分成几层。

对流层 此为大气的最底层,它的底界是地面,顶部所在高度在赤道地区约为 18km,在两极地区只有 8km 左右。在对流层中集中了整个大气层质量的 75% 左右及水汽的 95%。该层是大气变化最复杂的层次,一些大气现象,如风、云、雾、雷暴、积冰等均出现在这一层中。该层的主要特征:

(Ⅰ)大气沿垂直方向上、下对流。地球表面和大气的热量主要来源是:太阳的辐射能、地球内部的热量、来自宇宙中其它星体的辐射能。据计算,来自太阳的热量比其它星球来的热量大一亿倍,比来自地球内部的热量大一万倍。而太阳辐射能有 51% 被地面吸收,19% 被大气和云吸收,30% 被大气层反射、散射回宇宙空间,故地球表面温度较大气高。地球就像一个大火炉,使下面的大气受热上升,上面冷空气下降,这就发生了空气的对流。

(Ⅱ)在该层内气温随高度离地面距离的增加而下降,平均而言,每上升 100m,气温下降 0.65℃。因此,对流层顶部的温度常常低于摄氏零下五、六十度。

(Ⅲ)该层大气的密度和压力随高度增加而减小,到对流层的顶部,密度是地球表面处的 30% 左右,压力是地球表面处的 22% 左右。

平流层 这一层范围高度在 11km 上下到 50km 上下。由高度 11km 上下到 30km 上下,称为同温层。在同温层中,大气从太阳吸收的热量等于散射的热量,温度几乎保持不变,对流运动比对流层显著减弱,整层的气流比较平稳。而高度由 30~50km 这一区间,因存在臭氧(O_3),故称臭氧层。因臭氧对太阳辐射的波长在 0.2~0.3μm 的短波紫外线的吸

收能力强，愈接近太阳吸收能力愈强，在这种辐射作用下，臭氧发生分解，产生热量，使臭氧层温度随着高度的增加而增加。在整个平流层中，随着高度的升高，大气的密度和压力一直是下降的，如在50km处的值，只有地球表面处相应值的0.08%。

中间层(也叫散逸层)　高度在50~90km上下范围。该层内温度随高度增加而下降，原因之一是臭氧浓度降低为零，另一原因是在该层内没有使温度明显变化的放热化学反应。

电离层　该层大约从50km高度起，延伸到地球上空数百公里处。其特点是空气成份被强烈地电离，因而有大量的自由电子存在。由于该层内空气密度已经很低，自由电子与正离子不会很快地复合。因此，即使在夜间不存在产生电离的太阳辐射时，电离层还继续存在。

热成层　高度为90~500km的区域。该层内温度随着高度的增加急剧升高，到达300~500km处，温度就达到所谓的外逸层温度，在此高度以上，分子动力温度保持不变，热成层的大气状况受太阳活动的强烈影响，在太阳扰动期间太阳的紫外辐射和微粒子辐射增强，使得大气压强、密度和平均分子量有较明显的变化。

外逸层　高度处于500km以上。这时空气密度极低，在1000km处，密度小于10^{-13} kg/m^3，此时作用在宇宙飞行器上的空气动力基本上可以略去不计。

对于运载火箭而言，比上述高度低得多的高度上，大气的影响就小得可以不予考虑，一般只考虑到80~90km处。

图2-8给出了各层的高度范围和温度随高度的变化曲线。

图2-9给出了大气的压强p、密度ρ和平均分子量μ随高度的变化关系。

(2)标准大气

运载火箭飞行状态是随高度变化的连续函数，它与随高度变化的大气状态参数(压强p、密度ρ、温度T及音速a等)有密切关系。实际大气中状态参数的变化是复杂的，它们不仅随高度变化，而且还与地理纬度、季节、昼夜及其它偶然因素有关。

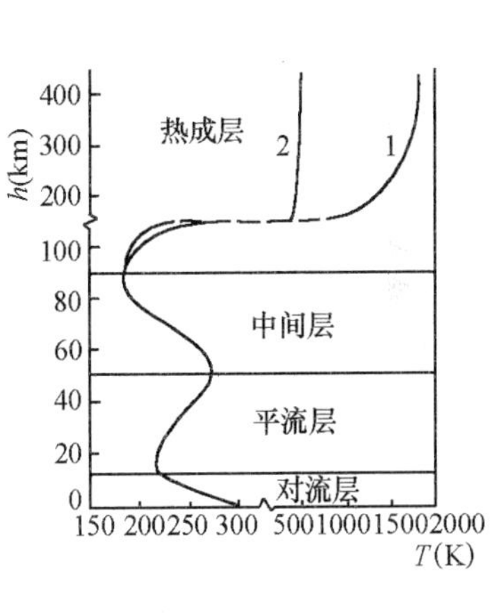

1. 强太阳活动　2. 弱太阳活动

图2-8　大气分层和温度沿高度的变化

在进行运载火箭弹道设计及计算时，只需要掌握大气变化的基本规律或基本状态，没有必要也不可能考虑实际发射时具体天气状态。即使在进行飞行试验或实际战斗使用时，需顾及实际大气状态，也只需考虑实际大气状态与基本状态的差别带来的影响。在实际工作中常采用下列两种方法来解决有关大气状态参数基本规律或状态。

1)根据气体状态方程和流体静力学平衡方程导出大气变化规律作为标准分布

在物理学中已介绍气体状态方程为

$$p=\frac{\bar{R}}{\mu}\rho T \tag{2-3-1}$$

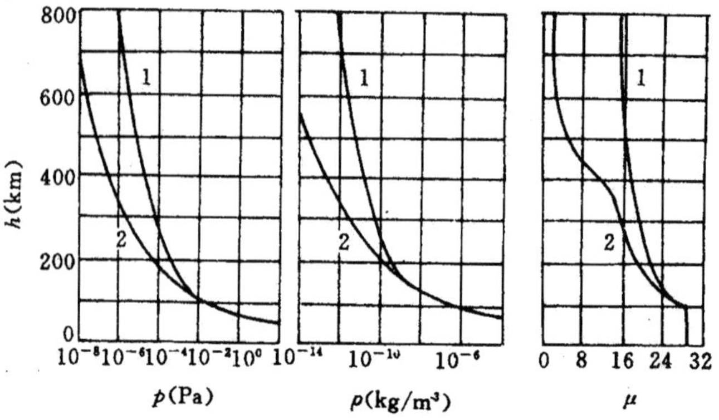

1. 强太阳活动　2. 弱太阳活动

图 2－9　压力、密度和平均分子量随高度的变化

其中：

$\bar{R}$ 为通用气体常数，其值为 $8.31431 \pm 0.31 \mathrm{J/mol \cdot K}$；

μ 为气体分子数，在高度为 0～90km 范围内取 $\mu = \mu_0 = 28.964$。

由式(2－3－1)看出，大气参数 p、ρ、T 中的任意两个已知则可求出第三个参数。所以这三个参数中只有两个是独立的。

实际使用中，气体状态方程常采用的形式是

$$p = R g_0 \rho T \tag{2-3-2}$$

其中 $R = \dfrac{\bar{R}}{\mu g_0}$ 称为标准气体常数。

(Ⅰ)温度 T 随高度的标准分布

根据图 2－8 之温度随高度的变化曲线，在 h 为 0～80km 范围内可近似用一组折线来表示温度与高度的变化关系，如图 2－10 所示，显然，这就可用直线方程来描述各段的变化规律

$$T(h) = T_0 + Gh \tag{2-3-3}$$

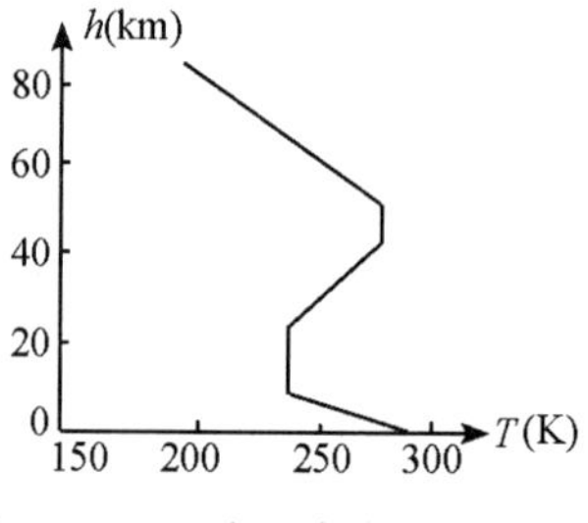

图 2－10　温度随高度变化的近似折线示意图

其中：

T_0——每一层底层的温度；

G——每一层的温度梯度；

h——距该层底层的高度。

显然，对于不同的层，取值不同，例如，对流层中，取 $G = -0.65° \times 10^{-2}/\mathrm{m}$；同温层中，取 $G = 0$。

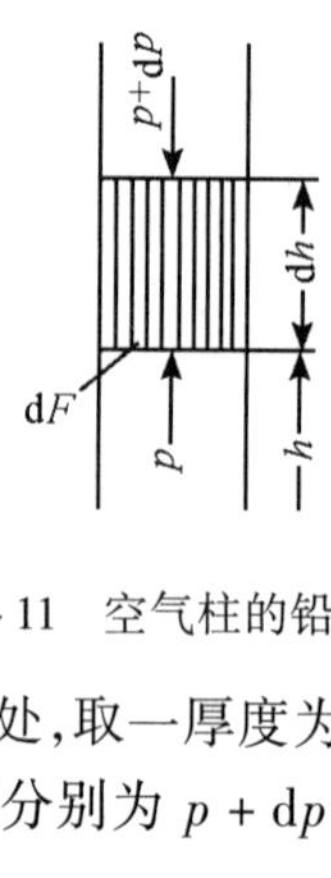

图 2－11　空气柱的铅垂平衡

(Ⅱ)气压 p 随高度的标准分布

大气的实际压强 p 和气温一样，变化是复杂的。为了求得其标准分布，引入“大气垂直平衡”假设。即认为大气在铅垂方向是静止的，处于力的平衡状态。据此可在离地面 h 处，取一厚度为 $\mathrm{d}h$ 的气柱，见图 2－11。气柱的上、下底面积为 $\mathrm{d}F$。设上、下底面处气压分别为 $p + \mathrm{d}p$ 和 p。现

以此 dh 厚的气体为示力对象，则其上、下底面处分别受力为 $(p+dp)dF$ 和 pdF 的作用。该气柱的重量为 $\rho g\,dFdh$。根据假设此三力平衡，则

$$(p+dp)dF+\rho g dFdh-pdF=0$$

即有

$$dp=-\rho g dh \tag{2-3-4}$$

由此可知，大气压强为单位面积气柱的重量所产生。由气体状态方程有

$$\rho=\frac{p}{RTg_0}$$

将其代入式(2-3-4)，则有

$$\frac{dp}{p}=-\frac{g}{RTg_0}dh$$

上式积分可得

$$p=p_0 e^{-\frac{1}{Rg_0}\int_0^h \frac{g}{T}dh} \tag{2-3-5}$$

其中 p_0 为 $h=0$ 处大气压强。

令

$$H=\frac{1}{g_0}\int_0^h g dh \tag{2-3-6}$$

H 为地势高度，相当于具有同等势能的均匀重力场中的高度。地势高度 H 总小于几何高度 h，但在高度不大时二者差别较小。

利用式(2-3-6)，可将式(2-3-5)改写为

$$p=p_0 e^{-\frac{1}{R}\int_0^H \frac{dH}{T}} \tag{2-3-7}$$

在弹道计算中有时为简便起见，忽略 H 与 h 的差别，而取

$$p=p_0 e^{-\frac{1}{R}\int_0^h \frac{dH}{T}} \tag{2-3-8}$$

将 $T(h)$ 表达式(2-3-3)代入上式，即可得气压的基本变化规律。气压随高度的增加而减小，是因高度愈高，同体积气柱的重量愈小的缘故。

(Ⅲ)密度随高度的分布规律

由气体状态方程

$$p=\rho g_0 RT$$

则有

$$\frac{\rho}{\rho_0}=\frac{pT_0}{p_0T}=\frac{T_0}{T}e^{-\frac{1}{Rg_0}\int_0^h \frac{g}{T}dh} \tag{2-3-9}$$

或

$$\frac{\rho}{\rho_0}=\frac{T_0}{T}e^{-\frac{1}{R}\int_0^H \frac{dH}{T}} \tag{2-3-10}$$

在分析运载火箭基本运动规律时，为了简便，还将压强和密度的计算作进一步近似，即认为在某一高度范围 H_1 至 H_2 内为等温过程，则有

$$\frac{p_2}{p_1}=\frac{\rho_2}{\rho_1}=e^{-\frac{H_2-H_1}{H_{M1}}} \tag{2-3-11}$$

式中

$$H_{M1} = RT_1$$

称为其准高或标高。

甚至有的文献认为在 0 到 80km 范围内，取 $H_{MCP} = 7.11\text{km}$，压强和密度可按下式计算：

$$\frac{p}{p_0} = \frac{\rho}{\rho_0} = e^{-\beta h} \tag{2-3-12}$$

其中

$$\beta = \frac{1}{H_{MCP}}$$

利用这种“准等温”大气模型与实际大气模型所算得的气体参数比较接近。

2)编制标准大气表

标准大气表是以实际大气为特征的统计平均值为基础并结合一定的近似数值计算所形成的。它反映了大气状态参数的年平均状况。

1976 年美国国家海洋和大气局、美国国家航空航天局、美国空军部联合制订了新的美国国家标准大气，它依据大量的探空火箭探测资料和人造地球卫星对一个以上完整的太阳活动周期的探测结果，把高度扩展到 1000km。1980 年我国国家标准总局根据航空、航天部门的工作需要，发布了以 1976 年美国国家标准大气为基础，将 30km 以下的数据定作中华人民共和国国家标准大气(GB1920－80)，30km 以上的数据作为选用值。该标准大气表摘录于本书附录[Ⅱ]。

显然，利用标准大气表所算得的运载火箭运动轨迹，所反映的只是火箭“平均”运动规律。对火箭设计而言，只关心该型号火箭为“平均”大气状态下的运动规律，因此运用标准大气表就可以了。对火箭飞行试验而言，也可以标准大气下的运动规律作为依据，然后再考虑实际大气条件与该标准大气的偏差对试验结果的影响，来对火箭的运动进行分析。

在进行弹道分析计算中，若将标准大气表的上万个数据输入到计算机中，工作量及存贮量均是很大的。如能使用公式计算大气温度、密度、压强、音速等诸参数，既能节省许多内存容量，而且不必作大量的插值运算，可节省大量机时。杨炳尉在“标准大气参数的公式表示”一文中给出了以标准大气表为依据，采用拟合法得出的从海平面到 91km 范围内的标准大气参数计算公式。运用该公式计算的参数值与原表之值的相对误差小于万分之三。可以认为利用这套公式进行弹道分析计算是足够精确的，可代替原标准大气表。

附录[Ⅱ]表中用 Z 表示几何高度，它与地势高度 H 有下列换算关系：

$$H = Z/(1 + Z/R_0) \tag{2-3-13}$$

其中，$R_0 = 6356.766\text{km}$。

计算大气表参数的公式是以几何高度 Z 进行分段，每段引入一个中间参数 W，它在各段代表不同的简单函数。各段统一选用海平面的值作参照值，以下标 SL 表示。各段大气参数计算公式为：

(Ⅰ)$0 \leqslant Z \leqslant 11.0191\text{km}$

$$W = 1 - H/44.3308$$

$$T = 288.15W(\mathrm{K})$$

$$p/p_{SL} = W^{5.2559}$$

$$\rho/\rho_{SL} = W^{4.2559}$$

(Ⅱ)$11.0191 < Z \leqslant 20.0631\mathrm{km}$

$$W = \exp\left(\frac{14.9647 - H}{6.3416}\right)$$

$$T = 216.650(\mathrm{K})$$

$$p/p_{SL} = 1.1953 \times 10^{-1} W$$

$$\rho/\rho_{SL} = 1.5898 \times 10^{-1} W$$

(Ⅲ)$20.0631 < Z \leqslant 32.1619\mathrm{km}$

$$W = 1 + \frac{H - 24.9021}{221.552}$$

$$T = 221.552W(\mathrm{K})$$

$$p/p_{SL} = 2.5158 \times 10^{-2} W^{-34.1629}$$

$$\rho/\rho_{SL} = 3.2722 \times 10^{-2} W^{-35.1629}$$

(Ⅳ)$32.1619 < Z \leqslant 47.3501\mathrm{km}$

$$W = 1 + \frac{H - 39.7499}{89.4107}$$

$$T = 250.350W(\mathrm{K})$$

$$p/p_{SL} = 2.8338 \times 10^{-3} W^{-12.2011}$$

$$\rho/\rho_{SL} = 3.2618 \times 10^{-3} W^{-13.2011}$$

(Ⅴ)$47.3501 < Z \leqslant 51.4125\mathrm{km}$

$$W = \exp\left(\frac{48.6252 - H}{7.9223}\right)$$

$$T = 270.650(\mathrm{K})$$

$$p/p_{SL} = 8.9155 \times 10^{-4} W$$

$$\rho/\rho_{SL} = 9.4920 \times 10^{-4} W$$

(Ⅵ)$51.4125 < Z \leqslant 71.8020\mathrm{km}$

$$W = 1 - \frac{H - 59.4390}{88.2218}$$

$$T = 247.021W(\mathrm{K})$$

$$p/p_{SL} = 2.1671 \times 10^{-4} W^{12.2011}$$

$$\rho/\rho_{SL} = 2.5280 \times 10^{-4} W^{11.2011}$$

(Ⅶ)$71.8020 < Z < 86.0000\mathrm{km}$

$$W = 1 - \frac{H - 78.0303}{100.2950}$$

$$T = 200.590W(\mathrm{K})$$

$$p/p_{SL} = 1.2274 \times 10^{-5} W^{17.0816}$$

$\rho/\rho_{SL} = 1.7632 \times 10^{-5} W^{16.0816}$

(Ⅷ)$86.0000 \leqslant Z \leqslant 91.0000$km

$$W = \exp\left(\frac{87.2848 - H}{5.4700}\right)$$

$$T = 186.870(\mathrm{K})$$

$$p/p_{SL} = (2.2730 + 1.042 \times 10^{-3} H) \times 10^{-6} W$$

$$\rho/\rho_{SL} = 3.6411 \times 10^{-6} W$$

在 0 ~ 91km 范围内的音速计算公式为

$$a = 20.0468\sqrt{T(\mathrm{K})}\,(\mathrm{m/s})$$

2. 空气动力

火箭和其它物体一样，当其相对于大气运动时，大气则会在导弹的表面形成作用力，空气动力是作用在导弹的表面的分布力系，如图 2－12 所示。

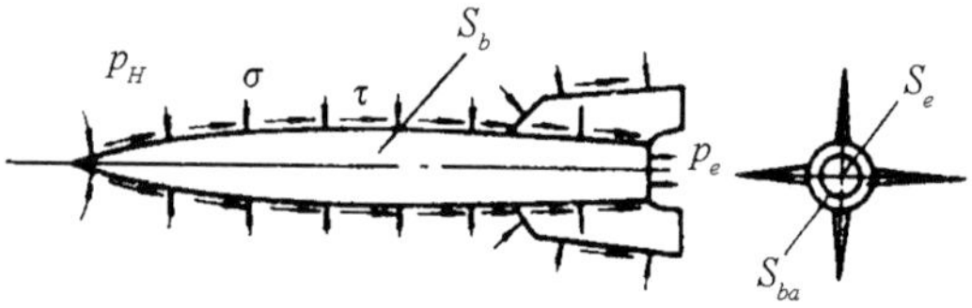

S_b 弹体表面积　S_{ba} 弹底的面积　S_e 发动机喷口面积

图 2－12　弹体表面的压力分布

将火箭表面分成喷口截面积 S_e 及除 S_e 外的弹体表面 S_b 两部分。记空气作用在火箭体表面上单位面积法向力和切向力分别为 σ、τ，则在 S_b 的每一个微小面积 dS 上作用有法向力 σdS 及切向力 τdS，因而空气作用在 S_b 上合力为

$$\boldsymbol{R}_b = \int_{S_b} \sigma \mathrm{d}S + \int_{S_b} \tau \mathrm{d}S$$

同样，当发动机不工作时，空气作用于喷口截面 S_e 上的合力为

$$\boldsymbol{R}_e = \int_{S_b} \sigma \mathrm{d}S + \int_{S_b} \tau \mathrm{d}S$$

由于法向力 $\boldsymbol{\sigma}$ 可写成未扰动空气的静压 $\boldsymbol{p}_H$ 与法向剩余压力 $\boldsymbol{\sigma}'$ 之和，即

$$\sigma = \boldsymbol{p}_H + \boldsymbol{\sigma}'$$

故空气作用在火箭上的总的合力可写成

$$\boldsymbol{R} = \int_{S_b} \boldsymbol{p}_H \mathrm{d}S + \int_{S_e} \boldsymbol{p}_H \mathrm{d}S + \int_{S_b} \boldsymbol{\sigma}' \mathrm{d}S + \int_{S_e} \boldsymbol{\sigma}' \mathrm{d}S + \int_{S_b} \boldsymbol{\tau} \mathrm{d}S + \int_{S_b} \boldsymbol{\tau} \mathrm{d}S$$

其中前两项为作用在火箭上的空气静压力，在发动机不工作时为零；最后一项为喷口截面上的切向力，一般可忽略。这样总合力即为

$$\boldsymbol{R} = \int_{S_b} \sigma' \mathrm{d}S + \int_{S_e} \sigma' \mathrm{d}S + \int_{S_b} \tau \mathrm{d}S$$

记火箭底部面积 S_{ba} 与喷口截面积 S_e 之差为 S_r，则

$$S_e = S_{ba} - S_r$$

则总合力又可写成

$$\boldsymbol{R} = \int_{S_b - S_r} \sigma' \mathrm{d}S + \int_{S_b} \tau \mathrm{d}S + \int_{S_{ba}} \sigma' \mathrm{d}S \qquad (2-3-14)$$

其中：

$\int_{S_{ba}} \sigma' \mathrm{d}S$ 为火箭底阻，其合力作用线与火箭纵轴 x_1 重合，记为 $\boldsymbol{X}_{1ba}$；

$\int_{S_r} \tau \mathrm{d}S$ 为摩擦阻力，其合力作用线与 x_1 重合，记为 $\boldsymbol{X}_{1f}$。

另外 $\int_{S_b - S_r} \sigma' \mathrm{d}S$ 分解在火箭箭体坐标轴的三个方向，分别为压差阻力 $\boldsymbol{X}_{1b}$、法向力 $\boldsymbol{Y}_1$ 及横向力 $\boldsymbol{Z}_1$，则式(2-3-14)可写成

$$\boldsymbol{R} = \boldsymbol{X}_{1ba} + \boldsymbol{X}_{1f} + \boldsymbol{X}_{1b} + \boldsymbol{Y}_1 + \boldsymbol{Z}_1 \qquad (2-3-15)$$

记

$$\boldsymbol{X}_1 = \boldsymbol{X}_{1ba} + \boldsymbol{X}_{1f} + \boldsymbol{X}_{1b} \qquad (2-3-16)$$

$\boldsymbol{X}_1$ 称为总的轴向力。

式(2-3-15)即为

$$\boldsymbol{R} = \boldsymbol{X}_1 + \boldsymbol{Y}_1 + \boldsymbol{Z}_1 \qquad (2-3-17)$$

当发动机工作时，在计算发动机推力中，已将大气静压力 $\int_{S_b} \boldsymbol{p}_H \mathrm{d}S$ 与发动机喷口截面上的燃气压力 $\int_{S_e} \boldsymbol{p} \mathrm{d}S$ 合成为推力静分量，记入发动机推力之中，见式(2-1-31)，而此时火箭的底阻仅为底部圆环部分的面积 S_r 上的法向剩余压力造成。除此之外，发动机工作与否，总气动力表达式相同。

当火箭相对大气运动时，如何确定作用在火箭上的空气动力是一个颇为复杂的问题，很难通过理论计算准确确定。目前是用空气动力学理论进行计算与空气动力实验校正相结合的方法。空气动力实验是在可产生一定马赫数的均匀气流的风洞中进行，马赫数 M 是气流的速度 v 与音速 a 之比值。在实验时，将按比例缩小了的实物模型静止放在风洞内，然后使气流按一定的 M 数吹过此模型，通过测量此模型所受的空气动力并进行适当的换算后，求得实物在此 M 数下所受的空气动力。

在火箭研制过程中，由研究空气动力学的专门人员根据火箭外型，利用上面谈及的方法给出该型号火箭的空气动力计算所必需的图表、曲线等。正确地使用这些资料，即可确定作用在火箭上的气动力和气动力矩。

式(2-3-17)中各分力可以按下式计算：

$$\begin{cases} X_1 = C_{x1} \dfrac{1}{2} \rho v^2 S_M = C_{x1} q S_M \\ Y_1 = C_{y1} \dfrac{1}{2} \rho v^2 S_M = C_{y1} q S_M \\ Z_1 = C_{z1} \dfrac{1}{2} \rho v^2 S_M = C_{z1} q S_M \end{cases} \qquad (2-3-18)$$

其中：

v——火箭相对于大气的速度；

ρ——大气密度，可查标准大气表或按近似公式计算；

S_M——火箭最大横截面积，亦称特征面积；

C_{x1}、C_{y1}、C_{z1}——依次为火箭的轴向力系数、法向力系数、横向力系数，均为无因次量；

$q=\dfrac{1}{2}\rho v^2$——速度头（或称动压头）。

在研究火箭运动规律时，有时在速度坐标系内进行讨论，故亦可将空气动力总的合力及在速度坐标系内分解为阻力 $\boldsymbol{X}$、升力 $\boldsymbol{Y}$ 与侧力 $\boldsymbol{Z}$，如图 4－13 所示。即

$$\boldsymbol{R}=\boldsymbol{X}+\boldsymbol{Y}+\boldsymbol{Z} \tag{2-3-19}$$

其中力的各分量可按下式计算：

$$\begin{cases} X=C_x\dfrac{1}{2}\rho v^2S_M=C_xqS_M \\ Y=C_y\dfrac{1}{2}\rho v^2S_M=C_yqS_M \\ Z=C_z\dfrac{1}{2}\rho v^2S_M=C_zqS_M \end{cases} \tag{2-3-20}$$

上式中 C_x、C_y、C_z 分别为阻力系数、升力系数、侧力系数，它们亦均为无因次量，其它符号意义同式(2－3－18)。

由于按式(2－3－18)及式(2－3－20)计算得的 X_1、X 为正值，而实际合力 $\boldsymbol{R}$ 在箭体坐标系 X_1 及速度坐标系 X_v 上的投影分量应为负值，故该投影分量应在 X_1、X 前冠以负号。

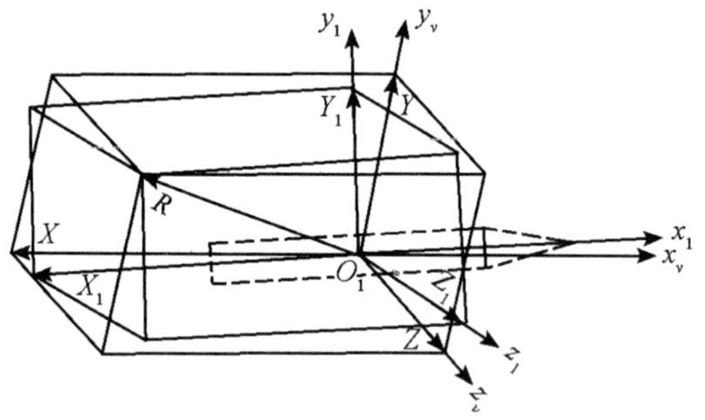

图 2－13　空气动力沿速度坐标系和箭体坐标系分解

根据速度坐标系与箭体坐标系之间的方向余弦关系，合力 $\boldsymbol{R}$ 在此两个坐标系的分量有如下关系：

$$\begin{bmatrix} -X \\ Y \\ Z \end{bmatrix}=\boldsymbol{V_B}\begin{bmatrix} -X_1 \\ Y_1 \\ Z_1 \end{bmatrix} \tag{2-3-21}$$

其中

$$V_B=\begin{bmatrix}\cos\beta\cos\alpha & -\cos\beta\sin\alpha & \sin\beta\\ \sin\alpha & \cos\alpha & 0\\ -\sin\beta\cos\alpha & \sin\beta\sin\alpha & \cos\beta\end{bmatrix}$$

依据关系式(2－3－21)分别对空气动力各分量及相应的气动力系数进行讨论。

(1)阻力和阻力系数

由式(2－3－21)可得

$$X=X_1\cos\beta\cos\alpha+Y_1\cos\beta\sin\alpha-Z_1\sin\beta \qquad (2-3-22)$$

将 X_1 分为两部分：一部分是 $\alpha=0$、$\beta=0$ 时产生的轴向力 X_{10}，另一部分是 $\alpha\neq0$、$\beta\neq0$ 引起的阻力增量 ΔX_1，即

$$X_1=X_{10}+\Delta X_1$$

将其代入式(2－3－22)得

$$X=X_{10}\cos\beta\cos\alpha+Y_1\cos\beta\sin\alpha-Z_1\sin\beta+\Delta X_1\cos\beta\cos\alpha \qquad (2-3-23)$$

考虑到火箭飞行过程中，α、β 值均较小，且升力和法向力、侧力和横向力各系数分别是 α 和 β 的线性函数，即

$$\begin{cases}C_y=C_y^\alpha\cdot\alpha & C_x=C_x^\beta\cdot\beta\\ C_{y1}=C_{y1}^\alpha\cdot\alpha & C_{z1}=C_{z1}^\beta\cdot\beta\end{cases} \qquad (2-3-24)$$

又因火箭是一轴对称体，按力的定义，有

$$C_{y1}^\alpha=-C_{z1}^\beta \qquad C_y^\alpha=-C_z^\beta \qquad (2-3-25)$$

则式(2－3－23)可近似为

$$X=X_{10}+Y_1^\alpha(\alpha^2+\beta^2)+\Delta X_1 \qquad (2-3-26)$$

记

$$X_i=Y_1^\alpha(\alpha^2+\beta^2)+\Delta X_1 \qquad (2-3-27)$$

称 X_i 为迎角和侧滑角引起的诱导阻力，则

$$X=X_{10}+X_i \qquad (2-3-28)$$

将阻力写成系数形式，则有关系式

$$C_x=C_{x10}+C_{x_i} \qquad (2-3-29)$$

其中 C_{x10} 为 $\alpha=\beta=0$ 时的阻力系数，它与 α 及 β 无关，仅是 M 数和高度的函数，如图 2－14 所示。可见，C_{x10} 在 $M=1$ 附近跨音速区剧增，这主要是波阻起作用。超音速后，激波顶角减小，阻力系数减小。C_{x10} 随高度增加而增加，因为气体流过飞行器表面时由于表面凸凹不平使气流分子受到阻滞，加上气体有一定的粘性，从而形成摩擦阻力 X_{1f}。该力除与气体粘性系数 μ 及火箭最大横截面 S_M 有关，还与 v/l（v 为气体速度，l 为火箭表面长度）成正比，即

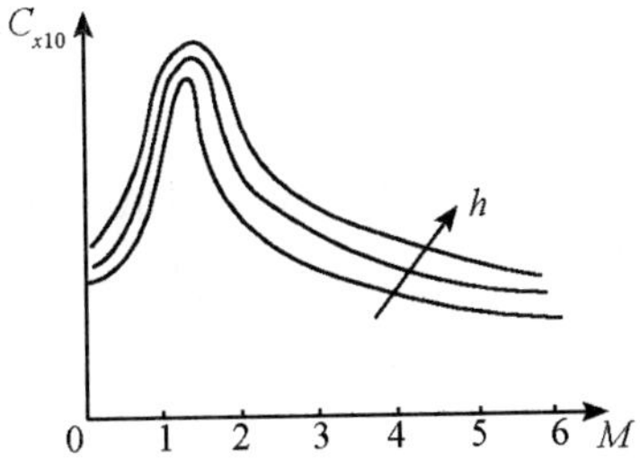

图 2－14　C_{x10} 随 M 变化曲线图

$$X_{1f} \propto \mu \frac{v}{l} S_M$$

则知摩擦阻力系数为

$$C_{x1f} = \frac{X_1 f}{\frac{1}{2} q S_M} \propto \frac{\mu}{\rho v l}$$

由该式可见，在一定的 M 数下，随着高度增加气体密度 ρ 在减小，则 C_{x1f} 增加，这就增大了摩擦阻力在总空气动力中所占的比重，故阻力系数即随高度增加而增加。

C_{xi} 为诱导阻力系数，通常只需对法向力和横向力在阻力方向的分量作一修正即可，故计算时用

$$C_{xi} = KC_{y1}^{\alpha}(\alpha^2 + \beta^2) \qquad (2-3-30)$$

其中 K 为与导弹形状有关的系数。

(2)升力和升力系数

由式(2-3-21)可得升力表达式为

$$Y = Y_1 \cos\alpha - X_1 \sin\alpha \qquad (2-3-31)$$

而升力系数则为

$$C_y = C_{y1}\cos\alpha - (C_{x10} + C_{xi})\sin\alpha$$

考虑到 α 角很小，且 $C_{xi} \cdot \alpha$ 可略而不计，则升力系数可近似为

$$C_y = C_{y1} - C_{x10} \cdot \alpha \qquad (2-3-32)$$

在 α 较小时，法向力系数为 α 的线性函数，则可得

$$C_y^{\alpha} = C_{y1}^{\alpha} - C_{x10} \qquad (2-3-33)$$

C_y^{α} 随高度变化很小，一般可不予考虑。通常空气动力资料只给出 $C_y^{\alpha}(M)$ 曲线或数据。在图 2-15 中给出 $C_y^{\alpha}(M)$ 的近似关系曲线。

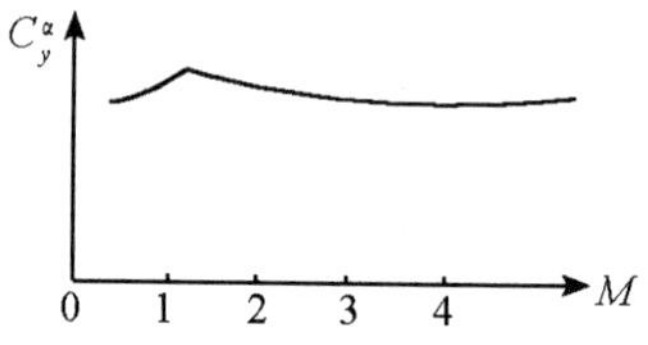

图 2-15 $C_y^{\alpha}(M)$ 近似关系图

(3)侧力和侧力系数

据式(2-3-21)可得侧力表达式

$$Z = X_1\cos\alpha\sin\beta + Y_1\sin\alpha\sin\beta + Z_1\cos\beta \qquad (2-3-24)$$

因 α、β 是微量，在略去二阶以上微量时，上式可简化为

$$Z = X_1 \cdot \beta + Z_1 \qquad (2-3-35)$$

同理可得侧向力系数

$$C_Z = C_{x10} \cdot \beta + C_{Z1} \qquad (2-3-36)$$

及侧力系数对 β 的导数

$$C_Z^{\beta} = C_{x10} + C_{Z1}^{\beta} \qquad (2-3-37)$$

注意到式(2-3-25)，上式可写为

$$C_Z^{\beta} = C_{x10} - C_{y1}^{\alpha} \qquad (2-3-38)$$

3. 空气动力矩

火箭相对于大气运动时，由于火箭的对称性，故作用于火箭表面的气动力合力 $\boldsymbol{R}$ 的作用点应位于火箭纵轴 x_1 上。该作用点称为压力中心，或简称压心，记为 $O_{c.p}$。一般情况下，压心 $O_{c.p}$ 并不与火箭重心 $O_{c.g}$ 重合。

在研究火箭质心运动时，往往将气动力合力 $\boldsymbol{R}$ 简化到质心(即重心)上，因此就产生一空气动力矩，这种力矩称为稳定力矩，记为 $\mathbf{M}_{st}$。另外，当火箭产生相对于大气的转动时，大气对其将产生阻尼作用，该作用力矩称为阻尼力矩，记为 $\boldsymbol{M}_d$。

(1)稳定力矩

由于通常以箭体坐标系来描述火箭的转动，因此，用空气动力对箭体坐标系三轴之矩来表示气动力矩。

已知

$$\boldsymbol{R} = \boldsymbol{X}_1 + \boldsymbol{Y}_1 + \boldsymbol{Z}_1$$

而质心与压心之距离矢量可表示为$(x_p - x_g)x_1^0$，x_p、x_g 分别为压心、质心至火箭头部理论尖端的距离，均以正值表示。则稳定力矩为

$$\begin{aligned}\boldsymbol{M}_{st} &= \boldsymbol{R} \times (x_p - x_g)\boldsymbol{x}_1^0 \\ &= Z_1(x_p - x_g)\boldsymbol{y}_1^0 - Y_1(x_p - x_g)\boldsymbol{z}_1^0\end{aligned} \tag{2-3-39}$$

记

$$\begin{cases} M_{y1st} = Z_1(x_p - x_g) = m_{y1st}qS_m l_k \\ M_{z1st} = -Y_1(x_p - x_g) = m_{z1st}qS_m l_k \end{cases} \tag{2-3-40}$$

其中：

M_{y1st}、M_{z1st}分别为绕 y_1、z_1 轴的稳定力矩；m_{y1st}、m_{z1st}为相应的力矩系数；

l_k 为火箭的长度。

由式(2-3-40)可见

$$\begin{cases} m_{y1st} = \dfrac{Z_1(x_p - x_g)}{qS_m l_k} = C_{y1}^{\alpha}(\bar{x}_g - \bar{x}_p)\cdot\beta \\ m_{z1st} = \dfrac{-Y_1(x_p - x_g)}{qS_m l_k} = C_{y1}^{\alpha}(\bar{x}_g - \bar{x}_p)\cdot\alpha \end{cases} \tag{2-3-41}$$

其中

$$\bar{x}_g = \frac{x_g}{l_k}, \bar{x}_p = \frac{x_p}{l_k}$$

又记

$$m_{y1}^{\beta} = \frac{\partial m_{y1st}}{\partial \beta} = C_{y1}^{\alpha}(\bar{x}_g - \bar{x}_p) \tag{2-3-42}$$

显然有

$$m_{Z1}^{\alpha} = m_{y1}^{\beta} \tag{2-3-43}$$

由以上讨论可得稳定力矩的最终计算公式为：

$$\begin{cases} M_{y1st} = m_{y1}^{\beta} \cdot qS_M l_k \cdot \beta \\ M_{z1st} = m_{z1}^{\alpha} = qS_m l_k \cdot \alpha \\ m_{y1}^{\beta} = m_{z1}^{\alpha} = C_{y1}^{\alpha}(\bar{x}_g - \bar{x}_p) \end{cases} \tag{2-3-44}$$

显然,稳定力矩的计算与质心和压心的位置有关。压心的位置是通过气动力计算和风洞实验确定的,在图2-16中给出了典型火箭的压心随 M 数的变化曲线。质心的位置可通过具体火箭的质量分布和剩余燃料的质量和位置计算得到。

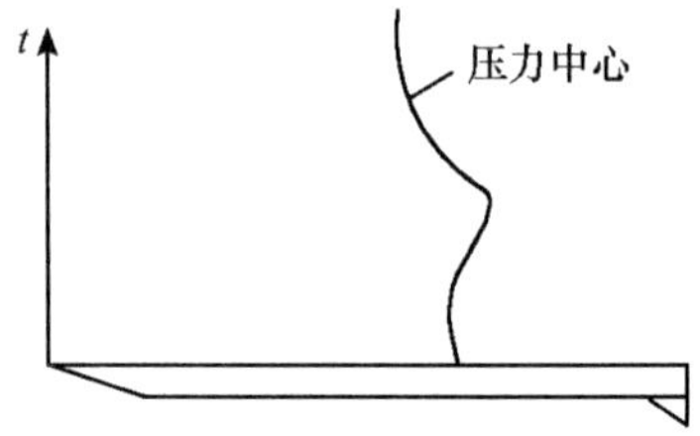

图 2-16　压力中心与主动段飞行时间 t 的关系曲线

由式(2-3-44)可知,若 $\bar{x}_p > \bar{x}_g$, $m_{Z_1}^{\alpha} < 0$,则当火箭在飞行中出现 α、β 时,力矩 M_{z1st}、M_{y1st} 将使得火箭分别绕 z_1、y_1 轴旋转来消除 α、β 角。此时,我们称火箭是静稳定的,称 M_{z1st}、M_{y1st} 为静稳定力矩。若 $\bar{x}_p < \bar{x}_g$,则 $M_{z1}^{\alpha} > 0$,故当出现 α、β 时,力矩 M_{z1st}、M_{y1st} 将使火箭绕 z_1、y_1 轴旋转造成 α、β 继续增大,此时,我们称火箭是静不稳定的,并将这两个力矩称为静不稳定力矩。无量纲量 $\bar{x}_g - \bar{x}_p$ 称为静稳定裕度,该值为负且绝对值较大时,对火箭的稳定性有好处,但它也会导致结构上有较大的弯矩,这对于大型运载火箭是不允许的。需强调指出的是,静稳定性是指火箭在不加控制情况下的一种空气动力特性。实际上,对于静不稳定的火箭而言,只要控制系统设计得当,火箭在控制力作用下,仍可稳定飞行。因此,不要将火箭的固有的空气动力静稳定性与控制系统作用下的操纵稳定性相混淆。

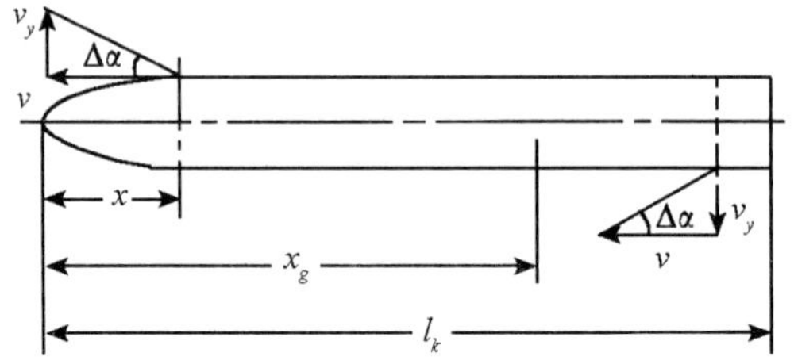

图 2-17　火箭转动时表面各点上产生的附加迎角

(2)阻尼力矩

火箭在运动中有转动时,存在大气的阻尼,表现为阻止转动的空气动力矩,这一力矩称为阻尼力矩。该力矩的方向总是与转动方向相反,对转动角速度起阻尼作用。

以火箭绕 z_1 轴旋转为例,若火箭在迎角为零状态下以速度 v 飞行,并以角速度 ω_{z1} 绕 z_1 轴旋转,则在矩质心 $x_g - x$ 处的一个单元长度 $\mathrm{d}x$ 上有线速度 $\omega_{z1}(x_g - x)$,该线速度与火箭运动速度 v 组合成新的速度,这就造成局部迎角 $\Delta\alpha$,图 2-17 上表示了 $\Delta\alpha < 0(x < x_g)$ 及 $\Delta\alpha > 0(x > x_g)$ 两种情况。不难理解,

$$\tan\Delta\alpha = \frac{\omega_{z1}(x - x_g)}{v}$$

因 $\Delta\alpha$ 很小,可近似为

$$\Delta\alpha = \frac{\omega_{z1}(x - x_g)}{v} \tag{2-3-45}$$

$\Delta\alpha$ 的出现则会造成对质心的附加力矩为

$$\mathrm{d}M_{z1d} = -C_{y1\sec}^{\alpha}\Delta\alpha q S_M(x - x_g)\mathrm{d}x \tag{2-3-46}$$

其中 $C_{y1\sec}^{\alpha}$ 为长度方向上某一单位长度上的法向力系数对 α 的导数。

将全箭各局部的空气动力矩总和起来，即可求得火箭的俯仰阻尼力矩为

$$M_{z1d} = \int_0^{l_k} C_{y1\sec}^{\alpha}\Delta\alpha q S_M(x_g - x)\mathrm{d}x$$

将式(2-3-45)代入上式，经过整理可得

$$M_{z1d} = M_{z_1}^{\bar{\omega}_{z1}} qS_m l_k \omega_{x_1} \tag{2-3-47}$$

其中：

$\bar{\omega}_{z1} = \dfrac{l_k\omega_{z1}}{v}$ 称为无因次俯仰角速度；

$m_{z_1}^{\omega_{z1}} = -\int_0^{l_k} C_{y1\sec}^{\alpha}(\dfrac{x_g - x}{l})^2\mathrm{d}x$ 称为俯仰阻尼力矩系数导数。

同理可导得偏航阻尼力矩及滚动阻尼力矩：

偏航阻尼力矩为

$$M_{y1d} = m_{y_1}^{\bar{\omega}_{y_1}} qS_M l_k \bar{\omega}_{y_1} \tag{2-3-48}$$

其中：

$\bar{\omega}_{y_1} = \dfrac{l_k\omega_{y_1}}{v}$ 称为无因次偏航角速度；

$m_{y_1}^{\bar{\omega}_{y_1}}$ 为偏航阻尼力矩系数导数，由于火箭具有轴对称性，故有 $m_{y_1}^{\bar{\omega}_{y_1}} = m_{z_1}^{\bar{\omega}_{z_1}}$。

滚动阻尼力矩为

$$M_{x1d} = m_{x_1}^{\bar{\omega}_{x_1}} qS_M l_k \bar{\omega}_{z_1} \tag{2-3-49}$$

其中：

$\bar{\omega}_{x_1} = \dfrac{l_k\omega_{x_1}}{v}$ 为无因次滚动角速度；

$m_{x_1}^{\bar{\omega}_{x_1}}$ 为滚动阻尼力矩系数导数。

滚动阻尼力矩较俯仰和偏航阻尼力矩要小得多，它们相应的力矩系数导数的绝对值之比，对有的火箭而言约为 1:100。在图 2-18 中给出某一火箭的阻尼力矩系数导数和滚动力矩系数导数随 M 数的变化曲线。

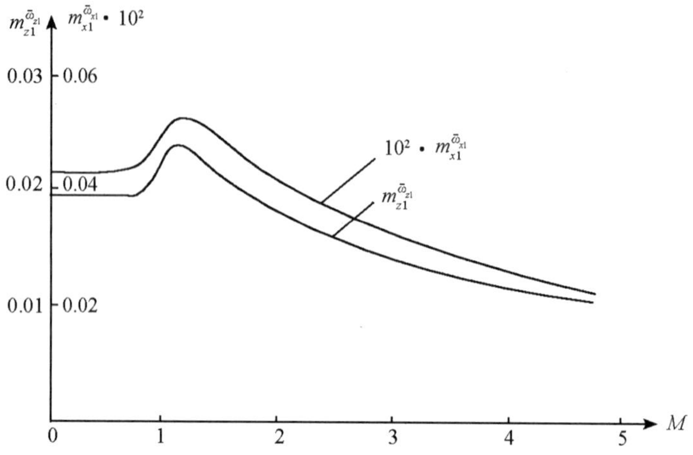

图 2-18　导弹的俯仰阻尼力矩系数和滚动阻尼力矩系数

§2.4　控制系统、控制力和控制力矩

火箭控制系统可分为箭上飞行控制系统和地面测试发射控制系统两大部分。在研究火箭运动规律时，只需了解箭上飞行控制系统。该系统由导航、制导和姿态控制几部分组成。飞行控制系统通过测量装置、中间装置、执行机构及飞行控制软件等完成测算运动状态参量；根据确定的飞行状态参量产生制导信号，以期在火箭达到最佳终端条件时关闭发动机，结束主动段飞行；在飞行过程中，根据状态参量及事先规定的程序控制要求，产生操纵火箭姿态的控制信号进行姿态控制和保证稳定飞行，这些就是飞行控制系统的综合功能。

1. 火箭状态参数的测量

为了描述火箭飞行状态（如火箭运动参数及其在空中的姿态）以及研究火箭运动的规律，需要了解如何测量这些状态参数。限于篇幅，本文仅介绍一下目前广泛运用的自主式的测量器件原理。

（1）加速度表工作原理

加速度表是用于对火箭进行测速定位的器件，其物理基础是利用物体运动的惯性现象。其原理图如图 2-19 所示。

设加速度表的敏感轴方向为 S，敏感元件是质量为 m_i 的重物，它通过刚度为 C 的弹簧与壳体相连接，重物 m_i 可沿 S 方向相对于壳体移动。设壳体相对于惯性坐标系以加速度 $\boldsymbol{a}_A$ 运动时，物体质心由初始位置 O 移到 O'，位移量的大小为 δ。若忽略弹簧质量及物体与壳体内壁的摩擦，且认为重物受力处于瞬时力的平衡状态，则重物所受的惯性力 $m_i\boldsymbol{a}_A$ 与弹簧拉力 $\boldsymbol{T}$ 及引力 $m_i\boldsymbol{g}$ 沿敏感轴 S 方向的分量之和为 0，即

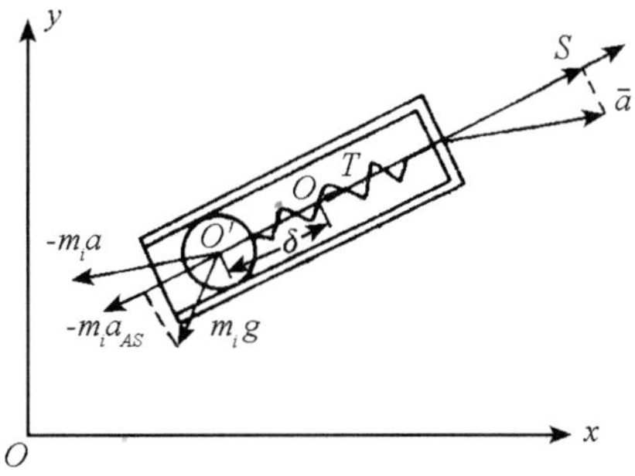

图 2-19　加速度表原理图

$$-m_i a_{AS} + T + m_i g_s = 0$$

即

$$T = m_i(a_{AS} - g_s)$$

上式也可写为

$$\frac{T}{m_i} = a_{AS} - g_s$$

将上式右端称为视加速度，记为 $\dot{W}_s$，即

$$\dot{\boldsymbol{W}}_s = \boldsymbol{a}_{AS} - \boldsymbol{g}_s \tag{2-4-1}$$

写成一般形式

$$\dot{\boldsymbol{W}} = \boldsymbol{a}_A - \boldsymbol{g} \tag{2-4-2}$$

由于将加速度表固定在火箭上，则 $\boldsymbol{a}_A$ 是火箭所具有的绝对加速度。现记火箭质量为 m。火箭在飞行中所受的作用力中除引力 $m\boldsymbol{g}$ 外的其它所有力的合力为 $\boldsymbol{N}$，根据牛顿第二定律有

$$m\boldsymbol{a}_A = \boldsymbol{N} + m\boldsymbol{g}$$

亦即

$$\boldsymbol{a}_A = (\boldsymbol{N} + m\boldsymbol{g})/m = \frac{\boldsymbol{N}}{m} + \boldsymbol{g}$$

将其代入式(2-4-2)，有

$$\dot{\boldsymbol{W}} = \boldsymbol{N}/m \tag{2-4-3}$$

上式说明视为速度 $\dot{\boldsymbol{W}}$ 为除引力以外的其它力的合力作用在火箭上所产生的加速度，它是时间 t 的函数。

将 $\dot{\boldsymbol{W}}(t)$经过对时间 t 的一次积分和两次积分，即得视速度 $\boldsymbol{W}$ 及视位移。

(2)陀螺加速度表

上面介绍的只是加速度表的一般原理，目前实际使用的加速度表是陀螺加速度表。其结构原理示意图见图 2-20。该陀螺由外环、内环及转子所组成。外环轴插入固定在加速度表的壳体轴套中，内环轴套插入固定在外环上的轴套上。转子的自转角速度矢量 Ω 位于内环平面内且与内环轴垂直。陀螺转子与内环的总质心在转子轴与外环轴的交点 O 上。交点 O 与内环轴相距为 l。这样，转子与内环就相当于一个支承在内环轴上的

摆,构成所谓陀螺摆。所以陀螺加速度表的主要部分就是一个有偏心距 l 的二自由度陀螺仪。

如果陀螺加速度表按图所示装在垂直发射状态的火箭上,其敏感轴(即外环轴)与火箭的纵轴 x_1 一致,陀螺摆的悬挂轴(即内环轴)与弹体 y_1 轴垂直,在转子高速旋转时,内环平面(亦称进动平面)则始终保持与敏感轴相垂直。在火箭主动段飞行过程中,陀螺加速度表这种相对安装关系不变。

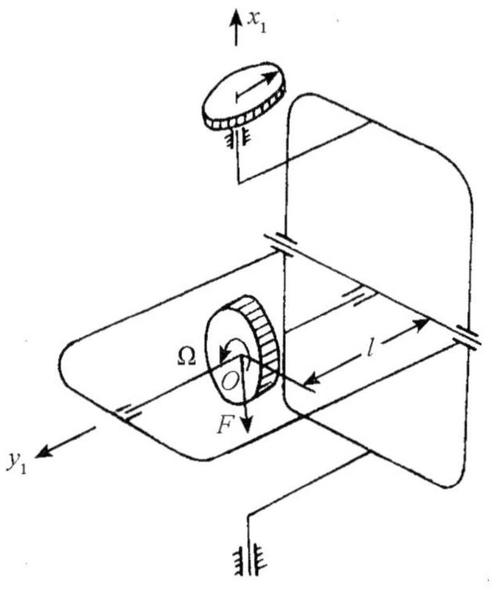

图 2-20　陀螺加速度表结构示意图

在火箭发射之前,陀螺仪的转子轴由锁定机构将其固定在所要求的安装方向上。发射前数分钟陀螺仪就已通电工作,当火箭离开发射台的起飞瞬间,锁定机构通电开锁,放开转子轴,陀螺仪便开始测量沿火箭纵轴 x_1 方向的视加速度 $\dot{W}_{x_1}$。设陀螺摆的质量为 m_i,它在 $\dot{W}_{x_1}$ 作用下引起的惯性力为 $m_i\dot{W}_{x_1}$。该力对内环轴形成惯性力矩 $\boldsymbol{M}_I$,即有

$$\boldsymbol{M}_I = m_i l\dot{W}_{x_1}\boldsymbol{z}_1^0 \tag{2-4-4}$$

在惯性力矩的作用下,高速旋转的转子以角速度 ω 向力矩方向进动。此时,相应会产生陀螺力矩 $\boldsymbol{M}_g$。根据陀螺力矩方向定律,$\boldsymbol{M}_g$ 的方向是使转子的动量矩 $\boldsymbol{H}$(与转子自转矢量 Ω 一致)沿最短路径趋向于进动角矢量 ω,即 $\boldsymbol{H}$ 按右手定则趋向 ω。

陀螺力矩的关系式为

$$\boldsymbol{M}_g = \boldsymbol{H}\times\omega$$

由于 $\boldsymbol{H}\perp\omega$,故

$$M_g = H\omega \tag{2-4-5}$$

忽略内环轴上干扰力矩的影响,$\boldsymbol{M}_I$ 与 $\boldsymbol{M}_g$ 应是大小相等、方向相反,两者相平衡,故可得

$$\omega = \frac{ml}{H}\dot{W}_{x_1} \tag{2-4-6}$$

由于 m、l、H 均为常数,所以陀螺绕输出轴(即敏感轴)进动的角速度 ω 与导弹纵轴 x_1 方向的视加速度 $\dot{W}_{x1}$成正比。这样就可获得进动角 φ 的表达式为

$$\varphi = \int_0^t \omega\mathrm{d}t = \frac{ml}{H}W_{x1} \tag{2-4-7}$$

可见陀螺加速度表的输出量 φ 与沿敏感轴的视速度分量相对应。

注意到关系式(2-4-2),则可知 φ 与导弹飞行加速度及引力加速度有如下关系

$$\varphi = \frac{ml}{H}\int_0^t (a_{Ax1} - g_{x1})\mathrm{d}t \tag{2-4-8}$$

不难理解,如果用三块陀螺加速度表,将它们敏感轴按非共面(例如两两相垂直)形式安装,则可确定视加速度矢量。

(3)测量姿态角的二自由度陀螺仪

用于姿态角测量的二自由度陀螺仪是一个转子质心位于内、外环轴线交点的陀螺。它是利用转子轴在空间定向的特性来测量基座相对于外环轴的转动角及外环相对于内环轴的转动角,从而组成姿态角的测量信息。

由于陀螺的转子轴在空间定向,其指向是以发射瞬间发射坐标系为基准系,且保持不变,因此,利用二自由度陀螺仪提供的测角基准是一个平移坐标系。

以二自由度陀螺仪在发射瞬间的发射坐标系为基准固定在火箭体上为例,有下列两种安装形式:水平陀螺仪(图 2 – 21),其转子轴处于射击平面内与发射点水平面平行;垂直陀螺仪,其转子轴垂直于发射点的射击平面(图 2 – 22)。

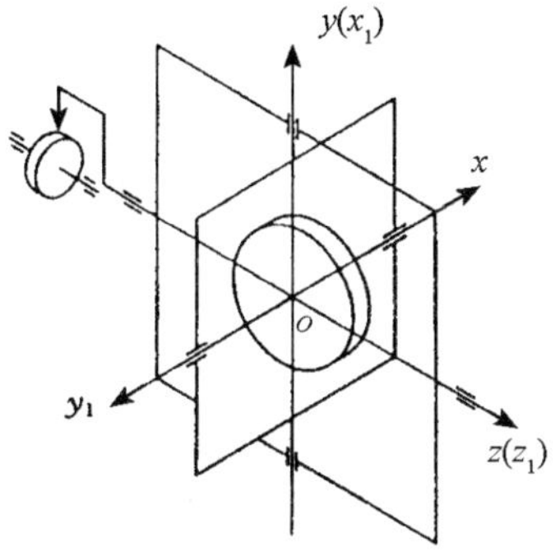

图 2 – 21　水平陀螺仪安装示意图

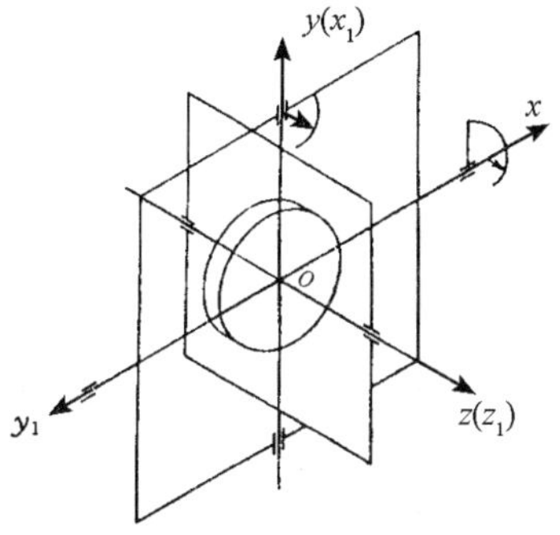

图 2 – 22　垂直陀螺仪安装示意图

水平陀螺仪的转子轴方向在火箭起飞瞬间与发射坐标系 x 一致,且保持空间定向。因此可用陀螺基座与外环轴之间的相对关系来描述箭体 x_1 轴相对于平移坐标系 x_T 的俯仰角 φ_T。垂直陀螺仪的转子轴与发射瞬间发射坐标系 z 一致,并保持空间定向。因此可通过陀螺基座与外环轴之间的相互关系测出箭轴 x_1 偏离 $x_T o y_T$ 平面的偏航角 ψ_T,通过外环与内环轴相对关系测得弹体 x_1 在平移坐标系内以 φ_T 及 ψ_T 定向后,箭体绕 x_1 的滚动角 γ_T。

将上述惯性器件直接固连在箭体上,则其测量的参考基准是箭体坐标系。其测量量需经过坐标转换计算才能成为惯性坐标系参量。为了直接获取惯性坐标系的参量,目前常利用陀螺的定轴性由三个三轴陀螺仪通过三个伺服回路组成一个稳定平台。该平台提供一个相对于惯性坐标系不旋转的基准,从而给出测速定向基准和测角参考系。

2. 姿态控制系统

姿态控制系统的功能是控制火箭姿态运动,实现程序飞行、执行制导导引要求和克服各种干扰影响以保证姿态角稳定在容许范围内。

由二自由度陀螺仪或惯性平台提供的测角基准是一平移坐标系,火箭绕质心运动可以分解为绕箭体三个轴的角运动,而火箭在平移坐标系的姿态角则分别为俯仰角 φ_T、偏航角 ψ_T、滚动角 γ_T,因此姿态控制是三维控制系统,对应有三个基本控制通道,分别对火箭的三个轴进行控制和稳定。各控制通道组成基本相同,每个通道有敏感姿态运动的测量装置、形成控制信号的变换放大器和产生操纵作动的执行机构,如图 2-23 所示。

由图 2-23,若从控制姿态角而言,即将箭上实际测量的姿态角与预定的程序姿态角组成误差信号:

$$\begin{cases}\Delta\varphi_T = \varphi_T - \varphi_{\tilde{T}}\\ \Delta\psi_T = \psi_T - \psi_{\tilde{T}}\\ \Delta\gamma_T = \gamma_T - \gamma_{\tilde{T}}\end{cases} \tag{2-4-9}$$

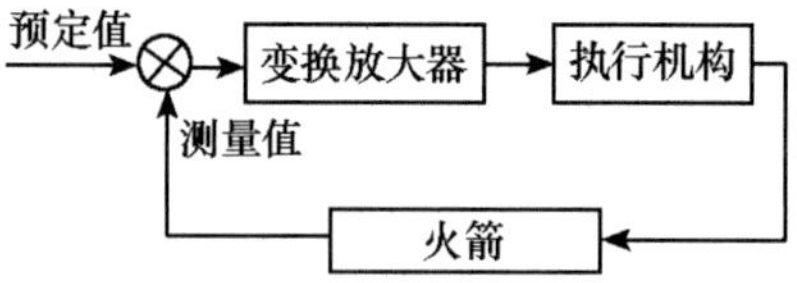

图 2-23 控制通道示意图

其中 $\varphi_{\tilde{T}}$、$\psi_{\tilde{T}}$、$\gamma_{\tilde{T}}$分别为给定的姿态角,通常取

$$\begin{cases}\varphi_{\tilde{T}} = \varphi_{pr}(t)\\ \psi_{\tilde{T}} = \gamma_{\tilde{T}} = 0\end{cases} \tag{2-4-10}$$

此中 $\varphi_{pr}(t)$称为程序俯仰角,它是一按给定规律随时间变化的值。

大型火箭的姿态控制,多采用姿态角及其变化率和位置、速度参数等多回路控制,箭上俯仰、偏航、滚动三个通道的输入信号与执行机构偏转角之间的函数关系称为该通道的控制方程,其一般表达形式为:

$$\begin{cases}F_\varphi(\delta_\varphi、x、y、z、\dot{x}、\dot{y}、\dot{z}、\varphi_T、\dot{\varphi}_T\cdots) = 0\\ F_\psi(\delta_\psi、x、y、z、\dot{x}、\dot{y}、\dot{z}、\psi_T、\dot{\psi}_T\cdots) = 0\\ F_\gamma(\delta_\gamma、x、y、z、\dot{x}、\dot{y}、\dot{z}、\gamma_T、\dot{\gamma}_T\cdots) = 0\end{cases} \tag{2-4-11}$$

此控制方程是由控制系统设计提供,由于火箭角运动的动态稳定过程进行得非常快,对火箭质心运动的影响很小,因而在研究火箭质心运动时,常采用略去动态过程的控制方程:

$$\begin{cases}\delta_\varphi = a_0^\varphi \Delta\varphi_T\\ \delta_\psi = a_0^\psi \Delta\psi_T\\ \delta_\gamma = a_0^\gamma \Delta\gamma_T\end{cases} \tag{2-4-12}$$

其中 a_0^φ、a_0^ψ 和 a_0^γ 分别为俯仰、偏航和滚动通道的静放大系数。

这里要强调指出的是,控制方程式(2-4-12)对解算标准飞行条件下的火箭质心运动参数是适用的。在实际飞行条件下,控制方程还取决于火箭采用何种制导方法。例如,对于显式制导方法,控制方程中 φ_T、ψ_T、a_T 则要根据火箭飞行实际状态参数及控制泛函(如射程、需要速度等)来适时计算得到;对于开路制导有时为保证火箭在射击平面内飞行及关机点速度倾角为要求值,而在偏航及俯仰通道中加入控制导引信号,例如可采用如下控制方程:

$$\begin{cases}\delta_\varphi = a_0^\varphi \Delta\varphi_T + k_H\mu_H\\ \delta_\psi = a_0^\psi \Delta\psi_T + k_\psi\mu_\psi\end{cases} \tag{2-4-13}$$

其中 $k_H\mu_H$ 和 $k_\psi u_\psi$ 两项分别与横向和法向导引相应的附加偏转角。

3. 控制力和控制力矩

执行机构是根据要求的偏转角提供火箭控制力和控制力矩以改变火箭的飞行状态。

控制力和控制力矩取决于执行机构的类型和在火箭上的配置方式。一般来说,火箭执行机构有燃气舵、摇摆发动机、空气舵等。对远程火箭而言,多采用前两种执行机构。

(1)燃气舵产生的控制力和控制力矩

燃气舵是由石墨或其它耐高温材料制成,安装在发动机喷口出口处,一共有四个。当火箭竖立在发射台上时,舵的安装位置是两个舵在射击平面内,另两舵垂直于射面,四个成十字型。舵的编号为:1 号舵在射面内偏向射击方向一边,从尾部看去由 1 舵开始顺时针排序,如图 2 - 24 所示。

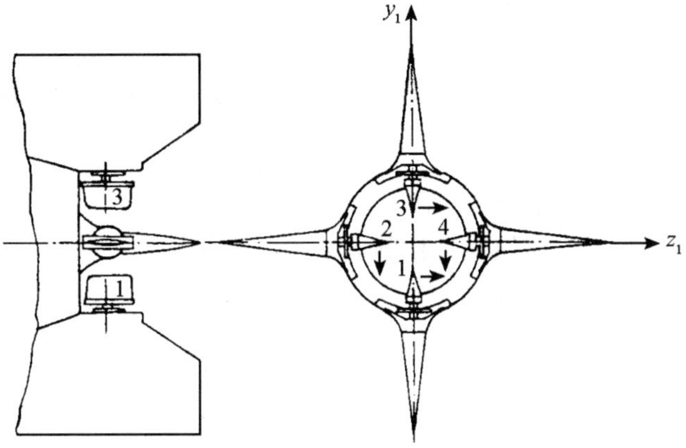

图 2 - 24　十字型布置的燃气舵

发动机燃烧室排出的燃气流作用在燃气舵上,就像空气流作用在飞行器上一样,形成燃气动力,即称为控制力。显然,控制力的大小与燃气舵的偏转角——舵偏角有关。考虑到每个舵的形状、大小均相同,因而各舵的气动特性也一样。为了便于计算控制力和控制力矩,通常引进等效舵偏角的概念,其含意是与实际舵偏角具有相同控制力的平均舵偏角。不难理解,若要产生法向控制力,则可同时偏转 2、4 舵,其舵偏角分别记为 δ_2、δ_4,则等效舵偏角记为

$$\delta_\varphi = \frac{1}{2}(\delta_2 + \delta_4) \tag{2-4-14}$$

同理,对应 1、3 舵的 δ_1、δ_3 之等效舵偏角即为

$$\delta_\psi = \frac{1}{2}(\delta_1 + \delta_3) \tag{2-4-15}$$

从控制火箭的俯仰与偏航运动出发,不难理解,1 舵与 3 舵应同向偏转、2 舵与 4 舵应相同偏转,偏转角的正负,规定为产生负的控制力矩的舵偏角为正。具体各舵正向规定见图 2 - 24 所示方向。当火箭飞行中出现滚动角时,要消除该角,必须使 1、3 舵或者 2、4 舵反向偏转,才能产生滚动力矩。通常火箭滚动控制通道中采用 1、3 舵差动来完成姿态稳定,为了讨论的一般性,则认为 2、4 舵也可差动,与 1、3 舵一起同为滚动控制通道中的执行机构。我们根据各舵偏转角正、负向的规定,不难写出滚动通道有效舵偏角的表达式为

$$\delta_r = \frac{1}{4}(\delta_3 - \delta_1 + \delta_4 - \delta_2) \tag{2-4-16}$$

记 C_{x1j}、C_{y1j}、C_{z1j} 分别为每个燃气舵的阻力系数、升力系数、侧力系数，在临界舵偏角范围内，升力系数 C_{y1j} 与等效舵偏角 δ_φ 成正比，即 $C_{y1j}=C_{y1j}^{\delta}\cdot\delta_\varphi$。注意到各个舵的形状、大小相同，且 δ_φ、φ_ψ 均为正时，相应的控制力为正升力和负侧力，故知 $C_{z1j}^{\delta}=-C_{y1j}^{\delta}$。因此，燃气流作用在燃气舵上的力可表示为

$$\begin{cases}\text{阻力}\quad X_{1c}=4C_{x1j}q_jS_j\\ \text{升力}\quad Y_{1c}=2C_{y1j}^{\delta}q_jS_j\delta_\varphi\triangleq R'\delta_\varphi\\ \text{侧力}\quad Z_{1c}=-2C_{y1j}^{\delta}q_jS_j\delta_\psi\triangleq -R'\delta_\psi\end{cases}\tag{2-4-17}$$

其中：

$q_j=\dfrac{1}{2}\rho_jv_j^2$ 为燃气动压头，ρ_i 为燃气流的气体密度，v_j 为燃气流速度；

S_j 为燃气舵参考面积；

$R'=2Y_{1c}^{\delta}$ 为一对燃气舵的升力梯度。

燃气舵所提供的俯仰、偏航、滚动控制力矩依次为

$$\begin{cases}M_{z1c}=-R'(x_c-x_g)\delta_\varphi\\ M_{y1c}=-R'(x_c-x_g)\delta_\psi\\ M_{x1c}=-4Y_{1cj}\cdot r_c=-2R'r_c\delta_\gamma\end{cases}\tag{2-4-18}$$

其中：

x_c-x_g 为燃气舵压心到重心的距离，即为控制力矩的力臂。通常燃气舵的压心取为舵的铰链轴位置；

r_c 为舵的压力到纵轴 x_1 的距离。

记

$$\begin{cases}M_{x1c}^{\delta}=M_{y1c}^{\delta}=-R'(x_c-x_g)\\ M_{x1c}^{\delta}=-2R'r_c\end{cases}\tag{2-4-19}$$

分别称为俯仰、偏航和滚动力矩梯度，则式(2-4-18)也可写为

$$\begin{cases}M_{z1c}=M_{z1c}^{\delta}\delta_\varphi\\ M_{y1c}=M_{z1c}^{\delta}\delta_\psi\\ M_{x1c}=M_{x1c}^{\delta}\delta_\gamma\end{cases}\tag{2-4-20}$$

(2)摇摆发动机产生的控制力和控制力矩

1)按十字型配置的摇摆发动机

如果规定四台摇摆发动机的编号顺序及发动机偏转角的正向均与燃气舵相同，见图 2-25。且每台摇摆发动机的推力均为 P_c，记

$$P=4P_c\tag{2-4-21}$$

P 称为总推力，则不难写出其控制力和控制力矩。

控制力的阻力、升力和侧力表达式分别为

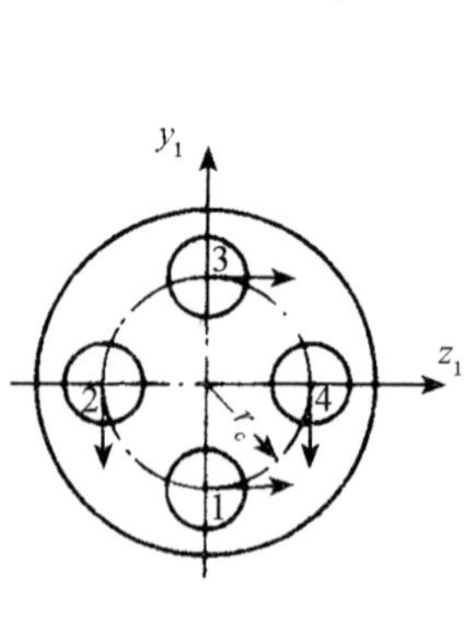

图 2-25　十字型布置的摇摆发动机

$$\begin{cases} X_{1c} = P - \dot{P}_c(\cos\delta_1 + \cos\delta_2 + \cos\delta_3 + \cos\delta_4) \\ Y_{1c} = P_c(\sin\delta_2 + \sin\delta_4) \\ Z_{1c} = -P_c(\sin\delta_1 + \sin\delta_3) \end{cases} \tag{2-4-22}$$

俯仰、偏航和滚动通道控制力矩分别为

$$\begin{cases} M_{z1c} = -P_c(x_c - x_g)(\sin\delta_2 + \sin\delta_4) \\ M_{y1c} = -P_c(x_c - x_g)(\sin\delta_1 + \sin\delta_3) \\ M_{x1c} = -P_c r_c(\sin\delta_3 - \sin\delta_1 + \sin\delta_4 - \sin\delta_2) \end{cases} \tag{2-4-23}$$

其中 x_c、r_c 分别为摇摆发动机铰链与各台发动机推力轴线的交点至火箭顶端及箭体 x_1 轴的距离。

当取 $\sin\delta_i = \delta_i$、$\cos\delta_i = 1(i = 1,\cdots,4)$时，根据式(2-4-14)、(2-4-15)、(2-4-16)并引入等效舵偏角的概念，则式(2-4-22)、(2-4-23)分别可写为

$$\begin{cases} X_{1c} = 0 \\ Y_{1c} = \dfrac{P}{2}\delta_\varphi \\ Z_{1c} = -\dfrac{P}{2}\delta_\psi \end{cases} \tag{2-4-24}$$

$$\begin{cases} M_{x1c} = -Pr_c\delta_r \\ M_{y1c} = -\dfrac{P}{2}(x_c - x_g)\delta_\psi \\ M_{z1c} = -\dfrac{P}{2}(x_c - x_g)\delta_\varphi \end{cases} \tag{2-4-25}$$

2)按 X 型配置摇摆发动机

此时摇摆发动机的配置位置和编号如图 2-26 所示。发动机偏转角的正向定义为从喷管尾端按顺时针的偏转角。

设各发动机具有相同的推力 P_c，则控制力和控制力矩的表达式为

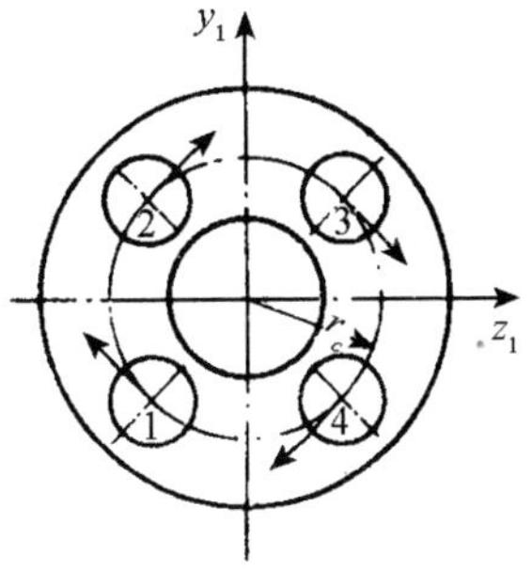

图 2-26　X 型配置的摇摆发动机

$$\begin{cases} X_{1c} = 4P_c - P_c(\cos\delta_1 + \cos\delta_2 + \cos\delta_3 + \cos\delta_4) \\ Y_{1c} = P_c\sin45°(\sin\delta_3 + \sin\delta_4 - \sin\delta_1 - \sin\delta_2) \\ Z_{1c} = -P_c\sin45°(\sin\delta_2 + \sin\delta_3 - \sin\delta_1 - \sin\delta_4) \end{cases} \tag{2-4-26}$$

$$\begin{cases} M_{x1c} = -P_c r_c(\sin\delta_1 + \sin\delta_2 + \sin\delta_3 + \sin\delta_4) \\ M_{y1c} = -P_c\sin45°(x_c - x_g)(\sin\delta_2 + \sin\delta_3 - \sin\delta_1 - \sin\delta_4) \\ M_{z1c} = -P_c\sin45°(x_c - x_g)(\sin\delta_3 + \sin\delta_4 - \sin\delta_1 - \sin\delta_2) \end{cases} \tag{2-4-27}$$

当取 $\sin\delta_i = \delta_i$、$\cos\delta_i = 1(i = 1,\cdots,4)$及 $P = 4P_c$ 时，并定义等效偏转角为

$$
\begin{cases}
\delta_{\varphi} = (\delta_3 + \delta_4 - \delta_1 - \delta_2)/4 \\
\delta_{\psi} = (\delta_2 + \delta_3 - \delta_1 - \delta_4)/4 \\
\delta_{\gamma} = (\delta_1 + \delta_2 + \delta_3 + \delta_4)/4
\end{cases}
\tag{2-4-28}
$$

则式(2－4－26)、(2－4－27)分别可写为

$$
\begin{cases}
X_{1c} = 0 \\
Y_{1c} = \dfrac{\sqrt{2}}{2} P \delta_{\varphi} \\
Z_{1c} = -\dfrac{\sqrt{2}}{2} P \delta_{\psi}
\end{cases}
\tag{2-4-29}
$$

$$
\begin{cases}
M_{x1c} = -P r_c \delta_{\gamma} \\
M_{y1c} = -\dfrac{\sqrt{2}}{2} P (x_c - x_g) \delta_{\psi} \\
M_{z1c} = -\dfrac{\sqrt{2}}{2} P (x_c - x_g) \delta_{\varphi}
\end{cases}
\tag{2-4-30}
$$

比较式(2－4－24)、(2－4－25)与式(2－4－29)、(2－4－30)可见，X 型安装与十字型安装的效果不同。在相同等效偏转角条件下，除阻力和滚动力矩外，其它控制力和控制力矩可增大$\sqrt{2}$倍，提高了控制能力。但这是由于 4 台发动机均工作时的结果。从效费比而言 X 型较十字型要低些，X 型配置的优点还在于当一台发动机发生故障时，仍可使三个通道完成控制任务，提高了控制可靠性。当然，这种配置形式使得控制通道比较复杂、交连影响大，精度较十字型低。

第三章　空间一般运动方程及计算方程

为了严格、全面地描述远程火箭的运动，提供准确的运动状态参数，因而需要建立准确的空间运动方程及相应的空间弹道计算方程。

§3.1　远程火箭矢量形式的动力学方程

1. 质心动力学方程

式(1－4－19)给出了任一变质量质点系在惯性坐标系中的质心动力学矢量方程：

$$m\frac{\mathrm{d}^2\boldsymbol{r}_{c\cdot m}}{\mathrm{d}t^2}=\boldsymbol{F}_s+\boldsymbol{F}'_k+\boldsymbol{F}'_{rel}$$

第二章结合火箭的实际对上述各力进行了讨论，并已知

$$\boldsymbol{F}_s=m\boldsymbol{g}+\boldsymbol{R}+\boldsymbol{P}_{st}+\boldsymbol{F}_c \tag{3-1-1}$$

其中：

$m\boldsymbol{g}$ 为作用在火箭上的引力矢量；

$\boldsymbol{R}$ 为作用在火箭上的气动力矢量；

$\boldsymbol{P}_{st}$ 为发动机推力静分量矢量；

$\boldsymbol{F}_c$ 为作用在火箭上的控制力矢量。

而且已知

$$\boldsymbol{F}'_{rel}=-\dot{m}\boldsymbol{u}_e \tag{2-1-15}$$

$$\boldsymbol{F}'_k=-2\dot{m}\boldsymbol{\omega}_T\times\rho_e \tag{2-1-16}$$

考虑到将附加相对力 $\boldsymbol{F}'_{rel}$ 与发动机推力静分量合成为推力 $\boldsymbol{P}$，见式(2－1－32)，则可得火箭在惯性坐标系中以矢量描述的质心动力学方程(为书写方便，以后 $\boldsymbol{r}_{c\cdot m}$ 均写成 $\boldsymbol{r}$)

$$m\frac{\mathrm{d}^2\boldsymbol{r}}{\mathrm{d}t^2}=\boldsymbol{P}+\boldsymbol{R}+\boldsymbol{F}_C+m\boldsymbol{g}+\boldsymbol{F}'_k \tag{3-1-2}$$

2. 绕质心转动的动力学方程

由变质量质点系的绕质心运动方程：

$$\bar{\boldsymbol{I}}\cdot\frac{\mathrm{d}\omega_T}{\mathrm{d}t}+\omega_T\times(\bar{\boldsymbol{I}}\cdot\boldsymbol{\omega}_T)=M_{c.m}+\boldsymbol{M}'_k+\boldsymbol{M}'_{rel} \tag{1-4-32}$$

及第二章结合火箭分析其所受到的外界力矩：

$$\boldsymbol{M}_{c\cdot m}=\boldsymbol{M}_{st}+\boldsymbol{M}_{c}+\boldsymbol{M}_{\mathrm{d}} \tag{3-1-3}$$

其中：

$\boldsymbol{M}_{st}$ 为作用在火箭上的气动力矩；

$\boldsymbol{M}_{c}$ 为控制力矩；

$\boldsymbol{M}_{\mathrm{d}}$ 为火箭相对大气有转动时引起的阻尼力矩。

注意到附加相对力矩、附加哥氏力矩分别为：

$$\boldsymbol{M}'_{rel}=-\dot{m}\rho_e\times\boldsymbol{u}_e$$

$$\boldsymbol{M}'_{k}=-\frac{\delta\bar{\boldsymbol{I}}}{\delta t}\cdot\boldsymbol{\omega}_T-\dot{m}\rho_e\times(\boldsymbol{\omega}_T\times\rho_e)$$

即可得到用矢量描述的火箭绕质心转动的动力学方程为：

$$\bar{\boldsymbol{I}}\cdot\frac{\mathrm{d}\boldsymbol{\omega}_T}{\mathrm{d}t}+\boldsymbol{\omega}_T\times(\bar{\boldsymbol{I}}\cdot\boldsymbol{\omega}_T)=\boldsymbol{M}_{st}+\boldsymbol{M}_{c}+\boldsymbol{M}_{\mathrm{d}}+\boldsymbol{M}'_{rel}+\boldsymbol{M}'_{k} \tag{3-1-4}$$

§ 3.2　地面发射坐标系中空间弹道方程

用矢量描述的火箭质心动力学方程和绕质心转动的动力学方程给人以简洁、清晰的概念，但对这些微分方程求解还必须将其投影到选定的坐标系中来进行。通常是选择地面发射坐标系为描述火箭运动的参考系，该坐标系是定义在将地球看作以角速度 $\boldsymbol{\omega}_e$ 进行自转的两轴旋转椭球体上的。

1. 地面发射坐标系中的质心动力学方程

由于地面发射坐标系为一动参考系，其相对于惯性坐标系以角速度 $\boldsymbol{\omega}_e$ 转动，故由矢量导数法则可知：

$$m\frac{\mathrm{d}^2\boldsymbol{r}}{\mathrm{d}t^2}=m\frac{\delta^2\boldsymbol{r}}{\delta t^2}+2m\boldsymbol{\omega}_e\times\frac{\delta\boldsymbol{r}}{\delta t}+m\boldsymbol{\omega}_e\times(\boldsymbol{\omega}_e\times\boldsymbol{r})$$

将其代入式(3－1－2)并整理得：

$$m\frac{\delta^2\boldsymbol{r}}{\delta t^2}=\boldsymbol{P}+\boldsymbol{R}+\boldsymbol{F}_c+m\boldsymbol{g}+\boldsymbol{F}'_k-m\boldsymbol{\omega}_e\times(\boldsymbol{\omega}_e\times\boldsymbol{r})-2m\boldsymbol{\omega}_e\times\frac{\delta\boldsymbol{r}}{\delta t} \tag{3-2-1}$$

将上面等式各项在地面发射坐标系中分解：

（1）相对加速度项

$$\frac{\delta^2\boldsymbol{r}}{\delta t^2}=\begin{bmatrix}\dfrac{\mathrm{d}v_x}{\mathrm{d}t}\\[2mm]\dfrac{\mathrm{d}v_y}{\mathrm{d}t}\\[2mm]\dfrac{\mathrm{d}v_z}{\mathrm{d}t}\end{bmatrix} \tag{3-2-2}$$

（2）推力 $\boldsymbol{P}$ 项

由式(2－1－32)知，推力 $\boldsymbol{P}$ 在弹体坐标系内描述形式最简单，即

$$\boldsymbol{P}=\begin{bmatrix}-\dot{m}u_e+S_e(p_e-p_H)\\0\\0\end{bmatrix}=\begin{bmatrix}P\\0\\0\end{bmatrix} \tag{3-2-3}$$

已知弹体坐标系到地面坐标系的方向余弦阵 $\boldsymbol{G}_B$，由式(1－3－6)可求得，则可得推力 $\boldsymbol{P}$ 在地面发射坐标系的分量为：

$$\begin{bmatrix}P_x\\P_y\\P_z\end{bmatrix}=\boldsymbol{G}_B\begin{bmatrix}P\\0\\0\end{bmatrix} \tag{3-2-4}$$

(3)气动力 $\boldsymbol{R}$ 项

已知火箭飞行中所受气动力在速度坐标系中的分量为

$$\boldsymbol{R}=\begin{bmatrix}-X\\Y\\Z\end{bmatrix}$$

且速度坐标系到地面坐标系的方向余弦阵 $\boldsymbol{G}_V$ 可由式(1－3－8)得到，则气动力 $\boldsymbol{R}$ 在地面坐标系的分量为

$$\begin{bmatrix}R_x\\R_y\\R_z\end{bmatrix}=\boldsymbol{G}_V\begin{bmatrix}-X\\Y\\Z\end{bmatrix}=\boldsymbol{G}_V\begin{bmatrix}-C_xqS_M\\C_y^{\alpha}qS_M\alpha\\-C_y^{\alpha}qS_M\beta\end{bmatrix} \tag{3-2-5}$$

(4)控制力 $\boldsymbol{F}_c$ 项

由第二章§4内容已知无论执行机构是燃气舵或不同配置形成的摇摆发动机，均可将控制力以弹体坐标系的分量表示为同一形式：

$$\boldsymbol{F}_c=\begin{bmatrix}-X_{1c}\\Y_{1c}\\Z_{1c}\end{bmatrix} \tag{3-2-6}$$

而各力的具体计算公式则根据采用何种执行机构而定，因此控制力在地面坐标系的三分量不难用下式求得：

$$\begin{bmatrix}F_{cx}\\F_{cy}\\F_{cx}\end{bmatrix}=\boldsymbol{G}_B\begin{bmatrix}-X_{1c}\\Y_{1c}\\Z_{1c}\end{bmatrix} \tag{3-2-7}$$

(5)引力 $m\boldsymbol{g}$ 项

根据式(2－2－16)：

$$m\boldsymbol{g}=mg'_r\boldsymbol{r}^0+mg_{\omega e}\boldsymbol{\omega}_e^0$$

其中

$$g'_r=-\frac{fM}{r^2}\left[1+J\left(\frac{a_e}{r}\right)^2(1-5\sin^2\phi)\right]$$

$$g_{\omega e}=-2\frac{fM}{r^2}J(\frac{a_e}{r})^2\sin\phi$$

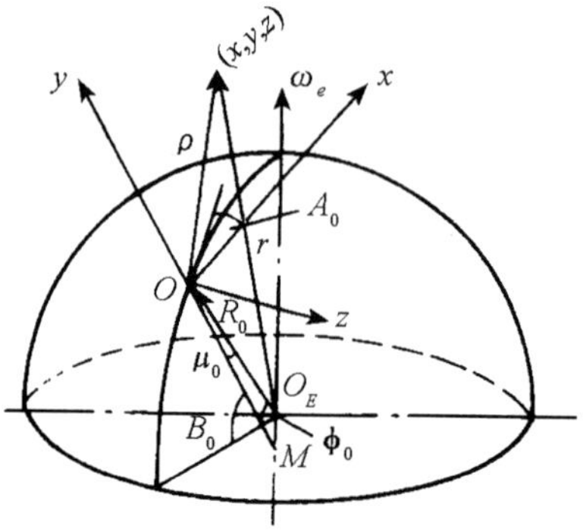

图 3－1　弹道上任一点的地心矢径和发射点的地心矢径

由图 3－1 可知，任一点地心矢径为

$$\boldsymbol{r}=\boldsymbol{R}_0+\boldsymbol{\rho} \tag{3-2-8}$$

其中，$\boldsymbol{R}_0$ 为发射点地心矢径，$\boldsymbol{\rho}$ 为发射点到弹道上任一点的矢径。

$\boldsymbol{R}_0$ 在发射坐标系上的三分量可由图 3－1 求得：

$$\begin{bmatrix} R_{ox} \\ R_{oy} \\ R_{oz} \end{bmatrix}=\begin{bmatrix} -R_0\sin\mu_0\cos A_0 \\ R_0\cos\mu_0 \\ R_0\sin\mu_0\sin A_0 \end{bmatrix} \tag{3-2-9}$$

上式中 A_0 为发射方位角，μ_0 为发射点地理纬度与地心纬度之差，即 $\mu_0=B_0-\phi_0$

由于假设地球为一两轴旋转椭球体，故 $\boldsymbol{R}_0$ 的长度可由子午椭圆方程求取：

$$R_0=\frac{a_eb_e}{\sqrt{a_e^2\sin^2\phi_0+b_e^2\cos^2\phi_0}}$$

$\boldsymbol{\rho}$ 在发射坐标系的三分量为 x、y、z。

由式(3－2－8)可得 $\boldsymbol{r}^0$ 在发射坐标系的分量为

$$\boldsymbol{r}^0=\frac{x+R_{ox}}{r}\boldsymbol{x}^0+\frac{y+R_{oy}}{r}\boldsymbol{y}^0+\frac{z+R_{ox}}{r}\boldsymbol{z}^0 \tag{3-2-10}$$

显然，$\boldsymbol{\omega}_e^0$ 在发射坐标系的三分量可写成：

$$\boldsymbol{\omega}_e^0=\frac{\omega_{ex}}{\omega_e}\boldsymbol{x}_0+\frac{\omega_{ey}}{\omega_e}\boldsymbol{y}_0+\frac{\omega_{ez}}{\omega_e}\boldsymbol{z}_0 \tag{3-2-11}$$

其中，ω_{ex}、ω_{ey}、ω_{ex} 由式(1－3－20)可知：

$$\begin{bmatrix} \omega_{ex} \\ \omega_{ey} \\ \omega_{ez} \end{bmatrix}=\omega_e\begin{bmatrix} \cos B_0\cos A_0 \\ \sin B_0 \\ -\cos B_0\sin A_0 \end{bmatrix} \tag{3-2-12}$$

于是可将式(2－2－16)写成发射坐标系分量形式：

$$m\begin{bmatrix} g_x \\ g_y \\ g_z \end{bmatrix} = m\frac{g'_r}{r}\begin{bmatrix} x+R_{ox} \\ y+R_{oy} \\ z+R_{oz} \end{bmatrix} + m\frac{g_{\omega e}}{\omega_e}\begin{bmatrix} \omega_{ex} \\ \omega_{ey} \\ \omega_{ez} \end{bmatrix} \tag{3-2-13}$$

(6)附加哥氏力 $\boldsymbol{F}'_k$ 项

由式(2－1－16)：

$$\boldsymbol{F}'_k = -2\dot{m}\boldsymbol{\omega}_T \times \boldsymbol{\rho}_e$$

其中 $\boldsymbol{\omega}_T$ 为箭体相对于惯性(或平移)坐标系的转动角速度矢量,它在箭体坐标系的分量可表示为

$$\boldsymbol{\omega}_T = [\omega_{Tx1} \quad \omega_{Ty1} \quad \omega_{Tz1}]^{\mathrm{T}}$$

$\boldsymbol{\rho}_e$ 为质心到喷管出口中心点距离,即

$$\boldsymbol{\rho}_e = -x_{1e}\boldsymbol{x}_1^0$$

因此可得 $\boldsymbol{F}'_k$ 在箭体坐标系的三分量：

$$\begin{bmatrix} F'_{kx1} \\ F'_{ky1} \\ F'_{kz1} \end{bmatrix} = 2\dot{m}x_{1e}\begin{bmatrix} 0 \\ \omega_{Tz1} \\ -\omega_{Ty1} \end{bmatrix} \tag{3-2-14}$$

从而 $\boldsymbol{F}'_k$ 在发射坐标系中的分量可由下式来描述：

$$\begin{bmatrix} F'_{kx} \\ F'_{ky} \\ F'_{kz} \end{bmatrix} = \boldsymbol{G}_B\begin{bmatrix} F'_{kx1} \\ F'_{ky1} \\ F'_{kz1} \end{bmatrix} \tag{3-2-15}$$

(7)离心惯性力 $-m\omega_e \times (\omega_e \times \boldsymbol{r})$项

记

$$\boldsymbol{a}_e = \boldsymbol{\omega}_e \times (\boldsymbol{\omega}_e \times \boldsymbol{r}) \tag{3-2-16}$$

为牵连加速度。

根据式(3－2－12),并注意到

$$\boldsymbol{r} = (x+R_{ax})\boldsymbol{x}^0 + (y+R_{oy})\boldsymbol{y}^0 + (z+R_{oz})\boldsymbol{z}^0$$

则牵连加速度在发射坐标系中的分量形式为

$$\begin{bmatrix} a_{ex} \\ a_{ey} \\ a_{ez} \end{bmatrix} = \begin{bmatrix} a_{11} & a_{12} & a_{13} \\ a_{21} & a_{22} & a_{23} \\ a_{31} & a_{32} & a_{33} \end{bmatrix}\begin{bmatrix} x+R_{ox} \\ y+R_{oy} \\ z+R_{ox} \end{bmatrix} \tag{3-2-17}$$

其中

$$a_{11} = \omega_{ex}^2 - \omega_e^2$$

$$a_{12} = a_{21} = \omega_{ex}\omega_{ey}$$

$$a_{22} = \omega_{ey}^2 - \omega_e^2$$

$$a_{23} = a_{32} = \omega_{ey}\omega_{ex}$$

$$a_{33} = \omega_{ex}^2 - \omega_e^2$$

$$a_{13} = a_{31} = \omega_{ez}\omega_{ex}$$

则离心惯性力 $\boldsymbol{F}_e$ 在发射坐标系上的分量为

$$\begin{bmatrix} F_{ex} \\ F_{ey} \\ F_{ez} \end{bmatrix} = -m \begin{bmatrix} a_{ex} \\ a_{ey} \\ a_{ex} \end{bmatrix} \tag{3-2-18}$$

(8)哥氏惯性力 $-2m\omega_e \times \dfrac{\delta \boldsymbol{r}}{\delta t}$项

记

$$\boldsymbol{a}_k = 2\boldsymbol{\omega}_e \times \frac{\delta \boldsymbol{r}}{\delta t} \tag{3-2-19}$$

为哥氏加速度。

$\dfrac{\delta \boldsymbol{r}}{\delta t}$为火箭相对于发射坐标系的速度，即有

$$\frac{\delta \boldsymbol{r}}{\delta t} = [\dot{x} \quad \dot{y} \quad \dot{z}]^{\mathrm{T}} \tag{3-2-20}$$

并注意到式(3-2-12)，则式(3-2-19)可写为

$$\begin{bmatrix} a_{kx} \\ a_{ky} \\ a_{kz} \end{bmatrix} = \begin{bmatrix} b_{11} & b_{12} & b_{13} \\ b_{21} & b_{22} & b_{23} \\ b_{31} & b_{32} & b_{33} \end{bmatrix} \begin{bmatrix} \dot{x} \\ \dot{y} \\ \dot{z} \end{bmatrix} \tag{3-2-21}$$

其中

$$\begin{aligned} &b_{11} = b_{22} = b_{33} = 0 \\ &b_{12} = -b_{21} = -2\omega_{ez} \\ &b_{31} = -b_{13} = -2\omega_{ey} \\ &b_{23} = -b_{32} = -2\omega_{ex} \end{aligned}$$

从而可得哥氏惯性力 $\boldsymbol{F}_k$ 在发射坐标系的分量形式为

$$\begin{bmatrix} F_{kx} \\ F_{ky} \\ F_{kz} \end{bmatrix} = -m \begin{bmatrix} a_{kx} \\ a_{ky} \\ a_{kz} \end{bmatrix} \tag{3-2-22}$$

将式(3-2-2)、(3-2-4)、(3-2-5)、(3-2-7)、(3-2-13)、(3-2-15)、(3-2-18)、(3-2-22)代入式(3-2-1)，并令

$$P_e = P - X_{1c}$$

则在发射坐标系中建立的质心动力学方程为：

$$m\begin{bmatrix} \dfrac{\mathrm{d}v_x}{\mathrm{d}t} \\ \dfrac{\mathrm{d}v_y}{\mathrm{d}t} \\ \dfrac{\mathrm{d}v_z}{\mathrm{d}t} \end{bmatrix} = \boldsymbol{G}_B \begin{bmatrix} P_e \\ Y_{1c} + 2\dot{m}\omega_{Tz1} x_{1e} \\ Z_{1c} - 2\dot{m}\omega_{Ty1} x_{1e} \end{bmatrix} + \boldsymbol{G}_V \begin{bmatrix} -C_x q S_M \\ C_y^a q S_M \alpha \\ -C_y^a q S_M \beta \end{bmatrix}$$

$$+ m\frac{g'_r}{r}\begin{bmatrix} x+R_{ox} \\ y+R_{oy} \\ z+R_{oz} \end{bmatrix} + m\frac{g_{\omega e}}{\omega_e}\begin{bmatrix} \omega_{ex} \\ \omega_{ey} \\ \omega_{ez} \end{bmatrix} - m\begin{bmatrix} a_{11} & a_{12} & a_{13} \\ a_{21} & a_{22} & a_{23} \\ a_{31} & a_{32} & a_{33} \end{bmatrix}\begin{bmatrix} x+R_{ox} \\ y+R_{oy} \\ z+R_{oz} \end{bmatrix}$$

$$- m\begin{bmatrix} b_{11} & b_{12} & b_{13} \\ b_{21} & b_{22} & b_{23} \\ b_{31} & b_{32} & b_{33} \end{bmatrix}\begin{bmatrix} \dot{x} \\ \dot{y} \\ \dot{z} \end{bmatrix} \tag{3-2-23}$$

2. 绕质心动力学方程在箭体坐标系的分解

将式(3－1－4)

$$\bar{\boldsymbol{I}}\cdot\frac{\mathrm{d}\boldsymbol{\omega}_T}{\mathrm{d}t} + \omega_T\times(\bar{\boldsymbol{I}}\cdot\boldsymbol{\omega}_T) = \boldsymbol{M}_{st} + \boldsymbol{M}_c + \boldsymbol{M}_{\mathrm{d}} + \boldsymbol{M}'_{rel} + \boldsymbol{M}'_k$$

的各项在箭体坐标系内进行分解。

由于箭体坐标系为中心惯量主轴坐标系，因此惯量张量式(1－4－29)可简化为

$$\bar{\boldsymbol{I}} = \begin{bmatrix} I_{x1} & 0 & 0 \\ 0 & I_{y1} & 0 \\ 0 & 0 & I_{z1} \end{bmatrix} \tag{3-2-24}$$

在第二章中已给出稳定力矩、阻尼力矩在箭体坐标系中各分量表达式：

$$\boldsymbol{M}_{st} = \begin{bmatrix} 0 \\ M_{y1\,st} \\ M_{z1\,st} \end{bmatrix} = \begin{bmatrix} 0 \\ m_{y1}^{\beta}\,qS_M l_k\cdot\beta \\ m_{z1}^{\alpha}\,qS_M l_k\cdot\alpha \end{bmatrix}$$

$$\boldsymbol{M}_{\mathrm{d}} = \begin{bmatrix} M_{x1\,d} \\ M_{y1\,d} \\ M_{z1\,d} \end{bmatrix} = \begin{bmatrix} m_{x1}^{\bar{\omega}_{x1}}\,qS_M l_k\bar{\omega}_{x1} \\ m_{y1}^{\bar{\omega}_{y1}}\,qS_M l_k\bar{\omega}_{y1} \\ m_{z1}^{\bar{\omega}_{z1}}\,qS_M l_k\bar{\omega}_{z1} \end{bmatrix}$$

由于控制力矩与所采用的执行机构有关，这里以燃气舵作为执行机构，则其控制力矩即如式(2－4－18)、(2－4－20)所示：

$$M_c = \begin{bmatrix} M_{x1c} \\ M_{y1c} \\ M_{z1c} \end{bmatrix} = \begin{bmatrix} -2R'r_c\delta_\gamma \\ -R'(x_c-x_g)\delta_\psi \\ -R'(x_c-x_g)\delta_\varphi \end{bmatrix}$$

附加相对力矩及附加哥氏力矩其矢量表达式为式(2－1－29)：

$$\boldsymbol{M}'_{rel} = -\dot{m}\rho_e\times\boldsymbol{u}_e$$

$$\boldsymbol{M}'_k = -\frac{\delta\bar{\boldsymbol{I}}}{\delta t}\cdot\boldsymbol{\omega}_T - \dot{m}\boldsymbol{\rho}_e\times(\boldsymbol{\omega}_T\times\boldsymbol{\rho}_e)$$

注意到在标准条件下，即发动机安装无误差，其推力轴线与箭体轴 x_1 平行，则附加相对力矩为0，而如果控制系统中采用摇摆发动机为执行机构，该附加相对力矩即为控制力矩，其表达式如式(2－4－22)，因此，此处不再列写。

附加力矩向箭体坐标系分解时，只要注意写

$$\boldsymbol{\rho}_e = -x_{1e}\boldsymbol{x}_1^0$$

则不难写出

$$\boldsymbol{M}'_k = -\begin{bmatrix} \dot{I}_{x1}\,\omega_{Tx1} \\ \dot{I}_{y1}\,\omega_{Ty1} \\ \dot{I}_{z1}\,\omega_{Tz1} \end{bmatrix} + \dot{m}\begin{bmatrix} 0 \\ -x_{1e}^2\omega_{Ty1} \\ -x_{1e}^2\omega_{Tz1} \end{bmatrix}$$

则式(3-1-4)即可写成在箭体坐标系内的分量形式：

$$\begin{bmatrix} I_{x1} & 0 & 0 \\ 0 & I_{y1} & 0 \\ 0 & 0 & I_{z1} \end{bmatrix}\begin{bmatrix} \dfrac{d\omega_{Tx1}}{dt} \\ \dfrac{d\omega_{Ty1}}{dt} \\ \dfrac{d\omega_{Tz1}}{dt} \end{bmatrix} + \begin{bmatrix} (I_{z1}-I_{y1})\,\omega_{Tz1}\,\omega_{Ty1} \\ (I_{x1}-I_{z1})\,\omega_{Tx1}\,\omega_{Tz1} \\ (I_{y1}-I_{x1})\,\omega_{Ty1}\,\omega_{Tx1} \end{bmatrix}$$

$$= \begin{bmatrix} 0 \\ m_{y1}^{\beta}\,qS_M l_k\cdot\beta \\ m_{z1}^{\alpha}\,qS_M l_k\cdot\alpha \end{bmatrix} + \begin{bmatrix} m_{x1}^{\bar{\omega}_{x1}}\,qS_M l_k\bar{\omega}_{x1} \\ m_{y1}^{\bar{\omega}_{y1}}\,qS_M l_k\bar{\omega}_{y1} \\ m_{z1}^{\bar{\omega}_{z1}}\,qS_M l_k\bar{\omega}_{z1} \end{bmatrix} + \begin{bmatrix} -2R'r_c\delta_\gamma \\ -R'(x_c-x_g)\,\delta_\psi \\ -R'(x_c-x_g)\,\delta_\varphi \end{bmatrix}$$

$$-\begin{bmatrix} \dot{I}_{x1}\,\omega_{Tx1} \\ \dot{I}_{y1}\,\omega_{Ty1} \\ \dot{I}_{z1}\,\omega_{Tz1} \end{bmatrix} + \dot{m}\begin{bmatrix} 0 \\ -x_{1e}^2\omega_{Ty1} \\ -x_{1e}^2\omega_{Tz1} \end{bmatrix} \tag{3-2-25}$$

3. 补充方程

上面所建立的质心动力学方程和绕质心转动的动力学方程，其未知参数个数远大于方程的数目，因此要求解火箭运动参数还必须补充有关方程。

(1)运动学方程

质心速度与位置参数关系方程

$$\begin{cases} \dfrac{dx}{dt} = v_x \\ \dfrac{dy}{dt} = v_y \\ \dfrac{dz}{dt} = v_z \end{cases} \tag{3-2-26}$$

火箭绕平移坐标系转动角速度 $\boldsymbol{\omega}_T$ 在箭体坐标系的分量，由于

$$\boldsymbol{\omega}_T = \dot{\boldsymbol{\varphi}}_T + \dot{\boldsymbol{\psi}}_T + \dot{\boldsymbol{\gamma}}_T \tag{3-2-27}$$

则不难得到

$$\begin{cases} \omega_{Tx1} = \dot{\gamma} - \dot{\varphi}_T\sin\psi_T \\ \omega_{Ty1} = \dot{\psi}_T\cos\gamma_T + \dot{\varphi}_T\cos\psi_T\sin\gamma_T \\ \omega_{Tz1} = \dot{\varphi}_T\cos\psi_T\cos\gamma_T - \dot{\psi}_T\sin\gamma_T \end{cases} \tag{3-2-28}$$

原则上可由此解得 φ_T、ψ_T、γ_T。

箭体相对于地球的转动角速度 $\boldsymbol{\omega}$ 与箭体对于惯性(平移)坐标系的转动角速度 $\boldsymbol{\omega}_T$、地球自转角速度 $\boldsymbol{\omega}_e$ 之间有下列关系：

$$\boldsymbol{\omega} = \boldsymbol{\omega}_T - \boldsymbol{\omega}_e \tag{3-2-29}$$

注意到式(1-3-20),则上式在箭体坐标系的投影分量表示式即为

$$\begin{bmatrix} \omega_{x1} \\ \omega_{y1} \\ \omega_{z1} \end{bmatrix} = \begin{bmatrix} \omega_{Tx1} \\ \omega_{Ty1} \\ \omega_{Tz1} \end{bmatrix} - B_G \begin{bmatrix} \omega_{ex} \\ \omega_{ey} \\ \omega_{ez} \end{bmatrix} \tag{3-2-30}$$

(2)控制方程

式(2-4-11)已给出控制方程的一般方程。

(3)欧拉角之间的联系方程

由式(1-3-31)知道 φ_T、ψ_T、γ_T 与 φ、ψ、γ 的联系方程为

$$\begin{cases} \varphi_T = \varphi + \omega_{ez} t \\ \psi_T = \psi + \omega_{ey} t\cos\varphi - \omega_{ex} t\sin\varphi \\ \gamma_T = \gamma + \omega_{ey} t\cos\varphi + \omega_{ex} t\cos\varphi \end{cases}$$

其中 φ、ψ、γ 可由上式解得。注意到速度倾角 θ 及航迹偏航角 σ 可由下式

$$\begin{cases} \theta = \arctan \dfrac{v_y}{v_x} \\ \sigma = -\arcsin \dfrac{v_z}{v} \end{cases} \tag{3-2-31}$$

解算。则箭体坐标系、速度坐标系及地面发射坐标系中的 8 个欧拉角已知 5 个,其余 3 个可由方向余弦关系式(1-3-24)找到解式:

$$\begin{cases} \sin\beta = \cos(\theta - \varphi)\cos\sigma\sin\psi\cos\gamma + \sin(\varphi - \theta)\cos\sigma\sin\gamma - \sin\sigma\cos\psi\cos\gamma \\ -\sin\alpha\cos\beta = \cos(\theta - \varphi)\cos\sigma\sin\psi\sin\gamma + \sin(\theta - \varphi)\cos\sigma\cos\gamma - \sin\sigma\cos\psi\sin\gamma \\ \sin\nu = \dfrac{1}{\cos\sigma}(\cos\alpha\cos\psi\sin\gamma - \sin\psi\sin\alpha) \end{cases} \tag{3-2-32}$$

(4)附加方程

1)速度计算方程

$$v = \sqrt{v_x^2 + v_y^2 + v_z^2} \tag{3-2-33}$$

2)质量计算方程

$$m = m_0 - \dot{m}t \tag{3-2-34}$$

其中:

m_0——火箭离开发射台瞬间的质量;

$\dot{m}$——火箭发动机工作单位时间的质量消耗量;

t——火箭离开发射台瞬间 $t=0$ 起的计时。

3)高度计算公式

因计算气动力影响,必须知道轨道上任一点距地面的高度 h,故要补充有关方程。

已知轨道上任一点距地心的距离为

$$r = \sqrt{(x + R_{ox})^2 + (y + R_{oy})^2 + (z + R_{oz})^2} \tag{3-2-35}$$

因设地球为一两轴旋转椭球体，则地球表面任一点距地心的距离与该点之地心纬度 ϕ 有关。由图 3－1 可知道空间任一点矢径 $\boldsymbol{r}$ 与赤道平面的夹角即为该点在地球上星下点所在的地心纬度角 ϕ，该角可由 $\boldsymbol{r}$ 与地球自转角速度矢量 $\boldsymbol{\omega}_e$ 之间的关系求得：

$$\sin\phi = \frac{\boldsymbol{r}\cdot\boldsymbol{\omega}_e}{r\omega_e}$$

根据式(3－2－8)及式(3－2－12)即可写出：

$$\sin\phi = \frac{(x+R_{ox})\omega_{ex} + (y+R_{oy})\omega_{ey} + (z+R_{oz})\omega_{ez}}{r\omega_e} \tag{3-2-36}$$

则对应于地心纬度 ϕ 之椭球表面距地心的距离可由式(2－2－20a)得到：

$$R = \frac{a_e b_e}{\sqrt{a_e^2\sin^2\phi + b_e^2\cos^2\phi}} \tag{3-2-37}$$

在理论弹道计算中计算高度时，可忽略 μ 的影响，因此，空间任一点距地球表面的距离为

$$h = r - R \tag{3-2-38}$$

综合上述讨论，可整理得火箭在地面发射坐标系中的一般运动方程：

$$m\begin{bmatrix}\dfrac{\mathrm{d}v_x}{\mathrm{d}t}\\ \dfrac{\mathrm{d}v_y}{\mathrm{d}t}\\ \dfrac{\mathrm{d}v_z}{\mathrm{d}t}\end{bmatrix} = \boldsymbol{G}_B\begin{bmatrix}P_e\\ Y_{1c}+2\dot{m}\omega_{Tz1}x_{1e}\\ Z_{1c}-2\dot{m}\omega_{Ty1}x_{1e}\end{bmatrix} + \boldsymbol{G}_V\begin{bmatrix}-C_xqS_M\\ C_y^{a}qS_M\alpha\\ -C_y^{a}qS_M\beta\end{bmatrix} + \frac{mg'_r}{r}\begin{bmatrix}x+R_{ox}\\ x+R_{oy}\\ x+R_{oz}\end{bmatrix} +$$

$$\frac{mg_{\omega_e}}{\omega_e}\begin{bmatrix}\omega_{ex}\\ \omega_{ey}\\ \omega_{ez}\end{bmatrix} - m\begin{bmatrix}a_{11} & a_{12} & a_{13}\\ a_{21} & a_{22} & a_{23}\\ a_{31} & a_{32} & a_{33}\end{bmatrix}\begin{bmatrix}x+R_{ox}\\ y+R_{oy}\\ z+R_{oz}\end{bmatrix} - m\begin{bmatrix}a_{11} & a_{12} & a_{13}\\ a_{21} & a_{22} & a_{23}\\ a_{31} & a_{32} & a_{33}\end{bmatrix}\begin{bmatrix}\dot{x}\\ \dot{y}\\ \dot{z}\end{bmatrix}$$

$$\begin{bmatrix}I_{x1} & 0 & 0\\ 0 & I_{y1} & 0\\ 0 & 0 & I_{z1}\end{bmatrix}\begin{bmatrix}\dfrac{\mathrm{d}\omega_{Tx1}}{\mathrm{d}t}\\ \dfrac{\mathrm{d}\omega_{Ty1}}{\mathrm{d}t}\\ \dfrac{\mathrm{d}\omega_{Tz1}}{\mathrm{d}t}\end{bmatrix} + \begin{bmatrix}(I_{z1}-I_{y1})\omega_{Tz1}\omega_{Ty1}\\ (I_{x1}-I_{z1})\omega_{Tx1}\omega_{Tz1}\\ (I_{y1}-I_{x1})\omega_{Ty1}\omega_{Tx1}\end{bmatrix}$$

$$= \begin{bmatrix}0\\ m_{y1}^{\beta}qS_Ml_K\cdot\beta\\ m_{z1}^{\beta}qS_Ml_K\cdot\alpha\end{bmatrix} + \begin{bmatrix}m_{x1}^{\bar{\omega}_{x1}}qS_Ml_k\bar{\omega}_{x1}\\ m_{y1}^{\bar{\omega}_{y1}}qS_Ml_k\bar{\omega}_{y1}\\ m_{z1}^{\bar{\omega}_{z1}}qS_Ml_k\bar{\omega}_{z1}\end{bmatrix} + \begin{bmatrix}-2R'r_c\delta_r\\ -R'(x_c-x_g)\delta_\psi\\ -R'(x_c-x_g)\delta_\varphi\end{bmatrix} - \begin{bmatrix}\dot{I}_{x1}\omega_{Tx1}\\ \dot{I}_{y1}\omega_{Ty1}\\ \dot{I}_{z1}\omega_{Tz1}\end{bmatrix} + \dot{m}\begin{bmatrix}0\\ -x_{1e}^2\omega_{Ty1}\\ -x_{1e}^2\omega_{Tx1}\end{bmatrix}$$

$$\begin{bmatrix}\dfrac{\mathrm{d}x}{\mathrm{d}t}\\ \dfrac{\mathrm{d}y}{\mathrm{d}t}\\ \dfrac{\mathrm{d}z}{\mathrm{d}t}\end{bmatrix} = \begin{bmatrix}v_x\\ v_y\\ v_z\end{bmatrix} \tag{3-2-39}$$

$$\begin{bmatrix}\omega_{Tx1}\\ \omega_{Ty1}\\ \omega_{Tz1}\end{bmatrix}=\begin{bmatrix}\dot{\gamma}_T-\dot{\varphi}_T\sin\psi_T\\ \dot{\psi}_T\cos\gamma_T+\dot{\varphi}_T\cos\psi_T\sin\gamma_T\\ \dot{\varphi}_T\cos\psi_T\cos\gamma_T-\dot{\psi}_T\sin\gamma_T\end{bmatrix}$$

$$\begin{bmatrix}\omega_{x1}\\ \omega_{y1}\\ \omega_{z1}\end{bmatrix}=\begin{bmatrix}\omega_{Tx1}\\ \omega_{Ty1}\\ \omega_{Tz1}\end{bmatrix}-\boldsymbol{B}_G\begin{bmatrix}\omega_{ez}\\ \omega_{ey}\\ \omega_{ex}\end{bmatrix}$$

$$\begin{cases}F_\varphi(\delta_\varphi、x、y、z、\dot{x}、\dot{y}、\dot{z}、\varphi_T、\dot{\varphi}_T、\cdots)=0\\ F_\psi(\delta_\psi、x、y、z、\dot{x}、\dot{y}、\dot{z}、\psi_T、\dot{\psi}_T、\cdots)=0\\ F_\gamma(\delta_\psi、x、y、z、\dot{x}、\dot{y}、\dot{z}、\gamma_T、\dot{\gamma}_T、\cdots)=0\end{cases}$$

$$\begin{cases}\varphi_T=\varphi+\omega_{ex}t\\ \psi_T=\psi+\omega_{ey}t\cos\varphi-\omega_{ex}t\sin\varphi\\ \gamma_T=\gamma+\omega_{ey}t\cos\varphi+\omega_{ex}t\sin\varphi\end{cases}$$

$$\begin{cases}\theta=\arctan\dfrac{v_y}{v_x}\\ \sigma=-\arcsin\dfrac{v_z}{v}\end{cases}$$

$$\begin{cases}\sin\beta=\cos(\theta-\varphi)\cos\sigma\sin\psi\cos\gamma-\sin(\theta-\varphi)\cos\sigma\sin\gamma-\sin\sigma\cos\psi\cos\gamma\\ -\sin\alpha\cos\beta=\cos(\theta-\varphi)\cos\sigma\sin\psi\sin\gamma+\sin(\theta-\varphi)\cos\sigma\cos\gamma-\sin\sigma\cos\psi\sin\gamma\\ \sin\nu=\dfrac{1}{\cos\sigma}(\cos\alpha\cos\psi\sin\gamma-\sin\psi\sin\alpha)\end{cases}$$

$$r=\sqrt{(x+R_{ox})^2+(x+R_{oy})^2+(x+R_{oz})^2}$$

$$\sin\phi=\frac{(x+R_{ox})\omega_{ex}+(y+R_{oy})\omega_{ey}+(z+R_{oz})\omega_{ez}}{r\omega_e}$$

$$R=\frac{a_eb_e}{\sqrt{a_e^2\sin^2\phi+b_e^2\cos^2\phi}}$$

$$h=r-R$$

$$v=\sqrt{v_x^2+v_y^2+v_z^2}$$

$$m=m_0-\dot{m}t$$

以上共 32 个方程，记为式(3－2－39)，有 32 个未知量：

v_x、v_y、v_z、ω_{Tx1}、ω_{Ty1}、ω_{Tz1}、x、y、z、γ_T、ψ_T、φ_T、ω_{x1}、ω_{y1}、ω_{z1}、δ_φ、δ_ψ、δ_r、φ、ψ、γ、θ、σ、β、α、ν、r、ϕ、R、h、v、m。原则上当已知控制方程的具体形式后给出 32 个起始条件，即可进行求解。

事实上，由于其中有些方程是确定量之间具有明确的关系方程，因此这些量则不是任意给出的，而当有关的参数起始条件给出时，它们也即相应地确定，如 ω_{x1}、ω_{y1}、ω_{z1}、β、α、ν、φ、ψ、γ、r、ϕ、R、h、v 等 14 个参数即属此种情况。在动力学方程中，有关一些力和力矩(或力矩导数)的参数均可用上述方程组中解得的参数进行计算，其计算式在本章内已列出，这里不再重复了。

§3.3 地面发射坐标系中的空间弹道计算方程

火箭空间一般方程较精确地描述了火箭在主动段运动规律。实际在研究火箭质心运动时，根据火箭飞行的情况，为计算方便，可作如下的假设：

(1)在一般方程中的一些欧拉角，如 ψ_T、γ_T、ψ、γ、σ、ν、α、β 等在火箭有控制的条件下，主动段中所表现的数值均很小。因此可将一般方程中，上述这些角度的正弦值即取为该角弧度值，而其余弦值即取为 1；当上述角值出现两个以上的乘积时，则作为高阶项略去，据此，一般方程中的方向余弦阵及附加方程中的一些有关欧拉角关系的方程式即可作出简化。当然，附加哥氏力项亦可略去。

(2)火箭绕质心转动方程是反映火箭飞行过程中的力矩平衡过程。对姿态稳定的火箭，这一动态过程进行得很快，以至对于火箭质心运动不发生什么影响。因此在研究火箭质心运动时，可不考虑动态过程，即将绕质心运动方程中与姿态角速度和角加速度有关项予以忽略，称为"瞬时平衡"假设。则由式(3-1-4)得：

$$\boldsymbol{M}_{st} + \boldsymbol{M}_c = 0$$

将式(2-3-44)及式(2-4-20)代入上式，则有

$$\begin{cases} M_{x1}^{\alpha}\alpha + M_{z1}^{\delta}\delta_{\varphi} = 0 \\ M_{y1}^{\beta}\beta + M_{y1}^{\delta}\delta_{\psi} = 0 \\ \delta_{\gamma} = 0 \end{cases} \tag{3-3-1}$$

对于控制方程取式(2-4-13)：

$$\begin{cases} \delta_{\varphi} = a_0^{\varphi}\Delta\varphi_T + k_{\varphi}u_{\varphi} \\ \delta_{\psi} = a_0^{\psi}\Delta\psi_T + k_H u_H \\ \delta_{\gamma} = a_0^{\gamma}\Delta\gamma_T \end{cases}$$

将式(1-3-31)代入上式即得略去动态过程的控制方程：

$$\begin{cases} \delta_{\varphi} = a_0^{\varphi}(\varphi + \omega_{ex}t - \varphi_{pr}) + k_{\varphi}u_{\varphi} \\ \delta_{\psi} = a_0^{\psi}[\psi + (\omega_{ey}\cos\varphi - \omega_{ex}\sin\varphi)t] + k_H u_H \\ \delta_{\gamma} = a_0^{\gamma}[\gamma + (\omega_{ey}\sin\varphi + \omega_{ex}\cos\varphi)t] \end{cases} \tag{3-3-2}$$

将式(3-3-2)代入式(3-3-1)，并据假设(1)可知有下列欧拉角关系式：

$$\begin{cases} \beta = \psi - \sigma \\ \alpha = \varphi - \theta \\ \nu = \gamma \end{cases}$$

则可整理得绕质心运动方程在"瞬时平衡"假设条件下的另一等价形式：

$$\begin{cases}\alpha = A_{\varphi}\left[(\varphi_{pr} - \omega_{ez}t - \theta) - \dfrac{k_{\varphi}}{a_0^{\varphi}}u_{\varphi}\right] \\ \beta = A_{\psi}\left[(\omega_{ex}\sin\varphi - \omega_{ey}\cos\varphi)t - \sigma - \dfrac{k_H}{a_0^{\psi}}u_H\right] \\ \gamma = -(\omega_{ey}\sin\varphi + \omega_{ex}\cos\varphi)t\end{cases} \tag{3-3-3}$$

其中

$$\begin{cases}A_{\varphi} = \dfrac{a_0^{\varphi}M_{z1}^{\delta}}{M_{z1}^{\alpha} + a_0^{\varphi}M_{z1}^{\delta}} \\ A_{\psi} = \dfrac{a_0^{\psi}M_{y1}^{\delta}}{M_{y1}^{\beta} + a_0^{\psi}M_{y1}^{\delta}}\end{cases} \tag{3-3-4}$$

根据以上假设，且忽略 ν,γ 的影响，则可得到在发射坐标系中的空间弹道计算方程

$$m\begin{bmatrix}\dfrac{dv_x}{dt} \\ \dfrac{dv_y}{dt} \\ \dfrac{dv_z}{dt}\end{bmatrix} = \begin{bmatrix}\cos\varphi\cos\psi & -\sin\varphi & \cos\varphi\sin\psi \\ \sin\varphi\cos\psi & \cos\varphi & \sin\varphi\sin\psi \\ -\sin\psi & 0 & \cos\psi\end{bmatrix}\begin{bmatrix}P_e \\ Y_{1c} \\ Z_{1c}\end{bmatrix}$$

$$+\begin{bmatrix}\cos\theta\cos\sigma & -\sin\theta & \cos\theta\sin\sigma \\ \sin\theta\cos\sigma & \cos\theta & \sin\theta\sin\sigma \\ -\sin\sigma & 0 & \cos\sigma\end{bmatrix}\begin{bmatrix}-C_x qS_M \\ C_y^a qS_M\alpha \\ -C_y^a qS_M\beta\end{bmatrix}$$

$$+m\frac{g'_r}{r}\begin{bmatrix}x + R_{oz} \\ y + R_{oy} \\ z + R_{oz}\end{bmatrix} + m\frac{g_{\omega e}}{\omega_e}\begin{bmatrix}\omega_{ex} \\ \omega_{ey} \\ \omega_{ez}\end{bmatrix} - m\begin{bmatrix}a_{11} & a_{12} & a_{13} \\ a_{21} & a_{22} & a_{23} \\ a_{31} & a_{32} & a_{33}\end{bmatrix}\begin{bmatrix}x + R_{ox} \\ y + R_{oy} \\ z + R_{oz}\end{bmatrix}$$

$$-m\begin{bmatrix}b_{11} & b_{12} & b_{13} \\ b_{21} & b_{22} & b_{23} \\ b_{31} & b_{32} & b_{33}\end{bmatrix}\begin{bmatrix}\dot{x} \\ \dot{y} \\ \dot{z}\end{bmatrix}$$

$$\begin{bmatrix}\dfrac{dx}{dt} \\ \dfrac{dy}{dt} \\ \dfrac{dz}{dt}\end{bmatrix} = \begin{bmatrix}v_x \\ v_y \\ v_z\end{bmatrix}$$

$$\alpha = A_{\varphi}\left[(\varphi_{pr} - \omega_{ex}t - \theta) - \frac{k_{\varphi}}{a_0^{\varphi}}u_{\varphi}\right]$$

$$\beta = A_{\psi}\left[(\omega_{ex}\sin\varphi - \omega_{ey}\cos\varphi)t - \sigma - \frac{k_H}{a_0^{\psi}}u_H\right]$$

$$\theta = \arctan\frac{v_y}{v_x}$$

$$\sigma = -\arcsin\frac{v_z}{v} \tag{3-3-5}$$

$$\varphi = \theta + \alpha$$

$$\psi = \sigma + \beta$$

$$\delta_\varphi = a_0^\varphi(\varphi + \omega_{ex}t - \varphi_{pr}) + k_\varphi u_\varphi$$

$$\delta_\psi = a_0^\psi[\psi + (\omega_{ey}\cos\varphi - \omega_{ex}\sin\varphi)t] + k_H u_H$$

$$v = \sqrt{v_x^2 + v_y^2 + v_z^2}$$

$$r = \sqrt{(x + R_{ox})^2 + (y + R_{oy})^2 + (z + R_{oz})^2}$$

$$\sin\phi = \frac{(x + R_{ox})\omega_{ex} + (y + R_{oy})\omega_{ey} + (z + R_{oz})\omega_{ez}}{r\omega_e}$$

$$R = \frac{a_e b_e}{\sqrt{a_e^2\sin^2\phi + b_e^2\cos^2\phi}}$$

$$h = r - R$$

$$m = m_0 - \dot{m}t$$

上式即为空间弹道计算方程，给定相应起始条件就可求得火箭质心运动参数。

在实际弹道计算中，有时根据应用需要，用惯性加速度表测量参数视加速度 $\dot{\boldsymbol{W}}$ 作为参变量，根据式(2－4－3)不难写出除引力以外作用在火箭上的力在箭体坐标系内的各投影值：

$$\begin{bmatrix} \dot{\boldsymbol{W}}_{x1} \\ \dot{\boldsymbol{W}}_{y1} \\ \dot{\boldsymbol{W}}_{z1} \end{bmatrix} = \begin{bmatrix} \boldsymbol{P}_e \\ \boldsymbol{Y}_{1c} \\ \boldsymbol{Z}_{1c} \end{bmatrix} + \boldsymbol{B}_V \begin{bmatrix} -C_x q S_M \\ C_y^a q S_M \alpha \\ -C_z^a q S_M \beta \end{bmatrix} \tag{3-3-6}$$

将式(3－3－5)空间弹道计算方程中之质心动力学方程改写为下列形式：

$$\left\{\begin{aligned} & m\begin{bmatrix} \frac{dv_x}{dt} \\ \frac{dv_y}{dt} \\ \frac{dv_z}{dt} \end{bmatrix} = \begin{bmatrix} \cos\varphi\cos\psi & -\sin\varphi & \cos\varphi\sin\psi \\ \sin\varphi\cos\psi & \cos\varphi & \sin\varphi\sin\psi \\ -\sin\psi & 0 & \cos\psi \end{bmatrix}\begin{bmatrix} \dot{W}_{x1} \\ \dot{W}_{y1} \\ \dot{W}_{z1} \end{bmatrix} \\ & \quad + m\frac{g'_r}{r}\begin{bmatrix} x + R_{ox} \\ x + R_{oy} \\ x + R_{oz} \end{bmatrix} + m\frac{g_{\omega e}}{\omega_e}\begin{bmatrix} \omega_{ex} \\ \omega_{ey} \\ \omega_{ez} \end{bmatrix} - m\begin{bmatrix} a_{11} & a_{12} & a_{13} \\ a_{21} & a_{22} & a_{23} \\ a_{31} & a_{32} & a_{33} \end{bmatrix}\begin{bmatrix} x + R_{ox} \\ x + R_{oy} \\ x + R_{oz} \end{bmatrix} \\ & \quad - m\begin{bmatrix} b_{11} & b_{12} & b_{13} \\ b_{21} & b_{22} & b_{23} \\ b_{31} & b_{32} & b_{33} \end{bmatrix}\begin{bmatrix} \dot{x} \\ \dot{y} \\ \dot{z} \end{bmatrix} \\ & \begin{bmatrix} \dot{W}_{x1} \\ \dot{W}_{y1} \\ \dot{W}_{z1} \end{bmatrix} = \begin{bmatrix} P_e \\ Y_{1c} \\ Z_{1c} \end{bmatrix} + \begin{bmatrix} \cos\beta\cos\alpha & \sin\alpha & -\sin\beta\cos\alpha \\ -\cos\beta\sin\alpha & \cos\alpha & \sin\beta\sin\alpha \\ \sin\beta & 0 & \cos\beta \end{bmatrix}\begin{bmatrix} -C_x q S_M \\ C_y^a q S_M \alpha \\ -C_y^a q S_M \beta \end{bmatrix} \end{aligned}\right. \tag{3-3-7}$$

将式(3-3-7)代入式(3-3-5)中质心动力学方程即组成含 **W** 参变量的空间弹道计算方程。

运用空间弹道方程解得的各个参数还可用来计算一些有实际应用价值的参量,如弹下点的位置(经、纬度)方位角、射程角、火箭飞行过程中每个时刻的切向、“法向”、侧向加速度及过载。

(1)弹下点的经、纬度

弹下点地心纬度 ϕ 的空间弹道方程的解算中已求得,而相应的地理纬度 B,则可根据两者的关系式(2-2-28)

$$\tan B = \frac{a_e^2}{b_e^2}\tan\phi$$

来求取。

为求弹下点经度 λ,因已知发射点的经度 λ_0,只需求出弹下点经度与发射点经度之差值 $\Delta\lambda$,则 $\lambda = \lambda_0 + \Delta\lambda$。为此,在地心处建立一直角坐标系,$x'$ 轴与地球自转轴一致,y' 轴在赤道面内,指向发射点子午线与赤道的交点,z' 轴与上两轴组成右手直角坐标系,如图 3-2 所示。

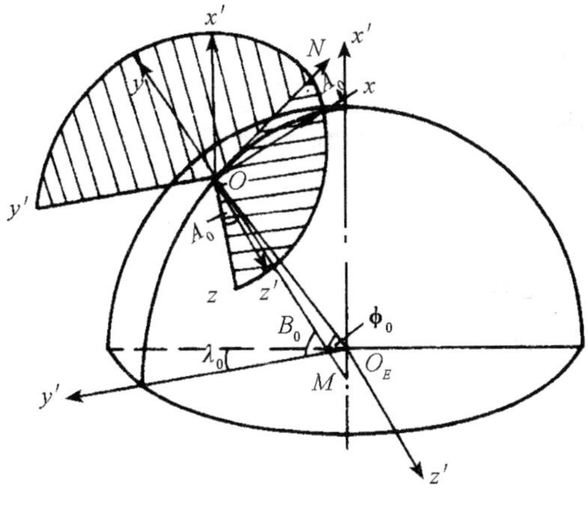

图 3-2　计算经度差用的地心坐标系及其与发射坐标系的转换

由图 3-2 可见,将发射坐标系绕 y 轴转 A_0 再绕新的侧轴转 B_0 角即可找到这两坐标系的方向余弦阵,只要注意到两坐标系的原点不重合,且已知由 O_E 到 O 的矢量为 $\boldsymbol{R}_0$,则不难写出这两坐标系的坐标转换关系式:

$$\begin{bmatrix} x' \\ y' \\ z' \end{bmatrix} = \begin{bmatrix} \cos B_0 & \sin B_0 & 0 \\ -\sin B_0 & \cos B_0 & 0 \\ 0 & 0 & 1 \end{bmatrix} \begin{bmatrix} \cos A_0 & 0 & -\sin A_0 \\ 0 & 1 & 0 \\ \sin A_0 & 0 & \cos A_0 \end{bmatrix} \begin{bmatrix} x + R_{ox} \\ x + R_{oy} \\ x + R_{oz} \end{bmatrix}$$

亦即

$$\begin{bmatrix} x' \\ y' \\ z' \end{bmatrix} = \begin{bmatrix} \cos B_0 \cos A_0 & \sin B_0 & -\cos B_0 \sin A_0 \\ -\sin B_0 \cos A_0 & \cos B_0 & \sin B_0 \sin A_0 \\ \sin A_0 & 0 & \cos A_0 \end{bmatrix} \begin{bmatrix} x + R_{ox} \\ y + R_{oy} \\ z + R_{oz} \end{bmatrix} \qquad (3-3-8)$$

从而可得任一时刻弹下点的经度与发射点经度之差 $\Delta\lambda$ 的求解式

$$\tan\Delta\lambda = \frac{z'}{y'} \tag{3-3-9}$$

$\Delta\lambda$ 的值可由下式判定

$$\Delta\lambda = \begin{cases} \arctan\dfrac{z'}{y'} & y' > 0 \\ \pi + \arctan\dfrac{z'}{y'} & y' < 0 \end{cases} \tag{3-3-10}$$

(2)方位角

根据地球为圆球或两轴旋转的椭球,方位角亦有地心方位角 α 或大地方位角 A。

利用图 3-2 之地心直角坐标系与地面发射坐标系的方向余弦关系,可写出火箭相对速度在地心直角坐标系的三分量:

$$\begin{bmatrix} v'_x \\ v'_y \\ v'_z \end{bmatrix} = \begin{bmatrix} \cos B_0\cos A_0 & \sin B_0 & -\cos B_0\sin A_0 \\ -\sin B_0\cos A_0 & \cos B_0 & \sin B_0\sin A_0 \\ \sin A_0 & 0 & \cos A_0 \end{bmatrix}\begin{bmatrix} v_x \\ v_y \\ v_z \end{bmatrix} \tag{3-3-11}$$

而任一时刻弹下点的经度 $\lambda(=\lambda_0+\Delta\lambda)$、地心纬度 ϕ、地理纬度 B 为已知,现在该弹下点处建立北天东右手直角坐标系,天轴有两个,它们与赤道平面的夹角分别为 ϕ、B,东轴均垂直弹下点所在的子午面,地心直角坐标系 $O_E-x'y'z'$ 与上两坐标系的方向余弦关系可将 $O_E-x'y'z'$ 绕 x' 轴转 $\Delta\lambda$ 角,然后绕新的侧轴转 $-\phi$ 或 $-B$ 而得到,这就不难写出相对速度在这两个北天东坐标系中的分量分别为

$$\begin{bmatrix} v_{\phi N} \\ v_{\phi r} \\ v_{\phi E} \end{bmatrix} = \begin{bmatrix} \cos\phi & -\sin\phi\cos\Delta\lambda & -\sin\phi\sin\Delta\lambda \\ \sin\phi & \cos\phi\cos\Delta\lambda & \cos\phi\sin\Delta\lambda \\ 0 & -\sin\Delta\lambda & \cos\Delta\lambda \end{bmatrix}\begin{bmatrix} v'_x \\ v'_y \\ v'_z \end{bmatrix} \tag{3-3-12}$$

$$\begin{bmatrix} v_N \\ v_B \\ v_E \end{bmatrix} = \begin{bmatrix} \sin B & -\sin B\cos\Delta\lambda & -\sin B\sin\Delta\lambda \\ \sin B & \cos B\cos\Delta\lambda & \cos B\sin\Delta\lambda \\ 0 & -\sin\Delta\lambda & \cos\Delta\lambda \end{bmatrix}\begin{bmatrix} v'_x \\ v'_y \\ v'_z \end{bmatrix} \tag{3-3-13}$$

从而可求出任一时刻相对速度在弹下点的当地水平面的分量所对应的 α 或 A:

$$\begin{cases} \alpha = \arctan\dfrac{v_{\phi E}}{v_{\phi N}} \\ A = \arctan\dfrac{v_E}{v_N} \end{cases} \tag{3-3-14}$$

(3)弹下点对应的射程角 β

$$\cos\beta = \frac{\boldsymbol{r}\cdot\boldsymbol{R}_0}{rR_0} = \frac{R_{ox}(x+R_{ox})+R_{oy}(y+R_{oy})+R_{oz}(z+R_{oz})}{rR_0}$$

则得

$$\beta = \arccos\left(\frac{R_0}{r}+\frac{xR_{ox}+yR_{oy}+zR_{oz}}{rR_0}\right) \tag{3-3-15}$$

(4)切向、"法向"、侧向加速度

将火箭质心相对于地面坐标系的加速度沿速度坐标系三轴分解，则得沿 x_v^0、y_v^0、z_v^0 三轴的加速度分量，依次称为切向加速度、“法向”加速度及侧向加速度：

$$\frac{\mathrm{d}\boldsymbol{V}}{\mathrm{d}t}=\dot{v}_{xv}\boldsymbol{x}_v^0+\dot{v}_{yv}\boldsymbol{y}_v^0+\dot{v}_{zv}\boldsymbol{z}_v^0 \tag{3-3-16}$$

由空间弹道方程已解得

$$\frac{\mathrm{d}\boldsymbol{V}}{\mathrm{d}t}=\dot{v}_x\boldsymbol{x}^0+\dot{v}_y\boldsymbol{y}^0+\dot{v}_z\boldsymbol{z}^0 \tag{3-3-17}$$

且已知

$$\begin{bmatrix}\boldsymbol{x}^0\\ \boldsymbol{y}^0\\ \boldsymbol{z}^0\end{bmatrix}=\begin{bmatrix}\cos\theta\cos\sigma & -\sin\theta & \cos\theta\sin\sigma\\ \sin\theta\cos\sigma & \cos\theta & \sin\theta\sin\sigma\\ -\sin\sigma & 0 & \cos\sigma\end{bmatrix}\begin{bmatrix}\boldsymbol{x}_r^0\\ \boldsymbol{y}_r^0\\ \boldsymbol{z}_r^0\end{bmatrix} \tag{3-3-18}$$

将式(3－3－18)代入式(3－3－17)右端，并以速度坐标系的单位矢量集项后与式(3－3－16)相应项相等，即得：

$$\begin{bmatrix}\dot{v}_{xv}\\ \dot{v}_{yv}\\ \dot{v}_{zv}\end{bmatrix}=\begin{bmatrix}\dot{v}_x\cos\theta\cos\sigma+\dot{v}_x\sin\theta\cos\sigma-\dot{v}_z\sin\sigma\\ -\dot{v}_x\sin\theta+\dot{v}_y\cos\theta\\ \dot{v}_x\cos\theta\sin\sigma+\dot{v}_y\sin\theta\sin\sigma+\dot{v}_z\cos\sigma\end{bmatrix} \tag{3-3-19}$$

注意到下列关系式：

$$\begin{cases}v_x=v\cos\theta\cos\sigma\\ v_y=v\sin\theta\cos\sigma\\ v_z=-v\sin\sigma\end{cases}$$

则式(3－3－19)可写成另一形式：

$$\begin{bmatrix}\dot{v}_{xv}\\ \dot{v}_{yv}\\ \dot{v}_{zv}\end{bmatrix}=\begin{bmatrix}\dfrac{1}{v}(\dot{v}_xv_x+\dot{v}_yv_y+\dot{v}_zv_z)\\ \dfrac{1}{\sqrt{v_x^2+v_y^2}}(-\dot{v}_xv_y+\dot{v}_yv_x)\\ \dfrac{-1}{\sqrt{v_x^2+v_y^2}}(\dot{v}_xv_x+\dot{v}_yv_y)\dfrac{v_z}{v}+\dot{v}_z\dfrac{\sqrt{v_x^2+v_y^2}}{v}\end{bmatrix} \tag{3-3-20}$$

考虑到 σ 为小量，则 v_z 较之 v_x、v_y 甚小，则可近似取

$$v=\sqrt{v_x^2+v_y^2}$$

式(3－3－20)可近似为

$$\begin{bmatrix}\dot{v}_{xv}\\ \dot{v}_{yv}\\ \dot{v}_{zv}\end{bmatrix}=\frac{1}{v}\begin{bmatrix}\dot{v}_xv_x+\dot{v}_yv_y+\dot{v}_zv_z\\ -\dot{v}_xv_y+\dot{v}_yv_x\\ -\dfrac{1}{v}(\dot{v}_xv_x+\dot{v}_yv_y)v_z+\dot{v}_zv\end{bmatrix} \tag{3-3-21}$$

式(3－3－19)、式(3－3－20)及式(3－3－21)均可用来计算火箭质心在速度坐标系中的切向加速度 $\dot{v}_{xv}$、“法向”加速度 $\dot{v}_{yv}$ 及侧向加速度 $\dot{v}_{zv}$。

(5)轴向、法向、横向过载系数

在火箭总体设计中,从仪表和箭体强度设计角度考虑,需要知道它们要承受的加速度有多大。为此,设计者把火箭飞行中除引力以外的作用在火箭上的力 N 称为过载,显然,视加速度即为过载所产生的加速度,将 N 在箭体坐标系中分解为

$$\begin{bmatrix} N_{x1} \\ N_{y1} \\ N_{z1} \end{bmatrix} = m \begin{bmatrix} \dot{W}_{x1} \\ \dot{W}_{y1} \\ \dot{W}_{z1} \end{bmatrix} \tag{3-3-22}$$

过载系数定义为 $\boldsymbol{N}$ 被火箭质量 m 与地面重力加速度 g_0 之乘积除后的值,即有

$$\begin{bmatrix} n_{x1} \\ n_{y1} \\ n_{z1} \end{bmatrix} = \frac{1}{g_0} \begin{bmatrix} \dot{W}_{x1} \\ \dot{W}_{y1} \\ \dot{W}_{z1} \end{bmatrix} \tag{3-3-23}$$

式中 n_{x1}、n_{y1}、n_{z1}分别称为火箭飞行中的轴向、法向、横向过载系数。

§3.4 在速度坐标系内建立的空间弹道方程

1. 在速度坐标系中建立火箭质心动力学方程

由地面发射坐标中的质心动力学方程式:

$$m\frac{\delta^2 \boldsymbol{r}}{\delta t^2} = \boldsymbol{P} + \boldsymbol{R} + \boldsymbol{F}_c + mg + \boldsymbol{F}'_k - m\boldsymbol{\omega}_e \times (\boldsymbol{\omega}_e \times \boldsymbol{r}) - 2m\boldsymbol{\omega}_e \times \frac{\delta \boldsymbol{r}}{\delta t} \tag{3-2-1}$$

将其在速度坐标系投影,根据矢量微分法则有:

$$\frac{d\boldsymbol{V}}{\mathrm{d}t} = \frac{\mathrm{d}}{\mathrm{d}t}(v\boldsymbol{x}_v^0) = \frac{\mathrm{d}v}{\mathrm{d}t}\boldsymbol{x}_v^0 + v\frac{\mathrm{d}\boldsymbol{x}_v^0}{\mathrm{d}t} \tag{3-4-1}$$

由于

$$\frac{\mathrm{d}\boldsymbol{x}_v^0}{\mathrm{d}t} = \omega_v \times \boldsymbol{x}_v^0 \tag{3-4-2}$$

其中 ω_v 为速度坐标系相对于地面坐标系的转动角速度。

由图 1-8 可知

$$\omega_v = \dot{\boldsymbol{\theta}} + \dot{\boldsymbol{\sigma}} + \dot{\boldsymbol{\nu}} \tag{3-4-3}$$

将 $\boldsymbol{\omega}_v$ 在速度坐标系投影,式(3-4-3)右端的投影分量可由图 1-8 的几何关系得出:

$$\begin{cases} \omega_{xv} = \dot{\nu} - \dot{\theta}\sin\sigma \\ \omega_{yv} = \dot{\sigma}\cos\nu - \dot{\theta}\cos\sigma\sin\nu \\ \omega_{zv} = \dot{\theta}\cos\sigma\cos\nu - \dot{\sigma}\sin\nu \end{cases} \tag{3-4-4}$$

故可得

$$\frac{\mathrm{d}\boldsymbol{x}_v^0}{\mathrm{d}t} = (\dot{\theta}\cos\sigma\cos\nu - \dot{\sigma}\sin\nu)\boldsymbol{y}_v^0 - (\dot{\sigma}\cos\nu + \dot{\theta}\cos\sigma\sin\nu)\boldsymbol{z}_v^0$$

代入式(3-4-1)即有

$$\frac{\mathrm{d}\boldsymbol{V}}{\mathrm{d}t}=\frac{\mathrm{d}v}{\mathrm{d}t}\boldsymbol{x}_v^0+v(\dot{\theta}\cos\sigma\cos\nu-\dot{\sigma}\sin\nu)\boldsymbol{y}_v^0-v(\dot{\sigma}\cos\nu+\dot{\theta}\cos\sigma\sin\nu)\boldsymbol{z}_v^0 \qquad (3-4-5)$$

上式即为火箭质心相对于地面发射坐标系的加速度沿速度坐标系的分解。

将式(3－4－5)代入式(3－2－1)的左端,而式(3－2－1)右端各项即可参照式(3－2－23)右端内容直接写出它们在速度坐标系的分量形式,最终可得在速度坐标系内的质心动力学方程为:

$$m\begin{bmatrix}\dot{v}\\ v(\dot{\theta}\cos\sigma\cos\nu-\dot{\sigma}\sin\nu)\\ -v(\dot{\sigma}\cos\nu+\dot{\theta}\cos\sigma\sin\nu)\end{bmatrix}=\boldsymbol{V}_B\begin{bmatrix}P_e\\ Y_{1c}+2\dot{m}\omega_{Tx1}x_{1e}\\ Z_{1c}-2\dot{m}\omega_{Ty1}x_{1e}\end{bmatrix}$$
$$+\begin{bmatrix}-C_xqS_M\\ C_y^{\alpha}qS_M\alpha\\ -C_y^{\alpha}qS_M\beta\end{bmatrix}+m\frac{g'_r}{r}\boldsymbol{V}_G\begin{bmatrix}x+R_{ox}\\ y+R_{oy}\\ z+R_{oz}\end{bmatrix}+m\frac{g_{\omega e}}{\omega_e}\boldsymbol{V}_G\begin{bmatrix}\omega_{ex}\\ \omega_{ey}\\ \omega_{ez}\end{bmatrix}$$
$$-m\boldsymbol{V}_G\begin{bmatrix}a_{11}&a_{12}&a_{13}\\ a_{21}&a_{22}&a_{23}\\ a_{31}&a_{32}&a_{33}\end{bmatrix}\begin{bmatrix}x+R_{ox}\\ y+R_{oy}\\ z+R_{oz}\end{bmatrix}-m\boldsymbol{V}_G\begin{bmatrix}b_{11}&b_{12}&b_{13}\\ b_{21}&b_{22}&b_{23}\\ b_{31}&b_{32}&b_{33}\end{bmatrix}\begin{bmatrix}\dot{x}\\ \dot{y}\\ \dot{z}\end{bmatrix}$$
$$(3-4-6)$$

观察上式,后两式中等式左端均有两个微分变量,为进行求解,现引进矩阵 $\boldsymbol{H}_V$:

$$\boldsymbol{H}_V=\begin{bmatrix}1&0&0\\ 0&\cos\nu&-\sin\nu\\ 0&\sin\nu&\cos\nu\end{bmatrix} \qquad (3-4-7)$$

用矩阵 $\boldsymbol{H}_V$ 左乘式(7－1－6)则得

$$m\begin{bmatrix}\dot{v}\\ v\dot{\theta}\cos\sigma\\ -v\dot{\sigma}\end{bmatrix}=\boldsymbol{H}_V\boldsymbol{V}_B\begin{bmatrix}P_e\\ Y_{1c}+2\dot{m}\omega_{Tx1}x_e\\ Z_{1c}-2\dot{m}\omega_{Ty1}x_e\end{bmatrix}+\boldsymbol{H}_V\begin{bmatrix}-C_xqS_M\\ C_y^{\alpha}qS_M\alpha\\ -C_y^{\alpha}qS_M\beta\end{bmatrix}$$
$$+m\frac{g'_r}{r}\boldsymbol{H}_V\boldsymbol{V}_G\begin{bmatrix}x+R_{ox}\\ y+R_{oy}\\ z+R_{oz}\end{bmatrix}+m\frac{g_{\omega e}}{\omega_e}\boldsymbol{H}_V\boldsymbol{V}_G\begin{bmatrix}\omega_{ex}\\ \omega_{ey}\\ \omega_{ez}\end{bmatrix}$$
$$-m\boldsymbol{H}_V\boldsymbol{V}_G\begin{bmatrix}a_{11}&a_{12}&a_{13}\\ a_{21}&a_{22}&a_{23}\\ a_{31}&a_{32}&a_{33}\end{bmatrix}\begin{bmatrix}x+R_{ox}\\ y+R_{oy}\\ z+R_{oz}\end{bmatrix}-m\boldsymbol{H}_V\boldsymbol{V}_G\begin{bmatrix}b_{11}&b_{12}&b_{13}\\ b_{21}&b_{22}&b_{23}\\ b_{31}&b_{32}&b_{33}\end{bmatrix}\begin{bmatrix}\dot{x}\\ \dot{y}\\ \dot{z}\end{bmatrix}$$
$$(3-4-8)$$

2. 在速度坐标系中的空间弹道方程

为简化书写,火箭质心动力学方程(3－4－8),火箭绕质心动力学方程(3－2－5),在这里不再重述,下面仅给出为解算空间动力学方程需补充的一些方程式,由于这些方程与式(3－2－39)的补充方程基本相同,个别不同的方程式,其符号意义也是明确的,故直接列写如下：

$$
\begin{cases}
\begin{bmatrix} \dfrac{\mathrm{d}x}{\mathrm{d}t} \\ \dfrac{\mathrm{d}y}{\mathrm{d}t} \\ \dfrac{\mathrm{d}z}{\mathrm{d}t} \end{bmatrix} = \begin{bmatrix} v\cos\theta\cos\sigma \\ v\sin\theta\cos\sigma \\ -v\sin\sigma \end{bmatrix} \\
\begin{bmatrix} \omega_{Tx1} \\ \omega_{Ty1} \\ \omega_{Tz1} \end{bmatrix} = \begin{bmatrix} \dot{\gamma}_T - \dot{\varphi}_T\sin\psi_T \\ \dot{\psi}_T\cos\gamma_T + \dot{\varphi}_T\cos\psi_T\sin\gamma_T \\ \dot{\varphi}_T\cos\psi_T\cos\gamma_T - \dot{\psi}_T\sin\gamma_T \end{bmatrix} \\
\begin{bmatrix} \omega_{x1} \\ \omega_{y1} \\ \omega_{z1} \end{bmatrix} = \begin{bmatrix} \omega_{Tx1} \\ \omega_{Ty1} \\ \omega_{Tz1} \end{bmatrix} - \boldsymbol{B}_G \begin{bmatrix} \omega_{ex} \\ \omega_{ey} \\ \omega_{ez} \end{bmatrix} \\
\begin{cases} F_\varphi(\delta_\varphi、x、y、z、\dot{x}、\dot{y}、\dot{z}、\varphi_T、\dot{\varphi}_T、\cdots) = 0 \\ F_\psi(\delta_\psi、x、y、z、\dot{x}、\dot{y}、\dot{z}、\psi_T、\dot{\psi}_T、\cdots) = 0 \\ F_\gamma(\delta_\psi、x、y、z、\dot{x}、\dot{y}、\dot{z}、\gamma_T、\dot{\gamma}_T、\cdots) = 0 \end{cases} \\
\begin{cases} \varphi_T = \varphi + \omega_{ex}t \\ \psi_T = \psi + \omega_{ey}t\cos\varphi - \omega_{ex}t\sin\varphi \\ \gamma_T = \gamma + \omega_{ey}t\sin\varphi + \omega_{ex}t\cos\varphi \end{cases} \\
\begin{cases} \sin\beta = \cos(\theta-\varphi)\cos\sigma\sin\psi\cos\gamma - \sin(\theta-\varphi)\cos\sigma\sin\gamma - \sin\sigma\cos\psi\cos\gamma \\ -\sin\alpha\cos\beta = \cos(\theta-\varphi)\cos\sigma\sin\psi\sin\gamma + \sin(\theta-\varphi)\cos\sigma\cos\gamma - \sin\sigma\cos\psi\sin\gamma \\ \sin\nu = \dfrac{1}{\cos\sigma}(\cos\alpha\cos\psi\sin\gamma - \sin\psi\sin\alpha) \end{cases} \\
r = \sqrt{(x+R_{ox})^2 + (y+R_{oy})^2 + (z+R_{oz})^2} \\
\sin\phi = \dfrac{(x+R_{ox})\omega_{ex} + (y+R_{oy})\omega_{ey} + (z+R_{oz})\omega_{ez}}{r\omega_e} \\
R = \dfrac{a_e b_e}{\sqrt{a_e^2\sin^2\phi + b_e^2\cos^2\phi}} \\
h = r - R \\
m = m_0 - \dot{m}t
\end{cases}
\tag{3-4-9}
$$

这样，即得到由式(3－4－8)、(3－2－25)、(3－4－9)共同组成的在速度坐标系内描述的空间弹道方程，共29个方程式，给定起始条件即可求解。

3. 简化的弹道方程

在新型号火箭的初步设计阶段，由于各分系统参数未定，因而只需进行弹道的粗略计算。为此，对上述空间弹道方程作一些简化假设：

(1)地球视为一均质圆球，忽略地球扁率及 g_ϕ 的影响。此时引力 $\boldsymbol{g}$ 沿矢径 $\boldsymbol{r}$ 的反向，且服从平方反比定律。即 $g'_r = g_r = -\frac{f_M}{r^2}, g_{\omega e} = 0$。

(2)由于工程设计人员在初步设计阶段只关心平均状态下的参数,故通常忽略地球旋转的影响,认为 $\omega_e = 0$。显然,平移坐标系与发射坐标系始终重合。

(3)忽略由于火箭内部介质相对于弹体流动所引起的附加哥氏力和全部附加力矩。

(4)认为在控制系统作用下,火箭始终处于力矩瞬时平衡状态。

(5)将欧拉角 α、β、ψ、γ、σ、ν 及$(\theta-\varphi)$视为小量,这些角度的正弦即取其角度的弧度值,其余弦取为 1,且在等式中出现这些角度值之间的乘积时,则作为二阶以上项略去。则有

$$\boldsymbol{H}_V = \begin{bmatrix} 1 & 0 & 0 \\ 0 & 1 & -\nu \\ 0 & \nu & 1 \end{bmatrix} \tag{3-4-10}$$

$$\boldsymbol{V}_B = \begin{bmatrix} 1 & -\alpha & \beta \\ \alpha & 1 & 0 \\ -\beta & 0 & 1 \end{bmatrix} \tag{3-4-11}$$

$$\boldsymbol{V}_G = \begin{bmatrix} \cos\theta & \sin\theta & -\sigma \\ -\sin\theta & \cos\theta & \nu \\ \sigma\cos\theta+\nu\sin\theta & \sigma\sin\theta-\nu\cos\theta & 1 \end{bmatrix} \tag{3-4-12}$$

那么

$$\boldsymbol{H}_B = \boldsymbol{H}_V\boldsymbol{V}_B = \begin{bmatrix} 1 & -\alpha & \beta \\ \alpha & 1 & -\nu \\ -\beta & \nu & 1 \end{bmatrix} \tag{3-4-13}$$

$$\boldsymbol{H}_G = \boldsymbol{H}_V\boldsymbol{V}_G = \begin{bmatrix} \cos\theta & \sin\theta & -\sigma \\ -\sin\theta & \cos\theta & 0 \\ \sigma\cos\theta & \sigma\sin\theta & 1 \end{bmatrix} \tag{3-4-14}$$

(6)考虑到控制力较小,故将控制力与 α、β、ν 的乘积项略去。

(7)由于引力在 x、z 方向的分量远小于引力在 y 方向的分量,故将它们与 σ 的乘积项略去。

根据以上假设,即可将式(3-4-8)与式(3-4-9)所组成的质心运动方程简化成两组方程。

第一组方程为

$$\begin{cases} m\dot{v} = P_e - C_x q S_M + m g_r \dfrac{y+R}{r}\sin\theta + m g_r \dfrac{x}{r}\cos\theta \\ mv\dot{\theta} = (P_e + C_y^{\alpha} q S_M)\alpha + m g_r \dfrac{y+R}{r}\cos\theta - m g_r \dfrac{x}{r}\sin\theta + R'\delta_{\varphi} \\ \dot{x} = v\cos\theta \\ \dot{y} = v\sin\theta \\ \alpha = A_{\varphi}(\varphi_{pr} - \theta) \\ A_{\varphi} = \dfrac{a_0^{\varphi} M_{z1}^{\delta}}{M_{z1}^{\alpha} + a_0^{\varphi} M_{z1}^{\delta}} \\ \varphi = \theta + \alpha \\ \delta_{\varphi} = a_0^{\varphi}(\varphi - \varphi_{pr}) \\ r = \sqrt{x^2 + (y+R)^2 + z^2} = \sqrt{x^2 + (y+R)^2} \\ h = r - R \\ m = m_0 - \dot{m}t \end{cases} \tag{3-4-15}$$

该方程当取 $r=\sqrt{x^2+(y+R)^2}$后，则与侧向参数无关，称为纵向运动方程式。给定起始条件即可求解。

第二方程为

$$\begin{cases} mv\dot{\sigma} = (P_e + C_y^{\alpha} q S_M)\beta - m g_r \dfrac{y+R}{r}\sin\theta\cdot\sigma - m g_r \dfrac{z}{r} + R'\delta_{\psi} \\ \dot{z} = -v\sigma \\ \beta = -A_{\psi}\cdot\sigma \\ A_{\psi} = \dfrac{a_0^{\psi} M_{y1}^{\delta}}{M_{y1}^{\beta} + a_0^{\psi} M_{y1}^{\delta}} \\ \psi = \sigma + \beta \\ \delta_{\psi} = a_0^{\psi}\psi \end{cases} \tag{3-4-16}$$

在第一组方程解得后，即可由此组方程解得侧向参数。称该组方程为侧向运动方程。

第四章　飞行器的自由飞行段运动

运载火箭的载荷(导弹战斗部、卫星)经过动力飞行段在关机点具有一点的位置和速度后,转入无动力、无控制的自由飞行状态。为了分析、运用载荷在自由飞行段的基本运动规律,通常作如下基本假设:载荷在自由飞行段中是处于真空飞行状态,即不受空气动力作用,因此可不必考虑载荷在空间的姿态,将载荷看成为质量集中于质心上的质点;认为载荷只受到作为均质圆球的地球的引力作用,而不考虑其它星球对载荷所产生的引力影响。

§4.1　自由飞行段的轨道方程

设自由飞行段起点载荷具有矢径 $\boldsymbol{r}_k$ 及绝对速度矢量 $\boldsymbol{V}_k$(为书写方便,本章之绝对参量不冠以下注脚 A)。根据上述基本假设,载荷在自由飞行段仅受到均质圆形地球的引力作用。由第二章 §2 内容可知,此时地球对质量为 m 的载荷的引力可表示为

$$\boldsymbol{F}_T = -\frac{fM \cdot m}{r^3}\boldsymbol{r} = -\frac{\mu m}{r^3}\boldsymbol{r} \tag{4-1-1}$$

显然,引力始终指向 $\boldsymbol{r}$ 的反方向。$\boldsymbol{r}$ 是由地球中心 O_E 至载荷质心的矢径,故引力 $\boldsymbol{F}_T$ 为一有心引力场。

由牛顿第二定律有

$$\boldsymbol{F}_T = m\frac{\mathrm{d}^2\boldsymbol{r}}{\mathrm{d}t^2}$$

将其代入式(4-1-1),即得

$$\frac{\mathrm{d}^2\boldsymbol{r}}{\mathrm{d}t^2} = -\frac{\mu}{r^3}\boldsymbol{r} \tag{4-1-2}$$

用 $\boldsymbol{V}$ 点乘上式,即有

$$\boldsymbol{V}\cdot\frac{\mathrm{d}V}{\mathrm{d}t} = -\frac{\mu}{r^3}(\boldsymbol{V}\cdot\boldsymbol{r})$$

亦即

$$\frac{1}{2}\frac{\mathrm{d}V^2}{\mathrm{d}t} = -\frac{\mu}{r^3}\left(\frac{1}{2}\frac{\mathrm{d}\boldsymbol{r}^2}{\mathrm{d}t}\right)$$

显然上式可化为标量方程

$$\frac{1}{2}\frac{\mathrm{d}v^2}{\mathrm{d}t} = -\frac{\mu}{r^2}\frac{\mathrm{d}r}{\mathrm{d}t} = \frac{\mathrm{d}(\frac{\mu}{r})}{\mathrm{d}t}$$

上式两边积分得

$$\frac{1}{2}v^2 = \frac{\mu}{r} + E$$

其中 E 为积分常数，即

$$E = \frac{v^2}{2} - \frac{\mu}{r} \tag{4-1-3}$$

上式即为载荷所具有的机械能，它可用轨道任一点参数代入，故整个轨道上各点参数 r、v 均满足机械能守恒。

用 $\boldsymbol{r}$ 叉乘式(4-1-2)，有

$$\boldsymbol{r} \times \frac{\mathrm{d}^2\boldsymbol{r}}{\mathrm{d}t^2} = 0$$

亦即

$$\frac{\mathrm{d}}{\mathrm{d}t}(\boldsymbol{r} \times \frac{\mathrm{d}\boldsymbol{r}}{\mathrm{d}t}) = 0$$

上式括号内为一常矢量，记

$$\boldsymbol{h} = \boldsymbol{r} \times \frac{\mathrm{d}\boldsymbol{r}}{\mathrm{d}t} = \boldsymbol{r} \times \boldsymbol{V} \tag{4-1-4}$$

$\boldsymbol{h}$ 称为动量矩。

$\boldsymbol{h}$ 为常值矢量，说明载荷在自由飞行段动量矩守恒。即是说，载荷在这一段中，不仅动量矩的大小 $|\boldsymbol{r} \times \boldsymbol{V}|$ 不变，而且 $\boldsymbol{h}$ 矢量方向也不变。这样，载荷在自由飞行段的运动为平面运动，该平面由自由飞行段起点参数 $\boldsymbol{r}_k$、$\boldsymbol{V}_k$ 所决定。

将式(4-1-2)两端叉乘 $\boldsymbol{h}$，即

$$\frac{\mathrm{d}^2\boldsymbol{r}}{\mathrm{d}t^2} \times \boldsymbol{h} = -\frac{\mu}{r^3}\boldsymbol{r} \times \boldsymbol{h} \tag{4-1-5}$$

式(4-1-5)的左端可化为

$$\frac{\mathrm{d}^2\boldsymbol{r}}{\mathrm{d}t^2} \times \boldsymbol{h} = \frac{\mathrm{d}}{\mathrm{d}t}(\frac{\mathrm{d}\boldsymbol{r}}{\mathrm{d}t} \times \boldsymbol{h}) \tag{4-1-6}$$

而式(4-1-5)的右端可化为

$$\begin{aligned} -\frac{\mu}{r^3}\boldsymbol{r} \times \boldsymbol{h} &= -\frac{\mu}{r^3}\boldsymbol{r} \times (\boldsymbol{r} \times \boldsymbol{V}) \\ &= -\frac{\boldsymbol{\mu}}{\boldsymbol{r}^3}[\boldsymbol{r}\cdot(\boldsymbol{r}\cdot\boldsymbol{V}) - \boldsymbol{V}\cdot(\boldsymbol{r}\cdot\boldsymbol{V})] \\ &= -\frac{\mu}{r^3}(r\dot{r}\boldsymbol{r} - r^2\boldsymbol{V}) \\ &= -\mu(\frac{\mathrm{r}}{r^2}\frac{\mathrm{d}r}{\mathrm{d}t} - \frac{1}{r}\frac{\mathrm{d}\boldsymbol{r}}{\mathrm{d}t}) \\ &= \mu\frac{\mathrm{d}}{\mathrm{d}t}(\frac{\boldsymbol{r}}{r}) \end{aligned} \tag{4-1-7}$$

因此得到

$$\frac{\mathrm{d}}{\mathrm{d}t}\left(\frac{\mathrm{d}\boldsymbol{r}}{\mathrm{d}t}\times\boldsymbol{h}\right)=\mu\frac{\mathrm{d}}{\mathrm{d}t}\left(\frac{\boldsymbol{r}}{r}\right)\tag{4-1-8}$$

将上式两边积分得

$$\frac{\mathrm{d}\boldsymbol{r}}{\mathrm{d}t}\times\boldsymbol{h}=\mu\left(\frac{\boldsymbol{r}}{r}+\boldsymbol{e}\right)\tag{4-1-9}$$

其中 $\boldsymbol{e}$ 为待定的积分常矢量。

为获得数量方程,用 $\boldsymbol{r}$ 点乘式(4-1-9)可得

$$\boldsymbol{r}\cdot\left(\frac{\mathrm{d}\boldsymbol{r}}{\mathrm{d}t}\times\boldsymbol{h}\right)=\mu[r+re\cos(\hat{\boldsymbol{r}}\boldsymbol{e})]\tag{4-1-10}$$

上式左端为矢量混合积,具有轮换性,即

$$\boldsymbol{r}\cdot\left(\frac{\mathrm{d}\boldsymbol{r}}{\mathrm{d}t}\times\boldsymbol{h}\right)=\boldsymbol{h}\cdot\left(\boldsymbol{r}\times\frac{\mathrm{d}\boldsymbol{r}}{\mathrm{d}t}\right)=h^2$$

将该结果代入式(4-1-10),即可整理得到

$$r=\frac{h^2/\mu}{1+e\cos(\hat{\boldsymbol{r}}\boldsymbol{e})}\tag{4-1-11}$$

令

$$P=h^2/\mu\tag{4-1-12}$$

则

$$r=\frac{P}{1+e\cos(\hat{r}e)}\tag{4-1-13}$$

上式即为载荷在自由飞行段中的轨道方程式。

§4.2　轨道方程式的讨论

1. e、P 的意义及其确定

式(4-1-13)即为解析几何中介绍的圆锥截线方程式,其中 e 为偏心率,它决定圆锥截线的形状;P 为半通径,它和 e 共同决定圆锥截线的尺寸。

已知载荷在自由飞行段起点具有运动参数 $\boldsymbol{r}_k$、$\boldsymbol{V}_k$,亦即知道 r_k、v_k 及 $\boldsymbol{V}_k$ 与 $\boldsymbol{K}$ 点当地水平面的夹角 Θ_k,见图 4-1。现用这几个参数来计算确定 $\boldsymbol{e}$ 矢量的大小和方向,以及 P 的大小。

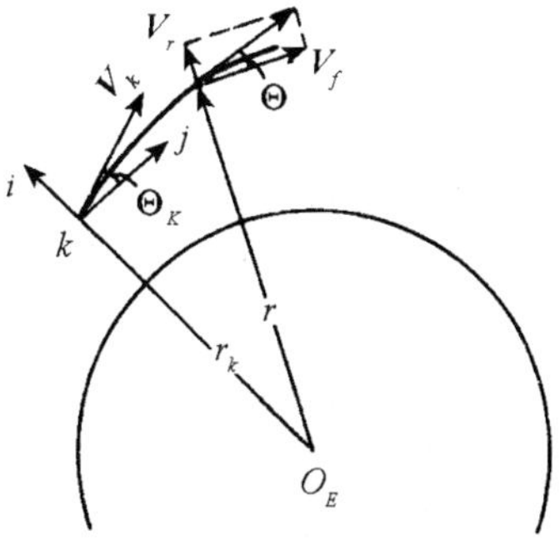

图 4-1　自由飞行段参数示意图

在 $\boldsymbol{K}$ 点首先建立当地坐标系 $\boldsymbol{K}-\boldsymbol{ijk}$,$\boldsymbol{K}$ 为自由飞行段起点;$\boldsymbol{i}$、$\boldsymbol{j}$ 在轨道平面内,$\boldsymbol{i}$ 与 $\boldsymbol{r}$ 矢量同向;$\boldsymbol{j}$ 与 $\boldsymbol{i}$ 垂直,指向飞行方向;$\boldsymbol{k}$ 与 $\boldsymbol{i}$、$\boldsymbol{j}$ 组成右手坐标系。显然 $\boldsymbol{k}$ 与 $\boldsymbol{h}$ 矢量方向一致。

已知式(4-1-9),将其改写为

$$\boldsymbol{V}\times\frac{\boldsymbol{h}}{\mu}=\frac{\boldsymbol{r}}{r}+\boldsymbol{e} \tag{4-2-1}$$

注意到

$$h=|\boldsymbol{r}\times\boldsymbol{V}|=rv\cos\Theta \tag{4-2-2}$$

现用 **K** 点参数来表示式(4-2-1)左端量:

$$\boldsymbol{V}\times\frac{\boldsymbol{h}}{\mu}=\begin{bmatrix}\boldsymbol{i} & \boldsymbol{j} & \boldsymbol{k}\\ v_k\sin\Theta_k & v_k\cos\Theta_k & 0\\ 0 & 0 & r_kv_k\cos\Theta_k/\mu\end{bmatrix}$$

$$=r_kv_k^2\cos^2\Theta_k/\mu\boldsymbol{i}-r_kv_k^2\sin\Theta_k\cos\Theta_k/\mu\boldsymbol{j}+o\cdot\boldsymbol{k} \tag{4-2-3}$$

令

$$\nu_k=\frac{v_k^2}{\mu/r_k} \tag{4-2-4}$$

ν_k 称为能量参数,表示轨道上一点的动能的两倍与势能之比。

将式(4-2-4)代入式(4-2-3)后,再代入式(4-2-1)经过整理可得 $\boldsymbol{e}$ 矢量表达式

$$\boldsymbol{e}=(\nu_k\cos^2\Theta_k-1)\boldsymbol{i}-\nu_k\sin\Theta_k\cos\Theta_k\boldsymbol{j}$$

由上式不难求得 $\boldsymbol{e}$ 的大小:

$$e=\sqrt{1+\nu_k(\nu_k-2)\cos^2\Theta_k} \tag{4-2-5}$$

将式(4-2-2)及式(4-2-4)代入式(4-1-12)即得

$$P=r_k^2v_k^2\cos^2(\Theta_k/\mu)=r_k\nu_k\cos^2\Theta_k \tag{4-2-6}$$

在 P、e 已知条件下,由轨道方程式可看出,轨道上任一点的矢径大小 r,仅与 $\boldsymbol{r}$ 和 $\boldsymbol{e}$ 两矢量的夹角有关。记 $f=\hat{\boldsymbol{r}}\boldsymbol{e}$,定义该角由 $\boldsymbol{e}$ 矢量作为起始极轴顺飞行器飞行方向到 $\boldsymbol{r}$ 矢量为正角,称 f 为真近点角。显然,当 $\boldsymbol{r}$、$\boldsymbol{V}$ 给定后,即可解算得

$$f=\arccos\frac{P-r}{er} \tag{4-2-7}$$

因此,由给定的 $\boldsymbol{r}_k$ 反飞行器飞行方向转 f 角即可确定 $\boldsymbol{e}$ 的方向。实际由轨道方程式不难看出在轨道上有一点 p 距地心 O_E 的矢径长度 r_p 为最小,p 点称为近地点。此时有 $f=\hat{\boldsymbol{r}}_p\boldsymbol{e}=0$,即 $\boldsymbol{e}$ 矢量与 $\boldsymbol{r}_p$ 矢径方向一致,故 $\boldsymbol{e}$ 的方向是由地心 O_E 指向近地点 p。

引入真近点角 f 后,轨道方程式可写成常见的形式

$$r=\frac{P}{1+e\cos f} \tag{4-2-8}$$

由以上讨论可知,圆锥截线的参数 e、P 可由主动段终点参数来决定。反之,也可用圆锥截线的参数来表示相应的运动参数 r、v、Θ。

显然,式(4-2-8)表示了圆锥截线上对应于 f 那点的地心矩。

由于圆锥截线上任一点的径向分速为

$$v_r=\dot{r}$$

则微分式(4-2-8)即得

$$v_r = \dot{r} = \frac{P}{(1+e\cos f)^2} e\sin f \dot{f} \tag{4-2-9}$$

而由式(4-2-2)可知

$$h = r^2 \dot{f}$$

注意到式(4-1-12)及式(4-2-8),则由上式可导得

$$\dot{f} = \frac{h}{r^2} = \frac{1}{r}\sqrt{\frac{\mu}{P}}(1+e\cos f) \tag{4-2-10}$$

将其代入式(4-2-9)可得

$$v_r = \sqrt{\frac{\mu}{P}} e\sin f \tag{4-2-11}$$

不难理解,圆锥截线的周向分速为

$$v_f = r\dot{f} = \sqrt{\frac{\mu}{P}}(1+e\cos f) \tag{4-2-12}$$

根据式(2-2-11)及式(2-2-12)可得圆锥截线对应 f 角的运动参数为

$$\begin{cases} v = \sqrt{\dfrac{\mu}{P}(1+2e\cos f+e^2)} \\ \Theta = \arctan \dfrac{e\sin f}{1+e\cos f} \end{cases} \tag{4-2-13}$$

2. 圆锥截线形状与主动段终点参数的关系

由轨道方程式所描述的圆锥截线形状被偏心率 e 的大小所决定。注意到载荷在自由飞行段机械能守恒,则可由起始点参数 r_k、v_k 求取 E:

$$E = \frac{v_k^2}{2} - \frac{\mu}{r_k}$$

而用式(4-2-5)描述的偏心率 e,经过简单推导也可表示为

$$e = \sqrt{1+2\frac{h^2}{\mu^2}E} = \sqrt{1+\frac{2P}{\mu}E} \tag{4-2-14}$$

现根据式(4-2-5)、(4-2-8)及(4-2-14)来讨论圆锥截线形状与 r_k、v_k、Θ_k 的关系。

(1)当 $e=0$ 时,则圆锥截线形状为圆,其半径 $r=r_k=P$,即圆的半径为 r_k。

根据

$$e = \sqrt{1+\nu_k(\nu_k-2)\cos^2\Theta_k} = 0$$

可解得

$$\nu_k = 1 \pm \sqrt{1-\frac{1}{\cos^2\Theta_k}}$$

因为 ν_k 不可能为虚数,所以必须使 $\Theta_k=0$,上式才有实际意义。这表明只有在速度矢量 $\boldsymbol{V}_k$ 与当地水平面相平行的情况下,才能使质点的运动轨道为圆。在此条件下,则有 $\nu_k=1$,由式(4-2-4)得

$$v_k = \sqrt{\mu / r_k}$$

通常记

$$v_1 = \sqrt{\mu / r_k}$$

v_1 称为第一宇宙速度。

由于机械能守恒,因此,在做圆周运动时,任一时刻的速度均等于 v_k。

(2)当 $e = 1$ 时,则方程(4-2-8)代表的是抛物线方程。

由

$$e = \sqrt{1 + \nu_k(\nu_k - 2)\cos^2\Theta_k} = 1$$

可知,不论 Θ_k 为何值(不讨论 $\Theta_k = 90°$的情况),均有 $\nu_k = 2$,亦即

$$v_k = \sqrt{2\frac{\mu}{r_k}}$$

记

$$v_{\text{II}} = \sqrt{2\frac{\mu}{r_k}}$$

v_{II} 称为第二宇宙速度。

由式(4-2-14)还可看出,当 $e = 1$ 时,$E = 0$。这表示质点所具有的动能恰好等于将该质点从 r_k 移至无穷远时克服引力所做的功。因此,该质点将沿着抛物线轨迹离开地球而飞向宇宙空间,故 v_{II} 又称为脱离速度。

(3)当 $e > 1$ 时,方程(4-2-8)则代表双曲线方程。

不难理解,不论 Θ_k 取何值,此时应有

$$\nu_k > 2$$

即

$$v_k > v_1$$

在此条件下,质点将沿着双曲线轨迹飞向宇宙空间。

此时由于 $E > 0$,故当质点移至无穷远处,有

$$\frac{v_k^2}{2} - \frac{\mu}{r_k} = \frac{v_\infty^2}{2}$$

即在距地心无穷远处,质点具有速度 v_∞,此速度 v_∞ 称为双曲线剩余速度。

(4)当 $e < 1$ 时,式(4-2-8)为一椭圆方程。

此时则有

$$\nu_k < 2$$

即

$$\frac{v_k^2}{2} < \frac{\mu}{r_k}$$

故

$$v_k < v_1$$

由于此时质点所具有的动能不足以将该质点从 r_k 送至离地心的无穷远处,故 r 为一

有限值。

根据空间技术的发展，在飞行力学术语中，弹道仅指运载火箭及其载荷的飞行轨迹，在自由飞行段对于地球而言，该飞行轨迹是不闭合的。而人造天体是按照绕地球的闭合飞行轨迹运动，通常称为轨道。

由前面对圆锥截线方程的讨论可知，在运载火箭使有效载荷在主动段终点 K 具有一定的动能后，若 $v_k \geqslant 2$，则载荷作星际航行；若 $v_k < 2$，则除 $\Theta_k = 0$、$v_k = v_1$ 时载荷沿圆形轨道运行外，其余情况皆成椭圆，但要注意对于地球而言，椭圆与地球有闭合、不闭合两种情况。

3. 椭圆的几何参数与主动段终点参数的关系

椭圆方程的直角坐标表示为

$$\frac{x^2}{a^2} + \frac{y^2}{b^2} = 1$$

其中 a 为半长轴、b 为短半轴，如图 4－2 所示。

若令椭圆的中心 0 至一个焦点 O_E 之间的长度为 c，则有

$$c = \sqrt{a^2 - b^2} \tag{4-2-15}$$

c 称为半焦距。

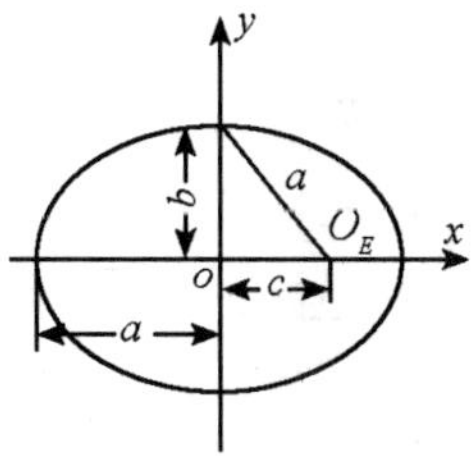

图 4－2　椭圆几何参数

因此在直角坐标系中，椭圆的几何参数为 a、b、c 中的任意两个。在以后讨论中常用到 a、b，故要建立 a、b 与 e、P 的关系，并进而可找到 a、b 与 r_k、v_k、Θ_k 的关系。

由轨道方程式(4－2－8)可知：

令 $f = 0$，则

$$r = r_{\min} = \frac{P}{1+e}$$

此时椭圆上的点为距地心最近的点，以 p 表示，称为近地点。

令 $f = \pi$，则

$$r = r_{\max} = \frac{P}{1-e}$$

此时椭圆上的点为距地心最远的点，以 a 表示，称为远地点。亦即

$$\begin{cases} r_a = \dfrac{P}{1-e} \\ r_p = \dfrac{P}{1+e} \end{cases} \tag{4-2-16}$$

显然，椭圆长半轴的长度为

$$a = \frac{r_a + r_p}{2}$$

将式(4－2－16)代入上式，则有

$$a = \frac{P}{1 - e^2} \tag{4-2-17}$$

又

$$c = \frac{r_a - r_p}{2}$$

将式(4－2－16)代入即得

$$c = \frac{eP}{1 - e^2} = ea \tag{4-2-18}$$

根据式(4－2－15)、(4－2－17)、(4－2－18)可得

$$b = \frac{P}{\sqrt{1 - e^2}} \tag{4-2-19}$$

不难由式(4－2－17)及式(4－2－19)解出以 a、b 表示的 e、P：

$$\begin{cases} e = \sqrt{1 - \left(\dfrac{b}{a}\right)^2} \\ P = \dfrac{b^2}{a} \end{cases} \tag{4-2-20}$$

将式(4－2－14)代入式(4－2－17)则得

$$a = -\frac{\mu}{2E} = -\frac{\mu r_k}{r_k v_k^2 - 2\mu} \tag{4-2-21}$$

由此可见，椭圆长半轴的长度只与主动段终点处的机械能 E 有关，而对应椭圆方程有 $E<0$，故此时 E 愈大，椭圆的 a 也愈大。由上式还可得出椭圆上任一点的速度为

$$v^2 = \mu\left(\frac{2}{r} - \frac{1}{a}\right) \tag{4-2-22}$$

上式称为活力公式。

将式(4－2－5)及式(4－2－6)代入式(4－2－19)即得

$$b = \sqrt{\frac{\nu_k}{2 - \nu_k}} r_k \cos\Theta_k \tag{4-2-23}$$

由式(4－2－21)和式(4－2－23)可以看出，当 r_k、v_k 一定时，则 a 为一定值，而 b 将随 Θ_k 变化。

为了方便运用，将椭圆弹道几何参数、运动参数之间的常用关系式列于表 1、表 2 中。

4. 成为人造卫星或导弹的条件

根据圆锥截线形状与主动段终点参数关系可知，在基本假设条件下，当参数满足(1) $\nu_k = 1$、$\Theta_k = 0$；(2) $\nu_k < 2$，$r_{\min} > R$ 的两个条件之一，即可使该圆锥截线不与地球相交。但不能以此作为判断运载火箭对载荷提供的主动段终点参数能否成为人造卫星的判据。因为地球包围着大气层，即使在离地面 100km 的高空处，大气密度虽然只有地面大气密度的百万分之一，但由于卫星的运动速度很高，稀薄的大气仍然会显著地阻碍卫星的运动，使其速度降低，而使卫星轨道近地点高度逐渐收缩，卫星逐渐失去其本身任务所要求的功能。因此要使载荷成为所要求的卫星，则必须使其运行在离地面一定的高度之上，我们将

此高度称为“生存”高度，记为 h_L，该 h_L 是根据卫星完成任务的要求所需在空间停留的时间（运行多少周）来决定。所以要使载荷成为所要求的人造卫星，就必须满足条件：

$$r_p \geqslant r_L = R + h_L$$

而 r_p 由主动段终点参数所决定，因此需确定 r_k、v_k、Θ_k 应满足的条件。

（1）r_k

不言而喻，K 点是椭圆轨道上的一点，故

$$r_k \geqslant r_p \geqslant r_L \tag{4-2-24}$$

（2）Θ_k

因为要求 $r_p \geqslant r_L$，则

$$\frac{P}{1+e} \geqslant r_L$$

将式（4－2－5）及式（4－2－6）代入得

$$\frac{r_k \nu_k \cos^2\Theta_k}{1+\sqrt{1+\nu_k(\nu_k-2)\cos^2\Theta_k}} \geqslant r_L$$

经过推导整理可得 Θ_k 应满足的关系式：

$$\cos\Theta_k \geqslant \frac{r_L}{r_k}\sqrt{1+\frac{2\mu}{r_k^2}\left(\frac{1}{r_L}-\frac{1}{r_k}\right)} \tag{4-2-25}$$

（3）v_k

由式（4－2－25）可知，在 $r_k \geqslant r_L$ 条件下，v_k 值减小，$\cos\Theta_k$ 就增大，因而 Θ_k 就减小。在发射卫星时，希望能量尽量小，也即希望 v_k 尽量小。不难理解，v_k 小的极限是使 $\cos\Theta_k = 1$，即

$$\frac{r_L}{r_k}\sqrt{1+\frac{2\mu}{v_k^2}\left(\frac{1}{r_L}-\frac{1}{r_k}\right)} \leqslant 1$$

从而可解得

$$v_k^2 \geqslant \frac{2\mu r_L}{r_k(r_k+r_L)} \tag{4-2-26}$$

或写成

$$\nu_k \geqslant \frac{2}{1+r_k/r_L} \tag{4-2-27}$$

综上所述，运载火箭运送的载荷，在主动段终点时，当其运动参数 r_k、v_k、Θ_k 只有满足式（4－2－24）、（4－2－26）及式（4－2－25），才能成为人造卫星。

至于运载火箭运送的载荷成为导弹的必要条件，除 $0<\nu_k<2$，还需要保证在一定的 ν_k 下，弹道倾角 Θ_k 满足

$$r_p = \frac{P}{1+e} < R \tag{4-2-28}$$

从而可解得

$$\cos\Theta_k < \frac{R}{r_k}\sqrt{1+\frac{2\mu}{v_k^2}\left(\frac{1}{R}-\frac{1}{r_k}\right)} \tag{4-2-29}$$

表 1

需求量 / 已知量	a	b	r_a	r_p
a、b			$a+\sqrt{a^2-b^2}$	$a-\sqrt{a^2-b^2}$
a、r_a		$\sqrt{2r_a a-r_a^2}$		$2a-r_a$
a、r_p		$\sqrt{2r_p a-r_p^2}$	$2a-r_p$	
a、e		$a\sqrt{1-e^2}$	$a(1+e)$	$a(1-e)$
a、P		$\sqrt{ap}$	$a(1+\sqrt{1-\frac{P}{a}})$	$\frac{P}{1+\sqrt{1-\frac{P}{a}}}$
b、ra	$\frac{1}{2}\cdot\frac{b^2+r_a^2}{r_a}$			$\frac{b^2}{r_a}$
b、r_p	$\frac{1}{2}\cdot\frac{b^2+r_p^2}{r_p}$		$\frac{b^2}{r_p}$	
b、e	$\frac{b}{\sqrt{1-e^2}}$		$b\sqrt{\frac{1+e}{1-e}}$	$b\sqrt{\frac{1-e}{1+e}}$
b、P	$\frac{b^2}{P}$		$\frac{bP}{b-\sqrt{b^2-P^2}}$	$\frac{bP}{b+\sqrt{b^2-P^2}}$
r_a、r_p	$\frac{r_a+r_p}{2}$	$\sqrt{r_a r_p}$		
r_a、e	$\frac{r_a}{1+e}$	$r_a\sqrt{\frac{1-e}{1+e}}$		$\frac{r_a(1-e)}{1+e}$
r_a、p	$\frac{r_a^2}{2r_a-P}$	$r_a\sqrt{\frac{P}{2r_a-P}}$		$\frac{r_a P}{2r_a-P}$
r_p、e	$\frac{r_p}{1-e}$	$r_p\sqrt{\frac{1+e}{1-e}}$	$\frac{r_p(1+e)}{1-e}$	
r_p、P	$\frac{r_p^2}{2r_p-P}$	$r_p\sqrt{\frac{P}{2r_p-P}}$	$\frac{r_p P}{2r_p-P}$	
e、c	$\frac{c}{e}$	$\frac{c}{e}\sqrt{1-e^2}$	$\frac{c}{e}+c$	$\frac{c}{e}-c$
e、P	$\frac{P}{1-e^2}$	$\frac{P}{\sqrt{1-e^2}}$	$\frac{P}{1-e}$	$\frac{P}{1+e}$
r_p、v_p	$\frac{\mu r_p}{2\mu-r_p v_p^2}$	$\sqrt{\frac{r_p^3 v_p^2}{2\mu-r_p v_p^2}}$	$\frac{r_p^2 v_p^2}{2\mu-r_p v_p^2}$	
r_a、v_a	$\frac{\mu r_a}{2\mu-r_a v_a^2}$	$\sqrt{\frac{r_a^3 v_a^2}{2\mu-r_a v_a^2}}$		$\frac{r_a^2 v_a^2}{2\mu-r_a v_a^2}$
v_a、v_p	$\frac{\mu}{v_a v_p}$	$\frac{2\mu}{(v_a+v_p)\sqrt{v_a v_p}}$	$\frac{2\mu}{v_a(v_a+v_p)}$	$\frac{2\mu}{v_p(v_a+v_p)}$

续表 1

e	c	P	v_a^2	v_p^2
$\sqrt{1-\frac{b^2}{a^2}}$	$\sqrt{a^2-b^2}$	$\frac{b^2}{a}$	$\mu\frac{a-\sqrt{a^2-b^2}}{a^2+a\sqrt{a^2-b^2}}$	$\mu\frac{a+\sqrt{a^2-b^2}}{a^2-a\sqrt{a^2-b^2}}$
$\frac{r_a-a}{a}$	r_a-a	$\frac{2r_aa-r_a^2}{a}$	$\mu\frac{2a-r_a}{ar_a}$	$\mu\frac{r_a}{a(2a-r_a)}$
$\frac{a-r_p}{a}$	$a-r_p$	$\frac{2ar_p-r_p^2}{a}$	$\frac{\mu}{a}\cdot\frac{r_p}{2a-r_p}$	$\mu\frac{2a-r_p}{ar_p}$
	ea	$a(1-e^2)$	$\frac{\mu}{a}\cdot\frac{1-e}{1+e}$	$\frac{\mu}{a}\cdot\frac{1+e}{1-e}$
$\sqrt{1-\frac{P}{a}}$	$a\sqrt{1-\frac{P}{a}}$		$\frac{\mu}{P}(1-\sqrt{\frac{a-P}{a}})^2$	$\frac{\mu}{P}(1+\sqrt{1-\frac{P}{a}})^2$
$\frac{r_a^2-b^2}{r_a^2+b^2}$	$\frac{r_a^2-b^2}{2r_a}$	$\frac{2r_ab^2}{r_a^2+b^2}$	$\frac{\mu}{r_a}\cdot\frac{2b^2}{b^2+r_a^2}$	$\frac{2\mu}{b^2}\cdot\frac{r_a^3}{r_a^2+b^2}$
$\frac{b^2-r_p^2}{b^2+r_p^2}$	$\frac{b^2-r_p^2}{2r_p}$	$\frac{2r_pb^2}{b^2+r_p^2}$	$\frac{2\mu r_p^3}{b^2(r_p^2+b^2)}$	$\frac{2\mu b^2}{r_p(r_p^2+b^2)}$
	$\frac{be}{\sqrt{1-e^2}}$	$b\sqrt{1-e^2}$	$\frac{\mu\sqrt{1-e^2}}{b}\cdot\frac{1-e}{1+e}$	$\frac{\mu\sqrt{1-e^2}}{b}\cdot\frac{1+e}{1-e}$
$\sqrt{1-(\frac{P}{b})^2}$	$\frac{b}{P}\sqrt{b^2-P^2}$		$\frac{\mu}{P}\left(1-\sqrt{1-\frac{P^2}{b^2}}\right)^2$	$\frac{\mu}{P}\left(1+\sqrt{1-\frac{P^2}{b^2}}\right)^2$
$\frac{r_a-r_p}{r_a+r_p}$	$\frac{r_a-r_p}{2}$	$\frac{2r_ar_p}{r_a+r_p}$	$\frac{2\mu r_p}{r_a(r_a+r_p)}$	$\frac{2\mu r_a}{r_p(r_a+r_p)}$
	$\frac{r_ae}{1+e}$	$r_a(1-e)$	$\frac{\mu}{r_a}(1-e)$	$\frac{\mu(1+e)^2}{r_a(1-e)}$
$1-\frac{P}{r_a}$	$\frac{r_a(r_a-P)}{2r_a-P}$		$\mu\frac{P}{r_a^2}$	$\frac{\mu}{P}(2-\frac{P}{r_a})^2$
	$\frac{r_pe}{1-e}$	$r_p(1+e)$	$\frac{\mu(1-e)^2}{r_p(1+e)}$	$\frac{\mu}{r_p}(1+e)$
$\frac{P}{r_p}-1$	$\frac{r_p(P-r_p)}{2r_p-P}$		$\frac{\mu}{P}(2-\frac{P}{r_p})^2$	$\mu\frac{P}{r_p^2}$
		$\frac{c}{e}(1-e^2)$	$\frac{\mu e}{c}\cdot\frac{1-e}{1+e}$	$\frac{\mu e}{c}\cdot\frac{1+e}{1-e}$
	$\frac{Pe}{1-e^2}$		$\frac{\mu}{P}(1-e)^2$	$\frac{\mu}{P}(1+e)^2$
$\frac{r_pv_p^2}{\mu}-1$	$\frac{r_p^2v_p^2-\mu r_p}{2\mu-r_pv_p^2}$	$\frac{r_p^2v_p^2}{\mu}$	$(\frac{2\mu-r_pv_p^2}{r_pv_p})^2$	
$1-\frac{r_av_a^2}{\mu}$	$\frac{\mu r_a-r_a^2v_a^2}{2\mu-r_av_a^2}$	$\frac{r_a^2v_a^2}{\mu}$		$(\frac{2\mu-r_av_a^2}{r_av_a})^2$
$\frac{v_p-v_a}{v_p+v_a}$	$\frac{\mu(v_p-v_a)}{v_av_p(v_p+v_a)}$	$\frac{4\mu}{(v_a+v_p)^2}$		

根据上述讨论，在图 4－3 中，画出运载火箭提供载荷主动段终点参数：ν_k、$\frac{r_k}{r}$（卫星取 $r=r_L$；导弹取 $r=R$）及 Θ_k 使载荷成为导弹、卫星及星际飞行器的区域图。

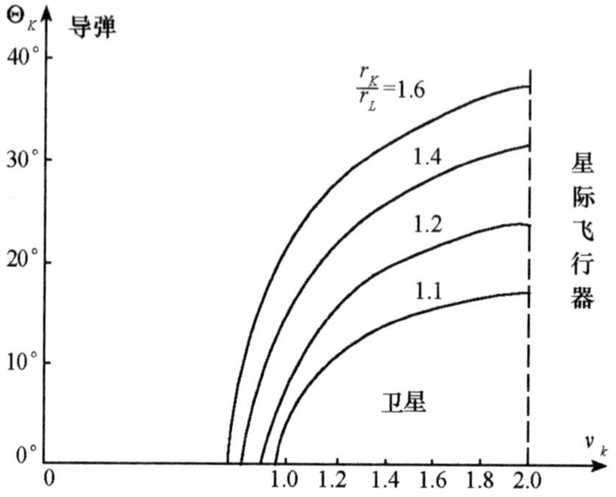

图 4－3　导弹、卫星、星际飞行器的参数界限

参数关系如下：

$$v=\sqrt{\mu\left(\frac{2}{r}-\frac{1}{a}\right)}$$

$$=\sqrt{\frac{\mu(1+2e\cos f+e^2)}{r(1+e\cos f)}}$$

$$=\sqrt{\frac{\mu(1+e^2+2e\cos f)}{a(1-e^2)}}$$

$$=\sqrt{\frac{\mu}{P}(1+e^2+2e\cos f)}$$

$$=\frac{\sqrt{\mu a(1-e^2)}}{r\cos\Theta}$$

$$=\frac{\sqrt{\mu P}}{r\cos\Theta}$$

$$\Theta=\arccos\sqrt{\frac{a^2(1-e^2)}{r(2a-r)}}$$

$$=\arccos\sqrt{\frac{aP}{r(2a-r)}}$$

$$=\arccos\sqrt{\frac{r_a r_p}{r(r_a+r_p-r)}}$$

$$=\arctan\left[\left(1-\frac{r}{a(1-e^2)}\right)\tan f\right]$$

$$=\arctan\left[\left(1-\frac{r}{P}\right)\tan f\right]$$

$$\Theta=\arccos\left(\frac{\sqrt{\mu a(1-e^2)}}{rv}\right)$$

$$=\arccos\left(\frac{\sqrt{\mu P}}{rv}\right)$$

$$f=\arccos\left[\frac{a(1-e^2)-r}{er}\right]$$

$$=\arccos\left[\frac{2r_a r_p-r(r_a+r_p)}{r(r_a-r_p)}\right]$$

$$=\arctan\left[\frac{P}{P-r}\tan\Theta\right]$$

$$=\arccos\left[\frac{(av^2+\mu)(1-e^2)-2\mu}{2\mu e}\right]$$

$$a=\frac{r}{2-\nu}$$

$$b=\sqrt{\frac{\nu r^2\cos^2\Theta}{2-\nu}}$$

$$e=\sqrt{1-\nu(2-\nu)\cos^2\Theta}$$

$$P=r\nu\cos^2\Theta$$

$$\nu=\frac{rv^2}{\mu}$$

§4.3　射程与主动段终点参数的关系

在假设地球为均质圆球条件下，导弹自由飞行段弹道应在主动段终点的绝对参数 $\boldsymbol{r}_k$、$\boldsymbol{V}_k$ 决定的弹道平面内。该平面过地球的球心，故与地球表面相截的截痕为一大圆弧。所谓被动段的绝对射程，是指在弹道平面内，从导弹主动段终点 K 到 $r=R$ 点 C 所对应的一段大圆弧长度，记为 L_{kc}。由图 4-4 可知

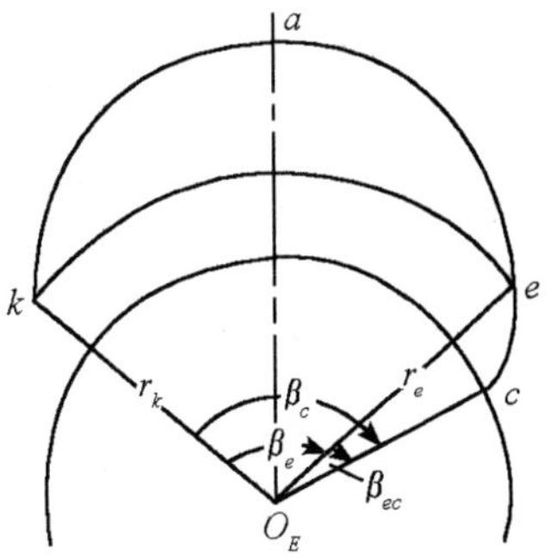

图 4-4　自由段、被动段的射程角

$$L_{kc}=L_{kc}+L_{ec} \qquad (4-3-1)$$

其中：

L_{ke}——自由段射程，指弹道上 K 点到再入点 e 所对应的大圆弧长；

L_{ec}——再入段射程，指 e 点到 C 点所对应的大圆弧长。

不难理解，L_{kc}、L_{ke} 与 L_{ec} 可用相应的地心角 β_c、β_e 及 β_{ec} 乘上地球半径 R 而得到。因此，β_c、β_e 和 β_{ec} 也可用来表示射程，称为角射程。

导弹在再入段将受到空气动力作用，这段弹道不是椭圆的一部分，但由于再入段射程在整个被动段弹道的射程所占比例甚小，故可近似地将该段弹道看成是自由段椭圆弹道的延续，从而整个被动段的射程即用椭圆弹道来计算。

1. 被动段射程的计算

已知 K、C 是椭圆弹道上的两点，它们的矢径与近地点极轴之间的夹角，即真近点角，分别记为 f_k、f_c，显然

$$\beta_c=f_c-f_k \qquad (4-3-2)$$

由椭圆弹道方程(4-2-8)，即得

$$\cos f=\frac{P-r}{er} \qquad (4-3-3)$$

当主动段终点参数给定，则 f 只是 r 的函数，故有

$$\begin{cases}\cos f_k=\dfrac{P-r_k}{er_k}\\[2ex]\cos f_c=\dfrac{P-R}{eR}\end{cases} \qquad (4-3-4)$$

注意到椭圆弹道的顶点 a 即为椭圆的远地点，且椭圆弹道具有轴对称性的特点，则

$$\angle KO_Ea=\angle aO_Ee=\frac{\beta_e}{2}$$

因此

$$\cos f_k=\cos\left(\pi-\frac{\beta}{2}\right)=-\cos\frac{\beta_e}{2}$$

$$\cos f_c = \cos(f_k + \beta_c) = \cos(\pi + \beta_c - \frac{\beta_e}{2})$$

$$= -\cos(\beta_c - \frac{\beta_e}{2})$$

故

$$\begin{cases} \cos(\beta_c - \frac{\beta_e}{2}) = \dfrac{R - P}{eR} \\ \cos\dfrac{\beta_e}{2} = \dfrac{r_k - P}{er_k} \end{cases} \tag{4-3-5}$$

由上式第一式有：

$$\cos\beta_c \cos\frac{\beta_e}{2} + \sin\beta_c \sin\frac{\beta_e}{2} = \frac{R - P}{eR} \tag{4-3-6}$$

根据式(4－3－5)第二式有：

$$\sin\frac{\beta_e}{2} = \frac{1}{e}\sqrt{e^2 - (1 - \frac{P}{r_k})^2}$$

将式(4－2－5)及式(4－2－6)代入上式，经过整理可得

$$\sin\frac{\beta_e}{2} = \frac{P}{er_k}\tan\Theta_k \tag{4-3-7}$$

将式(4－3－5)、(4－3－7)代入(4－3－6)有：

$$(1 - \frac{P}{r_k})\cos\beta_c + \frac{P}{r_k}\tan\Theta_k \sin\beta_c = 1 - \frac{P}{R} \tag{4-3-8}$$

由于

$$P = r_k \nu_k \cos^2\Theta_k$$

将其代入式(4－2－8)，并整理得

$$\frac{r_k}{R} = \frac{1 - \cos\beta_c}{\nu_k \cos^2\Theta_k} + \frac{\cos(\beta_c + \Theta_k)}{\cos\Theta_k} \tag{4-3-9}$$

上式称为命中方程。

利用三角公式

$$\cos\beta_c = \frac{1 - \tan^2\dfrac{\beta_c}{2}}{1 + \tan^2\dfrac{\beta_c}{2}}, \sin\beta_c = \frac{2\tan\dfrac{\beta_c}{2}}{1 + \tan^2\dfrac{\beta_c}{2}}$$

式(4－3－9)可改写成以 $\tan\frac{\beta_c}{2}$ 集项的形式

$$(2 - \nu_k \cos^2\Theta_k - \frac{r_k}{R}\nu_k \cos^2\Theta_k)\tan^2\frac{\beta_c}{2} - 2\nu_k \sin\Theta_k \cos\Theta_k \tan\frac{\beta_c}{2} + \nu_k \cos^2\Theta_k (1 - \frac{r_k}{R}) = 0$$

将上式乘以 $R/\cos^2\Theta_k$，整理可得

$$[2R(1 + \tan^2\Theta_k) - \nu_k(R + r_k)]\tan^2\frac{\beta_c}{2} - 2\nu_k R\tan\Theta_k \tan\frac{\beta_c}{2} + \nu_k(R - r_k) = 0 \tag{4-3-10}$$

记

$$\begin{cases} A = 2R(1 + \tan^2 \Theta_k) - \nu_k (R + r_k) \\ B = 2\nu_k R \tan\Theta_k \\ C = \nu_k (R - r_k) \end{cases} \tag{4-3-11}$$

则式(4－3－10)可写成

$$A\tan^2 \frac{\beta_c}{2} - B\tan \frac{\beta_c}{2} + C = 0 \tag{4-3-12}$$

注意到上式中之系数

$$\begin{aligned} A &\geqslant 2R(1 + \tan^2 \Theta_k) - 2\nu_k r_k \\ &= 2R(1 + \tan^2 \Theta_k)(1 - \frac{P}{R}) \\ &= -2R(1 + \tan^2 \Theta_k) e\cos f_c \\ &\geqslant 0 \end{aligned}$$

$$C \leqslant 0$$

因此，式(4－3－12)的解应为

$$\tan \frac{\beta_c}{2} = \frac{B + \sqrt{B^2 - 4AC}}{2A} \tag{4-3-13}$$

可见，在给定主动段终点参数后，即可求得被动段角射程 β_c，而被动段射程则为

$$L_{kc} = R \cdot \beta_c$$

2. 自由段射程的计算

由被动段的射程公式，很易导出自由段射程的公式，即在式(4－3－11)中用 $r_e = r_k$ 来代替 R，即有

$$\begin{cases} A = 2r_k(1 + \tan^2 \Theta_k) - 2r_k\nu_k \\ B = 2r_k\nu_k \tan\Theta_k \\ C = 0 \end{cases} \tag{4-3-14}$$

而式(4－3－14)即成为

$$\tan \frac{\beta_c}{2} = \frac{B}{A} = \frac{\nu_k \sin\Theta_k \cos\Theta_k}{1 - \nu_k \cos^2 \Theta_k} \tag{4-3-15}$$

实际将 $P = r_k\nu_k \cos^2 \Theta_k$ 代入式(4－3－7)可得计算自由段射程的另一公式：

$$\sin \frac{\beta_c}{2} = \frac{\nu_k}{2e} \sin 2\Theta_k \tag{4-3-16}$$

此式形式比较简单，在实践中常被运用。

自由段射程即为

$$L_{ke} = R \cdot \beta_e$$

图 4－5 是根据式(4－3－13)和式(4－3－17)作出的在不同的 h_k 值下，β_k 和 β_e 与 ν_k、Θ_k 的关系曲线。

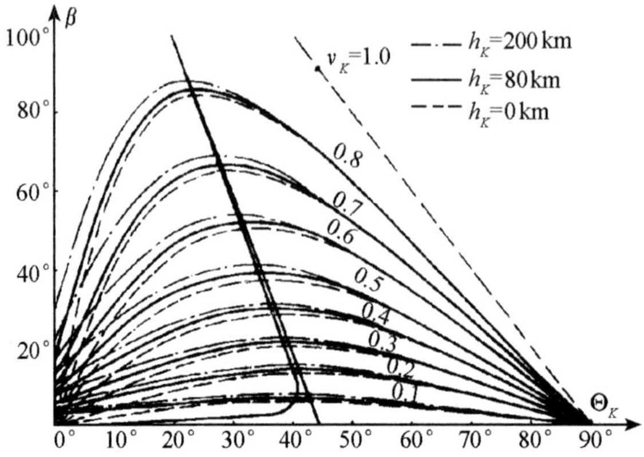

图 4－5　射程角与 ν_1、Θ_k、h_k 的关系

由图 4－5 可看出，当 ν_k 一定时，总可以找到一个速度倾角 Θ_k 使射程取最大值，此速度倾角称为最佳速度倾角，记为 $\Theta_{k.\mathrm{OPT}}$，其物理意义是，当主动段终点 K 的参数 r_k、v_k 一定，则 v_k 一定，亦即 K 点的机械能 E 为确定值，$\Theta_{k.\mathrm{OPT}}$ 是保证在同样的机械能条件下，使导弹的能量得到充分利用，以使射程达到最大值。这在实际应用中是有很重要的意义的。

由图 4－5 还可看出 $\Theta_{k.\mathrm{OPT}}$ 的另一物理意义，即当射程 β_c 或 β_e 一定，速度倾角取为 $\Theta_{k.\mathrm{OPT}}$ 时，使所需要的 ν_k 为最小，亦即当 r_k 给定时，则 v_k 取最小值，也就是说要求导弹在 k 点的机械能最小，这种具有最小 ν_k 值的弹道称为最小能量弹道。

上述讨论只是一个问题的两个方面，实际满足射程取最大值的弹道亦即能量最小弹道，这在下面讨论中还将提到。

可见，在进行导弹设计时，通常将主动段终点的速度倾角 Θ_k 取在 $\Theta_{k.\mathrm{OPT}}$ 附近是比较合理的。

3. 已知 r_k、ν_k，求被动段的 $\Theta_{k.\mathrm{OPT}}$ 及 $\beta_{c.\max}$

由式(4－3－13)可知

$$\beta_c = \beta_c(v_k、\Theta_k、r_k)$$

当 r_k、ν_k 给定后，则 β_c 仅是 Θ_k 的函数。因此，要求 β_c 取最大值，就可通过极值条件：

$$\frac{\partial \beta_c}{\partial \Theta_k} = 0$$

来求 $\Theta_{k.\mathrm{OPT}}$。

将式(4－3－12)对 Θ_k 求导，有

$$\frac{\partial A}{\partial \Theta_k}\tan^2\frac{\beta_c}{2} - \frac{\partial B}{\partial \Theta_k}\tan\frac{\beta_c}{2} + \left(2A\tan\frac{\beta_c}{2} - B\right)\frac{\partial \tan\dfrac{\beta_c}{2}}{\partial \Theta_k} = 0 \qquad (4-3-17)$$

由表达式(4－3－11)不难得到

$$\begin{cases} \dfrac{\partial A}{\partial \Theta_k} = 4R\tan\Theta_k \sec^2\Theta_k \\ \dfrac{\partial B}{\partial \Theta_k} = 2R\nu_k \sec^2\Theta_k \end{cases} \tag{4-3-18}$$

而

$$\frac{\partial \tan\dfrac{\beta_c}{2}}{\partial \Theta_k} = \frac{1}{2}\sec^2\frac{\beta_c}{2}\frac{\partial \beta_c}{\partial \Theta_k}$$

因为 $\sec^2\dfrac{\beta_c}{2}$不为 0,而且,$\dfrac{\partial \beta_c}{\partial \Theta_k}=0$ 即意味着在 Θ_k 取$\Theta_{k.\mathrm{OPT}}$时 β_c 达到最大值$\beta_{c\cdot\max}$。因此将$\beta_{c\cdot\max}$、$\Theta_{k.\mathrm{OPT}}$代替式(4-3-17)中之 β_c、Θ_k,则此时必然满足$\dfrac{\partial \tan\dfrac{\beta_c}{2}}{\partial \Theta_k}=0$。故

$$4R\tan\Theta_{k\cdot\mathrm{OPT}}\sec^2\Theta_{k\cdot\mathrm{OPT}}\tan^2\frac{\beta_{c\cdot max}}{2} - 2R\nu_k\sec^2\Theta_{k\cdot\mathrm{OPT}}\tan\frac{\beta_{c\cdot\max}}{2} = 0$$

即

$$2R\sec^2\Theta_{k\cdot\mathrm{OPT}}\tan\frac{\beta_{c\cdot\max}}{2}\left(2\tan\Theta_{k\cdot\mathrm{OPT}}\tan\frac{\beta_{c\cdot\max}}{2} - \nu_k\right) = 0$$

因为 $2R\sec^2\Theta_{k\cdot\mathrm{OPT}}\tan\dfrac{\beta_{c\cdot max}}{2}\neq 0$,则

$$2\tan\Theta_{k\cdot\mathrm{OPT}}\tan\frac{\beta_{c\cdot max}}{2} - \nu_k = 0$$

即

$$\tan\frac{\beta_{c\cdot\max}}{2} = \frac{\nu_k}{2\tan\Theta_{k\cdot\mathrm{OPT}}} \tag{4-3-19}$$

将上式代入式(4-3-10),有

$$\left[2R(1+\tan^2\Theta_{k\cdot\mathrm{OPT}}) - \nu_k(R+r_k)\right]\frac{\nu_k^2}{4\tan^2\Theta_{k\cdot\mathrm{OPT}}}$$

$$-2R\nu_k\tan\Theta_{k\cdot\mathrm{OPT}}\frac{\nu_k}{2\tan\Theta_{k\cdot\mathrm{OPT}}} + \nu_k(R-r_k) = 0$$

经过整理可得

$$\left[4(R-r_k) - 2R\nu_k\right]\tan^2\Theta_{k\cdot\mathrm{OPT}} = \nu_k^2(R+r_k) - 2R\nu_k$$

由此求出最佳速度倾角为

$$\tan\Theta_{k\cdot\mathrm{OPT}} = \sqrt{\frac{\nu_k\left[2R - \nu_k(R+r_k)\right]}{2R\nu_k - 4(R-r_k)}} \tag{4-3-20}$$

将上式代入式(4-3-19)即可得对应 $\Theta_{k\cdot\mathrm{OPT}}$之被动段最大射程与主动段终点参数 r_k、ν_k 的关系式:

$$\tan\frac{\beta_{c\cdot max}}{2} = \sqrt{\frac{\nu_k\left[R\nu_k - 2(R-r_k)\right]}{2\left[2R - \nu_k(R+r_k)\right]}} \tag{4-3-21}$$

显然,当式(4-3-20)与式(4-3-21)中用 $r_e=r_k$ 代替 R,则可得出自由段之最佳速

度倾角 $\Theta_{ke\cdot\text{OPT}}$及最大射程 $\beta_{e\cdot\max}$分别为

$$\tan\Theta_{ke\cdot\text{OPT}} = \sqrt{1-\nu_k} \tag{4-3-22}$$

$$\tan\frac{\beta_{e\cdot\max}}{2} = \frac{1}{2}\frac{\nu_k}{\sqrt{1-\nu_k}} \tag{4-3-23}$$

将式(4-3-22)代入式(4-3-23)则可得 $\beta_{e\cdot\max}$与 $\Theta_{ke\cdot\text{OPT}}$的关系式为

$$\tan\frac{\beta_{e\cdot\max}}{2} = \frac{1-\tan^2\Theta_{ke\cdot\text{OPT}}}{2\tan\Theta_{ke\cdot\text{OPT}}} = \cos 2\Theta_{ke\cdot\text{OPT}} = \tan\left(\frac{\pi}{2} - 2\Theta_{ke\cdot\text{OPT}}\right)$$

故有

$$\Theta_{ke\cdot\text{OPT}} = \frac{1}{4}(\pi - \beta_{e\cdot\max}) \tag{4-3-24}$$

根据式(4-3-20)及式(4-3-21),在图 4-6 中画出对应不同的 r_k($h_k=0,40,80,200\text{km}$)通过改变 ν_k 而得到的$\Theta_{k\cdot\text{OPT}}$与 $\beta_{c\cdot\max}$的关系曲线。

应指出的是,在图 4-6 中,$h_k=0$ 的关系曲线即是对应式(4-3-24)所描述的自由段最佳速度倾角与最大射程的关系。从而由图 4-6 可看出,当被动段射程愈大时,再入段所占比例则愈小,所以整个被动段的最佳速度倾角就愈接近于用式(4-3-24)所标出的自由段最佳速度倾角。反之,当再入段射程占整个被动段射程比例较大(即:h_k 较大,或 β_c 较小)时,则两者差别就较大。

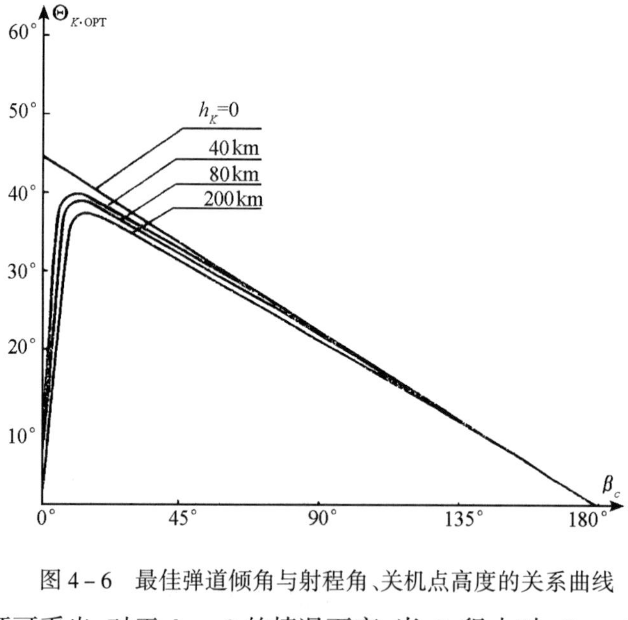

图 4-6　最佳弹道倾角与射程角、关机点高度的关系曲线

由图 4-6 还可看出,对于 $h_k=0$ 的情况而言,当 β_c 很小时,$\Theta_{k\cdot\text{OPT}}$就接近于 45°,这与炮兵武器射击所选用的最佳速度倾角的概念是一致的。

4. 已知 r_k、β_c 求$\Theta_{k\cdot\text{OPT}}$、$\nu_{k\cdot\min}$

在将再入段看成是自由段的延续时,由于被动段是平面弹道,则在已知 r_k、β_c 时,落

点的 r_c 与 r_k 的相对位置则是确定的，如图 4－7 所示。

现用图解法来找出在给定 r_k、β_c 条件下的 $\Theta_{k.\mathrm{OPT}}$ 及 $\nu_{k\cdot\min}$。

显然，过 K、C 两点的椭圆弹道的另一焦点 O，称为虚焦点。其与 K、C 的联线 OK、OC 必定满足

$$\begin{cases} r_k + OK = 2a \\ r_c + OC = 2a \end{cases} \tag{4-3-25}$$

其中 a 为椭圆长半轴。

由式(4－3－25)可得

$$\begin{cases} OK = 2a - r_k \\ OC = 2a - r_c \end{cases} \tag{4-3-26}$$

不难理解，给定 a 值，则由用式(4－3－26)求出 OK 及 OC，然后以 K、C 为圆心，分别以 OK 及 OC 为半径画圆，则得两个交点 O、O'。这两个点 O、O' 即为对应给定 a 之下过 K、C 两点的椭圆的虚焦点，对应两个虚焦点，其半焦距 $c = O_EO/2$、$c' = O_EO'/2$ 不同，则这两虚焦点所对应的椭圆偏心率 e 也不相同。

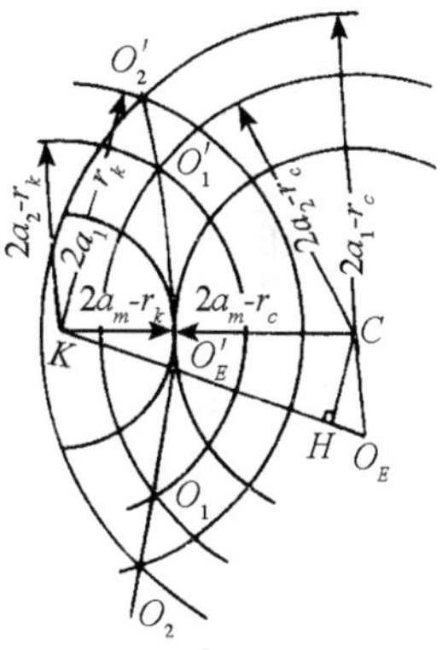

图 4－7　图解法示意图

由图 4－7 的作图中不难得出以下结论：

(1)给定 a 画出的以 $2a-r_k$、$2a-r_c$ 为半径及 K、C 为圆心所得的两圆的交点必在 KC 弦的两侧且与 KC 弦相对称。随着 a 的增大，该对称点的联线为一曲线，该曲线的曲率半径指向 r_k、r_c 中长度大的一边。

(2)随着 a 的减小，O、O' 逐渐向 KC 弦靠拢，当 a 减小至某一值，则使 O、O' 重合，记为 O'_E，此时的半长轴记为 $a_{\min}$，则有

$$a_{\min} = \frac{1}{4}(KC + r_k + r_c) \tag{4-3-27}$$

当 $a < a_{\min}$ 时，则不可能作出过 K、C 两点的椭圆，由活力公式可知

$$a = \frac{r_k}{2 - \nu_k}$$

所以对应给定的 r_k，当 $a = a_{\min}$ 时，则 ν_k 取最小值 $\nu_{k\cdot\min}$。此时所作出的椭圆弹道即为最小能量弹道。

(3)对于给定的 a 所画椭圆上任一点的法线必平分该点至该椭圆实、虚两焦点联线的夹角，这是椭圆的重要特性之一。因此，对应虚焦点 O(或 O')之椭圆在 K 点的法线平分 $\angle O_EKO$(或平分 $\angle O_EKO'$)，而对最小能量弹道，只有一个虚焦点 O'_E，且在 KC 弦上，故其 K 点的法线平分 $\angle CKO_E$。由于 $\boldsymbol{V}_k$ 矢量为过 K 点的切线，而对于最小能量弹道 $\boldsymbol{V}_k$ 与当水平面夹角为 $\Theta_{k\cdot\mathrm{OPT}}$，故可得

$$\Theta_{k\cdot\mathrm{OPT}} = \frac{1}{2}\angle CKO_E$$

(4)对于任一大于 a_m 的长半轴 a，可画出过 K、C 两点的两个椭圆虚焦点 O'、O 分别

在 CK 连线的两侧。由椭圆弹道性质可知，当虚焦点在 O_EK 连线的含 O'_E 的一侧时，K 点处于弹道由近地点 p 到远地点 a 的升弧段，此时 $\Theta_k>0$；当虚焦点在 O_EK 连线不含 O'_E 的一侧时，K 点处于由 a 到 p 的降弧段，此时 $\Theta_k<0$。因此，对应 O' 之椭圆弹道之 $\Theta_{k1}>0$，则 $\angle O'KO_E=2\Theta_{k1}$。而 O 可在 $\angle CKO_E$ 的内侧或外侧，故当 O 在内侧时，$\Theta_{k2}>0$，则 $\angle OKO_E=2\Theta_{k2}$；当 O 在外侧时，$\Theta_{k2}<0$，则 $\angle OKO_E=2|\Theta_{k2}|$。事实上有 $\Theta_{k1}>\Theta_{k2}$。前者对应的椭圆弹道为高弹道，后者对应低弹道。

由于有

$$\angle O_EKO'_E=2\Theta_{k\cdot\mathrm{OPT}}$$

$$\angle O'_EKO'=\angle O_EKO'-\angle O_EKO'_E=2\Theta_{k1}-2\Theta_{k\cdot\mathrm{OPT}}$$

$$\angle O'_EKO=\angle O_EKO'_E\mp\angle O_EKO$$

该式中 O 在 O_EKC 内取负号，反之取正号。

故

$$\angle O'_EKO=2\Theta_{k\cdot\mathrm{OPT}}-2\Theta_{k2}$$

且注意到 O、O' 对于 KC 弦对称，故 $\angle O'_EKO'=\angle O'_EKO$，从而可得

$$2\Theta_{k\cdot\mathrm{OPT}}=\Theta_{k1}+\Theta_{k2} \tag{4-3-28}$$

根据上面的结论，对给定 r_k、β_c 要求最小能量弹道之 $\Theta_{k\cdot\mathrm{OPT}}$ 及 $\nu_{k\cdot\min}$ 则由图 4-7 可求

$$\tan2\Theta_{k\cdot\mathrm{OPT}}=\tan\angle CKO_E=\frac{CH}{KH}=\frac{r_c\sin\beta_c}{r_k-r_c\cos\beta_c}$$

所以

$$\Theta_{k\cdot\mathrm{OPT}}=\frac{1}{2}\arctan\frac{r_c\sin\beta_c}{r_k-r_c\cos\beta_c} \tag{4-3-29}$$

然后，根据式(4-3-19)可求得 $\nu_{k\cdot\min}$：

$$\nu_{k\cdot\min}=2\tan\Theta_{k\cdot\mathrm{OPT}}\cdot\tan\frac{\beta_c}{2} \tag{4-3-30}$$

§4.4　导弹被动段飞行时间的计算

前面导得的轨道方程(4-2-8)是以 f 为自变量，因此解得的运动参数 r、v、Θ 均是以 f 为自变量，具体见式(4-2-13)。然而在实际应用中，如飞行试验中用光测、雷测等手段跟踪、测量导弹的飞行，或对攻方的弹道导弹进行拦截等，均需要求出以 t 为自变量的参数。

1. 面积速度和周期

设导弹在 Δt 时间内由 P_1 点飞行至 P_2 点，对应点至地心的距离分别为 r 及 $r+\Delta r$，见图 4-8。若记 O_EP_1 及 O_EP_2 两矢径所夹的椭圆面积为 $\Delta\sigma$，由图可知：

扇形面积 $O_EP'_1P_2>\Delta\sigma>$ 扇形面积 $O_EP_1P'_2$

亦即

$$\frac{1}{2}(r+\Delta r)^2\Delta f > \Delta\sigma > \frac{1}{2}r^2\Delta f$$

将上式各除 Δt,取极限,令 $\Delta t\to 0$,则

$$\dot{\sigma}=\frac{1}{2}r^2\dot{f} \tag{4-4-1}$$

根据动量矩守恒有

$$h=r^2\dot{f}=常数$$

故

$$\dot{\sigma}=\frac{h}{2} \tag{4-4-2}$$

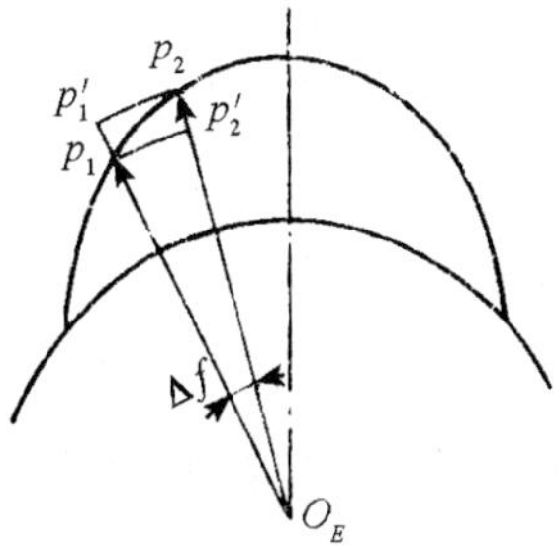

图 4-8　求面积速度辅助图

$\dot{\sigma}$ 称为面积速度。其意义是作椭圆运动的质点到地心的连线在单位时间内所扫过的椭圆面积为一常数,数值上等于该质点的动量矩的一半。

由解析几何可知,整个椭圆的面积为 πab,其中 a、b 分别为椭圆的长半轴、矩半轴。因此绕椭圆飞行一周所需的时间为:

$$T=\frac{\pi ab}{\dot{\sigma}} \tag{4-4-3}$$

T 即为周期。

将式(4-2-19)及(4-4-2)代入上式,并注意到式(4-2-17),则上式可改写为

$$T=\frac{2\pi}{\sqrt{\mu}}a^{\frac{3}{2}} \tag{4-4-4}$$

该式说明,绕椭圆飞行一周的时间只与椭圆长半轴有关,亦即只与机械能 E 有关。

由于人造卫星轨道的长半轴 a 不能小于地球半径 R,由式(4-4-4)可知,其周期应满足

$$T>\frac{2\pi}{\sqrt{\mu}}R^{\frac{3}{2}}=84.3\text{min}$$

2. 开普勒方程

设飞行器于 t_p 时刻飞经椭圆上近地点 p,而于 t 时刻飞经椭圆上一点 q,则飞行器由 p 飞至 q 所需的时间为 $t-t_p$。

已知飞行器沿椭圆运动时,其面积速度 $\dot{\sigma}$ 为常数,显然有

$$t-t_p=\frac{\sigma_{O_Epq}}{\dot{\sigma}} \tag{4-4-5}$$

其中 σ_{O_Epq} 为矢径 O_Ep 与矢径 O_Eq 所夹的椭圆面积,见图 4-9。

要直接去求部分椭圆面积是比较困难的,故需作线性变换,将椭圆变为圆。

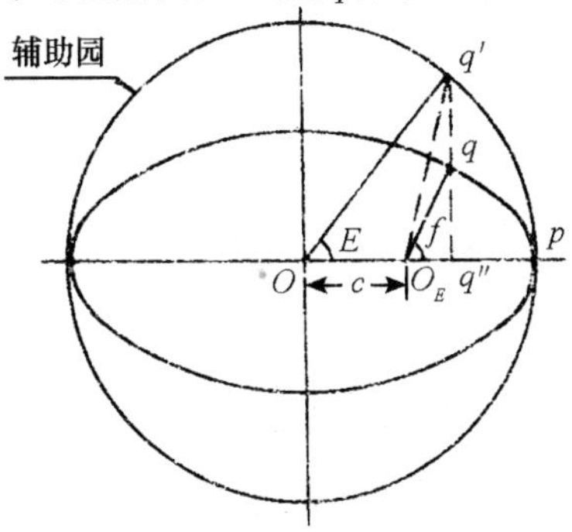

图 4-9　辅助圆

在直角坐标系中,椭圆方程为

$$\frac{x^2}{a^2}+\frac{y^2}{b^2}=1$$

现作线性变换，令

$$\begin{cases} x = x' \\ y = \dfrac{b}{a}y' \end{cases} \tag{4-4-6}$$

则椭圆方程变为圆方程：

$$x'^2 + y'^2 = a^2 \tag{4-4-7}$$

在解析几何中，该圆称为辅助圆。

辅助圆有如下性质：(ⅰ)辅助圆与椭圆上的点有一一对应的关系，即式(4-4-6)所示关系；(ⅱ)飞行器在椭圆上飞行一周的时间与辅助圆上飞行一周的时间相等，均为 T。

通过上述线性变换，就可把研究飞行器在椭圆上由 p 点到 q 点飞行的时间，改为研究在辅助圆上由 p 点到对应 q' 点的飞行时间。

(1)求 O_E 至辅助圆上一点的矢径所扫过的面积速度 $\dot{\sigma}'$

在图 4-9 上，令 $O_Eq''=d$，$q''q=y$，$q''q'=y'$，$O_Eq=r$，$O_Eq'=r'$。在 $\Delta O_Eq''q$ 中，

$$\tan f=\frac{y}{d}$$

而在 $\Delta O_Eq''q'$ 中

$$\tan f'=\frac{y'}{d}$$

故可得关系式

$$\tan f'=\frac{a}{b}\tan f$$

将上式两端对 t 求导，得

$$\sec^2 f'\cdot\dot{f}'=\frac{a}{b}\sec^2 f\cdot\dot{f} \tag{4-4-8}$$

由图 4-9 可将上式写成

$$\frac{r'^2}{d^2}\dot{f}'=\frac{a}{b}\frac{r^2}{d^2}\dot{f}$$

即

$$r'^2\dot{f}'=\frac{a}{b}r^2\dot{f} \tag{4-4-9}$$

故有

$$\dot{\sigma}'=\frac{a}{b}\dot{\sigma}$$

根据式(4-4-3)，上式即为

$$\dot{\sigma}=\frac{\pi a^2}{T} \tag{4-4-10}$$

该式说明 O_E 至辅助圆上一点矢径单位时间扫过的面积 $\dot{\sigma}'$ 也为常数。

(2)求辅助圆内的面积 $\sigma'_{O_Epq'}$

记 q 所对应的辅助圆的点 q' 与 p 点之间所对应的圆心角为

$$\angle poq'=E$$

E 称为偏近点角。

由于

$$\sigma'_{O_E pq'} = \sigma'_{Opq'} - \sigma_{\Delta O_E q' O}$$

显然

$$\sigma'_{Opq'} = \frac{1}{2} a^2 E$$

$$\sigma_{\Delta O_E q' O} = \frac{1}{2} OO_E \times q'q'' = \frac{1}{2} a^2 e \sin E$$

因此可得

$$\sigma'_{O_E pq'} = \frac{1}{2} a^2 (E - e\sin E) \tag{4-4-11}$$

(3)开普勒方程

飞行器由 p 点飞行至 q 点的时间间隔即为对应辅助圆上由 p 点移至 q' 点的时间间隔，所以，由式(4－4－11)及式(4－4－10)即可得

$$t - t_p = \frac{\sigma'_{O_E pq'}}{\dot{\sigma}'} = \frac{E - e\sin E}{\frac{2\pi}{T}} \tag{4-4-12}$$

令

$$n = \frac{2\pi}{T} = \sqrt{\frac{\mu}{a^3}} \tag{4-4-13}$$

n 为飞行器在椭圆上飞行的平均角速度。

将 n 代入式(4－4－12)则得

$$n(t - t_p) = E - e\sin E \tag{4-4-14}$$

等式左端表示飞行器从近地点开始，在 $t - t_p$ 时间内以平均角速度 n 飞过的角度，将此角度称为平近点角，记为 M，即

$$M = n(t - t_p) = E - e\sin E \tag{4-4-15}$$

上式称之为开普勒方程，显然，若已知偏近点角 E 则可求得飞行器由近地点飞行至与 q' 有对应关系 q 点所需的时间，反之，亦可。

(4)真近点角 f 与偏近点角 E 的关系式

由于轨道方程解得的是参变量 f，要根据 f 求飞行时间，则需找到 f 与 E 的关系。

由图 4－8 可看出，在 $\Delta Oq''q'$ 中有

$$q'q'' = y' = \frac{a}{b} y = \frac{a}{b} r\sin f$$

及

$$q'q'' = a\sin E$$

故得

$$b\sin E = r\sin f$$

由式(4－2－19)可知

$$P = b\sqrt{1 - e^2}$$

将其与式(4－2－8)代入前式可得

$$\sin E=\frac{\sqrt{1-e^2}\sin f}{1+e\cos f} \tag{4-4-16}$$

则

$$\cos E=\frac{e+\cos f}{1+e\cos f} \tag{4-4-17}$$

将式(4－4－16)、(4－4－17)代入下面三角公式：

$$\tan\frac{E}{2}=\frac{1-\cos E}{\sin E}$$

则

$$\tan\frac{E}{2}=\sqrt{\frac{1-e}{1+e}}\frac{1-\cos f}{\sin f}=\sqrt{\frac{1-e}{1+e}}\tan\frac{f}{2} \tag{4-4-18}$$

该式给出了 E 与 f 的关系式，并说明 $\frac{E}{2}$ 与 $\frac{f}{2}$ 的象限是相同的。

(5)运动参数与 E 的关系式

根据式(4－4－16)、(4－4－17)不难解得：

$$\begin{cases}\cos f=\dfrac{\cos E-e}{1-e\cos E}\\ \sin f=\dfrac{\sqrt{1-e^2}\sin E}{1-e\cos E}\end{cases} \tag{4-4-19}$$

将上两式分别代入式(4－2－11)、(4－2－12)，并注意到

$$P=a(1-e^2)$$

则

$$v_r=\sqrt{\frac{\mu}{a}}\frac{e\sin E}{1-e\cos E} \tag{4-4-20}$$

$$v_f=\sqrt{\frac{\mu}{a}}\frac{\sqrt{1-e^2}}{1-e\cos E} \tag{4-4-21}$$

利用上两式的关系可得：

$$\begin{cases}v=\sqrt{\dfrac{\mu}{a}}\dfrac{\sqrt{1-e^2\cos^2 E}}{1-e\cos E}\\ \tan\Theta=\dfrac{e\sin E}{\sqrt{1-e^2}}\end{cases} \tag{4-4-22}$$

另由图 4－9 中 $\Delta O_E qq''$ 可得

$$r^2=(O_E q'')^2+(qq'')^2$$

而

$$O_E q''=Oq''-OO_E=a(\cos E-e)$$

$$qq''=y=\frac{b}{a}y'=b\sin E=a\sqrt{1-e^2}\sin E$$

则有

$$r = a(1 - e\cos E) \tag{4-4-23}$$

式(4-4-22)及式(4-4-23)给出了飞行器在自由飞行段上一点的运动参数与对应的偏近点角 E 的关系。

根据上述内容,可以根据飞行器主动段终点参数:t_k、v_k、Θ_k、r_k,解出自由飞行段任一时刻 t,导弹所具有的运动参数:$v(t)$、$\Theta(t)$、$r(t)$。其步骤归纳如下:

1)根据 v_k、Θ_k、r_k 可算得自由段椭圆弹道的几何参数:a、b、P、e;

2)由 a、e、r_k 通过式(4-4-23)解得偏近点角 E_k;

3)将 E_k、t_k 代入式(4-4-14)可算得飞行器飞经近地点 p 的时刻 t_p;

4)根据给定的 t 及算得的 e、t_p 解开普勒方程,得到对应 t 时刻的偏近点角 $E(t)$;

5)最后利用式(4-4-22)、(4-4-23)即可求得 t 时刻的运动参数 $v(t)$、$\Theta(t)$、$r(t)$。

3. 开普勒方程的近似解算

在实际应用中,往往会遇到从已知量 M 用开普勒方程求解 E 的问题,这需要反解开普勒方程。由于此时是解超越方程,难于得到解析解的形式,下面介绍两种在工程上使用的近似方法。

(1)叠代法

已知 M,先粗估一偏近点角 E_0,由开普勒方程,则有

$$M_0 = E_0 - e\sin E_o \tag{4-4-24}$$

根据牛顿迭代公式,可求得 E_0 的修正量 ΔE_0。

$$\Delta E_0 = \frac{M - M_0}{\left.\frac{\partial M}{\partial E}\right|_0} = \frac{M - M_0}{1 - e\cos E_0} \tag{4-4-25}$$

则可得一个新的估值

$$E_1 = E_0 + \Delta E \tag{4-4-26}$$

再将其代入式(4-4-24)得 M_1,观察是否满足:

$$|M_1 - M_0| \leqslant \varepsilon \tag{4-4-27}$$

ε 为给定的精度要求。

若式(4-4-27)不满足,则以 E_1 代替 E_0 重复上述运算,直至式(4-4-27)满足为止。

(2)级数展开法

据开普勒方程

$$E = M + e\sin E$$

而 E 可视为 M 和 e 的函数,则

$$E(M, e) = M + e\sin E(M, e)$$

由于 e 很小,故可将上式两端分别按 e 展成台劳级数,即

$$E\left|_{e=0} + \frac{\partial E}{\partial e}\right|_{e=0} \cdot e + \frac{1}{2!}\frac{\partial^2 E}{\partial e^2}\left|_{e=0} \cdot e^2 + \frac{1}{3!}\frac{\partial^3 E}{\partial e^3}\right|_{e=0} \cdot e^3 + \cdots$$

$$= M + e\sin E\Big|_{e=0} + \left(\sin E + e\cos E\frac{\partial E}{\partial e}\right)\Big|_{e=0}\cdot e$$

$$+\frac{1}{2!}\left\{2\cos E\frac{\partial E}{\partial e} + e\left[\cos E\frac{\partial^2 E}{\partial e^2} - \sin E\left(\frac{\partial E}{\partial e}\right)^2\right]\right\}\Big|_{e=0}\cdot e^2$$

$$+\frac{1}{3!}\left\{3\left[\cos E\frac{\partial^2 E}{\partial e^2} - \sin E\left(\frac{\partial E}{\partial e}\right)^2\right] + e\left[\cos E\frac{\partial^3 E}{\partial e^3}\right.\right.$$

$$\left.\left.- 3\sin E\frac{\partial E}{\partial e}\cdot\frac{\partial^2 E}{\partial e^2} - \cos E\left(\frac{\partial E}{\partial e}\right)^3\right]\right\}\Big|_{e=0}\cdot e^3 + \cdots$$

然后,令 e 的同次幂对应相等,即得

$$E\mid e = 0 = M$$

$$\frac{\partial E}{\partial e}\Big|_{e=0} = \sin E\mid_{e=0} = \sin M$$

$$\frac{\partial E}{\partial e^2}\Big|_{e=0} = 2\cos E\frac{\partial E}{\partial e}\Big|_{e=0} = \sin 2M$$

$$\frac{\partial^3 E}{\partial e^3}\Big|_{e=0} = 3\left[\cos E\frac{\partial^2 E}{\partial e^2} - \sin E\left(\frac{\partial E}{\partial e}\right)^2\right]\Big|_{e=0}$$

$$= 3[\cos M\sin 2M - \sin^3 M]$$

$$= \frac{3}{4}[3\sin 3M - \sin M]$$

故得取到 e^3 项的 E 的展开式为:

$$E = M + \left(e - \frac{e^3}{8}\right)\sin M + \frac{e^2}{2}\sin 2M + \frac{3}{8}e^3\sin 3M \tag{4-4-28}$$

可以证明,如果 $e < 0.6627$,该级数展开法对于所有 M 值都是收敛的。除少数例外,太阳系中星体的偏心率都非常小;对大多数地球卫星及弹道式导弹,其偏心率也均远小于这个极限值。所以展开式是非常有用的。

4. 被动段飞行时间 T_e 与主动段终点参数的关系

应用上面结果即可导出导弹在被动段的飞行时间 T_c,在推导中同样认为再入段是椭圆弹道的延续。由于被动段的飞行时间占全弹道飞行时间的绝大部分,因此可由 T_c 近似估算出全弹道的飞行时间,这是导弹初步设计中需要掌握的参数之一。此外,在进一步讨论地球自转对导弹运动的影响时,也需掌握计算导弹飞行时间的方法。

已知飞行器在椭圆弹道上由近地点 p 飞至任一点的时间计算公式为

$$n(t - t_p) = E - e\sin E$$

若将飞行器由 p 点飞至主动段终点 K 及落地点 C 的时间分别记为 t_{pk}、t_{pc},显然

$$t_{pk} = \frac{1}{n}(E_k - e\sin E_k) \tag{4-4-29}$$

$$t_{pc} = \frac{1}{n}(E_c - e\sin E_c) \tag{4-4-30}$$

其中 E_k、E_c 分别为 K 点和 C 点的偏近点角。

由上两式即可得到导弹由 K 点到 C 点整个被动段飞行的时间 T_c 为:

$$\begin{aligned}T_c &= t_{pc} - t_{pk}\\ &= \frac{1}{n}[(E_c - E_k) + e(\sin E_k - \sin E_c)]\end{aligned} \tag{4-4-31}$$

当给定主动段终点参数 r_k、v_k、Θ_k 后，要求导弹飞至落点(即 $r_c = R$)的时间 T_c，固然可通过轨道方程先求 f_k、f_c，然后用关系式(4-4-18)求得 E_k、E_c，最后将其代入式(4-4-31)即算得 T_c，但由于这种方法不便于写成 T_c 与 v_k、Θ_k、r_k 的显式，为此用下面的方法来解决。

由图 4-10 可得

$$r_k\cos(\pi - f_k) = c + a\cos(\pi - E_k) \tag{4-4-32}$$

注意到

$$\pi - f_k = \frac{\beta_e}{2}$$

$$c = ae$$

则式(4-4-32)即为

$$\cos(\pi - E_k) = \frac{r_k}{a}\cos\frac{\beta_e}{2} - e$$

而由弹道方程可得

$$r_k = \frac{a(1-e^2)}{1 - e\cos\dfrac{\beta_e}{2}}$$

代入前式得

$$\cos(\pi - E_k) = \frac{\cos\dfrac{\beta_e}{2} - e}{1 - e\cos\dfrac{\beta_e}{2}} \tag{4-4-33}$$

根据式(4-3-15)、(4-3-16)可得

$$\cos\frac{\beta_e}{2} = \frac{1 - \nu_k\cos^2\Theta_k}{e}$$

将上式代入式(4-4-33)，并利用式(4-2-5)则有

$$\cos(\pi - E_k) = \frac{1-\nu_k}{e}$$

故

$$\begin{cases} E_k = \pi - \arccos\dfrac{1-\nu_k}{e} \\ \sin E_k = \sin\left(\arccos\dfrac{1-\nu_k}{e}\right)\end{cases} \tag{4-4-34}$$

此外，由图 4-10 还有关系式

$$r_c\cos(f_c - \pi) = c + a\cos(E_c - \pi)$$

记

$$f_c - \pi = \frac{\beta'_e}{2}$$

其中 β'_c 的意义是椭圆弹道 C 点与其关于长半轴的对称点 C' 之间的地心角。

因此用前面同样的办法可求得

$$\begin{cases} E_C = \pi + \arccos\dfrac{1-\nu_c}{e} \\ \sin E_C = -\sin\left(\arccos\dfrac{1-\nu_c}{e}\right) \end{cases} \qquad (4-4-35)$$

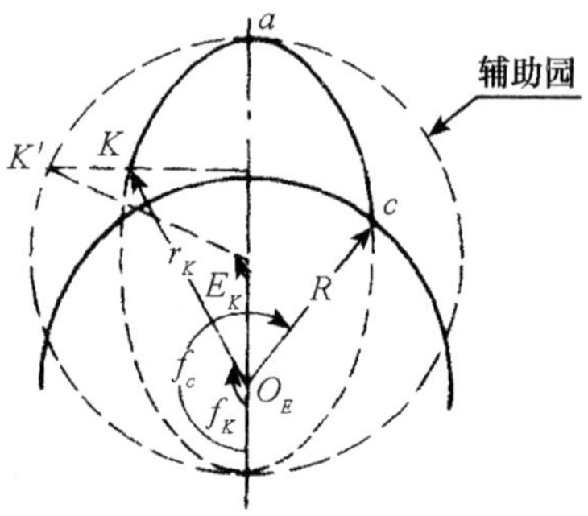

图 4－10 求飞行时间的参考图

其中 ν_c 为 C 点之能量参数。

将式(4－4－34)、(4－4－35)代入式(4－4－31)即得

$$T_c = \frac{1}{n}\left\{\arccos\frac{1-\nu_k}{e} + \arccos\frac{1-\nu_c}{e} + e\left[\sin\left(\arccos\frac{1-\nu_k}{e}\right) + \sin\left(\arccos\frac{1-\nu_c}{e}\right)\right]\right\} \qquad (4-4-36)$$

注意到，由机械能守恒定理可求得

$$\nu_c = \nu_k + (2-\nu_k)\frac{r_k - R}{r_k}$$

即

$$\nu_c = \nu_k + (2-\nu_k)\frac{h_k}{r_k} \qquad (4-4-37)$$

将 $n = \sqrt{\dfrac{\mu}{a^3}}$ 及式(4－4－37)代入式(4－4－36)则有

$$T_c = \sqrt{\frac{a^3}{\mu}}\left\{\arccos\frac{1-\nu_k}{e} + \arccos\frac{(1-\nu_k)-(2-\nu_k)\dfrac{h_k}{r_k}}{e} \right.$$
$$\left. e\left[\sin\left(\arccos\frac{1-\nu_k}{e}\right) + \sin\left(\arccos\frac{(1-\nu_k)-(2-\nu_k)\dfrac{h_k}{r_k}}{e}\right)\right]\right\} \qquad (4-4-38)$$

显然，如果要求自由段飞行时间，只需令式(4－4－36)中之 $\nu_c = \nu_k$，则可得

$$T_c = 2\sqrt{\frac{a^3}{\mu}}\left[\arccos\frac{1-\nu_k}{e} + e\sin\left(\arccos\frac{1-\nu_k}{e}\right)\right] \qquad (4-4-39)$$

特别是当自由飞行段的椭圆弹道为最小能量弹道时，由

$$\tan\Theta_{ke\cdot \mathrm{OPT}} = \sqrt{1-\nu_k}$$

又

$$e = \sqrt{1 + \nu_k(\nu_k - 2)\cos^2\Theta_{ke\cdot \mathrm{OPT}}}$$

可导得

$$e = \sqrt{1-\nu_k} \qquad (4-4-40)$$

将此结果代入式(4－4－39)，即得在最小能量弹道条件下导弹自由段飞行时间

$$T_c=2\sqrt{\frac{a^3}{\mu}}\left[\arccos\sqrt{1-\nu_k}+\sqrt{\nu_k(1-\nu_k)}\right] \tag{4-4-41}$$

因此，当知道主动段终点参数 v_k、Θ_k、r_k，要求被动段、自由段的飞行时间，即可按式(4－4－38)及式(4－4－39)来计算得到。而当 Θ_k 为自由飞行段的最佳弹道倾角时，亦可用式(4－4－41)计算自由段飞行时间。

在图 4－11 中，给出了 h_k 分别为 0、80、200km 时，不同 ν_k 下，飞行时间与 Θ_k 的关系。可以看出：ν_k 增大时，飞行时间增长，这是由于 ν_k 增大，使射程增大的缘故；Θ_k 增大时，飞行时间增长，这是因为 Θ_k 增大，使弹道高度增加的缘故。

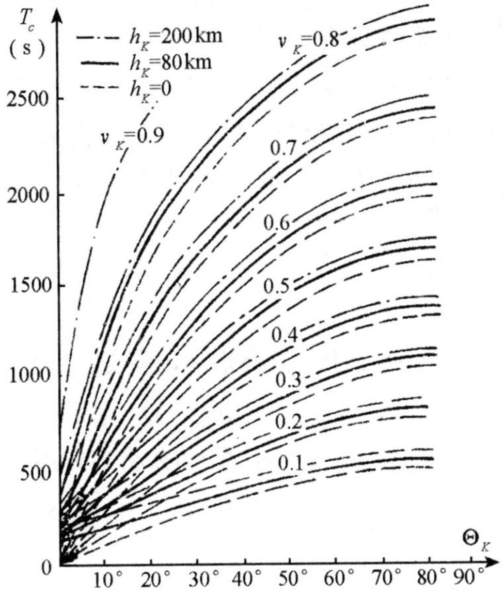

图 4－11　飞行时间与 ν_k、Θ_k、h_k 的关系

§4.5　误差系数

在假设地球为均质、不旋转的圆球条件下，导弹被动段的运动完全取决于主动段终点的参数。这样，对主动段终点的运动参数进行控制，即可达到对整个被动段弹道的控制。

若导弹从发射点 O 向目标 C 进行射击，则过 O、C 及地心 O_E 可作一平面(图 4－12)，该平面称为射击平面。为了使导弹命中目标，显然既要控制主动段弹道终点的 $\boldsymbol{r}_k$、$\boldsymbol{V}_k$，使其保持在射击平面内，而且还要控制参数 v_k、Θ_k、r_k、β_k（β_k 为主动段射程角），使得 v_k、Θ_k、r_k 决定的被动段射程角 β_c 与主动段射程角之和等于 O、C 之间的距离所对应的地心角。

然而，由于事实上存在着主动段制导方法的缺陷及制导系统工具误差等，将使得主动段终点参数 v_k、Θ_k、r_k、β_k 产生偏差，而且也完全可能使得 $\boldsymbol{r}_k$、$\boldsymbol{V}_k$ 矢量偏离射击平面，这将

会使得导弹落点 C' 偏离目标 C，而产生落点偏差，如图 4－12 所示。为了命中目标或研究导弹的射击精度，必须对落点偏差进行研究。

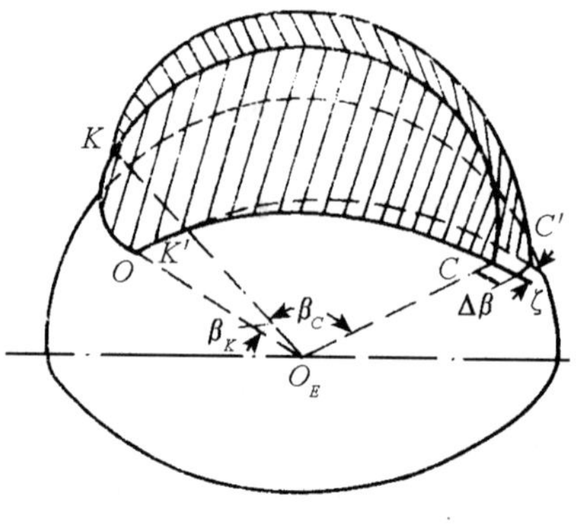

图 4－12　落点偏差示意图

通常的做法是将落点偏差分为纵向偏差和侧向偏差，纵向偏差是指导弹落点在射击平面内的投影与标准落点 C 的偏差，它是由于 v_k、Θ_k、r_k 及 β_k 的偏差 Δv_k、$\Delta\Theta_k$、Δr_k、$\Delta\beta_k$ 引起的。显然，在射击平面内总的射程偏差为

$$\Delta\beta = \Delta\beta_k + \Delta\beta_c$$

本节只研究 $\Delta\beta_c$ 与 Δv_k、$\Delta\Theta_k$、Δr_k 的关系。侧向偏差是指导弹落点偏离射击平面的偏差，即落点在垂直射击平面的方向上的偏差，在图 4－12 中以 ζ 表示。该偏差是由 $\boldsymbol{r}_k$、$\boldsymbol{V}_k$ 矢量中至少有一个矢量偏离射击平面引起的，本节对此将进行讨论。此外，已知导弹被动段飞行时间 T_c 是主动段终点参数 v_k、Θ_k、r_k 的函数，故还需研究被动段飞行时间偏差 ΔT_c 与 Δv_k、$\Delta\Theta_k$、Δr_k 的关系。

1. 射程误差系数

已知被动段射程 β_c 完全取决于主动段终点运动参数 v_k、Θ_k、r_k，即

$$\beta_c = \beta_c(v_k, \Theta_k, r_k)$$

若主动段终点运动参数的偏差 Δv_k、$\Delta\Theta_k$、Δr_k 不大时，将上式用台劳级数展开，得

$$\begin{aligned}\Delta\beta_c = &\frac{\partial\beta_c}{\partial v_k}\Delta v_k + \frac{\partial\beta_c}{\partial\Theta_k}\Delta\Theta_k + \frac{\partial\beta_c}{\partial r_k}\Delta r_k + \frac{1}{2}\left[\frac{\partial^2\beta_c}{\partial v_k^2}(\Delta v_k)^2\right.\\ &+\frac{\partial^2\beta_c}{\partial\Theta_k^2}(\Delta\Theta_k)^2 + \frac{\partial^2\beta_c}{\partial r_k^2}(\Delta r_k)^2 + 2\frac{\partial^2\beta_c}{\partial v_k\partial\Theta_k}\Delta v_k\Delta\Theta_k\\ &\left.+2\frac{\partial^2\beta_c}{\partial v_k\partial r_k}\Delta v_k\Delta r_k + \frac{\partial^2\beta_c}{\partial\Theta_k\partial r_k}\Delta\Theta_k\Delta r_k\right] + \cdots\end{aligned} \tag{4-5-1}$$

上式中各偏导数表示当相应的运动参数变化一个单位时，由其引起的被动段射程偏差。其中一阶偏导数称为一阶误差系数；二阶偏导数称为二阶误差系数，余此类推。

由(4－5－1)可见，$\Delta\beta_c$ 不仅与 Δv_k、$\Delta\Theta_k$、Δr_k 有关，还与各阶偏导数的数值有关。一般情况下由于 Δv_k、$\Delta\Theta_k$、Δr_k 的值不大，故在(4－5－1)中略去高于一阶的各项。此时，射程偏差为

$$\Delta\beta_c = \frac{\partial\beta_c}{\partial v_k}\Delta v_k + \frac{\partial\beta_c}{\partial\Theta_k}\Delta\Theta_k + \frac{\partial\beta_c}{\partial r_k}\Delta r_k \tag{4-5-2}$$

现将一阶误差系数的解析表达式推导如下：

将式(4－3－10)

$$[2R(1+\tan^2\Theta_k) - \nu_k(R + r_k)]\tan^2\frac{\beta_c}{2}$$

$$-2\nu_k R\tan\Theta_k\tan\frac{\beta_c}{2}+\nu_k(R-r_k)=0$$

记为

$$F(\nu_k、\Theta_k、r_k、\beta_c)=0 \tag{4-5-3}$$

对上式求全微分有：

$$\mathrm{d}F=\frac{\partial F}{\partial \nu_k}\mathrm{d}\nu_k+\frac{\partial F}{\partial \Theta_k}\mathrm{d}\Theta_k+\frac{\partial F}{\partial r_k}\mathrm{d}r_k+\frac{\partial F}{\partial \beta_c}\mathrm{d}\beta_c=0 \tag{4-5-4}$$

因为

$$\nu_k=\nu_k(v_k、r_k)$$

则有

$$\mathrm{d}\nu_k=\frac{\partial \nu_k}{\partial v_k}\mathrm{d}v_k+\frac{\partial \nu_k}{\partial r_k}\mathrm{d}r_k \tag{4-5-5}$$

将上式代入式(4-5-4)整理后得

$$\mathrm{d}\beta_c=-\left[\frac{\partial F}{\partial \nu_k}\frac{\partial \nu_k}{\partial v_k}\mathrm{d}v_k+\frac{\partial F}{\partial \Theta_k}\mathrm{d}\Theta_k+\left(\frac{\partial F}{\partial \nu_k}\frac{\partial \nu_k}{\partial r_k}+\frac{\partial F}{\partial r_k}\right)\mathrm{d}r_k\right]\Bigg/\frac{\partial F}{\partial \beta_c} \tag{4-5-6}$$

比较式(4-5-2)与式(4-5-6)可得

$$\begin{cases}\dfrac{\partial \beta_c}{\partial v_k}=-\dfrac{\partial F}{\partial \nu_k}\dfrac{\partial \nu_k}{\partial v_k}\Bigg/\dfrac{\partial F}{\partial \beta_c}\\[2ex]\dfrac{\partial \beta_c}{\partial \Theta_k}=-\dfrac{\partial F}{\partial \Theta_k}\Bigg/\dfrac{\partial F}{\partial \beta_c}\\[2ex]\dfrac{\partial \beta_c}{\partial r_k}=-\left(\dfrac{\partial F}{\partial \nu_k}\dfrac{\partial \nu_k}{\partial r_k}+\dfrac{\partial F}{\partial r_k}\right)\Bigg/\dfrac{\partial F}{\lambda \beta_c}\end{cases} \tag{4-5-7}$$

可见，只要导出式(4-5-7)的右端各偏导数，即可得到一阶误差系数的表达式。

(1) $\dfrac{\partial F}{\partial \beta_c}$

将式(4-5-3)对 β_c 求偏导数有

$$\frac{\partial F}{\partial \beta_c}=[2R(1+\tan\Theta_k)-\nu_k(R+r_k)]\tan\frac{\beta_c}{2}\sec^2\frac{\beta_c}{2}$$

$$-R\nu_k\tan\Theta_k\sec^2\frac{\beta_c}{2} \tag{4-5-8}$$

而由式(4-3-10)可知

$$[2R(1+\tan^2\Theta_k)-\nu_k(R+r_k)]\tan\frac{\beta_c}{2}$$

$$=\left[2R\nu_k\tan\Theta_k\tan\frac{\beta_c}{2}-\nu_k(R-r_k)\right]\Bigg/\tan\frac{\beta_c}{2}$$

将其代入式(4-5-8)即得：

$$\frac{\partial F}{\partial \beta_c}=\nu_k\left(R\tan\Theta_k\tan\frac{\beta_c}{2}-R+r_k\right)\sec^2\frac{\beta_c}{2}\Bigg/\tan\frac{\beta_c}{2} \tag{4-5-9}$$

(2) $\dfrac{\partial F}{\partial \nu_k}$

将式(4-5-3)对 ν_k 求偏导数有

$$\frac{\partial F}{\partial \nu_k}=-(R+r_k)\tan^2\frac{\beta_c}{2}-2R\tan\Theta_k\tan\frac{\beta_c}{2}+(R-r_k) \tag{4-5-10}$$

由式(4-3-10)可知

$$-2R\tan\Theta_k\tan\frac{\beta_c}{2}+(R-r_k)=-[2R(1+\tan^2\Theta_k)-\nu_k(R+r_k)]\tan^2\frac{\beta_c}{2}\Big/\nu_k$$

将其代入(4-5-10)即得

$$\frac{\partial F}{\partial \nu_k}=-2R(1+\tan^2\Theta_k)\tan^2\frac{\beta_c}{2}\Big/\nu_k \tag{4-5-11}$$

(3)$\dfrac{\partial F}{\partial \Theta_k}$

将式(4-5-3)对 Θ_k 求偏导数有

$$\frac{\partial F}{\partial \Theta_k}=4R\tan^2\frac{\beta_c}{2}\tan\Theta_k\sec^2\Theta_k-2R\nu_k\tan\frac{\beta_c}{2}\sec^2\Theta_k$$

整理可得:

$$\frac{\partial F}{\partial \Theta_k}=2R\tan\frac{\beta_c}{2}(1+\tan^2\Theta_k)\left(2\tan\frac{\beta_c}{2}\tan\Theta_k-\nu_k\right) \tag{4-5-12}$$

(4)$\dfrac{\partial F}{\partial r_k}$

将式(4-5-3)对 r_k 求偏导数即得

$$\frac{\partial F}{\partial r_k}=-\nu_k\left(1+\tan^2\frac{\beta_c}{2}\right) \tag{4-5-13}$$

(5)$\dfrac{\partial \nu_k}{\partial v_k}$、$\dfrac{\partial \nu_k}{\partial r_k}$

根据

$$\nu_k=\frac{v_k^2 r_k}{\mu}$$

将其分别对 v_k、r_k 求偏导数即可得:

$$\begin{cases}\dfrac{\partial \nu_k}{\partial v_k}=2\dfrac{\nu_k}{v_k}\\[2ex]\dfrac{\partial \nu_k}{\partial r_k}=\dfrac{\nu_k}{r_k}\end{cases} \tag{4-5-14}$$

将上述各偏导数表达式代入式(4-5-7)则得一阶误差系数表达式如下:

$$\begin{cases} \dfrac{\partial \beta_c}{\partial v_k} = \dfrac{4R}{v_k} \dfrac{(1+\tan^2\Theta_k)\sin^2\dfrac{\beta_c}{2}\tan\dfrac{\beta_c}{2}}{\nu_k\left((r_k - R + R\tan\Theta_k \tan\dfrac{\beta_c}{2}\right)} \\ \dfrac{\partial \beta_c}{\partial \Theta_k} = \dfrac{2R(1+\tan^2\Theta_k)\left(\nu_k - 2\tan\dfrac{\beta_c}{2}\tan\Theta_k\right)\sin^2\dfrac{\beta_c}{2}}{\nu_k\left(r_k - R + R\tan\Theta_k\tan\dfrac{\beta_c}{2}\right)} \\ \dfrac{\partial \beta_c}{\partial r_k} = \dfrac{\nu_k + \dfrac{2R}{r_k}(1+\tan^2\Theta_k)\sin^2\dfrac{\beta_c}{2}}{\nu_k\left(r_k - R + R\tan\Theta_k\tan\dfrac{\beta_c}{2}\right)}\tan\dfrac{\beta_c}{2} \end{cases} \tag{4-5-15}$$

在上式中，只要令 $R = r_e = r_k$，$\beta_e = \beta_c$，则得到自由段角射程的误差系数，即

$$\begin{cases} \dfrac{\partial \beta_e}{\partial v_k} = \dfrac{4}{v_k} \dfrac{(1+\tan^2\Theta_k)\sin^2\dfrac{\beta_e}{2}}{\nu_k\tan\Theta_k} \\ \dfrac{\partial \beta_e}{\partial \Theta_k} = \dfrac{(1+\tan^2\Theta_k)\left(\nu_k - 2\tan\dfrac{\beta_e}{2}\tan\Theta_k\right)\sin\beta_e}{\nu_k\tan\Theta_k} \\ \dfrac{\partial \beta_e}{\partial r_k} = \dfrac{\nu_k + 2(1+\tan^2\Theta_k)\sin^2\dfrac{\beta_e}{2}}{r_k\nu_k\tan\Theta_k} \end{cases} \tag{4-5-16}$$

由式(4-5-15)和式(4-5-16)可知，误差系数也是主动段终点参数 v_k、Θ_k、r_k 的函数。为了考清这些误差系数的变化特性，下面给出它们的关系曲线，如图 4-13、4-14、4-15 所示。图中均由自由飞行段之公式(4-5-16)计算得到，只是以射程量代替角射程。

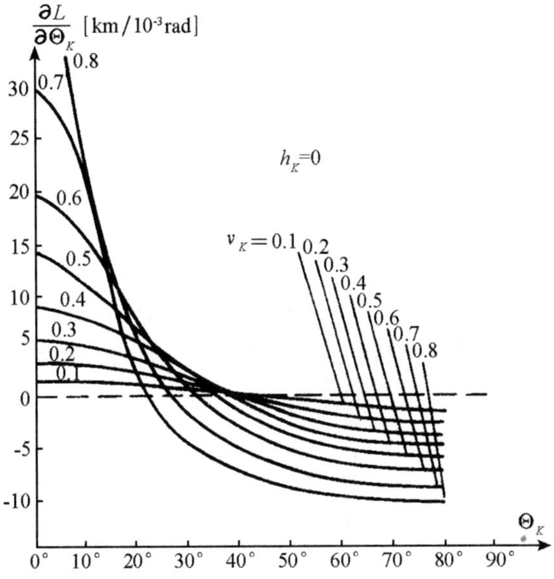

图 4-13　$h_k = 0$ 时 $\dfrac{\partial L_c}{\partial \Theta_k}$ 与 ν_k、Θ_k 的关系曲线

图 4-13 给出自由飞行段不同 ν_k 下，$\partial L_e/\partial\Theta_k$ 与 Θ_k 的关系曲线。可以看出，对于一定的 ν_k，$\partial L_e/\partial\Theta_k$ 与 Θ_k 的关系曲线，有 $\partial L_e/\partial\Theta_k=0$ 的点，这说明对应该点之 Θ_k 若有微小偏差时，由其造成的射程偏差 $\partial L_e/\partial\Theta_k\cdot\Delta\Theta_k=0$。由于对应的 $\partial L_e/\partial\Theta_k=0$ 之 Θ_k 即为最佳速度倾角 $\Theta_{k\cdot\mathrm{OPT}}$，因此，当 $\Theta_k=\Theta_{k\cdot\mathrm{OPT}}$ 时，不但可使被动段射程最大，并可减少速度倾角偏差 $\Delta\Theta_k$ 造成的射程偏差，提高射击精度。

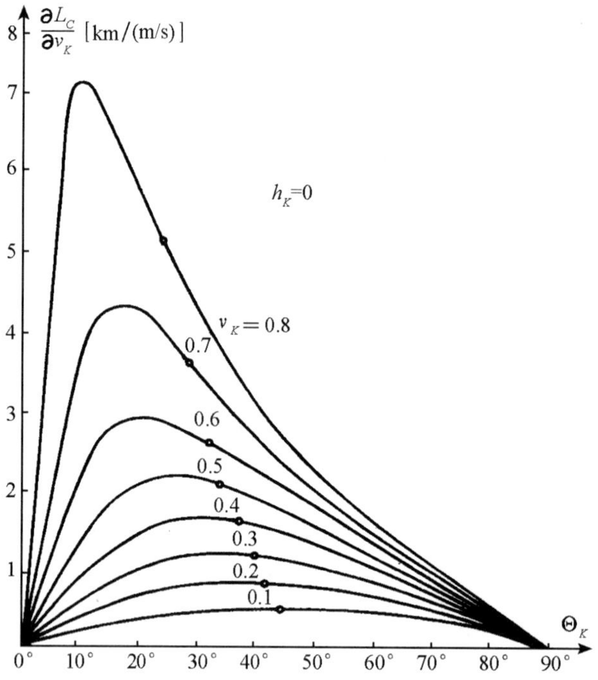

图 4-14　$h_k=0$ 时 $\dfrac{\partial L_c}{\partial v_k}$ 与 ν_k、Θ_k 的关系曲线

图 4-14 给出自由飞行段在不同 ν_k 下，$\partial L_e/\partial v_k$ 与 Θ_k 的关系曲线。图上小圆圈表示对应于最佳速度倾角。由图可见，当 Θ_k 一定时，$\partial L_e/\partial v_k$ 随 ν_k 增加而增大；在 ν_k 一定时，对应于小的 ν_k 值，$\partial L_e/\partial v_k$ 随 Θ_k 的变化不甚剧烈，而当 ν_k 值大时，则变化剧烈，在 $\Theta_k=\Theta_{k\cdot\mathrm{OPT}}$ 附近，$\partial L_e/\partial v_k$ 的值变化相当大。因此，对于射程较远的导弹而言，从减小速度偏差 Δv_k 所造成的射程偏差 $\partial L_e/\partial v_k\cdot\Delta v_k$ 的观点来看，应选取 Θ_k 比 $\Theta_{k\cdot\mathrm{OPT}}$ 大一些。

图 4-15 给出在不同 ν_k 下，$\partial L_e/\partial r_k$ 与 Θ_k 的关系曲线，由图可见，$\partial L_e/\partial r_k$ 随 Θ_k 的减小而增大，这种影响将随着 ν_k 的增大而愈发显著，应指出的是，虽然 $\partial L_e/\partial r_k$ 的数值远小于 $\partial L_e/\partial v_k$，但在一般情况下，由于 r_k 的偏差 Δr_k 比较大，因此，由 Δr_k 引起的射程偏差 $\partial L_e/\partial r_k\cdot\Delta r_k$ 也不可忽视。

显然用式(4-5-2)计算得到的被动段射程偏差，其误差为二阶微量，此系忽略二阶以上误差项的结果，从表 3 所示的算例中可以看出二阶误差系数的大小。表 3 的条件是 $r_e=r_k$，即只考虑自由段的射程与某些主动段终点参数的关系。

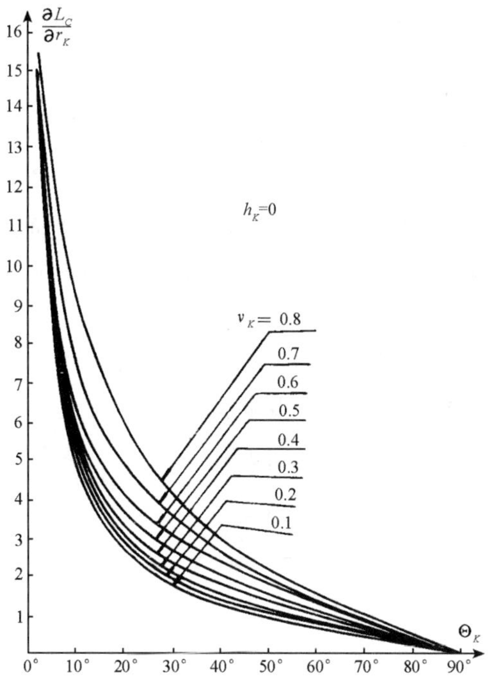

图 4－15　$h_k=0$ 时 $\dfrac{\partial L_e}{\partial r_k}$ 与 ν_k、Θ_k 的关系曲线

表 3

L_e[km]	4800	8000	11500
$v_k\left[\dfrac{\mathrm{m}}{\mathrm{s}}\right]$	5810	6800	7350
$\Theta_{k\cdot\mathrm{OPT}}$[°]	34.1	26.9	19.7
$\dfrac{\partial L_e}{\partial v_k}\left[\dfrac{\mathrm{km}}{\mathrm{m/s}}\right]$	2.342	4.37	7.42
$\dfrac{\partial L_e}{\partial \Theta_k}\left[\dfrac{\mathrm{km}}{(°)}\right]$	0	0	0
$\dfrac{\partial^2 L_e}{\partial v_k\partial \Theta_k}\left[\dfrac{\mathrm{km}}{(°)\cdot\mathrm{m/s}}\right]$	－0.0323	－0.111	－0.315
$\dfrac{\partial^2 L_e}{\partial \Theta_k^2}\left[\dfrac{\mathrm{km}}{(°)^2}\right]$	－6.18	－11.35	－18.9

由表 3 可看出，当射程很远时，二阶项并非完全可以忽略不计。例如，当仅有 $\Delta\Theta_k=0.3°$（当导引系统精度不高，制导中出现这样的偏差值，并不特殊）时，对应上面三种射程，算得二阶误差系数项所造成的射程偏差分别约为：0.28km、0.51km、0.85km。因此远程导弹射击时，对二阶误差系数项的取舍，要根据所要求的射击精度慎重考虑。在这里，之所以不强调在远程导弹射击时必须考虑二阶误差系数项，是基于除控制系统设计得较完善外，一般可使得干扰产生的射程偏差二阶项很小，此外，从图 4－13 之曲线可以看出，远程导弹若取 $\Theta_k>\Theta_{k\cdot\mathrm{OPT}}$ 且偏离较多时，其二阶误差系数的数值很小，有可能忽略不计。当

然,当 Θ_k 不是对应被动段或自由段的最佳速度倾角时,则其被动段或自由段的弹道就不是最小能量弹道,此时,要达到较大射程,就要通过提高 v_k 来实现。

关于二阶误差系数各项的推导结果,列于附录[Ⅲ]中,供参考用。

2. 侧向误差系数

当主动段终点的位置 $\boldsymbol{r}_k$ 偏离射击平面,或虽然终点位置仍在射击平面内,但速度矢量 $\boldsymbol{V}_k$ 偏出射击平面,即存在侧向分速,这两种情况均将造成落点偏出射击平面,形成落点的侧向偏差。

(1)当仅存在由于 $\boldsymbol{V}_k$ 偏离射击平面产生方位角误差 Δa_k 时,导弹的侧向误差系数

设主动段终点 K 在地球表面的投影为 K',原射击平面由 $\boldsymbol{r}_k$ 和 $\boldsymbol{V}_k$ 所决定,该平面与地球的截痕为 $\overset{\frown}{K'C}$,$\overset{\frown}{K'C}$ 为大圆弧的一段。当实际的终点速度偏离射击平面,记该速度为 $\boldsymbol{V}'_k$,则实际的弹道平面由 $\boldsymbol{r}_k$、$\boldsymbol{V}'_k$ 两矢量所决定,它与地球的截痕为 $\overset{\frown}{K'C'}$。也是一段大圆弧。原射击平面与实际弹道平面之间的夹角为二面角,它是由 $\overset{\frown}{K'C}$ 与 $\overset{\frown}{K'C'}$ 两圆弧在 K' 的切线之间的夹角所决定,即称之为方位角误差,记为 Δa_k,见图 4-16。现要讨论仅存在该 Δa_k 时所造成的导弹落点的侧向误差系数,因此,令

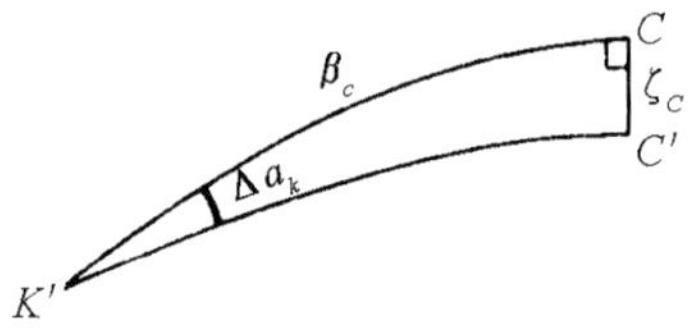

图 4-16 Δa_k 与 ρ_c 的几何关系

$$|\boldsymbol{V}_k| = |\boldsymbol{V}'_k| = v_k$$

且 $\boldsymbol{V}_k$、$\boldsymbol{V}'_k$ 与过 $\boldsymbol{K}'$ 点切平面之间的夹角均为 Θ_k。这样,根据计算射程的知识可知

$$\overset{\frown}{K'C} = \overset{\frown}{K'C'} = R \cdot \beta_c$$

记 $\overset{\frown}{C'C}$ 所对应的地心角为 ζ,显然,ζ_c 即为由于仅存在主动段终点速度偏离射击平面所造成的侧向落点偏差。

不难看出,$\Delta K'CC'$ 为一球面三角形。通常导弹主动段飞行时有横向导引系统工作,故由 $\boldsymbol{V}_k$ 偏离射击平面造成的 Δa_k 为一小量,则可近似认为 $\overset{\frown}{C'C}$ 与 $\overset{\frown}{K'C}$ 相垂直,即把 $\Delta K'CC'$ 视为球面直角三角形,因此可得

$$\sin\zeta_c = \sin\beta_c \cdot \sin\Delta a_k$$

因 ζ_c、Δa_k 均为小量,故可简化为:

$$\zeta_c = \sin\beta_c \cdot \Delta a_k \tag{4-5-17}$$

由此即得侧向误差系数

$$\frac{\partial \zeta_c}{\partial \Delta a_k} = \sin\beta_c \tag{4-5-18}$$

不难理解,主动段终点速度偏离射击平面,说明此时导弹具有垂直射击平面的分速度,记为 $\dot{z}_k$,规定顺射击方向看去,$\dot{z}_k$ 指向右方时为正,反之为负。

由图 4-17 可看出 $\dot{z}_k$ 与 Δa_k 有如下关系

$$\tan\Delta a_k = \frac{\dot{z}_k}{v_k\cos\Theta_k}$$

而 $\dot{z}_k$ 为小量,则

$$\Delta a_k = \frac{\dot{z}}{v_k\cos\Theta_k} \qquad (4-5-19)$$

将式(4－5－19)代入式(4－5－17),亦可求得

$$\frac{\partial\zeta_c}{\partial\dot{z}_k} = \frac{\sin\beta_c}{v_k\cos\Theta_k} \qquad (4-5-20)$$

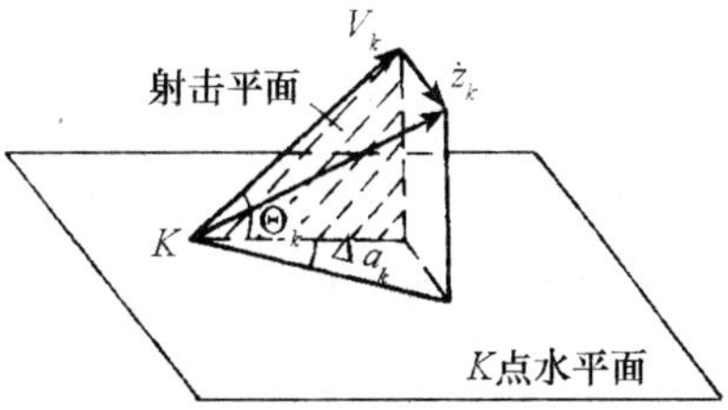

图 4－17　$\dot{z}$ 与 Δa_k 的几何关系

(2)当仅有 $\boldsymbol{r}_k$ 偏离射击平面时的导弹侧向误差系数

$\boldsymbol{r}_k$ 偏离射击平面,即该导弹在主动段终点处存在有侧向偏差 z_k。导弹在控制系统作用下,一般都满足 $z_k \leqslant r_k$,故通常可用侧向角位移偏差量

$$\zeta_k = \frac{z_k}{r_k}$$

来表示主动段终点的位置偏差。ζ_k 的正负是这样规定,顺射击方向看去,ζ_k 在右方时为正,反之为负。

所谓侧向误差系数,是指当仅有单位 ζ_k 偏差,而其它主动段终点参数均不变的情况下,所造成的落点偏差。

为此,在原射击平面 $K'OA$ 平面内,以 O_E 为原点转动一向量$\overline{O_EA}$,当该向量转至与有偏差 ζ_K 之 O_EK'' 轴成 $90° - \Theta_k$ 夹角时为止。在 $K''O_E$ 与 O_EA 组成的平面内,过 K'' 点作 $\boldsymbol{V}'_k$(其大小与 $\boldsymbol{V}_k$ 的大小相等)平行 O_EA,不难分析出这样的结果确实保证了在仅有 ζ_k 时,v_k、Θ_k、r_k、$\dot{z}_k(=0)$参数保持不变。

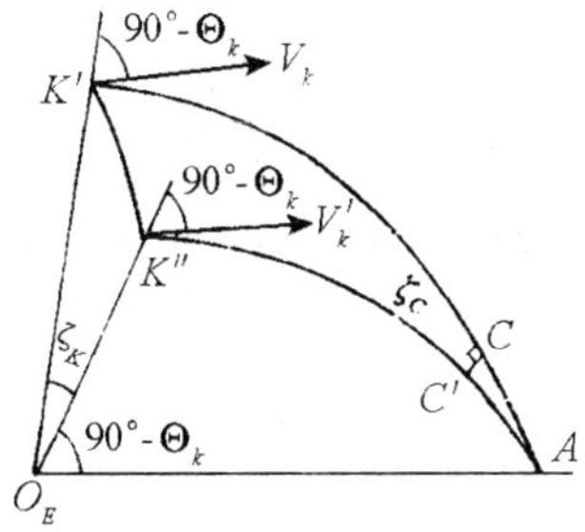

图 4－18　ζ_k 与 ζ_c 的几何关系

当导弹飞行角射程为 β_c 时,落点为 C。由于存在 ζ_k 时,已保证其它参数不变,则其角射程 β_c 也相同,则得 C' 点,由于$\overset{\frown}{CC'}$较小,可近似将其看成与原射击平面垂直,则$\overset{\frown}{C'C}$对应的地心角 ζ_c 即为存在 ζ_k 所引起的侧向偏差。因$\overset{\frown}{K'C}$与$\overset{\frown}{K''C'}$的交点为 A,由球面三角形 ACC' 有

$$\sin(90° - \Theta_k - \beta_c) = \frac{\sin\zeta_c}{\sin A} \qquad (4-5-21)$$

另由球面直角三角形 $AK'K''$ 有

$$\sin(90° - \Theta_k) = \frac{\sin\zeta_k}{\sin A} \qquad (4-5-22)$$

根据上两式即得

$$\begin{aligned}\sin\zeta_c &= \sin\zeta_k \frac{\cos(\Theta_k + \beta_c)}{\cos\Theta_k}\\ &= \sin\zeta_k(\cos\beta_c - \tan\Theta_k\sin\beta_c)\end{aligned}$$

上式中 ζ_c、ζ_k 均很小,故可简化为

$$\zeta_c = \zeta_k(\cos\beta_c - \tan\Theta_k \sin\beta_c) \tag{4-5-23}$$

该式说明，当存在 ζ_k 时，不仅因关机点的位置变化产生偏差 $\cos\beta_c \cdot \zeta_k$，而且因关机点的移动，在保证误差系数的意义下，会使得射面产生偏转，这是因 ζ_k 的存在，使实际引力垂线倾斜 ζ_k 角，从而产生寄生偏转，而使射面偏转了 $\Delta a_k = -\tan\Theta_k \cdot \zeta_k$ 的角度，这样就引起落点有 $-\tan\Theta_k \sin\beta_c \cdot \zeta_k$ 的偏差。

由式(4－5－23)即可得侧向误差系数

$$\frac{\partial \zeta_c}{\partial \zeta_k} = \cos\beta_c - \tan\Theta_k \sin\beta_c \tag{4-5-24}$$

至此，当主动段终点存在偏差 Δa_k(或 $\dot{z}_k$)、ζ_k 时，则可用公式

$$\zeta_c = \frac{\partial \zeta_c}{\partial \Delta a_k}\Delta a_k + \frac{\partial \zeta_c}{\partial \zeta_k}\zeta_k \tag{4-5-25}$$

算得落点的侧向偏差，其中误差系数由式(4－5－18)及式(4－5－24)算得。

3. 飞行时间误差系数

已得导弹被动段飞行时间的解析表达式为式(4－4－36)：

$$T_c = \frac{1}{n}\left\{\arccos\frac{1-\nu_k}{e} + \arccos\frac{1-\nu_c}{e} + e\left[\sin\left(\arccos\frac{1-\nu_k}{e}\right) + \sin\left(\arccos\frac{1-\nu_e}{e}\right)\right]\right\}$$

若令

$$\chi = \arccos\frac{1-\nu}{e}$$

则

$$\sin\chi = \sqrt{1-\cos^2\chi} = \frac{1}{e}\sqrt{e^2-(1-\nu)^2}$$

利用上述关系式可将式(4－4－36)改写为

$$T_c = \frac{1}{n}\left\{\arccos\frac{1-\nu_k}{e} + \arccos\frac{1-\nu_c}{e} + \sqrt{e^2-(1-\nu_k)^2} + \sqrt{e^2-(1-\nu_c)^2}\right\} \tag{4-5-26}$$

根据前面导出的 n、e、ν_k、ν_c 的表达式可知被动段飞行时间 T_c 是主动段终点参数 v_k、Θ_k、r_k 的函数，即

$$T_c = T_c(v_k, \Theta_k, r_k)$$

当参数 v_k、Θ_k、r_k 产生偏差时，必然造成 T_c 的变化。将 T_c 在标准关机点展开台劳级数并取至一阶项，则可得被动段飞行时间偏差为

$$\Delta T_c = \frac{\partial T_c}{\partial v_k}\Delta v_k + \frac{\partial T_c}{\partial \Theta_k}\Delta\Theta_k + \frac{\partial T_c}{\partial r_k}\Delta r_k \tag{4-5-27}$$

式中各误差系数均应代以标准关机点的参数值。

为了推导上式中三个误差系数，首先导出一些辅助公式：

(1)$\dfrac{\partial n}{\partial a}$

由 $n=\sqrt{\dfrac{\mu}{a^3}}$可得

$$\frac{\partial n}{\partial a}=-\frac{3}{2}\frac{n}{a} \tag{4-5-28}$$

(2)$\dfrac{\partial a}{\partial v_k}$、$\dfrac{\partial a}{\partial r_k}$

由式(4-2-21)：

$$a=-\mu\frac{r_k}{r_k v_k^2-2\mu}$$

可导得：

$$\begin{cases}\dfrac{\partial a}{\partial v_k}=2\dfrac{a^2\nu_k}{v_k r_k}\\[2mm]\dfrac{\partial a}{\partial r_k}=2\dfrac{a^2}{r_k^2}\end{cases} \tag{4-5-29}$$

(3)$\dfrac{\partial e}{\partial v_k}$、$\dfrac{\partial e}{\partial \Theta_k}$、$\dfrac{\partial e}{\partial r_k}$

根据

$$e=\sqrt{1+\nu_k(\nu_k-2)\cos^2\Theta_k}$$

可得

$$\begin{cases}\dfrac{\partial e}{\partial v_k}=\dfrac{1}{e}(\nu_k-1)\cos^2\Theta_k\dfrac{\partial \nu_k}{\partial v_k}\\[2mm]\dfrac{\partial e}{\partial r_k}=\dfrac{1}{e}(\nu_k-1)\cos^2\Theta_k\dfrac{\partial \nu_k}{\partial r_k}\\[2mm]\dfrac{\partial e}{\partial \Theta_k}=\dfrac{1}{e}\nu_k(2-\nu_k)\cos^2\Theta_k\sin\Theta_k\end{cases} \tag{4-5-30}$$

(4)$\dfrac{\partial \nu_c}{\partial v_k}$、$\dfrac{\partial \nu_c}{\partial r_k}$

因为

$$\nu_c=\nu_k++(2-\nu_k)\left(1-\frac{R}{r_k}\right)$$

故得

$$\begin{cases}\dfrac{\partial \nu_c}{\partial v_k}=\dfrac{R}{r_k}\dfrac{\partial \nu_k}{\partial v_k}\\[2mm]\dfrac{\partial \nu_c}{\partial r_k}=\dfrac{R}{r_k}\dfrac{\partial \nu_k}{\partial r_k}+(2-\nu_k)\dfrac{R}{r_k^2}\end{cases} \tag{4-5-31}$$

其中$\dfrac{\partial \nu_k}{\partial v_k}$、$\dfrac{\partial \nu_k}{\partial r_k}$已于式(4-5-14)中给出。

有了上述辅助关系式后，不难由式(4-5-26)根据偏微分法则导出被动段飞行时间

T_c 关于主动段终点参数 v_k、Θ_k、r_k 的三个误差系数

$$\left\{\begin{aligned}\frac{\partial T_c}{\partial v_k}&=\frac{3\nu_k a T_c}{v_k r_k}+\frac{2\nu_k}{n v_k}\left\{(2-\nu_k)F_k+(2-\nu_c)\frac{R}{r_k}F_c\right.\\&\left.\quad-\frac{(1-\nu_k)\cos^2\Theta_k}{e^2}\left[(1-\nu_k+e^2)F_k+(1-\nu_k+e^2)F_c\right]\right\}\\\frac{\partial T_c}{\partial\Theta_k}&=\frac{\nu_k(2-\nu_k)\sin2\Theta_k}{2ne^2}\left[(1-\nu_k+e^2)F_k+(1-\nu_c+e^2)F_c\right]\\\frac{\partial T_c}{\partial r_k}&=\frac{3aT_c}{r_k^2}+\frac{1}{nr_k}\left\{\nu_k(2-\nu_k)F_k+\frac{2R}{r_k}(2-\nu_c)F_c\right.\\&\left.\quad+\frac{\nu_k(\nu_k-1)\cos^2\Theta_k}{e^2}\left[(1-\nu_k+e^2)F_k+(1-\nu_c+e^2)F_c\right]\right\}\end{aligned}\right.\tag{4-5-32}$$

其中

$$\left\{\begin{aligned}F_k&=\frac{1}{\sqrt{e^2-(1-\nu_k)^2}}\\F_c&=\frac{1}{\sqrt{e^2-(1-\nu_c)^2}}\end{aligned}\right.\tag{4-5-33}$$

被动段飞行时间 T_c 关于主动段终点参数 v_k、Θ_k、r_k 的二阶偏导数于附录[Ⅲ]中给出。

4. 以直角坐标系 $o-xy$ 所描述的误差系数

上面推导了射击平面内主动段终点运动参数有偏差 Δv_k、$\Delta\Theta_k$、Δr_k 时被动段射程和飞行时间偏差的误差系数，其偏差计算通式可表示为

$$\Delta=\frac{\partial}{\partial v_k}\Delta v_k+\frac{\partial}{\partial\Theta_k}\Delta\Theta_k+\frac{\partial}{\partial r_k}\Delta r_k\tag{4-5-34}$$

显然，主动段终点参数还有主动段地心角 β_k，也会产生偏差 $\Delta\beta_k$，该量引起落点偏差值，在其它参数 v_k、Θ_k、r_k 没有偏差时，即为 $\Delta\beta_c=\Delta\beta_k$。而 $\Delta\beta_k$ 对被动段的飞行时间不会产生影响，这样，当存在 Δv_k、$\Delta\Theta_k$、Δr_k、$\Delta\beta_k$ 时，所引起导弹射程及飞行时间的总偏差以通式表示为

$$\Delta=\frac{\partial}{\partial v_k}\Delta v_k+\frac{\partial}{\partial\Theta_k}\Delta\Theta_k+\frac{\partial}{\partial r_k}\Delta r_k+\frac{\partial}{\partial\beta_k}\Delta\beta_k\tag{4-5-35}$$

其中射程和飞行时间的误差系数 $\partial/\partial v_k$、$\partial/\partial\Theta_k$、$\partial/\partial r_k$ 已分别由式(4-5-15)及式(4-5-32)给出，而 $\partial\beta_k/\partial\beta_k=1$，$\partial T_c/\partial\beta_k=0$。

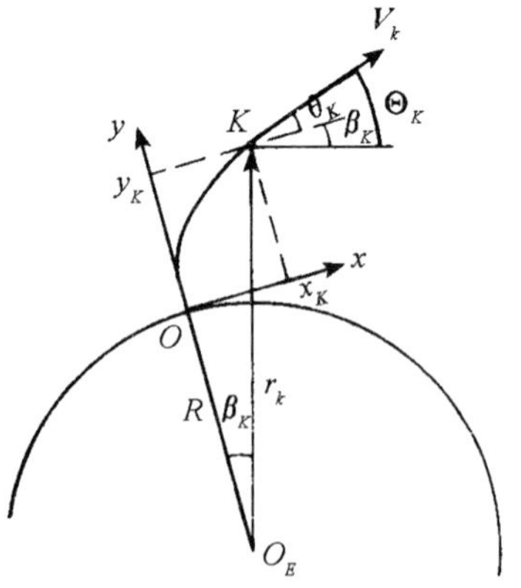

图 4-19　主动段发射点建立的直角坐标系

在实际应用中，会遇到以直角坐标系的量来描述主动段终点的运动参数。例如在图 4-19 中所示的直角坐标即为一种。其原点为发射点 O，x 指向目标，y 为地心矢径方向。该坐标系所描述的主

动段终点参数为 v_x、v_y、x、y。不难理解，如果我们找出 Δv_k、$\Delta\Theta_k$、Δr_k、$\Delta\beta_k$ 与 Δv_{xk}、Δv_{yk}、Δx_k、Δy_k 的关系，将其代入式(4-5-35)即得

$$\Delta = \frac{\partial}{\partial v_{xk}}\Delta v_{xk} + \frac{\partial}{\partial v_{yk}}\Delta v_{yk} + \frac{\partial}{\partial x_k}\Delta x_k + \frac{\partial}{\partial y_k}\Delta y_k \tag{4-5-36}$$

由图 4-19 的几何关系，显然有

$$\begin{cases} v_{xk} = v\cos\theta_k \\ v_{yk} = v\sin\theta_k \\ \Theta_k = \theta_k + \beta_k \\ r_k^2 = x_k^2 + (R + y_k)^2 \\ \tan\beta_k = \dfrac{x_k}{R + y_k} \end{cases} \tag{4-5-37}$$

根据其中前两式，有

$$\begin{cases} \Delta v_{xk} = \cos\theta_k \Delta v_k - v_k \sin\theta_k \Delta\theta_k \\ \Delta v_{yk} = \sin\theta_k \Delta v_k + v_k \cos\theta_k \Delta\theta_k \end{cases} \tag{4-5-38}$$

由该式可解得

$$\begin{cases} \Delta v_k = \cos\theta_k \Delta v_{xk} + \sin\theta_k \Delta v_{yk} \\ \Delta\theta_k = -\dfrac{\sin\theta_k}{v_k}\Delta v_{xk} + \dfrac{\cos\theta_k}{v_k}\Delta v_{yk} \end{cases} \tag{4-5-39}$$

再由式(4-5-37)的后三式，可分别导得

$$\begin{cases} \Delta\Theta_k = \Delta\theta_k + \Delta\beta_k \\ \Delta r_k = \sin\beta_k \Delta x_k + \cos\beta_k \Delta y_k \\ \Delta\beta_k = \dfrac{\cos\beta_k}{r_k}\Delta x_k - \dfrac{\sin\beta_k}{r_k}\Delta y_k \end{cases} \tag{4-5-40}$$

将式(4-5-39)和式(4-5-40)代入式(4-5-35)并进行整理，即可得式(4-5-36)的形式，其中误差系数按下列矩阵算得

$$\begin{bmatrix} \dfrac{\partial}{\partial v_{xk}} \\ \dfrac{\partial}{\partial v_{yk}} \\ \dfrac{\partial}{\partial x_k} \\ \dfrac{\partial}{\partial y_k} \end{bmatrix} = \begin{bmatrix} \cos\theta_k & -\dfrac{\sin\theta_k}{v_k} & 0 & 0 \\ \sin\theta_k & \dfrac{\cos\theta_k}{v_k} & 0 & 0 \\ 0 & \dfrac{\cos\beta_k}{r_k} & \sin\beta_k & \dfrac{\cos\beta_k}{r_k} \\ 0 & -\dfrac{\sin\beta_k}{r_k} & \cos\beta_k & -\dfrac{\sin\beta_k}{r_k} \end{bmatrix} \begin{bmatrix} \dfrac{\partial}{\partial v_k} \\ \dfrac{\partial}{\partial \Theta_k} \\ \dfrac{\partial}{\partial r_k} \\ \dfrac{\partial}{\partial \beta_k} \end{bmatrix} \tag{4-5-41}$$

式(4-5-41)即为全射程及飞行时间关于以直角坐标系各运动参数的误差系数与以极坐标系参数所描述的误差系数之间的转换关系通式。

第五章　相对于旋转地球的自由段参数

第四章是在惯性空间内研究火箭载荷在平方反比引力场内自由飞行段平面运动的基本规律。在实际应用中,地面观察设备测量量是相对于旋转地球的值,而描述自由段运动的参数如弹下点、射程等用相对于地球的参数较直观也有实用意义。因此,有必要介绍在运用自由段运动基本规律时所涉及到的与相对参数相联系的问题。此外,地球对球外一质点的引力实际上并非为平方反比引力,所以还要讨论在地球为两轴旋转体条件下的动力学方程问题。

§5.1　确定导弹弹道相对参数的运动学方法

本节采用理论力学介绍的运动学方法来确定在地球旋转时的任一时刻的导弹相对参数。这种方法可以运用椭圆弹道理论导出的结果,较之用数值积分法求解要简便、直观。为叙述方便,我们将整个被动段均视为真空状况,且以落点来进行讨论。

1. 物理景象分析

当考虑地球旋转时,为分析其物理景象,可先分析一特殊情况:若一导弹其主动段终点 K 的矢径 $\boldsymbol{r}_k$、相对速度 $\boldsymbol{V}_k$ 均在赤道平面内,且为已知矢量,导弹顺着地球旋转的方向飞行,如图 5-1 所示。

显然 K 点具有牵连速度,即

$$\boldsymbol{V}_{ke} = \boldsymbol{\omega}_k \times \boldsymbol{r}_k$$

且 v_{ke} 处于赤道平面内,与当地水平线平行。

而弹头在 K 点的绝对速度为

$$\boldsymbol{V}_{kA} = \boldsymbol{V}_k + \boldsymbol{V}_{ke}$$

将 $\boldsymbol{V}_k$、$\boldsymbol{V}_{kA}$ 与当地水平线的夹角分别记为 Θ_k、Θ_{kA}。

此时导弹的绝对运动参数为 v_{kA}、Θ_{kA}、$r_{kA}(=r_k)$。假设在旋转地球的表面 σ 上有一与 σ 重合但不随地球旋转的球壳 σ^A,显然在 σ^A 上观察弹头的运动即为绝对运动。设地球为均质圆球,故导弹在球壳上的落点 C_A 可用椭圆理论导出的式(4-3-13)求出射程角 β_{CA} 而得到。而头认由 K 点飞行至 C_A 的时间 T_{CA}

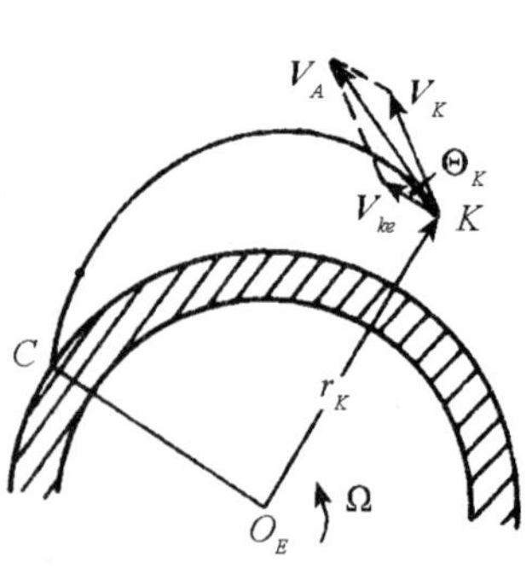

图 5-1　K 点在赤道平面内之 v_k、v_{ke} 与 v_A 的几何关系

可用式(4－4－38)求得。至于落点 C_A 处的绝对速度 v_{CA} 和绝对速度倾角 Θ_{CA} 则可根据机械能守恒和动量矩守恒来求取。

而导弹在旋转地球表面 σ 上的落点为 C，当注意到 C 与 C_A 只是由于在不同的坐标系内观察弹头运动的结果。因此，当导弹落地时，C 与 C_A 应重合在一起。从这一事实出发，可见弹头在赤道平面内飞行时，图 5－1 上的 C 与 C_A 两点所对应的地心角应为 $\omega_e T_{CA}$ 角。那么，导弹由 K 点到落点 C 的角射程即为

$$\beta_C = \beta_{CA} - \omega_e T_{CA}$$

落点 C 处的运动参数，显然又可通过运动学知识

$$\boldsymbol{V}_C = \boldsymbol{V}_{CA} - \boldsymbol{\omega}_e \times \boldsymbol{R}$$

来求得 v_c 及 Θ_c

以上即为运动学方法的思路，这种方法也称绝对坐标法。

2. 运动学方法的计算步骤

现在根据上述特例的思路来讨论在一般情况下的计算方法和步骤。

(1)关机点相对参数与绝对参数的换算

由空间弹道计算方程式(3－3－5)可解得火箭相对于旋转地球关机点 K 的参数：地心矩 r_k。相对速度 v_k 及其在发射坐标系的三个分量：v_{xk}、v_{yk}、v_{zk}、地心纬度 ϕ_k、经度 λ_k、地心方位角 a_k。显然，$\boldsymbol{r}_k$ 可由 r_k、ϕ_k、λ_k 来确定，但 $\boldsymbol{V}_k$ 现在只有 v_k 及 a_k，还不能确定其矢量方向，注意到 a_k 是反映了 $\boldsymbol{V}_k$ 在 K 点弹下点水平面的分量与该点子午线正北方向的夹角，可见，只需补充 $\boldsymbol{V}_k$ 与该水平面的夹角即可使 $\boldsymbol{V}_k$ 确定下来，该角记为 Θ_k，称为相对速度 v_k 的速度倾角。由于已知 $\boldsymbol{V}_k$ 在发射坐标系的三分量：v_{xk}、v_{yk}、v_{zk}，则可根据式(3－3－11)及式(3－3－12)将其转换为弹下点 K' 处北天东坐标系的三个分量 $v_{\phi Nk}$、$v_{\phi rk}$、$v_{\phi ek}$。这样即可求得相对速度 v_k 的速度倾角

$$\Theta_k = \arctan \frac{v_{\phi rk}}{\sqrt{v_{\phi Nk}^2 + v_{\phi ek}^2}} \tag{5-1-1}$$

为运用第四章火箭载荷在自由飞行段的运动规律，则需将相对参数 r_k、v_k、Θ_k、ϕ_k、λ_k、a_k 转换为绝对参数 r_{kA}、v_{kA}、Θ_{kA}、ϕ_{kA}、λ_{kA}、a_{kA}。

在关机瞬时 t_k，K 点在旋转地球与不动球壳上的位置重合，故地心矩、地心纬度、经度参数相同，即

$$\begin{cases} r_{kA} = r_k \\ \phi_{kA} = \phi_k \\ \lambda_{kA} = \lambda_k \end{cases} \tag{5-1-2}$$

但在球壳上观察到的绝对速度 $\boldsymbol{V}_{kA}$ 与在地球上观察到导弹的相对速度 $\boldsymbol{V}_k$ 之间有

$$\boldsymbol{V}_{kA} = \boldsymbol{V}_k + \boldsymbol{V}_{ke} \tag{5-1-3}$$

且

$$\boldsymbol{V}_{ke} = \boldsymbol{\omega}_k \times \boldsymbol{r}_k \tag{5-1-4}$$

为进行换算，将两端在 K' 处建立的北天东坐标系中进行分解。

$\boldsymbol{V}_k$ 在 $K'-NrE$ 三轴上的投影分别记为 v_N、v_r、v_E，由图 5-2 不难写出

$$\begin{cases} v_N = v_k \cos\Theta_k \cos a_k \\ v_r = v_k \sin\Theta_k \\ v_E = v_k \cos\Theta_k \sin a_k \end{cases} \tag{5-1-5}$$

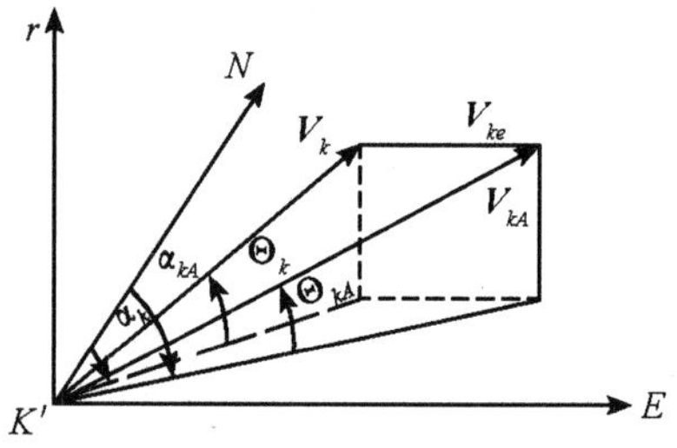

图 5-2　$\boldsymbol{V}_k$、$\boldsymbol{V}_{kA}$ 在 $K'-NrE$ 上投影

而 $\boldsymbol{V}_{ke}$ 是由地球旋转引起的，故其方向沿 $\boldsymbol{K'E}$ 的正向，大小为 $\omega_e r_k \cos\phi_k$。将式(5-1-3)两端分别向 $K'-NrE$ 的三轴投影，则得

$K'N$ 方向：　$v_{kA}\cos\Theta_{kA}\cos a_{kA} = v_k\cos\Theta_k\cos a_k$

$K'r$ 方向：　$v_{kA}\sin\Theta_{kA} = v_k\sin\Theta_k$

$K'E$ 方向：　$v_{kA}\cos\Theta_{kA}\sin a_{kA} = v_k\cos\Theta_k\sin a_k + \omega_e r_k\cos\phi_k$

由上面三个关系式即可导得

$$\begin{cases} \tan a_{kA} = \tan a_k + \dfrac{\omega_e r_k \cos\phi_k}{v_k \cos\Theta_k \cos a_k} \\ \tan\Theta_{kA} = \tan\Theta_k \dfrac{\cos a_{kA}}{\cos a_k} \\ v_{kA} = v_k \dfrac{\sin\Theta_k}{\sin\Theta_{kA}} \end{cases} \tag{5-1-6}$$

根据式(5-1-2)及式(5-1-6)即完成了关机点 K 相对参数向绝对参数的换算。

(2)计算在 σ^A 上射程 β_{CA}、飞行时间 T_{CA} 及落点 C_A 的绝对参数 ϕ_{CA}、λ_{CA}、a_{CA}、v_{CA}、Θ_{CA}

由 r_{kA}、v_{kA}、Θ_{kA} 利用椭圆弹道公式(4-3-13)及式(4-4-38)可计算得 β_{CA}、T_{CA}。当已知 β_{CA} 和 ϕ_{kA}、λ_{kA}、a_{kA} 后，即可根据图 5-2 由球面三角关系计算 ϕ_{CA}、λ_{CA}、a_{CA}。

在图 5-3 中，根据球面三角形 $K'NC_A$，由边的余弦公式可求得 ϕ_{CA}，即

$$\cos(90° - \phi_{CA}) = \cos(90° - \phi_{kA})\cos\beta_{CA} + \sin(90° - \phi_{kA})\sin\beta_{CA}\cos a_{kA}$$

则

$$\sin\phi_{CA} = \sin\phi_{kA}\cos\beta_{CA} + \cos\phi_{kA}\sin\beta_{CA}\cos a_{kA} \tag{5-1-7}$$

另由四元素公式可求得 $\Delta\lambda_A$ 的表达式

$$\cot\Delta\lambda_A = -\sin\phi_{kA}\cos a_{kA} + \frac{\cos\phi_{kA}\cos\beta_{CA}}{\sin a_{kA}} \tag{5-1-8}$$

因此可得落点 C_A 的经度

$$\lambda_{CA} = \lambda_k + \Delta\lambda_A \tag{5-1-9}$$

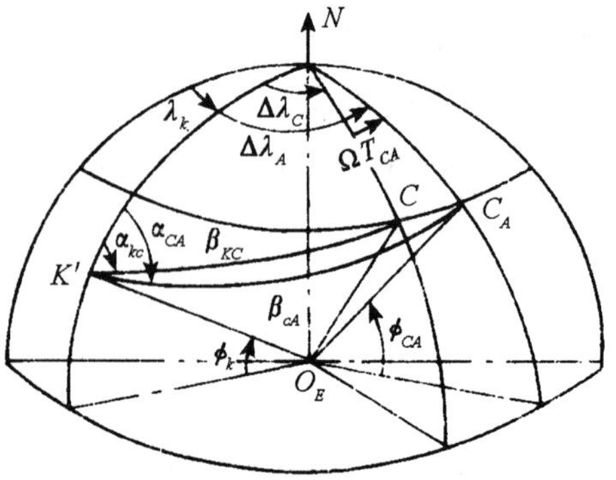

图 5-3　绝对射程，相对射程球面关系图

因为被动段弹道是平面弹道，故 $\boldsymbol{V}_{CA}$ 水平分量的方位角即为 β_{CA} 在 C_A 点的切线方向与该

点子午线的夹角，故球面三角形 $NK'C_A$ 中之$\angle NC_AK' = 180° - a_{CA}$。则由球面三角正弦定理可得

$$\sin a_{CA} = \frac{\sin\phi_{kA}\sin\Delta\lambda_A}{\sin\beta_{CA}} \tag{5-1-10}$$

至于 v_{CA}、Θ_{CA} 则可根据机械能守恒及动量矩守恒而求得

$$\begin{cases} v_{CA} = \sqrt{v_{kA}^2 - 2\left(\dfrac{\mu}{r_{kA}} - \dfrac{\mu}{R}\right)} \\ \Theta_{CA} = \arccos\left(\dfrac{r_{kA}v_{kA}\cos\Theta_{kA}}{Rv_{CA}}\right) \end{cases} \tag{5-1-11}$$

(3)将绝对坐标内的落点 C_A 各参数换算成旋转地球上的落点 C 的参数

由于地球绕地轴旋转，故这种旋转不会影响导弹落点的纬度，因此

$$\phi_C = \phi_{CA} \tag{5-1-12}$$

但地球的旋转对落点在旋转地球上的经度是有影响的，已求得导弹被动段飞行时间 T_{CA}，在此时间内，地球旋转的角度大小为 $\omega_e T_{CA}$，故落点 C 的经度应为

$$\lambda_C = \lambda_{CA} - \omega_e T_{CA} \tag{5-1-13}$$

而落点 C 的相对速度 v_c、速度倾角 Θ_c 及方位角 a_c 则可依据式(5－1－6)的推导原理，不难得到

$$\begin{cases} \tan a_c = \tan a_{CA} - \dfrac{\omega_e R\cos\phi_c}{v_{CA}\cos\Theta_{CA}\cos a_{CA}} \\ \tan\Theta_c = \tan\Theta_{CA}\dfrac{\cos a_c}{\cos a_{CA}} \\ v_c = v_{CA}\dfrac{\sin\Theta_{kA}}{\sin\Theta_k} \end{cases} \tag{5-1-14}$$

(4)计算在旋转地球上的射程角 β_{kc} 和方位角 a_{kc}

由给定的主动段终点 K 的地心坐标 ϕ_k、λ_k 及上面算得的落点 C 的地心坐标 ϕ_c、λ_c，即可根据图 5－3 中球面三角形 $K'NC$ 计算 $K'C$ 两点对应的地心角，该角即为考虑地球旋转后，弹头飞行的射程角 β_{kc}，并且还可得到 β_{kc} 对应的大圆弧与 K' 处正北方向之间的夹角，亦即考虑地球自转后射程方位角 a_{kc}。

在图 5－3 中，对于球面三角形 $K'NC$ 由边的余弦公式可得

$$\cos\beta_{kc} = \sin\phi_k\sin\phi_c + \cos\phi_k\cos\phi_c\cos\Delta\lambda_c \tag{5-1-15}$$

其中

$$\Delta\lambda_c = \lambda_c - \lambda_k$$

利用正弦公式即可求得 a_{kc}：

$$\sin a_{kc} = \frac{\sin\phi_c\sin\Delta\lambda_c}{\sin\beta_{kc}} \tag{5-1-16}$$

需强调指出的是：

1)上面所有涉及的三角运算公式，必须注意正确的确定角值的范围。

2)在介绍的计算步骤中是以落点 C 来讨论的。事实上是在已知关机点 K 的相对参数基础上,求任一时刻 t 的弹道相对参数。这在上述计算步骤中,只需在步骤 2 中,依据换算得到的绝对参数:t_k、r_{kA}、v_{kA}、Θ_{kA},先算出椭圆弹道几何参数 a、p、e,然后解得 E_{kA},从而可算得导弹飞经近地点 p 的时刻 t_p,再根据 t 及 e、t_p 反解开普勒方程得偏近点角 $E(t)$,并可求得相应的真近点角 $f(t)$,最后根据弹道方程即可得到 t 时刻弹道相应点的地心矩 $r(t)$,这样就可按步骤 2 的公式进行运算。当然,在步骤 3 及 4 中各计算式的 C 点地球半径 R 应用 $r(t)$ 代替,这样就可算得任一时刻 t 的相对参数。

§5.2 关机点绝对参数与轨道根数的关系

由上节介绍可知,为了确定导弹自由飞行段的惯性空间参数,必须知道关机点 K 处的运动参数 t_k、r_{kA}、v_{kA}、Θ_{kA}、ϕ_{kA}、λ_{kA}、a_{kA}。而对人造卫星而言,在确定其惯性空间参数时,常采用与天体力学一致的参数,即所谓"轨道根数"。

为了说明轨道根数,采用 §1.3 中定义的地心惯性坐标系 $O_E - X_I Y_I Z_I$,为以后书写方便,记该坐标系三轴单位矢量为 $\boldsymbol{i}$、$\boldsymbol{j}$、$\boldsymbol{k}$。

由图 5-4,当轨道平面不与赤道平面重合时,该平面在地球上截出一大圆,该圆与赤道交于两点,当卫星从南向北穿过赤道平面时,相应的点称为升交点。

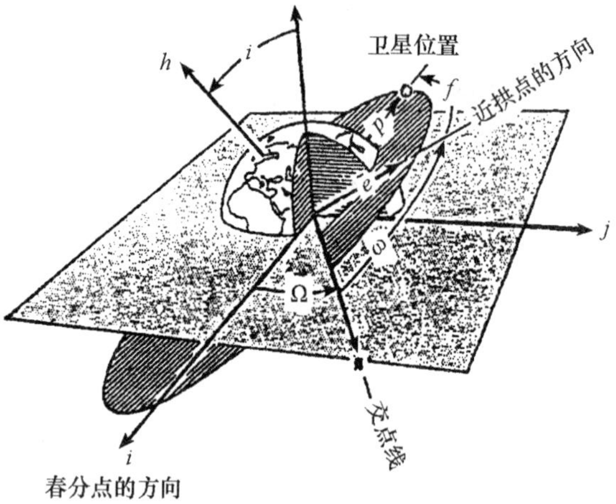

图 5-4 轨道根数图

为了精确地指出卫星沿轨道在某特定时刻的参数,需要六个要素,即"轨道根数"。参考图 5-4,轨道根数定义如下:

半长轴 a:它是一个确定圆锥曲线轨道大小的常数;

偏心率 e:它是一个确定圆锥曲线形状的常数;

轨道倾角 i:是单位矢量 $\boldsymbol{k}$ 和角动量矢量 $\boldsymbol{h}$ 间的夹角;

升交点角距 Ω:它是在赤道平面内单位矢量 $\boldsymbol{i}$ 和升交点间的夹角,在赤道平面的北面观察时,按反时针方向量度此角;

近地点角距 ω：它是在轨道平面内升交点和近地点的夹角，按卫星运动方向量度；

过近地点的时刻 t_p：即卫星在近地点的时刻。

在实际应用中，有时用半通径 P 作为轨道根数之一，取代半长轴 a，显然若 a、e 一定，就可算得 P。

1. 已知关机点的参数 t_k、r_{kA}、V_{kA}、Θ_{kA}、ϕ_{kA}、λ_{kA}、a_{kA} 来确定六个轨道根数

有关 P、e、t_p 的求取，在第四章中已经解决，下面只介绍 i、Ω、ω 的求取。

图 5-5 中，K'、p'、n' 为轨道平面截地球表面的大圆弧上对应关机点 K、近地点 p 及升交点的星下点，显然，$\widehat{K'p'}$ 对应的地心角为真近点角 f_k，$\widehat{n'p'}$ 对应的地心角为上面所定义的近地点角距 ω。记 $\widehat{n'K'}$ 所对应的地心角为 u，则

$$u = \omega + f_k \tag{5-2-1}$$

$\widehat{NS}$ 为 K' 处子午线，则 $\widehat{K'S}$ 对应的地心角即为 K' 的纬度 ϕ_{kA}。

据轨道倾角 i 的定义，它是单位矢量 $\boldsymbol{k}$ 与角动量矢量 $\boldsymbol{h}$ 的夹角，而 k 为垂直于赤道平面的矢量，$\boldsymbol{h}$ 为垂直于轨道平面的矢量，故 i 即为赤道平面与轨道平面的二面角，也即图 5-5 中之 $\angle K'n'S$。显然，$K'n'S$ 组成一球面直角三角形，且有 $\angle n'K'S = a_{kA}$，则根据球面直角三角形公式有

$$\cos i = \sin a_{kA} \cos\phi_{kA} \tag{5-2-2}$$

此处 i 在 0～180°内取值。

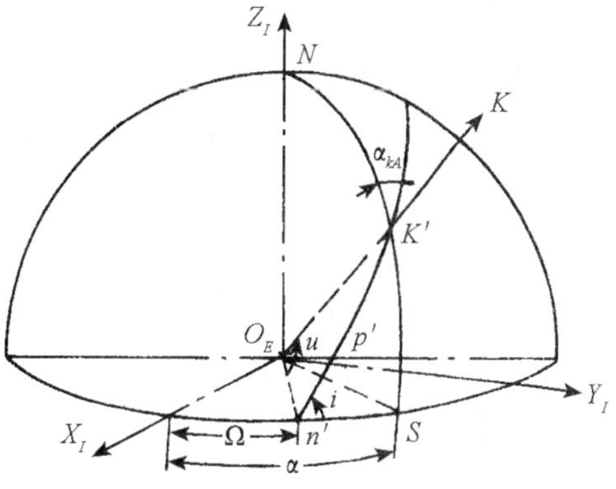

图 5-5　轨道平面截得大圆的几何图形

为了求升交点角距 Ω，首先看图 5-5 中之 O_ES 与 O_EX_I 的夹角 a（称为赤经）如何计算，已知 t_k 若以某年某月某日地区时度量，则对应这一时刻的格林威治标准时的时间 t_G（称为世界时）可按下式计算：

$$t_G = t_k \pm (\text{时区号数}) \times 1\ \text{时} \tag{5-2-3}$$

习惯上将地球表面按经度分为 24 个时区，以格林威治子午线为基准，然后每隔 15°为一时区，东经 180°范围为 12 个时区，西经 180°范围内为 12 个时区，式(5-2-3)中东时区取“-”，西时区取“+”。

则 t_k 时刻 K' 所在子午线对应的赤经 a 为

$$a = \Omega_G + \omega_e t_G + \lambda_{kA} \tag{5-2-4}$$

其中　Ω_G——通过天文年历表查得发射日的时角；

ω_e——地球自转角速度；

λ_{kA}——t_k 时刻 K' 所在子午线的经度值。

有了 a，则可将图 5-5 中 $\widehat{n'S}$ 对应的地心角用 $a-\Omega$ 来表示，在球面三角形 $n'K'S$ 中

运用球面三角公式有

$$\begin{cases}\sin(a-\Omega)=\dfrac{\sin a_{kA}\sin\phi_{kA}}{\sin i}\\[2ex]\cos(a-\Omega)=\dfrac{\cos a_{kA}}{\sin i}\end{cases}\tag{5-2-5}$$

将上两式左端展开后并用消元法则可得

$$\begin{cases}\cos\Omega=\dfrac{\cos a_{kA}\cos a+\sin a_{kA}\sin a\sin\phi_{kA}}{\sin i}\\[2ex]\sin\Omega=\dfrac{\cos a_{kA}\sin a-\sin a_{kA}\sin\phi_{kA}\cos a}{\sin i}\end{cases}\tag{5-2-6}$$

根据上式确定 Ω 的象限值,Ω 在 0～360°范围内取值。

在上述同一球面三角形中,运用球面三角计算公式,并注意到式(5－2－1),有

$$\begin{cases}\sin(\omega+f_k)=\dfrac{\sin\phi_{kA}}{\sin i}\\[2ex]\cos(\omega+f_k)=\cos(a-\Omega)\cos\phi_{kA}\end{cases}\tag{5-2-7}$$

将式(5－2－5)代入上式可得

$$\begin{cases}\sin\omega\cos f_k+\cos\omega\sin f_k=\dfrac{\sin\phi_{kA}}{\sin i}\\[2ex]\cos\omega\cos f_k-\sin\omega\sin f_k=\dfrac{\cos a_{kA}}{\sin i}\sin\phi_{kA}\end{cases}$$

由上式即可解得

$$\begin{cases}\cos\omega=\dfrac{\sin\phi_{kA}\sin f_k+\cos\phi_{kA}\cos f_k}{\sin i}\cos a_{kA}\\[2ex]\sin\omega=\dfrac{\sin\phi_{kA}\cos f_k-\cos\phi_{kA}\sin f_k}{\sin i}\cos a_{kA}\end{cases}\tag{5-2-8}$$

其中 ω 在 0～360°范围内取值,并可由上式定出其象限值。

2. 已知轨道根数求任一时刻 t 的绝对参数

(1)求 $r_A(t)$、$v_A(t)$、$\Theta_A(t)$

这在第四章已经介绍,即根据 a(或 P)、e 用式(4－2－17)求得 P(或 a),然后由 t、t_p 反解开普勒方程得 $E(t)$,再由式(4－4－18)求出 $f(t)$,代入弹道方程(4－2－8)即可求得 $r(t)$。

再根据式(4－4－22)即可求得 t 时刻之 $v_A(t)$、$\Theta_A(t)$。

(2)求 $\phi_A(t)$、$\lambda_A(t)$、$a_A(t)$

设 t 时刻,卫星的星下点为 Q'。S 为过 O' 子午线与赤道的交点,则 $\overset{\frown}{Q'S}$ 对应的地心角为 $\phi_A(t)$。$\overset{\frown}{n'Q'}$ 为轨道平面截地球的大圆弧。$\overset{\frown}{Q'n'}$ 对应的地心角为 $u(t)$,p' 为近地点的星下点,则有 $u(t)=\omega+f(t)$,见图 5－6。

注意到球面三角形中 n' 为升交点的星下点,故 O_En' 与 X_I 轴的夹角即为升交点角距

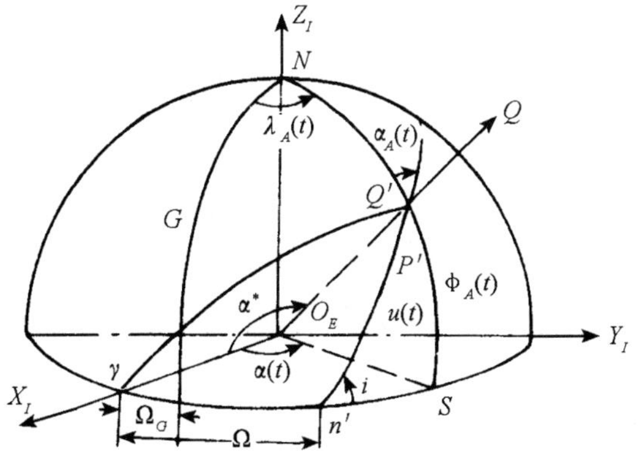

图 5－6　求 $a(t)$、$\phi_A(t)$、$\lambda_A(t)$球面关系图

Ω，$\widehat{n'Q'}$对应的 $u(t)$，由于(1)中已求得 t 时刻$f(t)$，故该角距也为已知量，$\angle Q'n'\gamma$ 由图可知为 $180° - \boldsymbol{i}$。记$\widehat{Q'\gamma}$的角距为 a^*，则 t 时刻之 $\boldsymbol{r}(t)$穿地球表面 Q'，$\boldsymbol{r}(t)$在 $O_E - X_IY_IZ_I$ 三轴上的分量为

$$\begin{cases} X_I = r\cos\phi_A(t)\cos a(t) \\ Y_I = r\cos\phi_A(t)\sin a(t) \\ A_I = r\sin\phi_A(t) \end{cases} \tag{5-2-9}$$

由图 5－6 还可看出

$$X_I = r\cos a^*(t) \tag{5-2-10}$$

且根据球面三角形 $\gamma n'Q'$ 有下面关系式：

$$\begin{aligned} \cos a^*(t) &= \cos\Omega\cos u(t) + \sin\Omega\sin u(t)\cos(180° - i) \\ &= \cos\Omega\cos u(t) - \sin\Omega\sin u(t)\cos i \end{aligned}$$

将该式代入式(5－2－10)再与式(5－2－9)中的第一式比较可知

$$\cos\phi_A(t)\cos a(t) = \cos\Omega\cos u(t) - \sin\Omega\sin u(t)\cos i$$

用同样的方法可导得

$$\cos\phi_A(t)\sin a(t) = \sin\Omega\cos u(t) + \cos\Omega\sin u(t)\cos i$$

$$\sin\phi_A(t) = \sin u(t)\sin i$$

因此，得到 Ω、ω、i 及真近点角$f(t)$与 $\phi_A(t)$、$a(t)$之间的关系式

$$\begin{cases} \cos\phi_A(t)\cos a(t) = \cos\Omega\cos u(t) - \sin\Omega\sin u(t)\cos i \\ \cos\phi_A(t)\sin a(t) = \sin\Omega\cos u(t) + \cos\Omega\sin u(t)\cos i \\ \sin\phi_A(t) = \sin u(t)\sin i \end{cases} \tag{5-2-11}$$

上式有三个方程而只有两个未知量 $a(t)$、$\phi_A(t)$，前两式是用来决定 $a(t)$的象限值，$a(t)$是在 0～360°中取值，而 $\phi_A(t)$是在 ±90°范围内取值，由第三式可见它与 $\sin u(t)$的正负号一致。

求得 $a(t)$后，由图 5－6 即可看出

$$\lambda_A(t) = a(t) - \Omega_G \tag{5-2-12}$$

其中，Ω_G 为发射日格林威治天文台子午线的时角。

至于 $a_A(t)$，显然与$\angle SQ'n'$相等，根据球面三角形 $SQ'n'$不难写出

$$\begin{cases}\sin a_A(t)=\dfrac{\sin(a(t)-\Omega)}{\sin u(t)}\\ \cos a_A(t)=\cot u(t)\tan\phi_A(t)\end{cases} \tag{5-2-13}$$

上式用来决定 $a_A(t)$在 0°～360°范围内的象限值。

至此，就完成了由轨道根数求取给定时刻 t 的绝对参数 $r_A(t)$、$u_A(t)$、$\Theta_A(t)$、$\phi_A(t)$、$\lambda_A(t)$、$a_A(t)$。

§5.3 考虑地球旋转的误差系数

前一章中介绍了在被动段不考虑地球旋转时的误差系数的求取方法，其结果是指在被动段绝对弹道(系平面弹道)中，被动段绝对落点、飞行时间对关机点绝对参数的误差系数。在远程导弹弹道设计与制导中通常使用在旋转地球上全程相对落点对关机点参数的误差系数。本节介绍求取该误差系数解析表达式的运动学方法。

观察图 5-7，在导弹起飞瞬间建立一个半径为地球半径 R 的不随地球一道旋转的同心球σ。o_A 为发射点在起飞瞬时在球壳上的位置，在该瞬时，它与旋转地球上经、纬度分别为 ϕ_0、λ_0 的一点相重合。$C^{\sim}$ 点为导弹在标准飞行条件下在不动球壳上的理论落点。过 o_A 点建立发射惯性坐标系 $o_A-x_Ay_Az_A$：y_A 轴为 o_E 至 o_A 联线延长线；x_A 轴为导弹发射瞄准方向线，它在过 o_A 点的当地水平面内，与 o_A 所在子午线的指北切线之间夹角为 a_0；z_A 轴与 x_A、y_A 组成右手直角坐标系。当在发射惯性坐标系内按标准飞行条件解算主动段运动方程时，可得 t_k 时刻主动段关机点 K 的理论弹道绝对参数 v_{xk}、v_{yk}、v_{zk}、x_k、y_k、z_k(为书

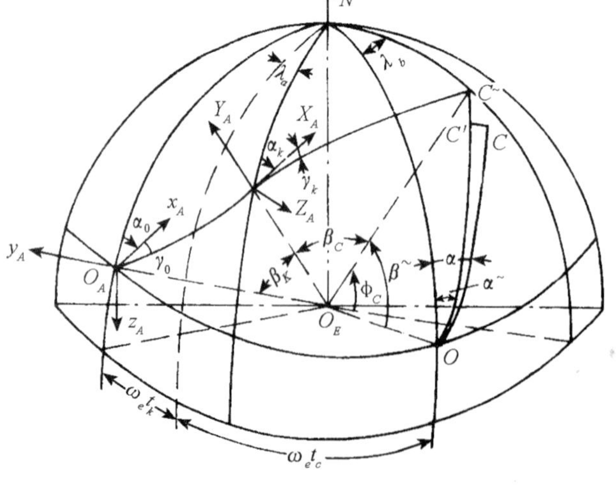

图 5-7　求误差系数几何关系图

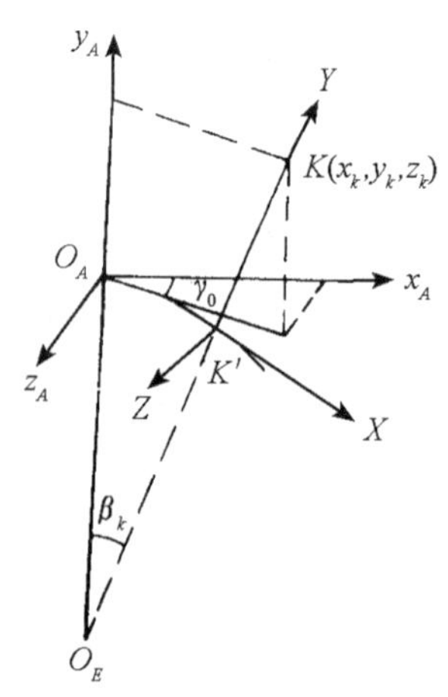

图 5-8　o_A-xyz 与 $K'-XYZ$ 关系图

写方便,此处及本节后面所有绝对参数符号的下注解“A”均省略)。为不失一般性,设 v_{zk} 与 z_k 均不为0。K 点在球壳上的投影点为K'。连 o_AK'弧,其所对应的地心角 β_k 为主动段绝对射程角。过 K'点建立当地惯性坐标系 $K'-XYZ$,X 轴与 o_AK'大圆弧的 K'切线重合,指向飞行方向;Y 轴为 o_E 至K'的连线,指向球外,Z 轴与 X、Y 组成右手直角坐标系。

由图5-8可确定 $o_A-x_Ay_Az_A$ 与 $K'-XYZ$ 两坐标系间的两个欧拉角 β_k、γ_0:

$$\begin{cases}\tan\beta_k=\dfrac{\sqrt{x_{Ak}^2+y_{Ak}^2}}{R+y_{Ak}}\\ \tan\gamma_0=\dfrac{z_k}{x_k}\end{cases}\tag{5-3-1}$$

因而可得这两坐标系的坐标转换关系式

$$\begin{bmatrix}X_K\\R+Y_K\\Z_K\end{bmatrix}=\boldsymbol{A}\begin{bmatrix}x_k\\R+y_k\\x_k\end{bmatrix}\tag{5-3-2}$$

其中,$\boldsymbol{A}$ 为两坐标系的方向余弦阵

$$\boldsymbol{A}=\begin{bmatrix}\cos\gamma_0\cos\beta_k & -\sin\beta_k & \sin\gamma_0\cos\beta_k\\ \cos\gamma_0\sin\beta_k & \cos\beta_k & \sin\gamma_0\sin\beta_k\\ -\sin\gamma_0 & 0 & \cos\gamma_0\end{bmatrix}\tag{5-3-3}$$

显然,K 点的绝对速度在这两坐标系的分量之间有下列关系式:

$$\begin{bmatrix}v_{Xk}\\v_{Yk}\\v_{Zk}\end{bmatrix}=\boldsymbol{A}\begin{bmatrix}v_{xk}\\v_{yk}\\v_{zk}\end{bmatrix}\tag{5-3-4}$$

仍然从推导的一般性出发,认为关机点速度矢量 $\boldsymbol{V}_k$ 不在 $K'-XYZ$ 平面内,即 $v_{Zk}\neq 0$。因而把 $\boldsymbol{V}_k$ 在当地惯性坐标系 $K'-XYZ$ 内定向,需要两个角度,即

$$\begin{cases}\tan\gamma_k=\dfrac{v_{Zk}}{v_{Xk}}\\ \tan\Theta_k=\dfrac{v_{Yk}}{\sqrt{v_{Xk}^2+v_{Zk}^2}}\end{cases}\tag{5-3-5}$$

事实上,下列两关系式成立:

$$\begin{cases}v_k=\sqrt{v_{xk}^2+v_{yk}^2+v_{zk}^z}\\ r_k=\sqrt{x_k^2+(R+y_k)^2+z_k^2}\end{cases}\tag{5-3-6}$$

因此,由式(5-3-1)、(5-3-4)、(5-3-5)、(5-3-6)就可把 t_k 时刻的参数 v_{xk}、v_{yk}、v_{zk}、x_k、y_k、z_k 变换成另一组形式的参数 v_k、Θ_k、r_k、β_k、γ_0、γ_k。

首先研究用后一组形式所描述的关机点参数来求取在旋转地球上的全射程的误差系数。已知 $C^{\sim}$ 是球壳上的投影点。o_A 是起飞瞬间同时穿过球壳及地球上的固定点,考虑到地球在旋转,在地球上经过主动段 t_k 及被动段 t_c 时刻后,则地球上的发射点已由 o_A 沿其所在纬圈上移动了经角 $\omega_e(t_k+t_c)$值。在图5-7上 $\widehat{OC^{\sim}}$ 所对应的地心角 $\beta^{\sim}$ 即为理论

相对射程,若设导弹实际落点为 C,则$\overset{\frown}{OC}$即为实际射程,记$\overset{\frown}{OC}$对应的地心角为β。由 C 作垂直$\overset{\frown}{OC^{\sim}}$的大圆交于 C',则$\overset{\frown}{C'C^{\sim}}$为射程偏差,其对应地心角为 $\Delta\beta$,$\overset{\frown}{C'C}$为侧向偏差,其地心角记为 ζ。$\overset{\frown}{OC^{\sim}}$、$\overset{\frown}{OC}$与 O 点子午线的夹角分别记为$\alpha^{\sim}$、α。

定为$\overset{\frown}{OC'}$与$\overset{\frown}{OC^{\sim}}$之差为 $\Delta\beta=\beta'-\beta^{\sim}$。则由球面三角形 OCC'可得关系式

$$\begin{cases}\tan\beta=\tan(\beta^{\sim}+\Delta\beta)\cos(\alpha-\alpha^{\sim})\\ \sin\zeta=\sin\beta\cdot\sin(\alpha-\alpha^{\sim})\end{cases}$$

由于 $a-a^{\sim}$ 及 $\Delta\beta$ 均为小量,将上式按台劳级数展开,取至一阶项,则有

$$\begin{cases}\Delta\beta=\beta-\beta^{\sim}\\ \zeta=\sin\beta^{\sim}(\alpha-\alpha^{\sim})\end{cases}\tag{5-3-7}$$

即

$$\begin{cases}\Delta L=R(\beta-\beta^{\sim})\\ \Delta H=R\sin\beta^{\sim}(\alpha-\alpha^{\sim})\end{cases}\tag{5-3-8}$$

为求 ΔL、ΔH 对关机点绝对参数 v_k、Θ_k、r_k、β_k、γ_0、γ_k、t_k 的误差系数,分三步来进行。

1. 求 $\boldsymbol{J_1=\dfrac{\partial[L、H]^{\mathrm{T}}}{\partial[\phi_c、\lambda_b]}}$

观察图 5-7 的局部球面 NOC,如图 5-9(a)所示,可找出 β、a 与 λ_b(O、C 两点子午线经度差)、ϕ_c(落点 C 的纬度)之间的关系式

$$\begin{cases}\cos\beta=\sin\phi_0\sin\phi_c+\cos\phi_0\cos\phi_c\cos\lambda_b\\ \sin\alpha=\dfrac{\cos\phi_c\sin\lambda_b}{\sin\beta}\\ \cos\alpha=\dfrac{\sin\phi_c-\cos\beta\sin\phi_0}{\cos\phi_0\sin\beta}\end{cases}\tag{5-3-9}$$

上式中,发射点纬度 ϕ_0 为已知量,显然

$$\beta=\beta(\phi_c、\lambda_b)$$

而 α 是β、ϕ_c、λ_b 的函数,故有

$$\alpha=\alpha(\phi_c、\lambda_b)$$

由式(5-3-9)可求得雅可比阵:

$$\frac{\partial[\beta、\alpha]^{\mathrm{T}}}{\partial[\phi_c、\lambda_b]}=\begin{bmatrix}\partial\beta/\partial\phi_c & \partial\beta/\partial\phi_b\\ \partial\alpha/\partial\phi_c & \partial\alpha/\partial\phi_b\end{bmatrix}\tag{5-3-10}$$

其中

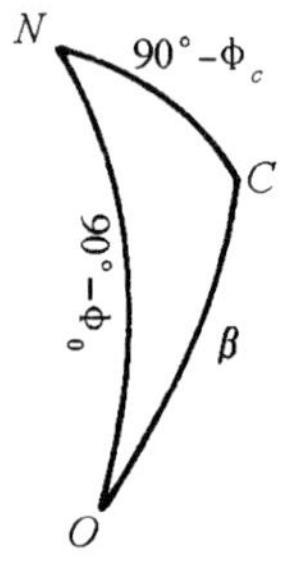

图 5-9(a) 局部球面三角图

$$\begin{cases}\dfrac{\partial\beta}{\partial\phi_c}=\dfrac{1}{\sin\beta}(\cos\phi_0\sin\phi_c\cos\lambda_b-\sin\phi_0\cos\phi_c)\\[2mm] \dfrac{\partial\beta}{\partial\lambda_b}=\dfrac{\cos\phi_0\cos\phi_c\sin\lambda_b}{\sin\beta}\\[2mm] \dfrac{\partial\alpha}{\partial\phi_c}=-\dfrac{\sin\phi_c\sin\lambda_b}{\cos\alpha\sin\beta}-\dfrac{\cos\beta\cos\phi_c\sin\lambda_b}{\cos\alpha\sin^2\beta}\cdot\dfrac{\partial\beta}{\partial\phi_c}\\[2mm] \dfrac{\partial\alpha}{\partial\lambda_b}=\dfrac{\cos\phi_c\cos\lambda_b}{\cos\alpha\sin\beta}-\dfrac{\cos\beta\cos\phi_c\sin\lambda_b}{\cos\alpha\sin^2\beta}\cdot\dfrac{\partial\beta}{\partial\lambda_b}\end{cases} \tag{5-3-11}$$

根据式(5－3－8)，运用上式结果，可求得

$$\boldsymbol{J}_1=\frac{\partial[L、H]^{\mathrm{T}}}{\partial[\phi_c、\lambda_b]}=R\begin{bmatrix}\partial\beta/\partial\phi_c & \partial\beta/\partial\lambda_b\\ \sin\beta(\partial\alpha/\partial\phi_c) & \sin\beta(\partial\alpha/\partial\lambda_b)\end{bmatrix} \tag{5-3-12}$$

2. 求 $\boldsymbol{J}_2=\dfrac{\partial[\boldsymbol{\phi}_c、\boldsymbol{\lambda}_b]^{\mathrm{T}}}{\partial[\boldsymbol{\beta}_c、\boldsymbol{A}_k、\boldsymbol{t}_c、\boldsymbol{\lambda}_a、\boldsymbol{\phi}_k]}$

为找出 ϕ_c、λ_b 与关机点绝对参数关系，现观察图 5－7 中局部球面三角形 NCK'，如图 5－9(b)所示。$\angle NK'C$ 为关机点速度矢量的水平分量与过 K' 子午面切线之间的夹角，记为 A_k，则

$$A_k=\gamma_k+\alpha_k \tag{5-3-13}$$

由图 5－7 可知

$$\angle CNK'=\omega_e t_c-\lambda_a+\lambda_b$$

其中 λ_a 为 K' 所在子午面与旋转地球上 o_A 点经过 t_k 时刻后所在子午面之间的夹角。

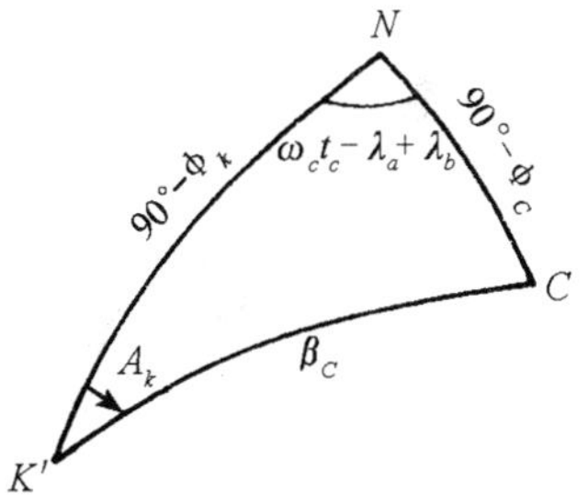

图 5－9(b)　局部球面三角图

从图 5－9(b)可得关系式：

$$\begin{cases}\sin\phi_c=\sin\phi_k\cos\beta_c+\cos\phi_k\sin\beta_c\cos A_k & |\phi_c|\leqslant\dfrac{\pi}{2}\\[2mm] \sin(\lambda_b+\omega_e t_c-\lambda_a)=\dfrac{\sin A_k\sin\beta_c}{\cos\phi_c}\end{cases} \tag{5-3-14}$$

由上式可见：

$$\begin{cases}\phi_c=\phi_c(\phi_k、\beta_c、A_k)\\ \lambda_b=\lambda_b(\phi_c、\beta_c、A_k、\lambda_a、t_c)\end{cases}$$

这样就建立了落点参数 ϕ_c、λ_b 与参数 ϕ_k、β_c、A_k、λ_a、t_c 之间的关系，其雅可比阵为：

$$\boldsymbol{J}_2=\frac{\partial[\phi_c、\lambda_b]^{\mathrm{T}}}{\partial[\beta_c、A_k、t_c、\lambda_a、\phi_k]}=\begin{bmatrix}\partial\phi_c/\partial\beta_c & \partial\phi_c/\partial A_k & 0 & 0 & \partial\phi_c/\partial\phi_k\\ \partial\lambda_b/\partial\beta_c & \partial\lambda_b/\partial A_k & \partial\lambda_b/\partial t_c & \partial\lambda_b/\partial\lambda_a & \partial\lambda_b/\partial\phi_k\end{bmatrix} \tag{5-3-15}$$

上式矩阵中各元素可通过关系式(5－3－14)求得：

$$
\begin{cases}
\dfrac{\partial \phi_c}{\partial \beta_c} = \dfrac{1}{\cos\phi_c}(\cos\phi_k \cos\beta_c \cos A_k - \sin\phi_k \sin\beta_c \\
\dfrac{\partial \phi_c}{\partial A_k} = -\dfrac{\cos\phi_k \sin\beta_c \sin A_k}{\cos\phi_c} \\
\dfrac{\partial \phi_c}{\partial \phi_k} = \dfrac{1}{\cos\phi_c}(\cos\phi_k \cos\beta_c - \sin\phi_k \sin\beta_c \cos A_k) \\
\dfrac{\partial \lambda_b}{\partial \beta_c} = \dfrac{1}{\cos(\lambda_b + \omega_e t_c - \lambda_a)}\left(\dfrac{\sin A_k}{\cos\phi_c}\cos\beta_c + \dfrac{\sin A_k \sin\beta_c \sin\phi_c}{\cos^2\phi_c}\dfrac{\partial \phi_c}{\partial \beta_c}\right) \\
\dfrac{\partial \lambda_b}{\partial A_k} = \dfrac{1}{\cos(\lambda_b + \omega_e t_c - \lambda_a)}\left(\dfrac{\cos A_k \sin\beta_c}{\cos\phi_c} + \dfrac{\sin A_k \sin\beta_c \sin\phi_c}{\cos^2\phi_c}\cdot\dfrac{\partial \phi_c}{\partial A_k}\right) \\
\dfrac{\partial \lambda_b}{\partial t_c} = -\omega_e \\
\dfrac{\partial \lambda_b}{\partial \lambda_a} = 1 \\
\dfrac{\partial \lambda_b}{\partial \phi_k} = \dfrac{1}{\cos(\lambda_b + \omega_e t_c - \lambda_a)}\cdot\dfrac{\sin A_k \sin\beta_c \sin\phi_c}{\cos^2\phi_c}\cdot\dfrac{\partial \phi_c}{\partial \phi_k}
\end{cases}
\quad (5-3-16)
$$

3. 求 $\boldsymbol{J_3 = \dfrac{\partial[\beta_c 、A_k 、t_c 、\lambda_a 、\phi_k]^{\mathrm{T}}}{\partial[v_k 、\Theta_k 、r_k 、\beta_k 、r_D 、\gamma_k 、t_k]}}$

根据图 5 - 7 中的球面三角形 NO_AK' 的边角关系，见图 5 - 9(c)，可见

$$\angle NK'O_A = 180° - \alpha_k$$

$$A_0 = \alpha_0 + \gamma_0$$

则可写出球面三角关系式：

$$
\begin{cases}
\sin\alpha_k = \dfrac{\sin A_0}{\cos\phi_k}\cos\phi_0 \\
\sin\phi_k = \sin\phi_0 \cos\beta_k + \cos\phi_0 \sin\beta_k \cos A_0 \\
\sin(\omega_e t_k + \lambda_a) = \dfrac{\sin A_0}{\cos\phi_k}\sin\beta_k
\end{cases}
\quad (5-3-17)
$$

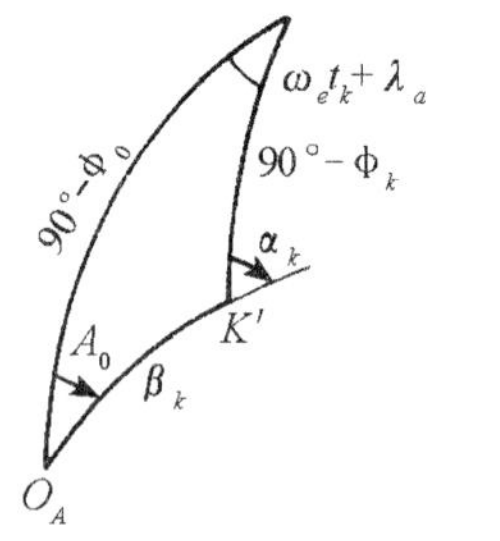

图 5 - 9(c)　局部球面三角形关系图

据上式，并注意到 $A_k = \alpha_k + \gamma_k$，即可求得下列偏导数：

$$
\left\{
\begin{aligned}
&\frac{\partial\phi_k}{\partial\beta_k}=\frac{1}{\cos\phi_k}(\cos\phi_0\cos\beta_k\cos A_0-\sin\phi_0\sin\beta_k)\\
&\frac{\partial\phi_k}{\partial\gamma_0}=\frac{\partial\phi_k}{\partial A_0}=-\frac{\cos\phi_0\sin\beta_k\sin A_b}{\cos\phi_k}\\
&\frac{\partial A_k}{\partial\beta_k}=\frac{\sin A_0\cos\phi_0\sin\phi_k}{\cos\alpha_k\cos^2\phi_k}\cdot\frac{\partial\phi_k}{\partial\beta_k}\\
&\frac{\partial A_k}{\partial\gamma_0}=\frac{\cos A_0\cos\phi_0}{\cos\alpha_k\cos\phi_k}+\frac{\sin A_0\cos\phi_0\sin\phi_k}{\cos\alpha_k\cos^2\phi_k}\cdot\frac{\partial\phi_k}{\partial\gamma_0}\\
&\frac{\partial\lambda_a}{\partial\beta_k}=\frac{1}{\cos(\omega_e t_k+\lambda_a)}\left(\frac{\sin A_0}{\cos\phi_k}\cos\beta_k+\frac{\sin A_0\sin\beta_k\sin\phi_k}{\cos^2\phi_k}\cdot\frac{\partial\phi_k}{\partial\beta_k}\right)\\
&\frac{\partial\lambda_a}{\partial\gamma_0}=\frac{1}{\cos(\omega_e t_k+\lambda_a)}\left(\frac{\cos A_0}{\cos\phi_k}\sin\beta_k+\frac{\sin A_0\sin\beta_k\sin\phi_k}{\cos^2\phi_k}\cdot\frac{\partial\phi_k}{\partial\gamma_0}\right)\\
&\frac{\partial\lambda_a}{\partial t_k}=-\omega_e
\end{aligned}
\right.
\tag{5-3-18}
$$

而 β_c、t_c 仅与 v_k、Θ_k、r_k 有关，其偏导数表达式见式(4－5－15)及式(4－5－32)。这样就可得 $\boldsymbol{J}_3$ 的具体形式为

$$
\boldsymbol{J}_3=\begin{bmatrix}
\frac{\partial\beta_c}{\partial v_k} & \frac{\partial\beta_c}{\partial\Theta_k} & \frac{\partial\beta_c}{\partial r_k} & 0 & 0 & 0 & 0\\
0 & 0 & 0 & \frac{\partial A_k}{\partial\beta_k} & \frac{\partial A_k}{\partial\gamma_0} & 1 & 0\\
\frac{\partial t_c}{\partial v_k} & \frac{\partial t_c}{\partial\Theta_k} & \frac{\partial t_c}{\partial r_k} & 0 & 0 & 0 & 0\\
0 & 0 & 0 & \frac{\partial\lambda_a}{\partial\beta_k} & \frac{\partial\lambda_a}{\partial\gamma_0} & 0 & \frac{\partial\lambda_a}{\partial t_k}\\
0 & 0 & 0 & \frac{\partial\phi_k}{\partial\beta_k} & \frac{\partial\phi_k}{\partial\gamma_0} & 0 & 0
\end{bmatrix}
\tag{5-3-19}
$$

至此，据式(5－3－12)、(5－3－15)、(5－3－19)即可求得落点偏差量对关机点绝对参数 v_k、Θ_k、r_k、β_k、γ_0、γ_k、t_k 的误差系数，即

$$
\begin{aligned}
\boldsymbol{J}&=\frac{\partial[L、H]^{\mathrm{T}}}{\partial[v_k、\Theta_k、r_k、\beta_k、\gamma_0、\gamma_k、t_k]}\\
&=\frac{\partial[L、H]^{\mathrm{T}}}{\partial[\phi_c、\lambda_b]}\cdot\frac{\partial[\phi_c、\lambda_b]^{\mathrm{T}}}{\partial[\beta_c、A_k、t_c、\lambda_a、\phi_k]}\cdot\frac{\partial[\beta_c、A_k、t_c、\lambda_a、\phi_k]^{\mathrm{T}}}{\partial[v_k、\Theta_k、r_k、\beta_k、\gamma_0、\gamma_k、t_k]}
\end{aligned}
\tag{5-3-20}
$$

亦即

$$
\boldsymbol{J}=\boldsymbol{J}_1\cdot\boldsymbol{J}_2\cdot\boldsymbol{J}_3 \tag{5-3-21}
$$

如果要以绝对参量 v_{xk}、v_{yk}、v_{zk}、x_k、y_k、z_k、t_k 来求取全程落点对它们的误差系数，则可按下式计算：

$$
\frac{\partial[L、H]^{\mathrm{T}}}{\partial[v_{xk}、v_{yk}、v_{zk}、x_k、y_k、z_k、t_k]}=\boldsymbol{J}\cdot\boldsymbol{Q} \tag{5-3-22}
$$

其中

$$Q=\frac{\partial[v_k、\Theta_k、r_k、\beta_k、\gamma_0、\gamma_k、t_k]^{\mathrm{T}}}{\partial[v_{xk}、v_{yk}、v_{zk}、x_k、y_k、z_k、t_k]}$$

Q 是由 49 个偏导数组成的方阵,这些偏导数中:

(1)由于速度参数 $v_k、v_{xk}、v_{yk}、v_{zk}$ 与坐标参数 $r_k、\beta_k、x_k、y_k、z_k$ 是线性无关的,故 Q 中的偏导数$\frac{\partial v_k}{\partial x_k}$、$\frac{\partial v_k}{\partial y_k}$、$\frac{\partial v_k}{\partial z_k}$、$\frac{\partial r_k}{\partial x_{xk}}$、$\frac{\partial r_k}{\partial x_{yk}}$、$\frac{\partial r_k}{\partial x_{zy}}$、$\frac{\partial \beta_k}{\partial v_{xk}}$、$\frac{\partial \beta_k}{\partial v_{yk}}$、$\frac{\partial \beta_k}{\partial v_{zk}}$均为零;

(2)参数 γ_0 只与关机点位置参数有关,γ_k 只与关机点速度参数有关,故$\frac{\partial \gamma_0}{\lambda v_{xk}}$、$\frac{\partial \gamma_0}{\lambda v_{yk}}$、$\frac{\partial \gamma_0}{\lambda v_{zk}}$、$\frac{\partial \gamma_k}{\lambda x_k}$、$\frac{\partial \gamma_k}{\lambda y_k}$、$\frac{\partial \gamma_k}{\lambda z_k}$均为 0;

(3)t_k 与其它参数无关,故 Q 中除$\frac{\partial t_k}{\partial t_k}=1$ 外,其它参数与 t_k 的相互间偏导数均为零;

(4)Q 中还剩下 22 个偏导数,可根据式(5-3-1)、(5-3-5)、(5-3-6)来求得,此处从略。

最后需指出的是上述所有雅可比阵各元素,是基于对标准弹道而言的偏导数,故计算这些偏导数时均应代以标准弹道的参数值,在上面书写中没有在符号上特别注明。

§5.4 扁形地球下自由飞行段弹道

本章前面的讨论均以地球为均质圆球为条件,则引力场为距离平方反比力场。而实际引力势的球函数展开式如式(2-2-6)或(2-2-7)所示。可见此时较之均质圆球引力势多了后面谐函数项,而这些谐函数的影响,不仅会使引力的大小有别于均质圆球的引力,而且该引力的方向也不只是在矢径 $\boldsymbol{r}$ 的反方向上,这就产生使导弹偏离 $\boldsymbol{r}$ 与 $\boldsymbol{V}$ 所决定的平面,故谐函数项的影响,将使导弹弹下点相对于地球为均质圆球的落点产生纵向射程偏差和侧向横程偏差。这种影响称为动力学影响,计算结果表明,对远程导弹而言,二谐带谐函数项的影响,使落点偏差量可达 10km 左右,而高谐带谐函数及田谐函数、扇谐函数对落点的影响要小几个量级,故可忽略不计,此外,导弹的弹着点是指导弹飞行弹道与地球表面的交点,因此,地球表面形状不同将使交点的位置产生变化,而引起落点的偏差。这种由于地球形状不同所引起的落点偏差称为几何影响。不言而喻,在考虑谐函数项的影响下,自由飞行段的时间也将不再是按椭圆弹道理论计算的时间,也需要进行修正。对于上述各种影响,基于谐函数项的影响可看成是对椭圆弹道的摄动,故可运用摄动理论导出动力学影响、几何影响及时间的修正项,而这些修正项均可以表示为自由飞行段起点绝对参数:$r_{kA}、v_{kA}、\Theta_{kA}、\phi_{kA}、\alpha_{kA}$的解析表达式。这些解析表达式可以方便、快捷地求出偏差量,它可以减少发射前射击诸元准备的时间,也可以减少导弹制导计算工作量。但由于该方法的推导是繁冗的,在掌握了椭圆弹道理论及二阶非齐次微分方程的解法的基础上,理解也是不困难的,在这里就不推导了,有兴趣可参阅参考文献[1]和[8]。

当地球引力场只考虑到 J_2 项，且将地球形状视为两轴旋转椭球体时，则可由火箭主动段计算方程式(3 – 3 – 5)写出在地面、发射坐标系内导弹弹头在真空状态下的动力学方程：

$$
\begin{cases}
m\begin{bmatrix}\dfrac{\mathrm{d}v_x}{\mathrm{d}t}\\ \dfrac{\mathrm{d}v_y}{\mathrm{d}t}\\ \dfrac{\mathrm{d}v_z}{\mathrm{d}t}\end{bmatrix} = m\dfrac{g'_r}{r}\begin{bmatrix}x+R_{ox}\\ x+R_{oy}\\ x+R_{oz}\end{bmatrix} + m\dfrac{g_{\omega e}}{\omega_e}\begin{bmatrix}\omega_{ex}\\ \omega_{ey}\\ \omega_{ex}\end{bmatrix}\\
\qquad - m\begin{bmatrix}a_{11} & a_{12} & a_{13}\\ a_{21} & a_{22} & a_{23}\\ a_{31} & a_{32} & a_{33}\end{bmatrix}\begin{bmatrix}x+R_{ox}\\ y+R_{oy}\\ z+R_{oz}\end{bmatrix} - m\begin{bmatrix}b_{11} & b_{12} & b_{13}\\ b_{21} & b_{22} & b_{23}\\ b_{31} & b_{32} & b_{33}\end{bmatrix}\begin{bmatrix}\dot{x}\\ \dot{y}\\ \dot{z}\end{bmatrix}\\
\begin{bmatrix}\dfrac{\mathrm{d}x}{\mathrm{d}t}\\ \dfrac{\mathrm{d}y}{\mathrm{d}t}\\ \dfrac{\mathrm{d}z}{\mathrm{d}t}\end{bmatrix} = \begin{bmatrix}v_x\\ v_y\\ v_z\end{bmatrix}\\
v = \sqrt{v_x^2 + v_y^2 + v_z^2}\\
r = \sqrt{(x+R_{ox})^2 + (y+R_{oy})^2 + (z+R_{oz})^2}\\
\sin\phi = \dfrac{(x+R_{ox})\omega_{ex} + (y+R_{oy})\omega_{ey} + (z+R_{oz})\omega_{ez}}{r\omega_e}\\
R = \dfrac{a_e b_e}{\sqrt{a_e^2\sin^2\phi + b_e^2\cos^2\phi}}
\end{cases}
\tag{5-4-1}
$$

式中各符号意义同式(3 – 3 – 5)。

式(5 – 4 – 1)的积分起始条件为主动段终点参数，而终止条件为 $r = R$(椭球表面一点纬度 ϕ 处的地心距长度)。

第六章　再入段弹道

飞行器的被动段飞行弹道，根据其受力情况不同，可分为自由段和再入段。在再入段，飞行器受到地球引力、空气动力和空气动力矩的作用。正由于空气动力的作用，使得飞行器在再入段具有以下特点：

（ⅰ）飞行器运动参数与真空飞行时有较大的区别。

（ⅱ）由于飞行器以高速进入稠密大气层，受到强大的空气动力作用而产生很大的过载，且飞行器表面也显著加热。这些在研究飞行器的落点精度和进行飞行器强度设计及防热措施时，都是要予以重视的问题。

（ⅲ）可以利用空气动力的升力特性，进行再入机动飞行。

根据上述再入段的特点，有必要对飞行器的再入段运动进行深入的研究。

当然，自由段和再入段的界限是选在大气的任意界面上，其高度与要解决的问题、飞行器的特性、射程（或航程）等有关。例如，大气对远程弹头的运动参数开始产生影响的高度约为 80～100km，通常取 80km 作为再入段起点，有时为了讨论问题方便，也以主动段终点高度作为划分的界限。实际上，即使在自由段，飞行器也会受到微弱的空气动力作用，特别对近程弹道导弹，由于弹道高度不高，情况更是如此。因此，在本章将建立的考虑空气动力的再入段运动方程，也可用于研究考虑空气动力后的自由段，从而使自由段弹道精确化。

§6.1　再入段运动方程

在再入段，飞行器是处于仅受地球引力、空气动力和空气动力矩作用的无动力、无控制的常质量飞行段，因此，很容易由第三章空间一般运动方程简化得到再入段运动方程。

1. 矢量形式的再入段动力学方程

在式（3－1－2）中，取 $\boldsymbol{P}=0, \boldsymbol{F}_c=0, \boldsymbol{F}'_k=0$；在式（3－1－4）中，取 $\boldsymbol{M}_c=0, \boldsymbol{M}'_{rel}=0, \boldsymbol{M}'_k=0$，便得到在惯性空间中以矢量形式描述的再入段质心动力学方程

$$m\frac{\mathrm{d}^2 r}{\mathrm{d}t^2}=\boldsymbol{R}+mg \tag{6-1-1}$$

和在平移坐标系中建立的绕质心动力学方程

$$\bar{\boldsymbol{I}}\cdot\frac{\mathrm{d}\omega_T}{\mathrm{d}t}+\omega_T\times(\bar{\boldsymbol{I}}\cdot\omega_T)=\boldsymbol{M}_{st}+\boldsymbol{M}_d \tag{6-1-2}$$

其中

$$\omega_T=\omega+\omega_e \tag{6-1-3}$$

ω 为飞行器姿态相对于发射坐标系的转动角速度，ω_e 为地球自转角速度。

2. 地面发射坐标系中再入段空间运动方程

对微分方程(6－1－1)、(6－1－2)的求解须将其投影到选定的坐标系中。当考虑地球为均质旋转椭球体时，在地面发射坐标系中的再入段空间运动方程，可由式(3－2－39)简化得到：

(ⅰ)由于是无动力飞行，故可在质心动力学方程中，取 $P_e=0$。

(ⅱ)再入是无控制飞行状态，故可去掉 3 个控制方程，且在动力学方程中，取

$$Y_{1c}=Z_{1c}=0$$

$$\delta_\varphi=\delta_\psi=\delta_\gamma=0$$

(ⅲ)再入飞行器无燃料消耗，在理想条件下，为常质量质点系，故可去掉 1 个质量计算方程，且 $\dot{m}=0, \dot{I}_{x1}=\dot{I}_{y1}=\dot{I}_{z1}=0$

(ⅳ)考虑到再入段飞行时间很短，且 ω_e 为 10^{-4} 量级，故可近似取 $\boldsymbol{\omega}_T=\boldsymbol{\omega}$，即

$$\begin{bmatrix}\omega_{Tx1}\\\omega_{Ty1}\\\omega_{Tz1}\end{bmatrix}=\begin{bmatrix}\omega_{x1}\\\omega_{y1}\\\omega_{z1}\end{bmatrix}$$

且

$$\begin{bmatrix}\varphi_T\\\psi_T\\\gamma_T\end{bmatrix}=\begin{bmatrix}\varphi\\\psi\\\gamma\end{bmatrix}$$

则可去掉 ω_{Tx1}、ω_{Ty1}、ω_{Tz1} 与 ω_{x1}、ω_{y1}、ω_{z1} 之间的联系方程和 φ_T、ψ_T、γ_T 与 φ、ψ、γ 之间的联系方程，共 6 个。

综上所述，在式(3－2－39)的 32 个方程的基础上，已去掉了 10 个方程，余下的 22 个方程也进行了简化，得到的在地面发射坐标系中的再入段空间运动方程如下：

$$
\begin{cases}
m\begin{bmatrix} \dfrac{\mathrm{d}v_x}{\mathrm{d}t} \\ \dfrac{\mathrm{d}v_y}{\mathrm{d}t} \\ \dfrac{\mathrm{d}v_z}{\mathrm{d}t} \end{bmatrix} = \boldsymbol{G}_V\begin{bmatrix} -X \\ Y \\ Z \end{bmatrix} + m\dfrac{g'_r}{r}\begin{bmatrix} x+R_{ox} \\ y+R_{oy} \\ y+R_{oz} \end{bmatrix} + m\dfrac{g_{\omega e}}{\omega_e}\begin{bmatrix} \omega_{ex} \\ \omega_{ey} \\ \omega_{ez} \end{bmatrix} \\
\qquad - m\begin{bmatrix} a_{11} & a_{12} & a_{13} \\ a_{21} & a_{22} & a_{23} \\ a_{31} & a_{32} & a_{33} \end{bmatrix}\begin{bmatrix} x+R_{ox} \\ y+R_{oy} \\ z+R_{oz} \end{bmatrix} - m\begin{bmatrix} b_{11} & b_{12} & b_{13} \\ b_{21} & b_{22} & b_{23} \\ b_{31} & b_{32} & b_{33} \end{bmatrix}\begin{bmatrix} v_x \\ v_y \\ v_z \end{bmatrix} \\
\begin{bmatrix} I_{x1}\dfrac{\mathrm{d}\omega_{x1}}{\mathrm{d}t} \\ I_{y1}\dfrac{\mathrm{d}\omega_{y1}}{\mathrm{d}t} \\ I_{z1}\dfrac{\mathrm{d}\omega_{z1}}{\mathrm{d}t} \end{bmatrix} + \begin{bmatrix} (I_{z1}-I_{y1})\omega_{x1}\omega_{y1} \\ (I_{x1}-I_{z1})\omega_{x1}\omega_{z1} \\ (I_{y1}-I_{x1})\omega_{y1}\omega_{x1} \end{bmatrix} = \begin{bmatrix} 0 \\ m_{y1st}qS_Ml_K \\ m_{z1st}qS_Ml_K \end{bmatrix} + \begin{bmatrix} m_{x1}^{\bar{\omega}_{x1}}qS_Ml_K\bar{\omega}_{x1} \\ m_{y1}^{\bar{\omega}_{y1}}qS_Ml_K\bar{\omega}_{y1} \\ m_{z1}^{\bar{\omega}_{z1}}qS_Ml_K\bar{\omega}_{z1} \end{bmatrix} \\
\begin{bmatrix} \dfrac{\mathrm{d}x}{\mathrm{d}t} \\ \dfrac{\mathrm{d}y}{\mathrm{d}t} \\ \dfrac{\mathrm{d}z}{\mathrm{d}t} \end{bmatrix} = \begin{bmatrix} v_x \\ v_y \\ v_z \end{bmatrix} \\
\begin{bmatrix} \omega_{x1} \\ \omega_{y1} \\ \omega_{z1} \end{bmatrix} = \begin{bmatrix} \dot{\gamma} - \dot{\varphi}\sin\psi \\ \dot{\psi}\cos\gamma + \dot{\varphi}\cos\psi\sin\gamma \\ \dot{\varphi}\cos\psi\cos\gamma - \dot{\psi}\sin\gamma \end{bmatrix} \\
\begin{cases} \theta = \arctan\dfrac{v_y}{v_x} \\ \sigma = -\arcsin\dfrac{v_z}{v} \end{cases} \\
\begin{cases} \sin\beta = \cos(\theta-\varphi)\cos\sigma\sin\psi\cos\gamma - \sin(\theta-\varphi)\cos\sigma\sin\gamma - \sin\sigma\cos\psi\cos\gamma \\ -\sin\alpha\cos\beta = \cos(\theta-\varphi)\cos\sigma\sin\psi\sin\gamma + \sin(\theta-\varphi)\cos\sigma\cos\gamma - \sin\sigma\cos\psi\sin\gamma \\ \sin\nu = \dfrac{1}{\cos\sigma}(\cos\alpha\cos\psi\sin\gamma - \sin\psi\sin\alpha) \end{cases} \\
r = \sqrt{(x+R_{ox})^2 + (y+R_{oy})^2 + (z+R_{oz})^2} \\
\sin\phi = \dfrac{(x+R_{ox})\omega_{ex} + (y+R_{oy})\omega_{ey} + (z+R_{oz})\omega_{ez}}{r\omega_e} \\
R = \dfrac{a_eb_e}{\sqrt{a_e^2\sin^2\phi + b_e^2\cos^2\phi}} \\
h = r - R \\
v = \sqrt{v_x^2 + v_y^2 + v_z^2}
\end{cases}
\tag{6-1-4}
$$

式(6-1-4)共22个方程,包含22个未知量:v_x、v_y、v_z、ω_{x1}、ω_{y1}、ω_{z1}、x、y、z、φ、ψ、γ、θ、σ、β、α、ν、r、ϕ、R、h、v。给出起始条件,便可进行弹道计算,但要注意的是:

(ⅰ)22个起始条件不是任意给定的,只要给定前12个方程的 v_x、v_y、v_x、ω_{x1}、ω_{y1}、ω_{z1}、x、y、z、φ、ψ、γ 等12个参数的初值,则后10个参数 θ、σ、β、α、ν、r、ϕ、R、h、v 的起始值可相应地算出。

(ⅱ)为了进行弹道数值计算,需将式(6-1-4)中 ω_{x1}、ω_{y1}、ω_{z1} 与 $\dot{\varphi}$、$\dot{\psi}$、$\dot{\gamma}$ 的关系式整理成以下形式:

$$\begin{bmatrix}\dot{\varphi}\\ \dot{\psi}\\ \dot{\gamma}\end{bmatrix}=\begin{bmatrix}\dfrac{1}{\cos\psi}(\omega_{y1}\sin\gamma+\omega_{z1}\cos\gamma)\\ \omega_{y1}\cos\gamma-\omega_{z1}\sin\gamma\\ \omega_{x1}+\tan\psi(\omega_{x1}\sin\gamma+\omega_{z1}\cos\gamma)\end{bmatrix}\tag{6-1-5}$$

(ⅲ)当 α、β 为小角度时,力矩系数 m_{y1st}、m_{z1st} 也常表示为

$$m_{y1st}=m_{y1}^{\beta}\cdot\beta$$
$$m_{z1st}=m_{z1}^{\beta}\cdot\beta$$

3. 以总攻角、总升力表示的再入段空间弹道方程

在式(6-1-4)所示的再入段空间弹道方程中,气动力 $\boldsymbol{R}$ 在速度坐标系中,分别表示为阻力 X、升力 Y 和侧力 Z。这里,引入总攻角、总升力的概念,将气动力 $\boldsymbol{R}$ 用总攻角、总升力等表示,则可推导出适用于各种再入飞行器的再入段空间运动方程的另一种常用形式。

如图6-1所示,定义总攻角为速度轴 o_1x_v 与飞行器纵轴 o_1x_1 之夹角,记作 η。则空气动力 $\boldsymbol{R}$ 必定在 $x_1o_1x_v$ 所决定的平面内,称为总攻角平面。显然,在总攻角平面内将气动力 $\boldsymbol{R}$ 沿飞行器纵轴方向 $\boldsymbol{x}_1^0$ 及垂直于 $\boldsymbol{x}_1^0$ 的方向 $\boldsymbol{n}^0$ 分解,可得

$$\boldsymbol{R}=-X_1\boldsymbol{x}_1^0+N\boldsymbol{n}^0\tag{6-1-6}$$

其中,X_1 为轴向力,N 称为总法向力。将此式与式(2-3-17)比较可知

$$N\boldsymbol{n}^0=Y_1\boldsymbol{y}_1^0+Z_1\boldsymbol{z}_1^0\tag{6-1-7}$$

由此推断出,$\boldsymbol{n}^0$ 沿 $z_1o_1y_1$ 平面与 $x_1o_1x_v$ 平面的交线 O_1P_1 方向。

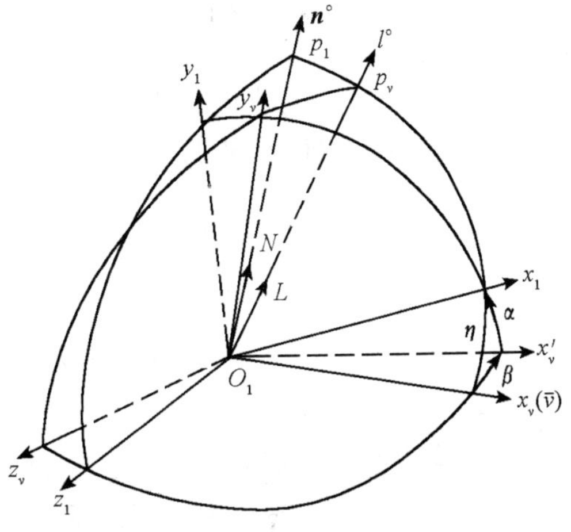

图6-1　总攻角 η、总法向力 N 与总升力 L

同理,在总攻角平面内,可将气动力 $\boldsymbol{R}$ 沿速度轴方向 $\boldsymbol{x}_v^0$ 及垂直于速度轴的方向 $\boldsymbol{l}^0$ 分解,可得

$$\boldsymbol{R}=-X\boldsymbol{x}_v^0+L\boldsymbol{l}^0\tag{6-1-8}$$

其中,X 为阻力,L 称为总升力。将此式与式(2-3-19)比较可知

$$L\boldsymbol{l}^0=Y\boldsymbol{y}_v^0+Z\boldsymbol{z}_v^0,\tag{6-1-9}$$

显然，$\boldsymbol{l}^0$ 沿 $z_v o_1 y_v$ 平面与 $x_1 o_1 x_v$ 平面的交线 $O_1 P_v$ 方向。

应当指出，气动力 $\boldsymbol{R}$ 的作用点在压心，而不是质心 O_1，为了讨论问题的方便，在作图中，$\boldsymbol{R}$ 过质心 o_1。下面先讨论总攻角 η、总法向力 N、总升力 L 与第二章介绍的攻角 α、侧滑角 β、法向力 Y_1、横向力 Z_1 及升力 Y、侧力 Z 之间的关系，最后导出以总攻角、总升力等表示的再入段空间运动方程。

（1）总攻角 η 与攻角 α、侧滑角 β 之间的关系式

按定义

$$\begin{cases}\cos\eta = \boldsymbol{x}_v^0 \cdot \boldsymbol{x}_1^0 \\ \cos\alpha = \boldsymbol{x}'^0_v \cdot \boldsymbol{x}_1^0 \\ \cos\beta = \boldsymbol{x}_v^0 \cdot \boldsymbol{x}'^0_v\end{cases} \tag{6-1-10}$$

由图 6－1 可看出

$$\boldsymbol{x}_v^0 = \cos\beta \boldsymbol{x}'^0_v + \sin\beta \boldsymbol{z}_1^0$$

$$\boldsymbol{x}_1^0 = \cos\alpha \boldsymbol{x}'^0_v + \sin\alpha \boldsymbol{y}_v^0$$

则

$$\cos\eta = (\cos\beta \boldsymbol{x}'^0_v + \sin\beta \boldsymbol{z}_1^0)\cdot(\cos\alpha \boldsymbol{x}'^0_v + \sin\alpha \boldsymbol{y}_v^0)$$

注意到

$$\boldsymbol{z}_1^0 \cdot \boldsymbol{x}'^0_v = 0$$

$$\boldsymbol{x}_1^0 \cdot \boldsymbol{y}'^0_v = 0$$

$$\boldsymbol{z}_1^0 \cdot \boldsymbol{y}'^0_v = 0$$

于是

$$\cos\eta = \cos\beta \cdot \cos\alpha \tag{6-1-11}$$

此式即为总攻角 η 与攻角 α、侧滑角 β 之间的准确关系式。

由式（6－1－11）不难得到

$$\sin^2\eta = \sin^2\alpha + \sin\beta - \sin^2\alpha \cdot \sin^2\beta \tag{6-1-12}$$

当 α、β 为小角度时，η 也为小角度，在准确到小角度平方量级时，则有近似关系式：

$$\eta = \sqrt{\alpha^2 + \beta^2} \tag{6-1-13}$$

（2）轴向力 X_1、总法向力 N 与阻力 X、总升力 L 之间的关系

由于 X_1、N 与 X、L 均在 $x_1 o_1 x_v$ 所决定的平面内，如图 6－2 所示。则

$$\begin{cases}X = N\sin\eta + X_1\cos\eta \\ L = N\cos\eta - X_1\sin\eta\end{cases} \tag{6-1-14}$$

注意到

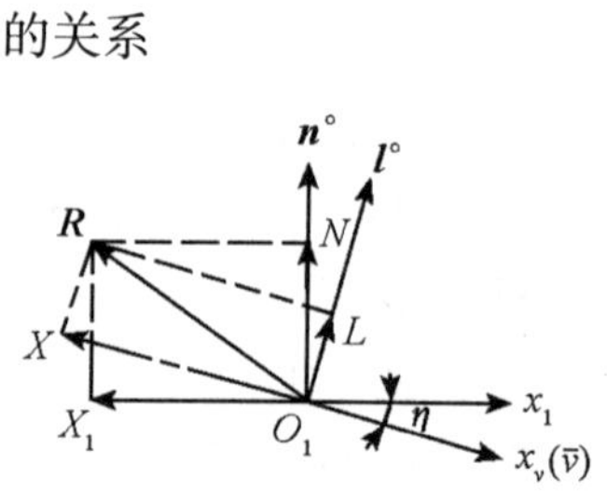

图 6－2　阻力 X、总升力 L 与轴向力 X_1、总法向力 N 的关系

$$\begin{cases} X = C_x q S_M \\ L = C_L q S_M \\ X_1 = C_{x1} q S_M \\ N = C_N q S_M \end{cases}$$

于是，轴向阻力系数 C_{x1}、总法向力系数 C_N 与阻力系数 C_x、总升力系数 C_L 的关系为

$$\begin{cases} C_x = C_N \sin\eta + C_{x1}\cos\eta \\ C_L = C_N \cos\eta - C_{x1}\sin\eta \end{cases} \tag{6-1-15}$$

可见，由风洞试验给出 C_{x1}、C_N 后，便可由此关系式得到 C_x、C_L。有的资料中，阻力系数也常用 C_D 表示，轴向阻力系数常用 C_A 表示。

(3)总法向力 N 与法向力 Y_1、横向力 Z_1 之间的关系

注意到式(6-1-7)，N 的大小为

$$N = \sqrt{Y_1^2 + Z_1^2} \tag{6-1-16}$$

由图6-3可知

$$\begin{cases} Y_1 = N\cos\phi_1 \\ Z_1 = -N\sin\phi_1 \end{cases} \tag{6-1-17}$$

ϕ_1 为 y_1、P_1 两点连成的大圆弧所对应的球心角，即 $\widehat{y_1P_1} = \phi_1$。

在图6-3的球面三角形 $y_1x_1P_1$ 中，记 $\angle y_1x_1P_1 = \phi_2$，由于 o_1x_1 轴垂直于 $y_1o_1P_1$ 平面，则

$$\phi_1 = \phi_2$$

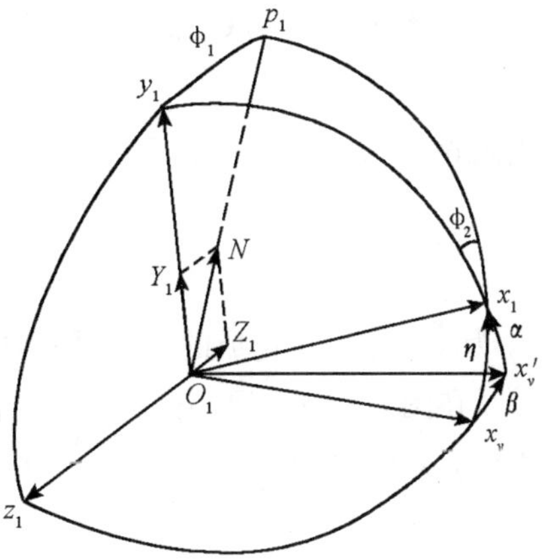

图6-3　总法向力 N 与法向力 Y_1、横向力 Z_1 的关系

在球面三角形 $x_vx'_vx_1$ 中，$\angle x_vx'_vx_1 = 90°$，故球面三角形 $x_vx'_vx_1$ 为一球面直角三角形，则

$$\sin\phi_2 = \frac{\sin\beta}{\sin\eta} \tag{6-1-18}$$

又由余弦公式

$$\cos\beta = \cos\alpha\cos\eta + \sin\alpha\sin\eta\cos\phi_2$$

得到

$$\cos\phi_2 = \frac{\cos\beta - \cos\alpha\cos\eta}{\sin\alpha\sin\eta}$$

将式(6-1-11)代入上式，即可得

$$\cos\phi_2 = \frac{\sin\alpha\cos\beta}{\sin\eta} \tag{6-1-19}$$

注意到 $\phi_1 = \phi_2$，并将式(6-1-18)、(6-1-19)代入式(6-1-17)，则得到

$$\begin{cases} Y_1 = N\dfrac{\sin\alpha\cos\beta}{\sin\eta} \\ Z_1 = -N\dfrac{\sin\beta}{\sin\eta} \end{cases} \tag{6-1-20}$$

亦可写成系数形式

$$\begin{cases} C_{y1} = C_N\dfrac{\sin\alpha\cos\beta}{\sin\eta} \\ C_{z1} = -C_N\dfrac{\sin\beta}{\sin\eta} \end{cases} \tag{6-1-21}$$

且总法向力系数 C_N 与法向力系数 C_{y1}、横向力系数 C_{z1} 有以下关系

$$C_N^2 = C_{y1}^2 + C_{z1}^2 \tag{6-1-22}$$

(4)总升力 L 与升力 Y、侧力 Z 之间的关系

由式(6-1-9)知，总升力的大小为

$$L = \sqrt{Y^2 + Z^2} \tag{6-1-23}$$

由图 6-4 知

$$\begin{cases} Y = L\cos\phi_3 \\ Z = -L\sin\phi_3 \end{cases} \tag{6-1-24}$$

ϕ_3 为 y_v、P_v 两点连成的大圆弧所对应的球心角，即 $\overset{\frown}{y_vP_v} = \phi_3$。

在图 6-4 中，记 $\angle y_vx_vP_v = \phi_4$，由于 o_1x_v 垂直于 $y_vo_1P_v$ 平面，故

$$\phi_3 = \phi_4$$

注意到球面三角形 $x_vx'_vx_1$ 中，$\angle x_1x_vx'_v = 90° - \phi_4$，则

$$\frac{\sin\alpha}{\sin(90° - \phi_4)} = \frac{\sin\eta}{\sin 90°}$$

$$\cos\phi_4 = \frac{\sin\alpha}{\sin\eta} \tag{6-1-25}$$

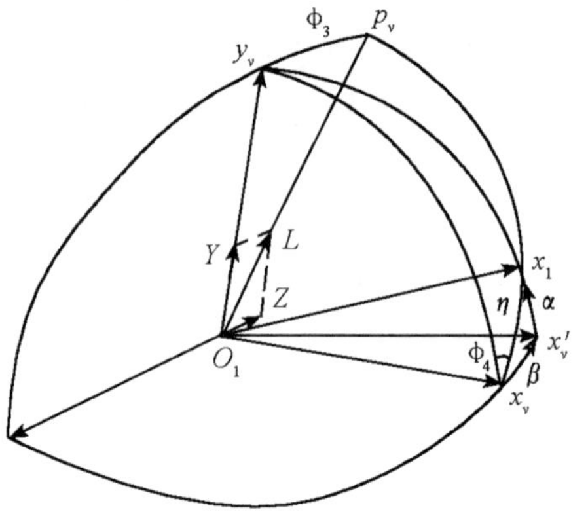

图 6-4　总升力 L 与升力 Y、侧力 Z 的关系

而由余弦公式

$$\cos\alpha = \cos\beta\cos\eta + \sin\beta\sin\eta\cos(90° - \phi_4)$$

利用式(6-1-11)，可得

$$\sin\phi_4 = \frac{\cos\alpha\sin\beta}{\sin\eta} \tag{6-1-26}$$

由于 $\phi_3 = \phi_4$，将式(6-1-25)、(6-1-26)代入式(6-1-24)得到

$$\begin{cases} Y = L\dfrac{\sin\alpha}{\sin\eta} \\ Z = -L\dfrac{\cos\alpha\sin\beta}{\sin\eta} \end{cases} \tag{6-1-27}$$

显然，也可得到升力系数 C_y、侧力系数 C_z 与总升力系数 C_L 之间的关系：

$$\begin{cases} C_y = C_L \dfrac{\sin\alpha}{\sin\eta} \\ C_z = -C_L \dfrac{\cos\alpha\sin\beta}{\sin\eta} \end{cases} \tag{6-1-28}$$

且有

$$C_L^2 = C_y^2 + C_z^2 \tag{6-1-29}$$

(5)气动力 $\boldsymbol{R}$ 在地面发射坐标系中的表示

如图 6-5 所示,单位矢量 $\boldsymbol{l}_0$ 与 $\boldsymbol{x}_1^0$、$\boldsymbol{x}_v^0$ 之间的关系为

$$\boldsymbol{x}_1^0 = \cos\eta\boldsymbol{x}_v^0 + \sin\eta\boldsymbol{l}^0$$

则

$$\begin{aligned} \boldsymbol{R} &= -X\boldsymbol{x}_v^0 + L\boldsymbol{l}^0 \\ &= -X\boldsymbol{x}_v^0 + \frac{L}{\sin\eta}(\boldsymbol{x}_1^0 - \cos\eta\boldsymbol{x}_v^0) \end{aligned} \tag{6-1-30}$$

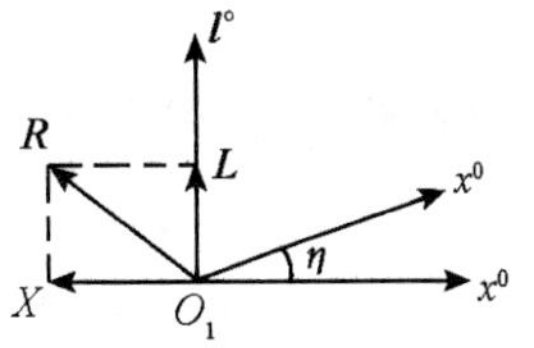

图 6-5　单位矢量 $\boldsymbol{l}^0$ 与 $\boldsymbol{x}_1^0$、$\boldsymbol{x}_v^0$ 的关系

利用箭体坐标系 $o_1-x_1y_1z_1$ 与地面发射坐标系 $o-xyz$ 的方向余弦阵 $\boldsymbol{G}_B$,以及速度坐标系 $o_1-x_vy_vz_v$ 与 $o-xyz$ 的方向余弦阵 $\boldsymbol{G}_V$,可将 $\boldsymbol{x}_1^0$、$\boldsymbol{x}_v^0$ 用 $\boldsymbol{x}^0$、$\boldsymbol{y}^0$、$\boldsymbol{z}^0$ 表示。$\boldsymbol{G}_B$、$\boldsymbol{G}_V$ 见式(1-3-6)、(1-3-8)。则

$$\boldsymbol{x}_1^0 = \cos\varphi\cos\psi\boldsymbol{x}^0 + \sin\varphi\cos\psi\boldsymbol{y}^0 - \sin\psi\boldsymbol{z}^0$$
$$\boldsymbol{x}_v^0 = \cos\varphi\cos\sigma\boldsymbol{x}^0 + \sin\theta\cos\sigma\boldsymbol{y}^0 - \sin\sigma\boldsymbol{z}^0$$

代入式(6-1-30)中,于是,在地面发射坐标系中 $\boldsymbol{R}$ 表示为

$$\boldsymbol{R} = \begin{bmatrix} R_x \\ R_y \\ R_z \end{bmatrix} = -X\begin{bmatrix} \cos\theta\cos\sigma \\ \sin\theta\cos\sigma \\ -\sin\sigma \end{bmatrix} + \frac{L}{\sin\eta}\begin{bmatrix} \cos\varphi\cos\psi - \cos\eta\cos\theta\cos\sigma \\ \sin\varphi\cos\psi - \cos\eta\sin\theta\cos\sigma \\ -\sin\psi + \cos\eta\sin\sigma \end{bmatrix} \tag{6-1-31}$$

注意到

$$v_x = v\cos\theta\cos\sigma$$
$$v_y = v\sin\theta\cos\sigma$$
$$v_z = -v\sin\sigma$$

$\boldsymbol{R}$ 又可写成

$$\boldsymbol{R} = -X\begin{bmatrix} \dfrac{v_x}{v} \\ \dfrac{v_y}{v} \\ \dfrac{v_z}{v} \end{bmatrix} + \frac{L}{\sin\eta}\begin{bmatrix} \cos\varphi\cos\psi - \cos\eta\dfrac{v_x}{v} \\ \sin\varphi\cos\psi - \cos\eta\dfrac{v_y}{v} \\ -\sin\psi - \cos\eta\dfrac{v_z}{v} \end{bmatrix} \tag{6-1-32}$$

(6)稳定力矩 $\boldsymbol{M}_{st}$ 的表示

当飞行器的质心与压心同位于纵轴 o_1x_1 上时,由式(2-3-40)可知

$$\boldsymbol{M}_{st} = \begin{bmatrix} M_{x1st} \\ M_{y1st} \\ M_{z1st} \end{bmatrix} = \begin{bmatrix} 0 \\ Z_1(x_P - x_g) \\ -Y_1(x_P - x_g) \end{bmatrix}$$

将式(6－1－20)代入上式,有

$$\boldsymbol{M}_{st}=\begin{bmatrix}0\\ -N\dfrac{\sin\beta}{\sin\eta}(x_P-x_g)\\ -N\dfrac{\sin\alpha\cos\beta}{\sin\eta}(x_P-x_g)\end{bmatrix}=\begin{bmatrix}0\\ -C_NqS_Ml_K(\bar{x}_P-\bar{x}_g)\dfrac{\sin\beta}{\sin\eta}\\ -C_NqS_Ml_K(\bar{x}_P-\bar{x}_g)\dfrac{\sin\alpha\cos\beta}{\sin\eta}\end{bmatrix}$$

记

$$m_n=C_N(\bar{x}_P-\bar{x}_g)$$

m_n 称为稳定力矩系数。则

$$\boldsymbol{M}_{st}=\begin{bmatrix}0\\ -m_nqS_Ml_k\dfrac{\sin\beta}{\sin\eta}\\ -m_nqS_Ml_k\dfrac{\sin\alpha\cos\beta}{\sin\eta}\end{bmatrix}\tag{6－1－33}$$

根据以上讨论,在式(6－1－4)中,气动力 $\boldsymbol{R}$ 和稳定力矩 $\boldsymbol{M}_{st}$ 分别采用式(6－1－32)、(6－1－33)的表示形式,并去掉计算 ν 的第 17 个方程,而增加计算总攻角 η 的方程,则得到以总攻角、总升力表示的再入段空间弹道方程。此时的质心动力学方程、绕质心动力学方程形式为:

$$m\begin{bmatrix}\dfrac{dv_x}{dt}\\ \dfrac{dv_y}{dt}\\ \dfrac{dv_z}{dt}\end{bmatrix}=-X\begin{bmatrix}\dfrac{v_x}{v}\\ \dfrac{v_y}{v}\\ \dfrac{v_z}{v}\end{bmatrix}+\frac{L}{\sin\eta}\begin{bmatrix}\cos\varphi\cos\psi-\dfrac{v_x}{v}\cos\eta\\ \sin\varphi\cos\psi-\dfrac{v_y}{v}\cos\eta\\ -\sin\psi-\dfrac{v_z}{v}\cos\eta\end{bmatrix}$$

$$+\frac{mg'_r}{r}\begin{bmatrix}x+R_{ox}\\ x+R_{oy}\\ x+R_{oz}\end{bmatrix}+\frac{mg_{\omega e}}{\omega_e}\begin{bmatrix}\omega_{ex}\\ \omega_{ey}\\ \omega_{ez}\end{bmatrix}$$

$$-m\begin{bmatrix}a_{11}&a_{12}&a_{13}\\ a_{21}&a_{22}&a_{23}\\ a_{31}&a_{32}&a_{33}\end{bmatrix}\begin{bmatrix}x+R_{ox}\\ y+R_{oy}\\ z+R_{oz}\end{bmatrix}-m\begin{bmatrix}b_{11}&b_{12}&b_{13}\\ b_{21}&b_{22}&b_{23}\\ b_{31}&b_{32}&b_{33}\end{bmatrix}\begin{bmatrix}v_x\\ v_y\\ v_z\end{bmatrix}$$

$$\begin{bmatrix}I_{x1}\dfrac{d\omega_{x1}}{dt}\\ I_{y1}\dfrac{d\omega_{y1}}{dt}\\ I_{z1}\dfrac{d\omega_{z1}}{dt}\end{bmatrix}=\begin{bmatrix}0\\ -m_nqS_Ml_K\dfrac{\sin\beta}{\sin\eta}\\ -m_nqS_Ml_K\dfrac{\sin\alpha\cos\beta}{\sin\eta}\end{bmatrix}$$

$$+\begin{bmatrix}m_{x1}^{\bar{\omega}_{x1}}qS_Ml_K\bar{\omega}_{x1}\\ m_{y1}^{\bar{\omega}_{y1}}qS_Ml_K\bar{\omega}_{y1}\\ m_{z1}^{\bar{\omega}_{z1}}qS_Ml_K\bar{\omega}_{z1}\end{bmatrix}+\begin{bmatrix}(I_{y1}-I_{z1})\omega_{y1}\omega_{z1}\\ (I_{z1}-I_{x1})\omega_{z1}\omega_{x1}\\ (I_{x1}-I_{y1})\omega_{x1}\omega_{y1}\end{bmatrix}\tag{6－1－34}$$

总攻角 η 计算方程为

$$\cos\eta = \cos\alpha\cos\beta$$

以上关于 v_x、v_y、v_z、ω_{x1}、ω_{y1}、ω_{z1}、η 等 7 个未知量的 7 个方程，加上与式(6-1-4)相同的计算 x、y、z、φ、ψ、γ、θ、σ、β、α、r、ϕ、R、h、v 等 15 未知量的 15 个计算方程，共 22 个未知量，22 个方程，便构成了一套闭合的空间弹道方程。

4. 简化的再入段平面运动方程

考虑到再入飞行器，特别是弹道导弹在再入段飞行的射程较小，飞行时间也较短，因此在研究其运动时，可作如下假设：

(ⅰ)不考虑地球旋转，即 $\omega_e = 0$；

(ⅱ)地球为一圆球，即引力场为一与地心距平方成反比的有心力场，令 $g = \frac{\mu}{r^2}$；

(ⅲ)认为飞行器的纵轴始终处于由再入点的速度矢量 $\boldsymbol{V}_e$ 及地心矢 $\boldsymbol{r}_e$ 所决定的射面内，即侧滑角为 0。

根据上述假设可知，飞行器在理想条件下的再入段运动将不存在垂直射面的侧力，因而整个再入段运动为一平面运动。

见图 6-6，建立原点在再入点 e 的直角坐标系 $e-xyz$，$e-xy$ 平面为再入点地心矢与速度矢 $\boldsymbol{V}_e$ 所决定的平面，ey 轴沿 $\boldsymbol{r}_e$ 的方向，ex 轴垂直于 ey 轴，指向运动方向为正，ez 轴由右手规则确定。$e-xy$ 所在的平面即为再入段的运动平面。记再入弹道上任一点地心矢 $\boldsymbol{r}$ 与 $\boldsymbol{r}_e$ 的夹角为 β_e，称为再入段射程角，飞行速度 $\boldsymbol{V}$ 对 ex 轴的倾角为 θ，而 $\boldsymbol{V}$ 对当地水平线的倾角为 Θ，θ 与 Θ 均为负值。于是，飞行器的运动为平面运动时，速度 $\boldsymbol{V}$ 既可用速度在 $e-xy$ 平面内的分量 v_x、v_y 表示，也可用速度大小 v 和当地速度倾角 Θ 表示；位置 $\boldsymbol{r}$ 既可用在 $e-xy$ 平面内的位置分量 x、y 表示，也可用地心距 r 和射程角 β_e 表示。下面建立的是以 v、Θ、r、β_e 对时间 t 的微分方程。

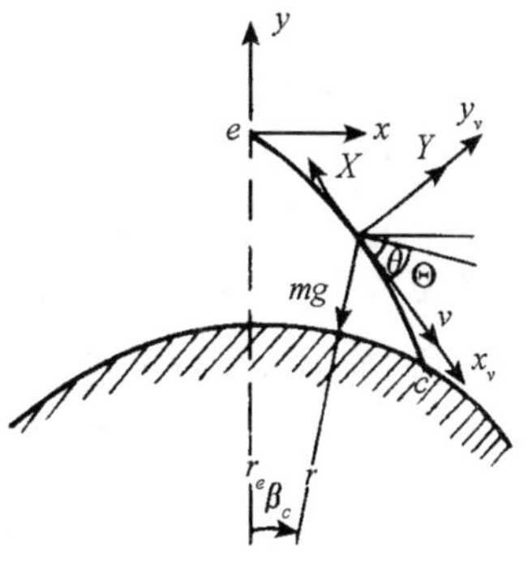

图 6-6　再入段坐标系与力

根据质量为 m 的飞行器再入段矢量运动方程

$$m\frac{\mathrm{d}\boldsymbol{V}}{\mathrm{d}t} = \boldsymbol{R} + m\boldsymbol{g} \tag{6-1-35}$$

将上式向速度坐标系投影，就能获得投影形式的运动方程。

注意到速度矢量的转动角速度为 $\dot{\theta}$，则

$$\frac{\mathrm{d}\boldsymbol{V}}{\mathrm{d}t} = \frac{\mathrm{d}v}{\mathrm{d}t}\boldsymbol{x}_v^0 + v\frac{\mathrm{d}\theta}{\mathrm{d}t}\boldsymbol{y}_v^0 \tag{6-1-36}$$

由图 6-6 可见

$$\begin{cases} R_{xv} = -X, R_{yv} = Y \\ g_{xv} = -g\sin\Theta, g_{yv} = -g\cos\Theta \end{cases} \tag{6-1-37}$$

故将(6-1-35)在速度坐标系上投影得

$$\begin{cases}\dfrac{\mathrm{d}v}{\mathrm{d}t} = -\dfrac{X}{m} - g\sin\Theta \\ \dfrac{\mathrm{d}\theta}{\mathrm{d}t} = \dfrac{Y}{mv} - \dfrac{g}{v}\cos\Theta\end{cases} \tag{6-1-38}$$

由图 6－6 还可看出 θ、Θ 有几何关系

$$\Theta = \theta + \beta_e \tag{6-1-39}$$

因此有

$$\dot{\Theta} = \dot{\theta} + \dot{\beta}_e \tag{6-1-40}$$

又由于速度矢量 $\boldsymbol{V}$ 在径向 $\boldsymbol{r}$ 及当地水平线方向（顺飞行器运动方向为正）上的投影分别为

$$\begin{cases}\dot{r} = v\sin\Theta \\ r\dot{\beta}_e = v\cos\Theta\end{cases} \tag{6-1-41}$$

综合式（6－1－38）和（6－1－41）便得到飞行器在大气中的运动微分方程：

$$\begin{cases}\dfrac{\mathrm{d}v}{\mathrm{d}t} = -\dfrac{X}{m} - g\sin\Theta \\ \dfrac{\mathrm{d}\Theta}{\mathrm{d}t} = \dfrac{Y}{mv} + \left(\dfrac{v}{r} - \dfrac{g}{v}\right)\cos\Theta \\ \dfrac{\mathrm{d}r}{\mathrm{d}t} = v\sin\Theta \\ \dfrac{\mathrm{d}\beta_e}{\mathrm{d}t} = \dfrac{v}{r}\cos\Theta\end{cases} \tag{6-1-42}$$

上述方程中，气动力 X、Y 与攻角 α 有关，因此含 5 个未知量：v、Θ、r、β_e、α。仅 4 个方程，要求解，还需补充以下方程：

$$\begin{cases}I_{z1}\dfrac{\mathrm{d}\omega_{z1}}{\mathrm{d}t} = m_{z1}^{\bar{\omega}_{z1}} qS_M l_K \bar{\omega}_{z1} + m_{z1st} qS_M l_K \\ \dfrac{\mathrm{d}\varphi}{\mathrm{d}t} = \omega_{z1} \\ \alpha = \varphi + \beta_e - \Theta\end{cases} \tag{6-1-43}$$

综合式（6－1－42）、（6－1－43）便得到闭合的再入段平面质心运动方程。这里 φ 为弹体纵轴 o_1x_1 与 ex 轴的夹角，o_1x_1 轴在 ex 轴下方时，φ 为负值。当给定再入段起点（也即自由段终点）e 的初始条件：$t = t_e$，$v = v_e$，$\Theta = \Theta_e$，$r = r_e$，$\beta_e = 0$，$\omega_{z1} = \omega_{z1e}$，$\varphi = \varphi_e$，$\alpha = \varphi_e - \Theta_e$ 后，可进行数值积分，直到 $r = R$ 为止，即得到整个再入段的弹道参数。

显然，如果当整个被动段弹道均要计及空气动力的作用，只需以主动段终点的参数作为起始条件来求数值解，则可得整个被动段的弹道参数。

本节已介绍了再入段空间运动方程和简化的平面运动方程，一般来说，飞行器是以任意姿态进入大气层的，其运动包含质心运动和绕质心运动，但对于静稳定的再入飞行器，当有攻角时，稳定力矩将使其减小，通常在气动力较小时就使飞行器稳定下来。此时 $\eta = 0$，速度方向与飞行器纵轴重合，飞行器不再受到升力的作用，这样的再入称为“弹道再入”或称“零攻角再入”、“零升力再入”。反之，如果在再入过程中，$\eta \neq 0$，飞行器受到升力的

作用,这种再入称为“有升力再入”。对于零攻角的再入弹道和有升力的再入弹道,下面将分别予以介绍。

§6.2　零攻角再入时,运动参数的近似计算

无论飞行器是采用零攻角再入,还是有升力再入,用计算机数值积分求解完整的再入弹道都不是困难的事情。但在飞行器的初步设计中,希望能迅速地求得飞行器的运动参数,分析各种因素对运动参数的影响。例如,在导弹初步设计中,对弹头结构所能承受的最小负加速度、热流及烧蚀问题感兴趣,便希望能有近似的解析解计算最小负加速度、最大热流等。显然用再入段的空间弹道方程(6-1-4)是得不到近似的解析解的,因此,在研究再入段运动参数的近似解时,一般都采用简化的再入段平面运动方程(6-1-42)。

对零攻角再入,因 $\eta=0$,故 $L=0$,即 $Y=Z=0$,由式(6-1-42)可写出零攻角再入时的运动微分方程

$$\begin{cases}\dfrac{\mathrm{d}v}{\mathrm{d}t}=-\dfrac{X}{m}-g\sin\Theta\\ \dfrac{\mathrm{d}\Theta}{\mathrm{d}t}=\left(\dfrac{v}{r}-\dfrac{g}{v}\right)\cos\Theta\\ \dfrac{\mathrm{d}r}{\mathrm{d}t}=v\sin\Theta\\ \dfrac{\mathrm{d}\beta_e}{\mathrm{d}t}=\dfrac{v}{r}\cos\Theta\end{cases}\tag{6-2-1}$$

注意到上式中第一式

$$\frac{\mathrm{d}v}{\mathrm{d}t}=-C_x\frac{\rho v^2 S_M}{2m}-g\sin\Theta$$

为得到近似的解析解,假设大气密度 ρ 的标准分布和主动段一样,见式(2-3-12),取为

$$\rho=\rho_0 e^{-\beta h},\beta\ 为常数$$

由于密度随高度变化有这样的近似解析式,所以再入段运动参数的近似解一般不以时间 t 为自变量,而以高度 h 为自变量。

1. 再入段最小负加速度的近似计算

当飞行器以高速进入稠密大气层时,在巨大的空气阻力作用下,使飞行器受到一个很大的加速度,该加速度方向与速度方向相反,当加速度的绝对值达到最大时,称为最小负加速度。对于远程导弹而言,最小负加速度可达几十个 g,这就使弹头的结构强度,以及弹头内的控制仪表的正常工作受到很大影响。因此,最小负加速度是导弹初步设计中必须考虑的问题之一。

为了能找出最小负加速度的解析表达式,现作如下假设:

(ⅰ)忽略引力作用。除飞行器刚刚进入大气层的一小段弹道外,大部分弹道上的空气阻力均远远大于引力,因此,这种假设是合理的。此时,再入段弹道为一直线弹道。

（ⅱ）当地水平线的转动角速度为零，又由于前已假设再入弹道为一直线弹道，则 $\dot{\Theta}=0$。这是由于再入段射程角很小，可近似将球面看成平面。

（ⅲ）阻力系数 C_x 为常数。因为飞行器在达到最小负加速度以前，其飞行速度还相当大，即马赫数 M 相当大，此时阻力系数随 M 的变化仍很缓慢，故可忽略这种变化。

根据上述假设，运动方程（6-2-1）可简化为

$$\begin{cases}\dfrac{\mathrm{d}v}{\mathrm{d}t}=-\dfrac{X}{m}\\ \dfrac{\mathrm{d}r}{\mathrm{d}t}=v\sin\Theta_e\end{cases}\tag{6-2-2}$$

注意到

$$X=\frac{1}{2}C_xS_M\rho v^2=\frac{C_xS_M}{2}\rho_0\mathrm{e}^{-\beta h}v^2$$

$$r=R+h$$

则有

$$\begin{cases}\dfrac{\mathrm{d}v}{\mathrm{d}t}=-B\rho_0\mathrm{e}^{-\beta h}v^2\\ \dfrac{\mathrm{d}h}{\mathrm{d}t}=v\sin\Theta_e\end{cases}\tag{6-2-3}$$

其中

$$B=\frac{C_xS_M}{2m}$$

B 称为弹道系数。

由于

$$\frac{\mathrm{d}v}{\mathrm{d}t}=\frac{\mathrm{d}v}{\mathrm{d}h}\cdot\frac{\mathrm{d}h}{\mathrm{d}t}$$

将式（6-2-3）代入上式即得

$$\frac{\mathrm{d}v}{\mathrm{d}h}=-\frac{B\rho_0}{\sin\Theta_e}\mathrm{e}^{-\beta h}v\tag{6-2-4}$$

因此

$$\frac{\mathrm{d}v}{v}=\frac{B\rho_0}{\beta\sin\Theta_e}\mathrm{e}^{-\beta h}\mathrm{d}(-\beta h)$$

积分可得

$$\ln\frac{v}{v_e}=\frac{B}{\beta\sin\Theta_e}(\rho-\rho_e)$$

考虑到再入点高度较大，故可取 $\rho_e=0$，则

$$v=v_e\exp\left(\frac{B\rho_0}{\beta\sin\Theta_e}\mathrm{e}^{-\beta h}\right)\tag{6-2-5}$$

此即为在前述假设条件下，速度随高度变化的规律。由此再观察式（6-2-3）中第一式可知 $\dot{v}$ 是 h 的函数。现将该式对 h 微分可得

$$\frac{\mathrm{d}\dot{v}}{\mathrm{d}h}=B\rho_0\mathrm{e}^{-\beta h}\left(\beta v^2-2v\frac{\mathrm{d}v}{\mathrm{d}h}\right)$$

将式(6－2－4)代入上式即得

$$\frac{\mathrm{d}\dot{v}}{\mathrm{d}h}=B\rho v^2\left(\beta+\frac{2B\rho}{\sin\Theta_e}\right) \tag{6-2-6}$$

为求最小负加速度发生的高度 h_m,可令上式右端等于零。显然,$B\rho v^2$ 不为零,故可得到

$$\beta+\frac{2B\rho_m}{\sin\Theta_e}=0$$

则

$$\rho_m=-\frac{\beta\sin\Theta_e}{2B} \tag{6-2-7}$$

即

$$\rho_0\mathrm{e}^{-\beta h_m}=-\frac{\beta\sin\Theta_e}{2B}$$

由此可得

$$h_m=\frac{1}{\beta}\ln\left(-\frac{2B\rho_0}{\beta\sin\Theta_e}\right)$$

即

$$h_m=\frac{1}{\beta}\ln\left(-\frac{C_xS_M\rho_0}{m\beta\sin\Theta_e}\right) \tag{6-2-8}$$

可以看出,m 和 $|\Theta_e|$ 愈大,或 C_x、S_M 愈小,则最小负加速度产生的高度就愈小。而且还有一个有趣的结论,即最小负加速度的高度与再入点速度 v_e 的大小无关。

当 $h=h_m$ 时,由式(6－2－5)可得

$$v_m=v_e\exp\left(\frac{B\rho_m}{\beta\sin\Theta_e}\right)$$

再将式(6－2－7)代入上式,则有

$$v_m=v_e\mathrm{e}^{-\frac{1}{2}} \tag{6-2-9}$$

因此

$$v_m\cong0.61v_e \tag{6-2-10}$$

由此说明,在前述假设条件下,飞行器处于最小负加速度时,其速度与飞行器的重量、尺寸及再入角 Θ_e 无关,而只与再入速度 v_e 有关。

将式(6－2－10)代入式(6－2－3)中第一式即得飞行器在再入段的最小负加速度

$$\dot{v}_m=-B\rho_mv_m^2$$

将式(6－2－7)及式(6－2－9)代入上式得

$$\dot{v}=\frac{\beta v_e^2}{2e}\sin\Theta_e \tag{6-2-11}$$

可见,最小负加速度 $\dot{v}_m$ 只与飞行器再入点的运动参数 v_e、Θ_e 有关,而与飞行器的重量、尺寸无关。因此,为使 $|\dot{v}_m|$ 减小,或是减小 v_e,或是减小 $|\Theta_e|$。

2. 热流的近似计算

飞行器再入时很重要的一个问题是防热问题。再入时飞行器的巨大能量要通过大气

的制动使机械能变成热能，并扩散到周围空气中去，可使空气的温度达到几千度，这是一般结构材料承受不了的。由于飞行器表面的温度很低，而围绕飞行器周围的空气温度很高，就形成了气流向再入飞行器传递热量。如何计算传递的热流，对再入飞行器的防热设计是很重要的。准确确定热交换过程及结构的温度场是一个很复杂的问题，这里只提供热流的计算公式，它是防热设计的基础。

热流计算主要考虑三个量：平均的单位面积的对流热流 q_{av}（$\mathrm{kcal/m^2 \cdot s}$）；驻点的单位面积的对流热流 q_s（$\mathrm{kcal/m^2 \cdot s}$）；总的吸热量 Q（kcal）。需说明的是，热流量的大小与围绕飞行器表面的流场的性质有关，由于出现最大热流的高度比较高，围绕飞行器表面的气流是层流，所以下面推导的实际上是层流对流的热流计算公式，而且主要是用来比较各类弹道的优劣，完全用它来确定结构的工作环境是不够的。以下推导中假设条件与求最小负加速度时的假设相同。

（1）平均热流 q_{av}

$$q_{av} = \frac{1}{s_T}\int_s q\,\mathrm{d}s$$

其中 q 是飞行器表面单位时间单位面积由空气传给飞行器的热量，s_T 为总表面积。

根据热力学原理

$$q_{av} = \frac{1}{4}c'_f\rho v^3 \tag{6-2-12}$$

其中 c'_f 为与飞行器外形有关的常数，ρ 为大气密度，v 为飞行速度。

将式（6-2-5）写成

$$v = v_e \mathrm{e}^{\frac{B}{\beta\sin\Theta_e}\rho} \tag{6-2-13}$$

代入式（6-2-12），有

$$q_{av} = \frac{1}{4}c'_f v_e^3 \rho \mathrm{e}^{\frac{3B}{\beta\sin\Theta_e}\rho} \tag{6-2-14}$$

将该式对密度 ρ 微分

$$\frac{\mathrm{d}q_{av}}{\mathrm{d}\rho} = \frac{1}{4}c'_f v_e^3\left(\mathrm{e}^{\frac{3B}{\beta\sin\Theta_e}\rho} + \frac{3B}{\beta\sin\Theta_e}\rho\mathrm{e}^{\frac{3B}{\beta\sin\Theta_e}\rho}\right)$$

当 q_{av} 达到最大值时，应满足 $\frac{\mathrm{d}q_{av}}{\mathrm{d}\rho} = 0$，对应的密度记为 ρ_{m1}，显然，$\frac{1}{4}c'_f v_e^3$ 不为零，则必有

$$\mathrm{e}^{\frac{3B}{\beta\sin\Theta_e}\rho_{m1}} + \frac{3B}{\beta\sin\Theta_e}\rho_{m1}\mathrm{e}^{\frac{3B}{\beta\sin\Theta_e}\rho_{m1}} = 0$$

求得

$$\rho_{m1} = -\frac{\beta\sin\Theta_e}{3B} \tag{6-2-15}$$

即

$$\rho_0 e^{-\beta h_{m1}} = -\frac{\beta\sin\Theta_e}{3B}$$

由此得到 q_{av} 达到最大值时的高度

$$h_{m1} = \frac{1}{\beta}\ln\left(-\frac{3B\rho_0}{\beta\sin\Theta_e}\right)$$

即

$$h_{m1} = \frac{1}{\beta}\ln\left(-\frac{3C_xS_M\rho_0}{2m\beta\sin\Theta_e}\right) \tag{6-2-16}$$

当 $h = h_{m1}$ 时，由式(6-2-13)可得

$$v_{m1} = v_e \mathrm{e}^{\frac{B}{\beta\sin\Theta_e}\rho_{m1}}$$

再将式(6-2-15)代入上式，则有

$$v_{m1} = v_e e^{-\frac{1}{3}} \tag{6-2-17}$$

因此

$$v_{m1} \cong 0.72 v_e \tag{6-2-18}$$

最大平均热流为

$$(q_{av})_{\max} = \frac{1}{4}c'_f\rho_{m1}v_{m1}^3$$

即

$$(q_{av})_{\max} = -\frac{\beta}{6e}\frac{mc'_f}{C_xS_M}v_e^3\sin\Theta_e \tag{6-2-19}$$

(2)驻点热流 q_s

驻点热流是对头部驻点的热流，它是最严重的情况。根据热力学原理

$$q_s = k_s\sqrt{\rho}v^3 \tag{6-2-20}$$

其中 k_s 为取决于头部形状的系数。

将式(6-2-13)代入上式，得

$$q_s = k_s\sqrt{\rho}v_e^3\mathrm{e}^{\frac{3B}{\beta\sin\Theta_e}\rho} \tag{6-2-21}$$

令 $\mathrm{d}q_s/\mathrm{d}\rho = 0$，求得出现最大驻点热流 $(q_s)_{\max}$ 时的密度 ρ_{m2} 为

$$\rho_{m2} = -\frac{\beta\sin\Theta_e}{6B} \tag{6-2-22}$$

即

$$\rho_0\mathrm{e}^{-\beta h_{m2}} = -\frac{\beta\sin\Theta_e}{6B}$$

由此得出，发生 $(q_s)_{\max}$ 的高度 h_{m2} 为

$$h_{m2} = \frac{1}{\beta}\ln\left(-\frac{6B\rho_0}{\beta\sin\Theta_e}\right)$$

$$h_{m2} = \frac{1}{\beta}\ln\left(-\frac{3C_xS_M\rho_0}{m\beta\sin\Theta_e}\right) \tag{6-2-23}$$

当 $h = h_{m2}$ 时，由式(6-2-13)可得

$$v_{m2} = v_e\mathrm{e}^{\frac{B}{\beta\sin\Theta_e}\rho_{m2}}$$

将式(6-2-22)代入上式，便得

$$v_{m2} = v_e e^{-\frac{1}{6}} \qquad (6-2-24)$$

即

$$v_{m2} \cong 0.85 v_e \qquad (6-2-25)$$

将式(6－2－22)、式(6－2－24)代入式(6－2－20)，得到最大驻点热流为

$$(q_s)_{\max} = k_s \sqrt{\rho_{m2}}\, v_{m2}^3$$

即

$$(q_s)_{\max} = k_s \sqrt{\frac{-m\beta\sin\Theta_e}{3eC_x S_M}} v_e^3 \qquad (6-2-26)$$

(3)总吸热量 Q

总吸热量计算公式为

$$Q = \int_0^t q_{qv} s_T \mathrm{d}t$$

即

$$Q = \int_0^t \frac{1}{4} c'_f \rho v^3 s_T \mathrm{d}t \qquad (6-2-27)$$

注意到

$$\mathrm{d}h = v\sin\Theta_e \mathrm{d}t$$

$$\mathrm{d}\rho = -\beta\rho \mathrm{d}h$$

可得

$$\mathrm{d}t = -\frac{1}{\beta\rho v \sin\Theta_e} \mathrm{d}\rho \qquad (6-2-28)$$

代入式(6－2－27)，有

$$Q = -\int_{\rho_e}^{\rho} \frac{c'_f s_T}{4\beta\sin\Theta_e} v^2 \mathrm{d}\rho$$

将式(6－2－13)代入该式，可得

$$Q = -\int_{\rho_e}^{\rho} \frac{c'_f s_T v_e^2}{4\beta\sin\Theta_e} e^{\frac{2B}{\beta\sin\Theta_e}\rho} \mathrm{d}\rho$$

于是

$$Q = \frac{c'_f s_T}{8B} v_e^2 \left[e^{\frac{2B}{\beta\sin\Theta_e}\rho_e} - e^{\frac{2B}{\beta\sin\Theta_e}\rho} \right]$$

即

$$Q = \frac{mc'_f s_T}{4C_x S_M} v_e^2 \left[e^{\frac{2B}{\beta\sin\Theta_e}\rho_e} - e^{\frac{2B}{\beta\sin\Theta_e}\rho} \right] \qquad (6-2-29)$$

如果再入点高度 h_e 很大，则 ρ_e 很小，可近似取

$$e^{\frac{2B}{\beta\sin\Theta_e}\rho_e} = 1$$

而落地时，$\rho = \rho_0$，速度近似为

$$v_c = v_e e^{\frac{B}{\beta\sin\Theta_e}\rho_0} \qquad (6-2-30)$$

所以,飞行器从再入至落地总的吸热量为

$$Q=\frac{mc'_f s_T}{4C_xS_M}(v_e^2-v_c^2) \tag{6-2-31}$$

将以上推导与最小负加速度的推导进行比较,可以看出,在同样的假设条件下,有以下近似的结果:

(ⅰ)m 和$|\Theta_e|$愈大,或 C_x、S_M 愈小,则最大平均热流$(q_{av})_{\max}$和最大驻点热流$(q_s)_{\max}$产生的高度 h_{m1}、h_{m2}就愈小,而且 h_{m1}、h_{m2}与再入点速度 v_e 的大小无关;

(ⅱ)飞行器处于最大平均热流和最大驻点热流时的速度 v_{m1}、v_{m2}与飞行器的重量、尺寸及再入角 Θ_e 无关,而只与再入速度 v_e 有关。

不同于最小负加速度的是:热流的最大值与飞行器的结构参数 m、C_x、S_M 直接有关,增大 C_x 和 S_M,或减小 m 可以减小$(q_{av})_{\max}$及$(q_s)_{\max}$。

分析$(q_s)_{\max}$与总吸热量 Q,我们还看到存在这样的问题:如果$|\Theta_e|$增大,则$(q_s)_{\max}$要增加,由式(6-2-30)知,v_e 将减小,则使 Q 减小。为了减小$(q_s)_{\max}$,应减小再入角$|\Theta_e|$,但$|\Theta_e|$过小,又增加了飞行时间,使总吸热量加大,这也是不利的。因此,合理地选择一个再入角 Θ_e 是弹道再入中的一个重要问题。

3. 运动参数的近似计算

大量计算结果说明,在大多数场合下,飞行器在再入段上的速度受空气阻力作用减小到 v_e 值的一半以前,就会使飞行器的加速度达到最小负加速度值。因此对于具有较大再入速度 v_e 的飞行器要求其最小负加速度时,忽略引力的作用是可行的。但当欲求飞行器在整个再入段的运动参数,则会因再入段的速度愈来愈小,如再忽略引力将引起较大的误差,不过,由于再入段引力加速度 $\boldsymbol{g}$ 的大小变化不大,故可取 $g=g_0$,以便求出运动参数的解析表达式。

(1)速度 v 和当地速度倾角 Θ 的近似计算

首先,从动量矩定理出发来进行讨论。显然,弹道上任一点飞行器对地心的动量矩为 $mrv\cos\Theta$,而所有外力对地心的外力矩就是阻力 X 对地心的外力矩,即为 $-rX\cos\Theta$,故由动量矩定理有

$$\frac{\mathrm{d}}{\mathrm{d}t}(rv\cos\Theta)=-r\frac{X}{m}\cos\Theta=-r\frac{C_xS_M}{2m}\rho v^2\cos\Theta \tag{6-2-32}$$

注意到

$$\frac{\mathrm{d}h}{\mathrm{d}t}=v\sin\Theta \tag{6-2-33}$$

用式(6-2-32)除以此式,则得

$$\frac{\mathrm{d}}{\mathrm{d}h}(rv\cos\Theta)=-rv\cos\Theta\frac{C_xS_M}{2m\sin\Theta}\rho$$

记

$$k=\frac{C_xS_M}{2m\sin\Theta}$$

代入前式则有

$$\frac{\mathrm{d}}{\mathrm{d}h}(rv\cos\Theta) = -rv\cos\Theta k\rho$$

即

$$\frac{\mathrm{d}(rv\cos\Theta)}{rv\cos\Theta} = -k\rho\,\mathrm{d}h = -k\rho_0\mathrm{e}^{-\beta h}\,\mathrm{d}h \tag{6-2-34}$$

在实际计算中发现，对入再入倾角$|\Theta_e|$较大的飞行器而言，在再入段可近似认为 k 为一常数。这是由于飞行器再入时，速度不断减小，故马赫数 M 也不断减小，不过 M 仍然较 1 大得多，根据 $C_x \sim M$ 曲线可知，此时 C_x 将随 M 数减小而增大，因此 k 式的分子是不断增加的；此外，k 的分母值也由于引力作用使得$|\Theta|$不断增大而逐渐增大，故可认为 k 近似为常数。不难看出，由于再入段 Θ 是一负值，故 k 也为小于零的值。

对式(6－2－34)两端从再入点 e 积分至再入段任一点，得

$$\ln\frac{rv\cos\Theta}{r_e v_e\cos\Theta_e} = \frac{k\rho_0}{\beta}(\mathrm{e}^{-\beta h} - \mathrm{e}^{-\beta h_e})$$

亦即

$$rv\cos\Theta = r_e v_e\cos\Theta_e\exp\left[\frac{k}{\beta}(\rho - \rho_e)\right] \tag{6-2-35}$$

若认为再入点处 $\rho_e = 0$，则

$$rv\cos\Theta = r_e v_e\cos\Theta_e\mathrm{e}^{\frac{k}{\beta}\rho} \tag{6-2-36}$$

不难理解，若再入段处于真空时，则 $\rho = 0$，因此有

$$rv\cos\Theta = r_e v_e\cos\Theta_e$$

即满足动量矩守恒，也即为椭圆弹道的结果。而式(6－2－36)说明，考虑空气阻力后，有一个修正系数 $\mathrm{e}^{\frac{k}{\beta}\rho}$，由于 $k<0$，故 $\mathrm{e}^{\frac{k}{\beta}\rho}<1$，所以空气阻力的作用使得动量矩减小。

式(6－2－36)中有三个未知数：r、v、Θ，即使以 r 为自变量亦须补充一个关系式。为此，注意到由动量矩对 t 的微分可得

$$\frac{\mathrm{d}}{\mathrm{d}t}(rv\cos\Theta) = v\frac{\mathrm{d}}{\mathrm{d}t}(r\cos\Theta) + r\cos\Theta\frac{\mathrm{d}v}{\mathrm{d}t}$$

由于前面已假设 $g = g_0$，故有

$$\frac{\mathrm{d}v}{\mathrm{d}t} = -\frac{X}{m} - g_0\sin\Theta$$

将其代入上式得

$$\frac{\mathrm{d}}{\mathrm{d}t}(rv\cos\Theta) = v\frac{\mathrm{d}}{\mathrm{d}t}(r\cos\Theta) - r\frac{X}{m}\cos\Theta - rg_0\sin\Theta\cos\Theta$$

将该式右端与式(6－2－32)右端相比较可知

$$v\frac{\mathrm{d}}{\mathrm{d}t}(r\cos\Theta) = rg_0\sin\Theta\cos\Theta$$

根据式(6－2－33)，可将上式写为

$$\frac{\mathrm{d}(r\cos\Theta)}{r\cos\Theta} = \frac{g_0}{v^2}\mathrm{d}h$$

运用式(6－2－36),上式还可进一步改写为

$$\frac{\mathrm{d}(r\cos\Theta)}{r^3\cos^3\Theta}=\frac{g_0}{r_e^2v_e^2\cos^2\Theta_e}\mathrm{e}^{-2\frac{k}{\beta}\rho}\mathrm{d}h \tag{6-2-37}$$

令

$$\eta=-\frac{2k}{\beta}\rho_0\mathrm{e}^{-\beta h} \tag{6-2-38}$$

则

$$\mathrm{d}\eta=2k\rho_0\mathrm{e}^{-\beta h}\mathrm{d}h$$

所以

$$\mathrm{d}h=-\frac{\mathrm{d}\eta}{\beta\eta}$$

将其代入式(6－2－37),即为

$$\frac{\mathrm{d}(r\cos\Theta)}{r^3\cos^3\Theta}=-\frac{g_0}{\beta r_e^2v_e^2\cos^2\Theta_e}\cdot\frac{\mathrm{e}^\eta}{\eta}\mathrm{d}\eta$$

由再入点 e 积分上式至再入段任一点,则得

$$\frac{1}{2r_e^2\cos^2\Theta_e}-\frac{1}{2r^2\cos^2\Theta}=-\frac{g_0}{\beta r_e^2v_e^2\cos^2\Theta_e}\int_{\eta_e}^{\eta}\frac{\mathrm{e}^\eta}{\eta}\mathrm{d}\eta$$

即

$$\frac{1}{2r^2\cos^2\Theta}-\frac{1}{2r_e^2\cos^2\Theta_e}=\frac{g_0}{\beta r_e^2v_e^2\cos^2\Theta_e}\left(\int_0^{\eta}\frac{\mathrm{e}^\eta}{\eta}\mathrm{d}\eta-\int_0^{\eta_e}\frac{\mathrm{e}^\eta}{\eta}\mathrm{d}\eta\right) \tag{6-2-39}$$

记

$$E(\eta)=\int_0^{\eta}\frac{\mathrm{e}^\eta}{\eta}\mathrm{d}\eta \tag{6-2-40}$$

此为超越函数,其数值可根据 η 查表得到。因而式(6－2－39)可写成

$$\frac{1}{2r^2\cos^2\Theta}-\frac{1}{2r_e^2\cos^2\Theta_e}=\frac{g_0}{\beta r_e^2v_e^2\cos^2\Theta_e}[E(\eta)-E(\eta_e)]$$

经过整理可得

$$r\cos\Theta=\frac{r_e\cos\Theta_e}{\sqrt{1+\frac{2g_0}{\beta v_e^2}[E(\eta)-E(\eta_e)]}} \tag{6-2-41}$$

由式(6－2－36)和式(6－2－41)即可求出以 r 为自变量的再入段任一点的速度 v 和当地速度倾角 Θ。特别当令 $r=R$ 时,有 $\rho=\rho_0$、$\eta=\eta_0=-\frac{2k}{\beta}\rho_0$,则可由式(6－2－41)求得落角 Θ_c,即

$$\cos\Theta_c=\frac{r_e\cos\Theta_e}{R}\frac{1}{\sqrt{1+\frac{2g_0}{\beta v_e^2}[E(\eta_0)-E(\eta_e)]}} \tag{6-2-42}$$

从而代入式(6－2－36)即可求得落速

$$v_c=\frac{r_ev_e\cos\Theta_e}{R\cos\Theta_c}\mathrm{e}^{-\frac{\eta_0}{2}} \tag{6-2-43}$$

需指出的是,若在整个再入段上将 k 看成常数,误差过大,则可将 k 分段视为常数,以提高精度。

(2)再入段射程 L_e 的近似计算

由于再入段射程 L_e 的变化率可写为

$$\frac{dL_e}{dh}=\frac{dL_e}{dt}\cdot\frac{dt}{dh}$$

注意到式(6-2-1)及(6-2-33),可得

$$\frac{dL_e}{dh}=\frac{R}{r}\mathrm{ctan}\Theta \tag{6-2-44}$$

积分上式,从再入点至弹道上任一点的射程为

$$L_e=R\int_{h_e}^{h}\frac{\mathrm{ctan}\Theta}{R+h}dh \tag{6-2-45}$$

由于再入段射程小,可近似认为 $\Theta=\Theta_e$,则

$$L_e=R\mathrm{ctan}\Theta_e\ln\frac{R+h}{R+h_e} \tag{6-2-46}$$

特别当 $h=0$ 时,得到整个再入段射程为

$$L_e=R\mathrm{ctan}\Theta_e\ln\frac{R}{R+h_e} \tag{6-2-47}$$

4. 有空气阻力作用的被动段弹道特性

实际自由段并非处于绝对真空状态,只是空气密度非常稀薄。严格地说,飞行器在自由段也会受到空气阻力作用,特别是弹道导弹,导弹射程愈小,弹道高度也就愈低,因而阻力的影响也将逐渐明显。因此,实际自由段的弹道特性与理想真空中的椭圆弹道特性是有所区别的,了解这种区别,可使我们对弹道导弹运动规律的认识进一步深化。

有空气阻力的被动段弹道与椭圆弹道的区别,具体有以下几方面:

(1)在弹道对应点上,飞行速度的大小不等

对于椭圆弹道,其升弧段和降弧段上具有相同地心距 r 的对应点之速度值相等。而对于有空气阻力的被动段弹道,在其上任取两个对应点 q 和 q',如图 6-7 所示。由理论力学可知,导弹由 q 至 q' 的动能改变量应等于作用在导弹上外力 F 所做的功,用公式表示即为

$$\frac{1}{2}mv_{q'}^2-\frac{1}{2}mv_q^2=\int_{(q)}^{(q')}F\mathrm{d}s \tag{6-2-48}$$

外力 F 包含有引力和空气阻力。由于 q、q' 两点有相同的地心距,故引力做的功等于零,而空气阻力在导弹运动中做负功,故由式(6-2-48)可以看出

$$v_q>v_{q'}$$

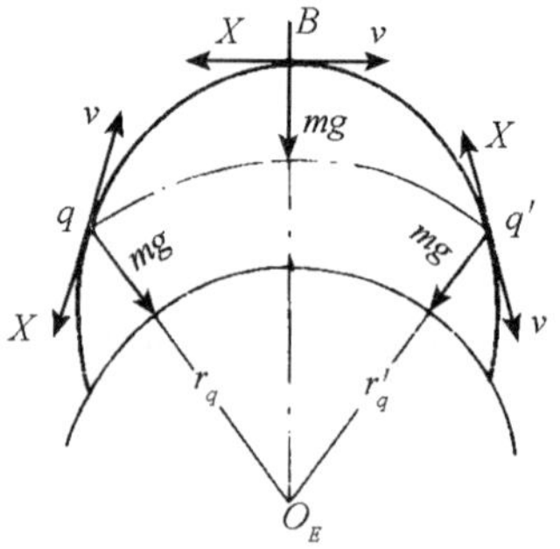

图 6-7 有空气阻力时被动段弹道各点受力情况

因为 q、q' 是任意给定一个 r 所对应的两点,故可得出结论:考虑空气阻力的被动段弹道对应点之速度不等,且

$$v_{升}(r) > v_{降}(r) \tag{6-2-49}$$

并且当空气阻力作用越大时,两点速度值的差别也愈大。

(2)弹道的降弧段比升弧段陡

由式(6-2-1)中的第二式和第三式可得

$$\frac{\mathrm{d}\Theta}{\mathrm{d}r} = \left(\frac{1}{r} - \frac{g}{v^2}\right)\frac{\cos\Theta}{\sin\Theta}$$

即

$$\frac{\sin\Theta}{\cos\Theta}\mathrm{d}\Theta = \frac{\mathrm{d}r}{r} - \frac{g}{v^2}\mathrm{d}r$$

上式不难写为

$$\mathrm{d}(\ln\cos\Theta) = \frac{g}{v^2}\mathrm{d}r - \frac{\mathrm{d}r}{r}$$

在弹道上任取对应点 q、q',对上式由 q 积分至 q',即

$$\int_{(q)}^{(q')}\mathrm{d}(\ln\cos\Theta) = \int_{r_q}^{r_{q'}}\frac{g}{v^2}\mathrm{d}r - \int_{r_q}^{r_{q'}}\frac{\mathrm{d}r}{r}$$

为便于讨论,将上述积分分成两段进行,一段从 q 至弹道顶点 B,另一段由 B 至 q',则有

$$\begin{cases} \displaystyle\int_{(q)}^{(B)}\mathrm{d}(\ln\cos\Theta) = \int_{r_q}^{r_B}\frac{g}{v_{升}^2(r)}\mathrm{d}r - \int_{r_q}^{r_B}\frac{\mathrm{d}r}{r} \\ \displaystyle\int_{(B)}^{(q')}\mathrm{d}(\ln\cos\Theta) = \int_{r_B}^{r_{q'}}\frac{g}{v_{降}^2(r)}\mathrm{d}r - \int_{r_B}^{r_{q'}}\frac{\mathrm{d}r}{r} \end{cases}$$

因在弹道顶点处 $\Theta_B = 0$,故上式写为

$$\begin{cases} \displaystyle -\ln\cos\Theta_q = \int_{r_q}^{r_B}\frac{g}{v_{升}^2(r)}\mathrm{d}r - \ln\frac{r_B}{r_q} \\ \displaystyle \ln\cos\Theta'_q = \int_{r_B}^{r_{q'}}\frac{g}{v_{降}^2(r)}\mathrm{d}r - \ln\frac{r_{q'}}{r_B} \end{cases}$$

因 q、q' 两点地心距相同,故上式即为

$$\begin{cases} \displaystyle \ln\cos\Theta_q = -\int_{r_q}^{r_B}\frac{g}{v_{升}^2(r)}\mathrm{d}r + \ln\frac{r_B}{r_q} \\ \displaystyle \ln\cos\Theta'_q = -\int_{r_q}^{r_B}\frac{g}{v_{降}^2(r)}\mathrm{d}r + \ln\frac{r_B}{r_q} \end{cases}$$

对于椭圆弹道,因对应点之速度值相同,故速度倾角 $|\Theta|$ 也相等。而考虑空气阻力的被动段,前已证明对应点之速度不等,且 $v_{升}(r)$ 较 $v_{降}(r)$ 大,据此考察上式可得

$$\ln\cos\Theta_q > \ln\cos\Theta'_q \tag{6-2-50}$$

亦即

$$|\Theta'_q| > |\Theta_q|$$

由上述讨论,可推广到整个被动段弹道均满足

$$|\Theta_{降}(r)| > |\Theta_{升}(r)| \tag{6-2-51}$$

所以,处于大气中的被动段弹道,其降弧段比升弧段要陡。

(3)对应速度最小值 $v_{\min}$ 的点与弹道顶点不重合

椭圆弹道的顶点为远地点,故此点速度最小。而对有空气阻力的弹道而言,其 v 取最小值时,应满足

$$\frac{\mathrm{d}v}{\mathrm{d}t}=0$$

根据式(6-2-1)中的第一式可知,在 $v_{\min}$ 处有

$$\frac{X}{m}+g\ \sin\Theta=0 \tag{6-2-52}$$

由此可知,欲使飞行速度达到最小值,必须满足引力 $m\boldsymbol{g}$ 在弹道的切向分量与空气阻力 X 的大小相等,而方向相反。在升弧段上,由于阻力的方向与引力在弹道切线方向的分量一致,因而 $\dot{v}$ 不能为零,而弹道顶点处引力与阻力相垂直故也不能相消,只有在降弧段上两者的方向才相反,故 $\dot{v}=0$ 必发生在降弧段上。

(4)被动段射程与导弹的质量大小有关

由椭圆弹道已知,其被动段射程完全取决于主动段终点的参数:v_K、Θ_K、r_K,而与导弹的质量无关。但当导弹被动段考虑空气阻力影响时,由式(6-2-48)有

$$v_q^2-v_{q'}^2=\frac{2}{m}\int_{(q)}^{(q')}X\mathrm{d}s$$

可见,在弹道上任意两对应点速度平方之差不仅与作用在导弹上的空气阻力大小有关,而且与导弹的质量 m 有关。这是由于在相同的 v_q 条件下,质量大的导弹具有的动能也大,故空气阻力所造成的速度损失就比较小,因而射程就比较大。所以,导弹在大气中飞行时,其被动段射程不仅与主动段终点参数 v_K、Θ_K、r_K 有关,还与主动段终点时导弹的质量 m 有关。

5. 被动段弹道运动参数的特性分析

综合本节的内容,若对式(6-2-1)在给定起始条件 $t=0$、$v=v_K$、$\Theta=\Theta_K$、$r=r_K$、$\beta_e=0$ 来进行计算,即得到在被动段考虑空气阻力情况下的运动参数随时间变化的情况。通常,我们最感兴趣的运动参数是 $\dot{v}$、v 及阻力 X,下面给出近程导弹的 $\dot{v}$、v 及 X 随时间变化的典型情况,见图6-8。

由图6-8可看出,在被动段开始时,由于导弹只受引力和阻力的作用,此两力均使导弹减速,故切向加速度为负值。以后由于速度不断减小,而飞行高度不断增加,空气密度愈来愈稀薄,因而阻力不断下降,同时由于速度倾角 Θ 也不断减小,使得引力的切向分量在减小,总的结果使得 $\dot{v}$ 的绝对值不断减小。当导弹飞行至弹道顶点时,虽然在该点引力 $m\boldsymbol{g}$ 垂直于速度方向,但此时阻力 X 不为零,故 $\dot{v}$ 尚未达到零。当导弹飞过顶点后,$m\boldsymbol{g}$ 在速度方向的分量为正值,而与阻力 X 方向相反,由于此时 X 很小,故导弹沿降弧段飞行一小段就会使引力在速度方向的分量与阻力平衡,则出现 $\dot{v}=0$,此时速度 v 取最小值 $v_{\min}$。以后由于引力的作用较阻力大,$\dot{v}$ 则变为正值,并逐渐增大,v 也相应地增大。随着导弹飞行高度的降低,空气密度逐渐增大,所以空气阻力也在增大,它将促使 $\dot{v}$ 减小。当空气阻力 X 与引力在切向的分量再次相等时,则 $\dot{v}$ 又为零,这时飞行速度取得最大值 $v_{\max}$。由

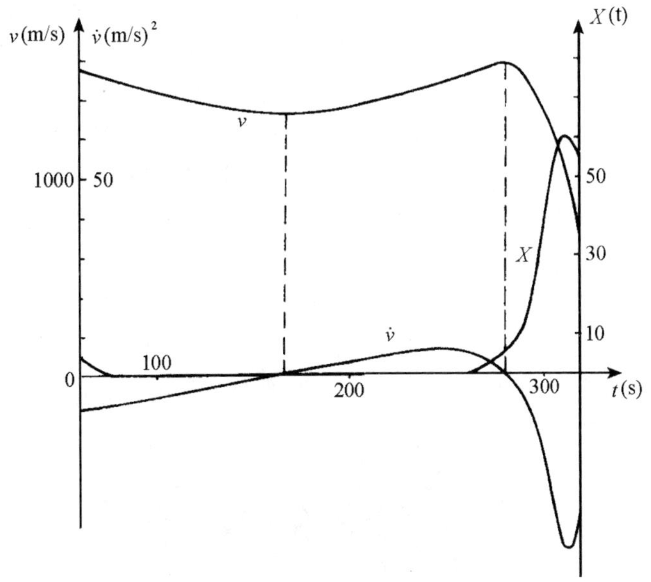

图 6-8　考虑空气阻力时被动段 $\dot{v}$、v、X 变化曲线

于飞行速度很大，随着飞行高度的急剧下降，空气阻力很快增大而造成 $\dot{v}$ 负的增大，则 v 迅速减小，在阻力达到最大值时，则 $\dot{v}$ 取最小值。以后因 v 的减小，使得阻力也减小，同时，也因速度倾角 Θ 绝对值增大，而使引力在切向上的分量增大，致使 $\dot{v}$ 值又有所回升。

对于远程导弹被动段弹道中参数 v、$\dot{v}$、X 的变化规律与上述情况大致相仿，只是在自由段中空气阻力基本为 0，而再入时再入速度很大，且在引力作用下继续加速，较 v_K 还大，因而再入段飞行时间较短，在该段 v、$\dot{v}$、X 变化较剧烈，变化的幅度也明显增加。

§6.3　有升力再入弹道

对再入飞行器，无论是弹头，还是航天器(卫星、飞船和航天飞机)，都涉及到再入弹道问题。飞行器以什么样的弹道再入，再入过程中是否对升力进行控制，与飞行器的特性和所要完成的任务有关。

本节从飞行器采用弹道式再入时存在的问题出发，讨论有升力的再入弹道问题。

1. 问题的提出及技术途径

(1)弹头再入机动

随着弹道导弹武器的迅速发展，导弹的威力越来越大，命中精度也越来越高，目前已发展到携带多个数十万吨 TNT 当量子弹头的洲际导弹，其命中精度已达到近 100m 的圆概率偏差，具有摧毁加固地下井的打击能力。因而为了对付攻方弹道导弹的袭击，出现了反弹道导弹的反导武器和反导防御体系。反导武器通常配置于所要保卫目标的附近，可成圆周形配置，也可配置于敌方可能实施突击的方向上。当预警雷达测得敌方来袭的弹道导弹参数后,将参数传送给反导系统,使反导系统能在敌方导弹进入防御空间时用高空拦截武器进行拦截,若有弹道导弹突破高空拦截区,还可使用低空拦截武器实施攻击。无论是高空拦截武器或是低空拦截武器都有一定的防御空间。通常称为杀伤区。而弹道导弹飞行速度大,相应穿过杀伤区的时间是很短的,因此拦截武器的反击时间是有限的,而且要求拦截武器有较好的机动性能。关于反导武器设计问题不属本门课程讨论范围。正因为反导武器的出现,势必刺激战略进攻武器的进一步完善和发展,要求弹道导弹具有突破对方反导防御体系的能力。

目前,主要的突防技术为采用多弹头和施放诱饵等手段。而在大气层中的再入突防,一种有效的办法是进行再入弹道机动,在导弹弹头接近目标时,突然改变其原来的弹道作机动飞行,亦称机动变轨,其目的是造成反导导弹的脱靶量,或避开反导导弹的拦截区攻击目标。突防采用的弹道如图 6-9 所示。

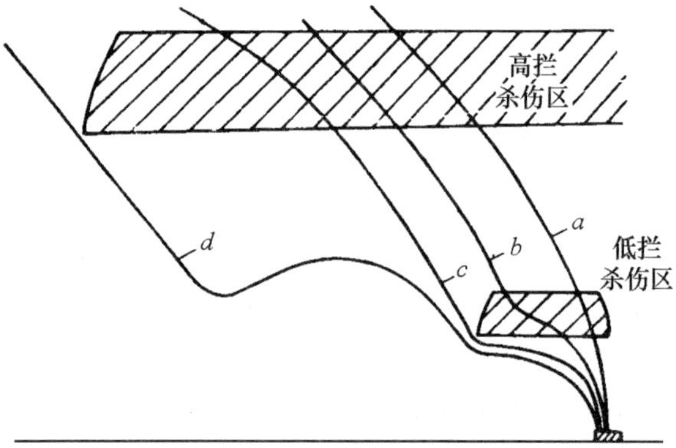

图 6-9 弹道导弹突防示意图

图 6-9 中,除弹道(a)外,其余的三条弹(b)、(c)、(d)均是机动弹道。

(ⅰ)弹道(a),以陡峭再入角 Θ_e 进行弹道再入,即 $|\Theta_e|$ 较大,高速穿过杀伤区,以减少穿过杀伤区的时间,从而减小反导武器拦截的杀伤概率;

(ⅱ)弹道(b),弹头的再入弹道经过杀伤区,弹头进入杀伤区后,利用弹道的机动,造成低空反导武器有较大的脱靶量;

(ⅲ)弹道(c),弹头的再入机动弹道避开低拦杀伤区去袭击目标;

(ⅴ)弹道(d),对高拦杀伤区和低拦杀伤区均采用再入机动弹道躲避开这两个杀伤区。

这就从弹头的突防提出了再入机动弹道的研究问题。图 6-10 则为某种具有末制导图像匹配系统的再入弹头攻击地面固定目标,为保证末制导系统良好的工作条件和弹头落地速度要求时,采用的再入机动弹道示意图。

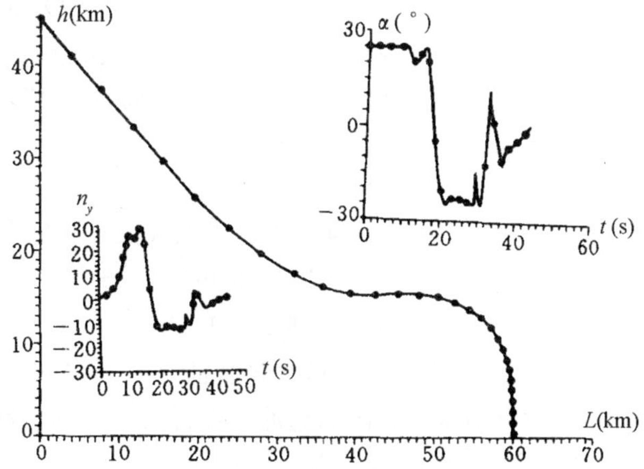

L—再入段射程　h—飞行高度　t—飞行时间　n_y—法向过载　a—攻角

图 6-10　具有末制导图像匹配系统的弹头再入机动弹道示意图

为实现弹头再入弹道的机动,可通过改变弹头的姿态产生一定的攻角来完成。而改变弹头的姿态可以用弹头尾部装发动机;装伸缩块,或称调整片、配平翼;或者利用质心偏移的办法来产生控制力矩。

(2)航天器的再入

航天器要脱离运行轨道返回地面,可通过制动火箭给航天器一个速度增量 ΔV,使飞行器进入与地球大气相交的椭圆轨道,然后进入大气层。从进入大气层到着陆系统开始工作(如降落伞打开)的这一飞行段为再入段。

航天器在地球大气中可能的降落轨道有:弹道式轨道、升力式轨道、跳跃式轨道和椭圆衰减式轨道。前三种轨道示意图如图 6-11 所示。轨道(a)为沿陡峭弹道的弹道式再入;轨道(b)为沿倾斜弹道的弹道式再入;轨道(c)为升力式轨道;轨道(d)为跳跃式轨道,航天器以较小的再入角进入大气层后,依靠升力,再次冲出大气层,做一段弹道式飞行,然后再进入大气层,也可以多次出入大气层,每进入一次大气层就利用大气进行一次减速,这种返回轨道的高度有较大起伏变化,故称作跳跃式轨道。对进入大气层后虽不再跳出大气层,但靠升力使再入轨道高度有较大起伏变化的轨道,也称作跳跃式轨道。对于弹道式再入和升力式再入,下面将予以介绍。

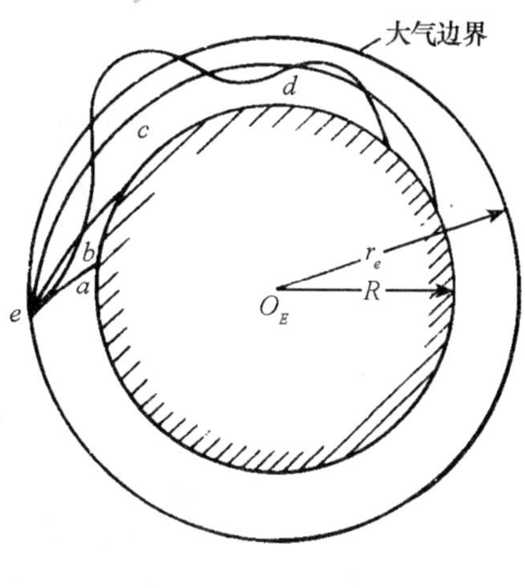

图 6-11　宇宙飞行器可能降落轨道

如果航天器采用弹道式再入,存在以下的主要问题。

(ⅰ)着陆点散布大

由于航天器在大气层的运动处于无控状态,航天器落点位置的准确程度,主要取决于制动火箭的姿态和推力,而在制动结束后的降落过程中没有修正偏差的可能,因此需要有一个广阔的回收区。此外,还必须等待到星下点轨迹恰好经过预想的落点上空。解决以上问题最可行的办法是在再入过程中,利用空气动力和升力特性来改变轨道,也即通过控制升力,使航天器具有一定的纵向机动和侧向机动的能力。

(ⅱ)再入走廊狭窄

弹道式再入时,轨道的形状完全取决于航天器进入大气层时的初始条件,即取决于再入时的速度大小 v_e 和再入角 Θ_e,由式(6-2-11)分析可知,最小负加速度与运动参数 v_e、Θ_e 有关。理论上讲,适当地控制再入角 Θ_e 和速度 v_e 的大小,可以使最大过载不超过允许值。实际上,用减小速度 v_e 的办法来减小最大过载值是不可取的。因为速度 v_e 的减小有赖于制动速度的增大,这将使制动火箭的总冲增加,使航天器质量增大,所以控制弹道式再入航天器最大过载的主要办法就是控制再入角 Θ_e。

若 $|\Theta_e|$ 过大,则轨道过陡,受到的空气动力作用过大,减速过于激烈,以致使航天器受到的减速过载和气动加热超过航天器的结构、仪器设备或宇航员所容许承受的过载,或使航天器严重烧蚀,不能正常再入,因此存在一个最大再入角 $|\Theta_e|_{max}$。若 $|\Theta_e|$ 过小,可能使航天器进入大气层后受到的空气动力作用过小,不足以使它继续深入大气层,可能会在稠密大气层的边缘掠过而进入不了大气层,也不能正常再入。因此,存在一个最小再入角 $|\Theta_e|_{min}$。可见,为了实现正常再入,再入角 Θ_e 应满足下式:

$$|\Theta_e|_{min} \leqslant |\Theta_e| \leqslant |\Theta_e|_{max}$$

称这个范围为再入走廊。$\Delta\Theta_e = |\Theta_e|_{max} - |\Theta_e|_{min}$ 为再入走廊的宽度。如图 6-12 所示。

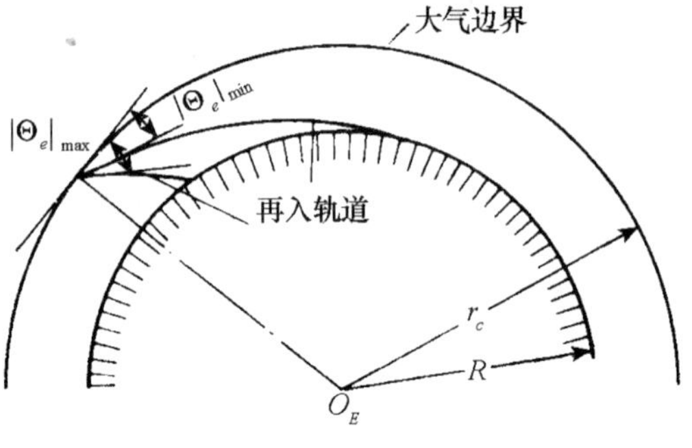

图 6-12　宇宙飞行器再入走廊示意图

不同的航天器有不同的气动特性、不同的防热结构和最大过载允许值,因而有不同的再入走廊。一般来说,航天器的再入走廊都比较狭窄。为了加宽再入走廊,可通过使航天器再入时具有一定的升力来实现。当航天器有一定的负攻角,那么它将以一定的负升力进入大气层,负升力使航天器的再入轨道向内弯曲,从而可以使航天器在 $|\Theta_e| < |\Theta_e|_{min}$ 的某些情况下也可实现再入。与此类似,一个具有升力的航天器,以一定的正攻角再入,其正升力可以使轨道变缓,从而可以降低最大过载和热流峰值。这样就加大了再入走廊的宽度。

综上所述,采用弹道式再入的航天器存在落点散布大、再入走廊狭穿等问题,而解决问题的方法就是采用有升力的再入机动弹道。

目前，根据航天器的气动特征不同，航天器可分为三类：弹道式再入航天器、弹道—升力式再入航天器和升力式再入航天器。

1)弹道式再入航天器

虽然弹道式再入存在落点散布大和再入走廊狭窄等主要问题，但由于再入大气层不产生升力或不控制升力，再入轨道比较陡峭，所经历的航程和时间较短，因而气动加热的总量也较小，防热问题较易处理。此外它的气动外形也不复杂，可做成简单的旋成体。上述两点都使它的结构和防热设计大为简化，因而成为最先发展的一类再入航天器。

2)弹道—升力式再入航天器

在弹道式再入航天器的基础上，通过配置质心的办法，使航天器进入大气层时产生一定的升力就成为弹道—升力式再入航天器。其质心不配置在再入航天器的中心轴线上，而配置在偏离中心轴线的一段很小的距离处，同时使质心在压心之前。这样，航天器在大气中飞行时，在某一个攻角下，空气动力对质心的力矩为零，这个攻角称为配平攻角，记作 η_{tr}，如图 6-13 所示。在配平攻角飞行状态下，航天器相应地产生一定的升力，此升力一般不大于阻力的一半，即升阻比小于 0.5。

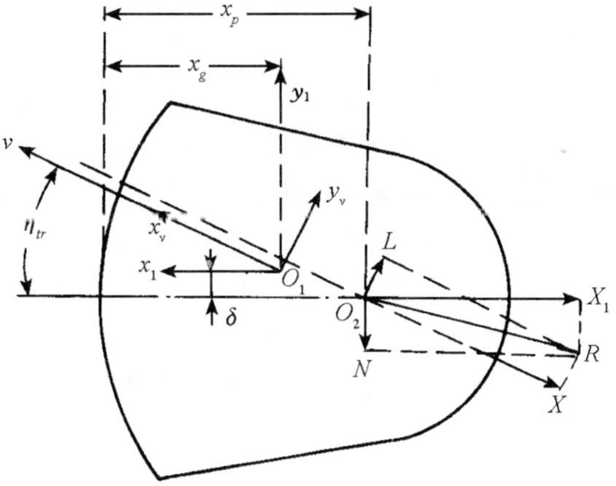

图 6-13　以配平攻角飞行时作用在航天器上的空气动力

以配平攻角飞行时的特性如下：

(ⅰ)根据配平攻角的定义，空气动力 $\boldsymbol{R}$ 对质心 o_1 的力矩为零，而 $\boldsymbol{R}$ 的压心为 o_2，故空气动力 $\boldsymbol{R}$ 通过航天器的压心和质心。

(ⅱ)由于 $\boldsymbol{R}$ 通过航天器的压心和质心，且再入航天器为旋成体，其压心 o_2 在再入航天器的几何纵轴上，所以 $\boldsymbol{R}$ 在 $o_1x_1y_1$ 平面内，又 $\boldsymbol{R}$ 在 $o_1x_vx_1$ 平面内，故 o_1x_v 轴在 $o_1x_1y_1$ 平面内，即侧滑角

$$\beta = 0$$

(ⅲ)以配平攻角飞行时，由图 6-13 知

$$N(x_p - x_g) = X_1\delta$$

即

$$C_N(x_p - x_g) = C_{x1}\delta \tag{6-3-1}$$

其中 δ 为质心 o_1 偏离几何纵轴的距离。

(ⅳ)以配平攻角飞行时有

$$\alpha < 0$$

这是因为,以配平攻角飞行时,$\beta = 0$,o_1x_v 轴在 $o_1x_1y_1$ 平面内,此时 o_1x_v 的正向必在 o_1x_1 轴正向及 o_1y_1 轴正向所夹的直角之内,否则 $\boldsymbol{R}$ 不能通过质心,故由 α 的定义,得到 $\alpha < 0$。

关于配平攻角 η_{tr}的求取,注意到式(6-3-1),C_N、C_{x1}、x_p 为攻角 η(即 α)、马赫数 M 及飞行高度 h 的函数。因此,对于一定的 M 及 h 值下,若某一 η(或 α)对应的 C_N、C_{x1}及 x_p 满足于式(6-3-1),则该 η(或 α)值就是再入航天器在该 M 及 h 下的配平攻角 η_{tr}(或 α_{tr}。

弹道—升力式再入航天器的外形如图 6-13 所示,为简单的旋成体,在再入飞行过程中,通过姿态控制系统将再入航天器绕本身纵轴转动一个角度,就可以改变升力在当地铅垂平面和水平平面的分量。因此,以一定的逻辑程序控制滚动角 γ,就可以控制航天器在大气中的运动轨道。从而在一定范围内可以控制航天器的着陆点位置,其最大过载也大大地小于弹道式再入时的最大过载。

3)升力式再入航天器

当要求再入航天器水平着陆时,例如航天飞机,必须给再入航天器足够大的升力。而能够实现水平着陆的升力式再入航天器的升阻比一般都大于 1,也就是说升力大于阻力,这样大的升力不能再用偏离对称中心轴线配置质心的办法获得。因此,升力式再入航天器不能再用旋成体,只能采用不对称的升力体。现有的和正在研制的升力式再入航天器,都是带翼的升力体,形状与飞机相似,主要由机翼产生升力和控制升力,以及反作用喷气与控制相结合的办法来控制它的机动飞行、下滑和水平着陆,并着陆到指定的机场跑道上。

与弹道—升力式再入相比,升力式再入具有再入过载小、机动范围大和着陆精度高的三个特点。

2. 再入走廊的确定

应当指出,随着航天技术的发展,再入走廊的定义已发展为多样化,例如,可将再入走廊定义为导向预定着陆目标的“管子”。在此“管子”内,再入航天器满足所有的限制,如过载限制、热流限制、动压限制等。图 6-14 所示的是某一航天器的再入走廊示意图和在此走廊内设计的一条再入基准轨道。图中 v 为飞行速度,D 为阻力加速度,四条边界分别为满足法向过载限制、动压限制、最大热流限制和平衡滑翔要求时,阻力加速度 D 随速度 v 的变化曲线。

下面介绍对于事先装订好总攻角 η 与飞行速度 v 的关系的航天器,其再入走廊的确定。

(1)法向过载的限制

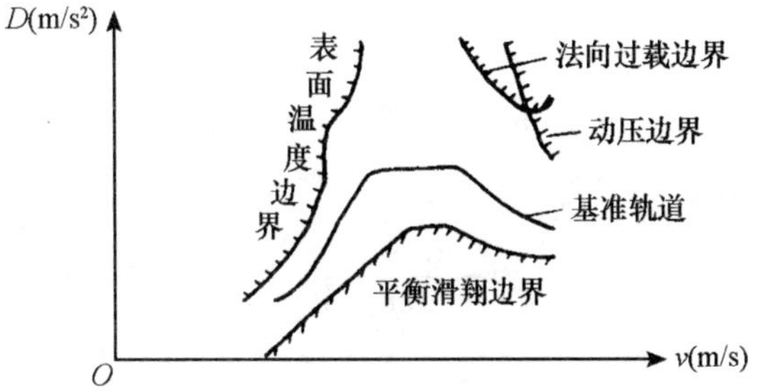

图 6-14　再入走廊示意图

法向过载 n_y 应满足

$$n_y \leqslant n_{y\max} \tag{6-3-2}$$

由于讨论中设侧滑角 $\beta=0$，故 $Y=L$，且注意到

$$n_y=\frac{L}{mg_0}=\frac{C_L q S_M}{mg_0} \tag{6-3-3}$$

$$D=\frac{X}{m}=\frac{C_x q S_M}{m} \tag{6-3-4}$$

将式(6-3-4)除式(6-3-3)，即得

$$\frac{D}{n_y}=\frac{C_x g}{C_L}$$

于是，满足法向过载限制的边界为

$$D=\frac{C_x}{C_L} g n_{y\max} \tag{6-3-5}$$

由于已装订好总攻角 η 与飞行速度 v 的关系，于是，给定 v 值，可得到相应的 C_L、C_x 值，从而得到阻力加速度 D 与飞行速度 v 的对应关系，故由式(6-3-5)得到满足法向过载限制的边界。

(2)动压的限制

动压 q 应满足

$$q \leqslant q_{\max} \tag{6-3-6}$$

由式(6-3-4)可知，满足动压限制的边界为

$$D=\frac{C_x}{m} S_M q_{\max} \tag{6-3-7}$$

(3)最大热流限制

驻点热流是最严重的情况，应满足

$$q_s \leqslant (q_s)_{\max} \tag{6-3-8}$$

由于

$$q_s=k_s\sqrt{\rho}v^3$$

于是

$$\rho=\frac{q_s^2}{k_s^2 v^6}$$

而阻力加速度

$$D=\frac{C_x}{m}S_M\ \frac{1}{2}\rho v^2=\frac{C_xS_M}{2m}\cdot\frac{q_s^2}{k_s^2v^4}$$

所以,满足最大热流限制的边界为

$$D=\frac{C_xS_M}{2m}\cdot\frac{(q_s)_{\max}^2}{k_s^2v^4} \tag{6-3-9}$$

(4)平衡滑翔边界

为使再入航天器返回地面,再入大气层时应使 $\mathrm{d}\Theta/\mathrm{d}t\leqslant 0$,即存在一个平衡滑翔边界:

$$\frac{\mathrm{d}\Theta}{\mathrm{d}t}=0 \tag{6-3-10}$$

由式(6-1-42)知,亦即

$$\frac{L}{mv}+\left(\frac{v}{r}-\frac{g}{v}\right)\cos\Theta=0$$

当 $|\Theta|$ 较小时,可近似地认为 $\cos\Theta=1$,于是

$$\frac{L}{mv}=\frac{g}{v}-\frac{v}{r}$$

即

$$\frac{qS_M}{m}=\frac{g-\frac{v^2}{r}}{C_L}$$

所以,平衡滑翔边界为

$$D=\left(g-\frac{v^2}{r}\right)\frac{C_x}{C_L} \tag{6-3-11}$$

其中 r 为飞行器质心到地心之距离,可近似取 $r=r_e$,便得到 D 与 v 的对应关系。

3. 再入机动弹道的工程设计举例

飞行器再入大气层除了满足一些限制外,如攻角不能超过最大值,法向过载不能超过最大值,还可以对其提出某些性能指标为最佳的要求。例如,对再入机动弹头,希望机动后的落地速度最大,又如航天飞机、飞船返回大气层时,为了减小烧蚀的程度,往往要求输入到航天器的总热量最小,以及当有横向机动飞行时,希望横向机动距离最大。总之,可以归纳为一个满足某一性能指标的最佳弹道问题。性能指标很多,一般地有:

1)落地速度最大,或到某一点时速度最大;

2)再入飞行过程中总吸热量最小,即

$$Q=\min$$

3)再入飞行过程中过载的积分最小,即

$$J=\int_0^t(n_x^2+n_y^2)\mathrm{d}t=\min$$

4)总吸热量和过载的综合指标最小,即

$$Q+k_1J=\min$$

k_1 为一系数。

5)横向机动距离最大

性能指标不一样,其最佳控制规律也不一样,如攻角 α 的变化不一样。最佳控制规律可由优化原理设计得到,但这需要进行数值积分。如果有一个近似的控制规律,而无需进行数值积分,这对优化弹道的设计是十分有利的。所以人们在用优化原理设计再入机动弹道的同时,也在寻找近似的工程设计法,它不需要数值积分,仅需解代数方程,这种方法计算迅速,也便于分析,虽然它不是最优的,而是次优的,但对优化弹道设计仍十分有益。

再入机动弹道可以是空间的,也可以是平面的。这里以平面再入机动弹道满足速度最大的性能指标为例,说明其工程设计法。

为了选择控制规律 $\alpha(h)$,得到一些规律性的东西,除了弹道方程(6-1-42)所作的假设外,还需进一步作如下假设:

(ⅰ)忽略引力影响。因为,当空气动力大时,引力与空气动力相比是一个较小的因素,在用工程法设计弹道时,可以暂不考虑引力影响。

(ⅱ)当马赫数 $M>5$,一般可认为空气动力系数 C_x、C_y 仅是攻角 α 的函数,而与马赫数 M、高度 h 无关。且 C_x、C_y 近似取为

$$C_x = C_{x0} + C_x^{\alpha}\cdot\alpha^2$$
$$C_y = C_y^{\alpha}\cdot\alpha$$

在以上假设下,式(6-1-42)简化为

$$\begin{cases}\dfrac{\mathrm{d}v}{\mathrm{d}t} = -\dfrac{\rho v^2 S_M}{2m}\cdot C_x \\ \dfrac{\mathrm{d}\Theta}{\mathrm{d}t} = \dfrac{\rho v S_M}{2m}\cdot C_y \\ \dfrac{\mathrm{d}h}{\mathrm{d}t} = v\sin\Theta\end{cases} \tag{6-3-12}$$

其中

$$\rho = \rho_0 \mathrm{e}^{-\beta h}$$

如果 α 为零或常数,上述方程可以得到解析解。因此,可以设想如果将控制规律 $\alpha(h)$认为是由若干段 α 为常数的小段组成,而对每一小段 α 为常数,C_x、C_y 也为常数,方程(6-3-12)可以解出。

当 α 为非零常数时,将式(6-3-12)的第一式除以第二式,可得

$$\frac{\mathrm{d}v}{\mathrm{d}\Theta} = -\frac{C_x}{C_y}v$$

积分上式得到

$$v = v_0 \exp\left(-\frac{\Theta - \Theta_0}{k}\right) \tag{6-3-13}$$

其中 $k = C_y/C_x$ 为升阻比,下标 0 表示初值。将式(6-3-12)的第二式除以第三式,又得

$$\frac{\mathrm{d}\Theta}{\mathrm{d}h} = \frac{C_y \rho S_M}{2m\sin\Theta}$$

于是

$$\sin\Theta \mathrm{d}\Theta = \frac{C_y S_M \rho_0}{2m} \mathrm{e}^{-\beta h} \mathrm{d}h$$

积分上式则有

$$\cos\Theta = \cos\Theta_0 + \frac{C_y^\alpha \cdot \alpha S_M}{2m\beta} (\rho - \rho_{0'}) \tag{6-3-14}$$

为避免与地面大气密度 ρ_0 的混淆,初始点密度用 $\rho_{0'}$ 表示。

当 α 为零时,由式(6-3-12)第二式知

$$\Theta = \Theta_0 \tag{6-3-15}$$

将式(6-3-12)第一式除以第三式,便得到

$$\frac{\mathrm{d}v}{\mathrm{d}h} = -\frac{\rho v S_M}{2m\sin\Theta} C_x$$

积分上式,且注意到 $\alpha = 0, C_x = C_{x0}$,于是

$$v = v_0 \exp\left[\frac{C_{x0} S_M}{2m\beta\sin\Theta_0 (\rho - \rho_{0'})}\right] \tag{6-3-16}$$

为叙述方便,以图 6-9 弹道 d 中达到低拦下界前的 $o-f$ 段为例说明工程设计方法。在高度 h_0 处,$\Theta_o < 0$,把弹道拉平,即 Θ_f 近似为零,此时高度为 h_f,并使 v_f 达到最大。到达低拦下界时,将弹拉平的原因是使弹飞行得较高,减小阻力损失。为了拉平,如果以三段 α 为常数的方式进行,以图 6-15 的方式最好。

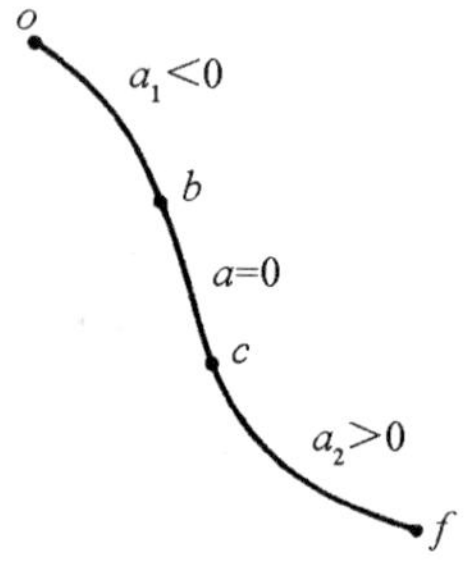

图 6-15　分三段时的 α

$o-b$ 段,攻角为常值 $\alpha_1 < 0$; $b-c$ 段取 $\alpha = 0$; $c-f$ 段取常值攻角 $\alpha_2 > 0$, Θ_b 表示 $b-c$ 直线段的 Θ 值。

记起始点 o 的参数为:v_0、Θ_o、h_0,大气密度为 $\rho_{o'}$ 终点 f 的参数为 v_f、Θ_f、h_f。可推出用 α_1、α_2 及 Θ_b 表示的终点速度 v_f。

由于(6-3-13)及式(6-3-16),可知

$$v_b = v_o \exp\left(-\frac{\Theta_b - \Theta_0}{k_1}\right)$$

$$v_c = v_b \exp\left[\frac{C_{xv} S_M}{2m\beta\sin\Theta_b} (\rho_c - \rho_b)\right]$$

$$v_f = v_c \exp\left(-\frac{\Theta_f - \Theta_c}{k_2}\right)$$

其中

$$k_1 = \frac{C_{y1}}{C_{x1}} = \frac{C_y^\alpha \cdot \alpha_1}{C_{x0} + C_x^\alpha \cdot \alpha_1^2} \tag{6-3-17}$$

$$k_2 = \frac{C_{y2}}{C_{x2}} = \frac{C_y^\alpha \cdot \alpha_2}{C_{x0} + C_x^\alpha \cdot \alpha_2^2} \tag{6-3-18}$$

由上述 v_b、v_c、v_f 的表达式,可推出

$$v_f = v_o \exp[-\frac{\Theta_b - \Theta_o}{k_1} - \frac{\Theta_f - \Theta_c}{k_2} + \frac{C^{xo} \cdot S_M}{2m\beta \sin\Theta_b}(\rho_c - \rho_b)] \tag{6-3-19}$$

由式(6－3－14)和(6－3－15),可知

$$\cos\Theta_b = \cos\Theta_o + W\alpha_1(\rho_b - \rho_{o'})$$

$$\Theta_c = \Theta_b$$

$$\cos\Theta_f = \cos\Theta_c + W\alpha_2(\rho_f - \rho_c)$$

其中

$$W = \frac{C_y^\alpha \cdot S_M}{2m\beta}$$

于是,可推得

$$\rho_c - \rho_b = \rho_f - \rho_{o'} - \frac{1}{W}(\frac{\cos\Theta_b - \cos\Theta_o}{\alpha_1} + \frac{\cos\Theta_f - \cos\Theta_b}{\alpha_2}) \tag{6-3-20}$$

将上式代入式(6－3－19),则

$$v_f = v_o e^{F(\alpha_1, \alpha_2, \Theta_b)} \tag{6-3-21}$$

其中

$$F(\alpha_1, \alpha_2, \Theta_b) = -\frac{\Theta_b - \Theta_o}{k_1} - \frac{\Theta_f - \Theta_b}{k_2} + \frac{C_{xo} \cdot S_M}{2m\beta \sin\Theta_b}[\rho_f - \rho_{o'} - \frac{1}{W}(\frac{\cos\Theta_b - \cos\Theta_o}{\alpha_1} + \frac{\cos\Theta_f - \cos\Theta_b}{\alpha_2})] \tag{6-3-22}$$

于是,当 v_o、Θ_o、h_o、Θ_f、h_f 一定时,有

$$v_f = v_f(\alpha_1, \alpha_2 . \Theta_b) \tag{6-3-23}$$

因此,求使 v_f 最大的问题即是求函数极值的问题,下面分 $|\alpha_1| = |\alpha_2|$ 和 $|\alpha_1| \neq |\alpha_2|$ 两种情况进行讨论。

1) $|\alpha_1| \neq |\alpha_2|$,即 $\alpha_1 \neq -\alpha_2 < 0$,此时,求 $v_{f\max}$ 就是求三元函数的极值问题。令

$$\frac{\partial v_f}{\partial \alpha_1} = 0$$

$$\frac{\partial v_f}{\partial \alpha_2} = 0$$

$$\frac{\partial v_f}{\partial \Theta_b} = 0$$

可以得到使 v_f 达到最大值的 α_1、α_2 和 Θ_b。记

$$F = F(\alpha_1, \alpha_2, \Theta_b)$$

则

$$\frac{\partial v_f}{\partial \alpha_1} = v_o \frac{\partial v_f}{\partial \alpha_1} e^F$$

$$\frac{\partial v_f}{\partial \alpha_2} = v_o \frac{\partial v_f}{\partial \alpha_2} e^F$$

$$\frac{\partial v_f}{\partial \Theta_b} = v_o \frac{\partial v_f}{\partial \Theta_b} e^F$$

因为 e^F 不为零,所以必有

$$\frac{\partial F}{\partial \alpha_1} = 0$$

$$\frac{\partial F}{\partial \alpha_2} = 0$$

$$\frac{\partial F}{\partial \Theta_b} = 0$$

由式(6-3-22),注意到其中 k_1、k_2 的表达式为式(6-3-17)和(6-3-18),则

$$\frac{\partial F}{\partial \alpha_1} = \frac{\Theta_b - \Theta_o}{k_1^2}\frac{\partial k_1}{\partial \alpha_1} - \frac{C_{xo} S_M}{2m\beta \sin\Theta_b} \cdot \frac{-\cos\Theta_b + \cos\Theta_o}{W\alpha_1^2} \tag{6-3-24}$$

而

$$\frac{1}{k_1^2}\frac{\partial k_1}{\partial \alpha_1} = \frac{1}{k_1^2} \cdot \frac{C_y^\alpha (C_{xo} - C_x^\alpha \alpha_1^2)}{(C_{xo} + C_x^\alpha \cdot \alpha_1^2)^2}$$
$$= \frac{C_{xo} - C_x^\alpha \cdot \alpha_1^2}{C_y^\alpha \cdot \alpha_1^2}$$

代入式(6-3-24),并令$\frac{\partial F}{\partial \alpha_1} = 0$,便得

$$\alpha_1 = \sqrt{\frac{C_{xo}}{C_x^\alpha}\left[1 - \frac{\cos\Theta_b - \cos\Theta_b}{\sin\Theta_b \cdot (\Theta_b - \Theta_o)}\right]} \tag{6-3-25}$$

同理得到

$$\alpha_2 = \sqrt{\frac{C_{xo}}{C_x^\alpha}\left[1 - \frac{\cos\Theta_b - \cos\Theta_b}{\sin\Theta_b \cdot (\Theta_b - \Theta_f)}\right]} \tag{6-3-26}$$

其中 Θ_b 满足

$$\frac{\partial F}{\partial \Theta_b} = 0$$

可求出

$$\cos\Theta_b = \frac{-P_2 + \sqrt{P_2^2 - 4P_1 P_2}}{2P_1} \tag{6-3-27}$$

其中

$$P_1 = -\frac{1}{k_1} + \frac{1}{k_2}$$

$$P_2 = \frac{C_{xo} S_M}{2m\beta}\left[\rho_f - \rho_{o'} - \frac{1}{W}\left(\frac{\cos\Theta_f}{\alpha_2} - \frac{\cos\Theta_o}{\alpha_1}\right)\right]$$

$$P_3 = \frac{C_{xo}}{C_y^\alpha}\left(\frac{1}{\alpha_2} - \frac{1}{\alpha_1}\right) - P_1$$

2) $|\alpha_1| = |\alpha_2|$,即 $\alpha_1 = -\alpha_2 < 0$,此时,求 $v_{f\max}$ 为求二元函数极值问题。记 $\alpha_2 = \alpha$,则

$$v_f = v_f(\alpha, \Theta_b)$$

$$= v_o e^{F(\alpha,\Theta_b)} \tag{6-3-28}$$

其中

$$F(\alpha,\Theta_b) = \frac{2\Theta_b - \Theta_o - \Theta_f}{k} + \frac{C_{xo}S_M}{2m\beta\sin\Theta_b}[\rho_f - \rho_{o'}$$

$$+ \frac{1}{W\alpha}(2\cos\Theta_b - \cos\Theta_0 - \cos\Theta_f) \tag{6-3-29}$$

而

$$k = |k_1| = |k_2|$$

欲求 v_f 达到最大值，应满足

$$\frac{\partial v_f}{\partial \alpha} = 0$$

$$\frac{\partial v_f}{\partial \Theta_b} = 0$$

于是，求出 Θ_b、α 应满足的条件为

$$\cos\Theta_b = \frac{-a_2 + \sqrt{a_2^2 - 4a_1a_3}}{2a_1} \tag{6-3-30}$$

$$\alpha = \sqrt{\frac{C_{xo}}{C_x^\alpha}[1 - \frac{\cos\Theta_f + \cos\Theta_o - 2\cos\Theta_b}{\sin\Theta_b(2\Theta_b - \Theta_o - \Theta_f)}]} \tag{6-3-31}$$

其中

$$a_1 = \frac{2}{k} > 0$$

$$a_2 = \frac{C_{xo}S_M}{2m\beta}(\rho_f - \rho_{o'} - \frac{\cos\Theta_o + \cos\Theta_f}{W\alpha})$$

$$a_3 = -\frac{2}{k}(1 - \frac{C_{xo}}{C_x}) < 0$$

值得指出的是，实际上不取 $|a_1| = |a_2|$，因为约束条件越多，将使 v_f 值减小。

上面求出了 $o-f$ 段分三段时，使 v_f 达到最大的攻角变化规律。而 b、c 两点的高度可由式(6-3-14)求出，即

$$h_b = -\frac{1}{\beta}\ln\{\frac{1}{\rho_o}[\rho_{o'} + \frac{W}{\alpha_1}(\cos\Theta_b - \cos\Theta_o)]\} \tag{6-3-32}$$

$$h_c = -\frac{1}{\beta}\ln\{\frac{1}{\rho_o}[\rho_f - \frac{W}{\alpha_2}(\cos\Theta_f - \cos\Theta_b)]\} \tag{6-3-33}$$

对某个具体算例，得到 α 随 h 的变化，如图 6-16 所示。实线为将 $o-f$ 段分三段的情况，如果希望在分三段的基础上，再使 v_f 增大，则对 $o-b$、$b-c$、$c-f$ 三段的每一段再继续分二至三段。即在 $o-b$ 段，求使 v_b 最大的控制量 α 在该段的变化规律；在 $b-c$ 段，求使 v_c 最大的该段 α 的变化规律；在 $c-f$ 段，再求使 v_f 最大的 α 变化规律。分七段时 $\alpha(h)$ 如图 6-16 中虚线所示。还可以在分七段的基础上，继续对每一段分段求最佳。图 6-17 中，将用优化原理设计出的最佳控制规律 $\alpha(h)$ 与用工程设计法得出的控制规律进行了比较。说明工程设计法选择 $\alpha(h)$ 是可行的。变化规律一致，且分段越多，越接近

于最佳的 $\alpha(h)$。仿真计算表明，用工程法设计控制规律 $\alpha(h)$时，得到的速度 v_f 值与优化原理算出的 v_f 值相差不大。

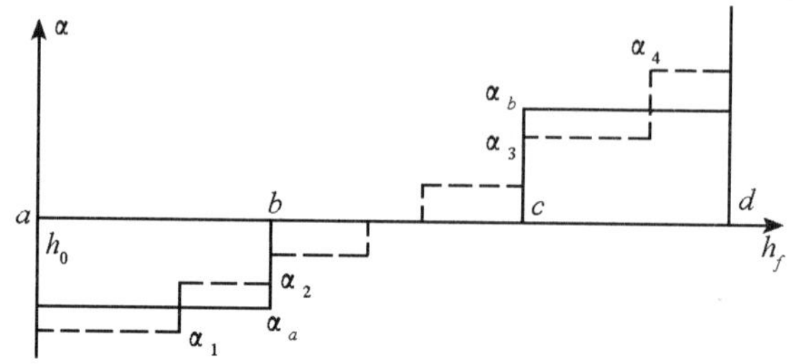

图 6-16　分三段与分七段的 $\alpha(h)$

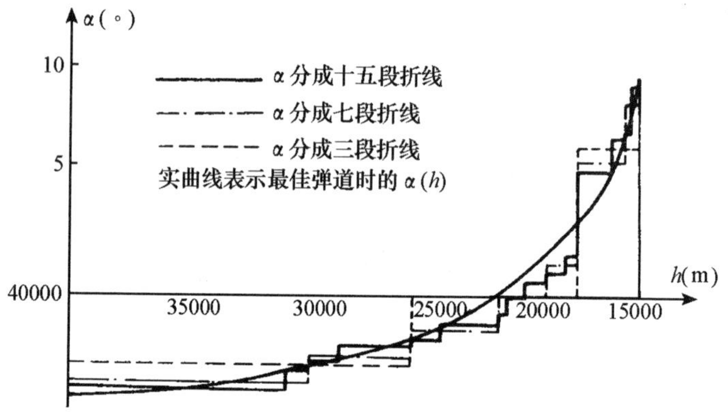

图 6-17　用优化原理与工程法设计出的 $\alpha(h)$的比较

4. 有升力再入时，运动参数的近似计算

对有升力的再入飞行器，在初步设计时，为便于对其弹道特性进行分析，研究再入机动弹道的控制规律，通常是在一定的假设条件下，求出有升力再入时运动方程的近似解析解。下面我们讨论再入段为平面运动情况下，弹道上任一点弹道参数和最小负加速度的近似解。

在假设地球为一不旋转圆球的条件下，考虑空气阻力 X 和升力 Y 作用时的平面弹道方程已由运动微分方程(6-1-42)给出。由此可知，影响再入弹道运动参数的外力有空气阻力力 X、升力 Y、引力 mg 及离心力 $m\dfrac{v^2}{r}$，工程上通常是根据实际问题的要求对上述四个力给以一定的近似条件，简化数学模型，以求得解析解。自 20 世纪 50 年代以来很多作者在不同的近似条件下，得到各自的解析解。显然，不同近似条件下的解析解，无论是形式或是精度都是有差别的，这里，只介绍两种情况下的解析解。

(1)略去引力和离心力，且认为升阻比(Y/X)为常数时的再入弹道近似计算

当略去引力和离心力后，由式(6-1-42)简化得到的运动微分方程为

$$\begin{cases}\dfrac{dv}{dt}=-\dfrac{X}{m}\\ \dfrac{d\Theta}{dt}=\dfrac{X}{mv}\\ \dfrac{dr}{dt}=v\sin\Theta\\ \dfrac{dL}{dt}=R\dfrac{v}{r}\cos\Theta\end{cases}\tag{6-3-34}$$

这里 L 表示再入段射程

1)弹道参数的近似计算

记再入点的速度为 v_e,再入角为 Θ_e,弹道上任一点的速度为 v,当地速度倾角为 Θ。v 与 Θ 的计算已由式(6-3-13)、(6-3-14)及(6-3-15)、(6-3-16)给出。亦即

(ⅰ)Y/X 为非零常数时

$$v=v_e\exp\left[-\frac{X}{Y}(\Theta-\Theta_e)\right]\tag{6-3-35}$$

$$\cos\Theta=\cos\Theta_e+\frac{1}{2}\frac{Y}{X}\cdot\frac{C_xS_M}{m\beta}(\rho-\rho_e)\tag{6-3-36}$$

(ⅱ)当 $Y/X=0$ 时,则为零攻角弹道

$$v=v_e\exp\left[\frac{C_{xo}S_M}{2m\beta\sin\Theta_e}(\rho-\rho_e)\right]\tag{6-3-37}$$

$$\Theta=\Theta_e\tag{6-3-38}$$

后面的讨论均认为 Y/X 不为零。

2)最小负加速度的求取

将式(6-3-35)和(6-3-36)代入式(6-3-34)中的第一式得

$$\frac{dv}{dt}=-\frac{C_xS_M}{2m}\left[\frac{\cos\Theta-\cos\Theta_e}{\frac{1}{2}\frac{Y}{X}\frac{C_xS_M}{m\beta}}+\rho_e\right]v_e^2e^{-2\frac{X}{Y}(\Theta-\Theta_e)}$$

整理得

$$\frac{dv}{dt}=-\frac{X}{Y}\beta\left(\cos\Theta-\cos\Theta_e+\frac{1}{2}\frac{Y}{X}\frac{C_xS_M}{m\beta}\rho_e\right)v_e^2e^{-2\frac{X}{Y}(\Theta-\Theta_e)}\tag{6-3-39}$$

由该式知,$\frac{dv}{dt}$是Θ 的函数,因此可用此式对 Θ 微分求极值,式(6-3-39)对 Θ 微分得

$$\frac{d}{d\Theta}\left(\frac{dv}{dt}\right)=\frac{X}{Y}\beta\left[\left(\cos\Theta-\cos\Theta_e+\frac{1}{2}\frac{Y}{X}\frac{C_xS_M}{m\beta}\rho_e\right)2\frac{X}{Y}+\sin\Theta\right]v_e^2e^{-2\frac{X}{Y}(\Theta-\Theta_e)}\tag{6-3-40}$$

当 dv/dt 取极值时,上式等于零,从中可解得满足极值条件的弹道倾角,记为 Θ_m,故

$$2\frac{X}{Y}\left(\cos\Theta_m+\frac{1}{2}\frac{Y}{X}\frac{C_xS_M}{m\beta}\rho_e-\cos\Theta_e\right)=-\sin\Theta_m$$

将上式两边平方,并将右端改成余弦函数,且令

$$\begin{cases} a = 2\dfrac{X}{Y} \\ b = \dfrac{1}{2}\dfrac{Y}{X}\dfrac{C_x S_M}{m\beta}\rho_e - \cos\Theta_e \\ c = a^2 b^2 - 1 \end{cases} \tag{6-3-41}$$

则可最终整理得

$$(a^2+1)\cos^2\Theta_m + 2ba^2\cos\Theta_m + c = 0$$

由此解得

$$\cos\Theta_m = \frac{-ba^2 \pm \sqrt{1 + a^2(1-b^2)}}{a^2+1} \tag{6-3-42}$$

式中“-”号对应于最小负加速度的倾角值。

将解得的 Θ_m 代入式(6-3-39),即可求得最小负加速度。由于假设 Y/X 为常数,观察式(6-3-34)中的第一式和第二式,不难知道,当切向加速度取得极值时,法向加速度也取极值。故可将 Θ_m 代入式(6-3-36)解出 ρ_m,再去计算式(6-3-34)中的第二式即得法向最大加速度的值。

3)求再入段射程

将式(6-3-34)之第四式除以第二式,则有

$$\frac{\mathrm{d}L}{\mathrm{d}\Theta} = \frac{Rmv^2}{rY}\cos\Theta \tag{6-3-43}$$

由于再入段高度较之地球半径 R 要小得多,故可认为 $r \cong R$,则上式即为

$$\mathrm{d}L = \frac{\cos\Theta\mathrm{d}\Theta}{\dfrac{1}{2}\dfrac{Y}{X}\dfrac{C_x S_M}{m}\rho} \tag{6-3-44}$$

其中 ρ 以式(6-3-36)的关系式代入,整理可得

$$\mathrm{d}L = \frac{\cos\Theta\mathrm{d}\Theta}{\beta\left(\cos\Theta - \cos\Theta_e + \dfrac{1}{2}\dfrac{Y}{X}\dfrac{C_x S_M}{m\beta}\rho_e\right)}$$

利用式(6-3-41)中的第二式,上式可写为

$$\mathrm{d}L = \frac{\cos\Theta\mathrm{d}\Theta}{\beta(b+\cos\Theta)} \tag{6-3-45}$$

将上式由再入点积分至再入段上的任一点,则左端 L 即表示该点距再入点的射程,即

$$L = \int_e^{\Theta} \frac{\cos\Theta}{\beta(b+\cos\Theta)}\mathrm{d}\Theta \tag{6-3-46}$$

亦即

$$L = \frac{1}{\beta}\int_{\Theta_e}^{\Theta}\left(1 - \frac{b}{b+\cos\Theta}\right)\mathrm{d}\Theta \tag{6-3-47}$$

记

$$L = I_1 + I_2 \tag{6-3-48}$$

其中

$$I_1 = \frac{1}{\beta}\int_{\Theta_e}^{\Theta} \mathrm{d}\Theta = \frac{1}{\beta}(\Theta - \Theta_e) \tag{6-3-49}$$

$$I_2 = -\frac{b}{\beta}\int_{\Theta_e}^{\Theta} \frac{\mathrm{d}\Theta}{b + \cos\Theta} \tag{6-3-50}$$

I_2 的积分分两种情况：

当 $b^2 > 1$ 时，可积得

$$I_2 = \frac{-b}{\beta}\cdot\frac{2}{\sqrt{b^2-1}}\left\{\arctan\left[\sqrt{\frac{b-1}{b+1}}\tan\frac{\Theta}{2}\right] - \arctan\left[\sqrt{\frac{b-1}{b+1}}\tan\frac{\Theta_e}{2}\right]\right\} \tag{6-3-51}$$

当 $b^2 < 1$ 时，可积得

$$I_2 = \frac{-b}{\beta}\cdot\frac{1}{\sqrt{1-b^2}}\left[\ln\frac{\sqrt{1-b^2}\tan\frac{\Theta}{2} + (1+b)}{\sqrt{1-b^2}\tan\frac{\Theta}{2} - (1+b)} - \ln\frac{\sqrt{1-b^2}\tan\frac{\Theta_e}{2} + (1+b)}{\sqrt{1-b^2}\tan\frac{\Theta_e}{2} + (1+b)}\right] \tag{6-3-52}$$

即

$$I_2 = \frac{-b}{\beta\sqrt{1-b^2}}\left[\ln\frac{\sqrt{1-b}\tan\frac{\Theta}{2} + \sqrt{1+b}}{\sqrt{1-b}\tan\frac{\Theta}{2} - \sqrt{1+b}} - \ln\frac{\sqrt{1-b}\tan\frac{\Theta_e}{2} + \sqrt{1+b}}{\sqrt{1-b}\tan\frac{\Theta_e}{2} - \sqrt{1+b}}\right] \tag{6-3-53}$$

如果将上式中之 $\tan\frac{\Theta}{2}$ 及 $\tan\frac{\Theta_e}{2}$ 用三角关系式

$$\tan\frac{u}{2} = \frac{1-\cos u}{\sin u}$$

的形式代入，经过整理，可得另一种形式：

$$I_2 = \frac{-b}{\beta\sqrt{1-b^2}}\ln\left[\frac{1 + b\cos\Theta + \sqrt{1-b^2}\sin\Theta}{1 + b\cos\Theta_e + \sqrt{1-b^2}\sin\Theta_e}\cdot\frac{b+\sin\Theta_e}{b+\cos\Theta}\right] \tag{6-3-54}$$

将式(6－3－49)和(6－3－51)或式(6－3－54)代入式(6－3－48)中，即得再入段任一点距离再入点射程计算公式：

$$L = \begin{cases} \dfrac{1}{\beta}(\Theta - \Theta_e) - \dfrac{2b}{\beta\sqrt{b^2-1}}\left[\arctan\left(\sqrt{\dfrac{b-1}{b+1}}\tan\dfrac{\Theta}{2}\right) - \arctan\left(\sqrt{\dfrac{b-1}{b+1}}\tan\dfrac{\Theta_e}{2}\right)\right] & (b^2 > 1) \\ \dfrac{1}{\beta}(\Theta - \Theta_e) - \dfrac{2b}{\beta\sqrt{1-b^2}}\ln\left[\left(\dfrac{1 + b\cos\Theta + \sqrt{1-b^2}\sin\Theta}{1 + b\cos\Theta_e + \sqrt{1-b^2}\sin\Theta_e}\cdot\dfrac{b+\cos\Theta_e}{b+\cos\Theta}\right]\right. & (b^2 < 1) \end{cases} \tag{6-3-55}$$

4)解析解与精确解的比较

在假设初始条件为$\frac{mg}{C_x S_M} = 9.36\mathrm{kg/cm^2}$、$\Theta_e = -0.05°$及$\frac{v_e}{\sqrt{gR}} \cong 1.0$，根据式(6－3－35)、(6－3－36)及(6－3－39)可算出在不同升阻比情况下 $h \sim \frac{v}{\sqrt{gR}}$、$\Theta \sim \frac{v}{\sqrt{gR}}$ 及 $\frac{1}{g}\frac{\mathrm{d}v}{\mathrm{d}t} \sim \frac{v}{\sqrt{gR}}$

的解析结果，与用式(6－1－42)算得的精确结果，一并给于图 6－18、图 6－19、图 6－20 上。由图可看出，在小再入角时，以负升阻比进行再入时，当升阻比小于－0.3(即绝对值大于 0.3)时，上述解析解是适用的。

(2)一般情况下的再入弹道近似计算

前面的解析解是在忽略引力和离心力条件下获得的，这里我们再讨论这两项力均不忽略时再入弹道的近似计算。

1)弹道参数的近似计算

在再入段精确弹道方程组(6－1－42)中，第二式之最后一项表示引力和离心力垂直于速度矢量的分量，它对倾角 Θ 的影响，在陡峭再入时是小的，而在小角再入时是大的。为了便于求解，将该项中的 $\cos\Theta$ 在整个再入段取为常数，即取 $\cos\Theta=\cos\Theta_e$，这种近似假设只会引起一个小的倾角误差。因此方程

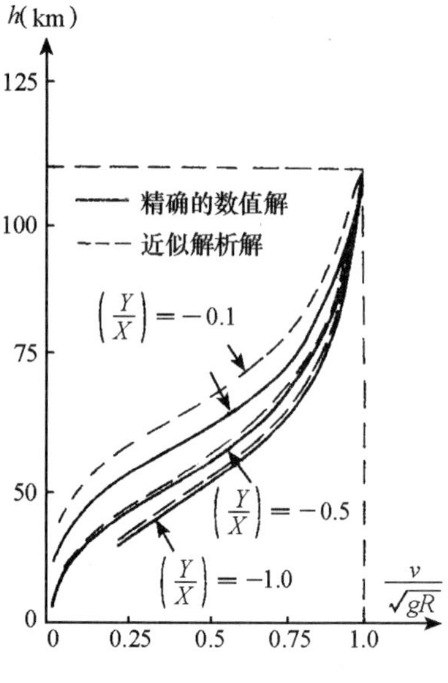

图 6－18　$h\sim\frac{v}{\sqrt{vR}}$关系曲线

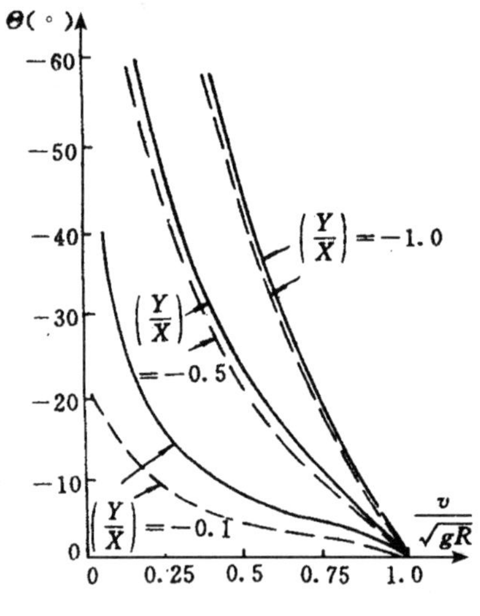

图 6－19　$\Theta\sim\frac{v}{\sqrt{gR}}$关系曲线

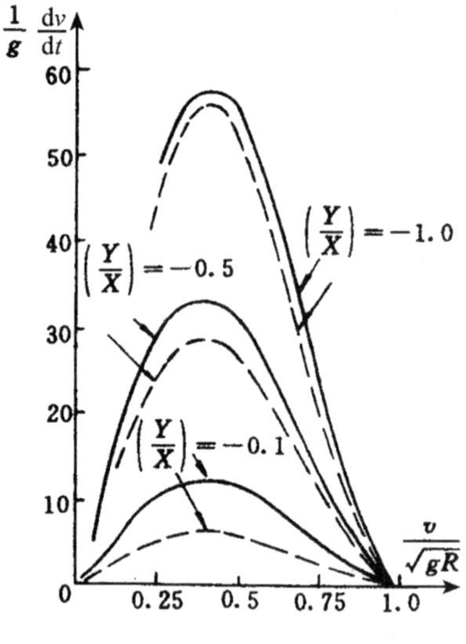

图 6－20　$\frac{1}{g}\frac{dv}{dt}\sim\frac{v}{\sqrt{gR}}$关系曲线

组可简化为：

$$\begin{cases}\dfrac{dv}{dt}=-\dfrac{X}{m}-g\sin\Theta\\[2mm]\dfrac{d\Theta}{dt}=\dfrac{Y}{mv}+\left(\dfrac{v}{r}-\dfrac{g}{v}\right)\cos\Theta_e\\[2mm]\dfrac{dh}{dt}=v\sin\Theta\\[2mm]\dfrac{dL}{dt}=\dfrac{Rv}{r}\cos\Theta\end{cases}\tag{6-3-56}$$

将式(6-3-56)中第一式、第二式分别以第三式来除,可得

$$\frac{dv}{v}=-\frac{C_xS_M\rho}{2m\sin\Theta}dh-\frac{g}{v^2}dh \tag{6-3-57}$$

$$\sin\Theta d\Theta=\frac{C_yS_M\rho}{2m}dh+(\frac{1}{r}-\frac{g}{v^2})\cos\Theta_e dh \tag{6-3-58}$$

将 $dh=-dh/\beta\rho$ 代入上式得

$$\frac{dv}{v}=\frac{C_xS_M}{2m\beta\sin\Theta}d\rho+\frac{g}{\beta v^2}\cdot\frac{d\rho}{\rho} \tag{6-3-59}$$

$$\sin\Theta d\Theta=-\frac{C_yS_M}{2m\beta}d\rho-\frac{\cos\Theta_e}{\beta}(\frac{1}{r}-\frac{g}{v^2})\frac{d\rho}{\rho} \tag{6-3-60}$$

为了便于求解析解,考虑到再入机动时,一般速度均较大,即马赫数 M 较大,故把 C_x、C_y 视为常数。即使这样,也很难对式(6-3-59)及(6-3-60)求解。考虑到无论是小角再入或是陡峭再入,引力在速度矢量方向的分量较之阻力要小得多,故首先对式(6-3-59)作如下近似:

$$\frac{dv}{v}=\frac{C_xS_M}{2m\beta\sin\Theta_e}d\rho \tag{6-3-61}$$

积分上式得

$$\ln\frac{v}{v_e}=\frac{C_xS_M}{2m\beta\sin\Theta_e}(\rho-\rho_e) \tag{6-3-62}$$

将此解得的 v 作为一级近似值,若直接将其代入式(6-3-59)及(6-3-60)两式的右端去求积分还是困难的,因此将$\frac{g}{v^2}$按 $\ln\frac{v}{v_e}$进行展开,即

$$\begin{aligned}\frac{g}{v^2}&=\frac{g}{v_e^2}(\frac{v_e}{v})^2\\&=\frac{g}{v_e^2}e^{-2\ln\frac{v}{v_e}}\\&=\frac{g}{v_e^2}\left[1-2\ln\frac{v}{v_e}+\frac{4}{2!}(\ln\frac{v}{v_e})^2-\cdots\right]\end{aligned}$$

现只取前三项,并写成

$$\frac{g}{v^2}=\frac{g}{v_e^2}\left[1+c_1\ln(\frac{v}{v_e})+c_2(\ln\frac{v}{v_e})^2\right] \tag{6-3-63}$$

其中常系数 c_1、c_2 可以按照速度 v 需要改变的范围,用拟合的办法确定。在大多数场合下,在再入速度减小到一半之前,即达到最小负加速度,因此常系数 c_1、c_2 可在该范围内确定。

将式(6-3-62)代入式(6-3-63)得

$$\frac{g}{v^2}=\frac{g}{v_e^2}[1+c_1\frac{C_xS_M}{2m\beta\sin\Theta_e}(\rho-\rho_e)+c_2(\frac{C_xS_M}{2m\beta\sin\Theta_e})^2(\rho-\rho_e)^2] \tag{6-3-64}$$

将式(6-3-64)代入式(6-3-60),因设 C_x、C_y 为常数,且注意到再入段弹道高度 h 变化对于 r 来说是个小量,故可认为 r 为一常数,这样就可将式(6-3-60)积出为

$$\cos\Theta = \cos\Theta_e + B_1(\rho - \rho_e) + B_2 \ln\frac{\rho}{\rho_e} + B_2 f_1(\rho) \tag{6-3-65}$$

其中

$$\begin{cases} B_1 = \dfrac{C_y S_M}{2m\beta} \\ B_2 = \dfrac{\cos\Theta_e}{\beta r} \\ B_3 = -\dfrac{\cos\Theta_e}{\beta}\cdot\dfrac{g}{v_e^2} \\ B_4 = \dfrac{C_x S_M \rho_e}{2m\beta\sin\Theta_e} \end{cases} \tag{6-3-66}$$

$$f_1(\rho) = (1 - C_1 B_4 + C_2 B_4^2)\ln\frac{\rho}{\rho_e} + (C_1 B_4 - C_2 B_4^2)\frac{\rho - \rho_e}{\rho_e} + \frac{1}{2}C_2 B_4^2\left(\frac{\rho - \rho_e}{\rho_e}\right)^2$$

为求 v 与 ρ 的关系，将方程(6－3－59)两端由 ρ_e 积分至 ρ，积分变量为区别于上界 ρ 而记为 $\bar{\rho}$，则

$$\ln\frac{v}{v_e} = \frac{C_x S_M}{2m\beta}\int_{\rho_e}^{\rho}\frac{d\bar{\rho}}{\sin\Theta(\bar{\rho})} + \frac{1}{\beta}\int_{\rho_e}^{\rho}\frac{g}{v^2}\frac{d\bar{\rho}}{\bar{\rho}} \tag{6-3-67}$$

上式后一积分式，只需将式(6－3－64)代入即可积出，为

$$\frac{1}{\beta}\int_{\rho_e}^{\rho}\frac{g}{v^2}\cdot\frac{d\bar{\rho}}{\bar{\rho}} = \frac{1}{\beta}\frac{g}{v_e^2}f_1(\rho) = -\frac{B_3}{\cos\Theta_e}f_1(\rho) \tag{6-3-68}$$

其中 B_3、$f_1(\rho)$ 如式(6－3－66)中所示。但式(6－3－67)之第一积分式，需要代入 $\Theta(\bar{\rho})$ 的值，这就需要通过方程(6－3－65)来求取。为此，将 $\cos\Theta$ 进行展开，只取到前两项，即

$$\cos\Theta = 1 - \frac{\Theta^2}{2}$$

将此关系式代入式(6－3－65)，则在任一 $\bar{\rho}$ 处有

$$\Theta^2(\bar{\rho}) = \Theta_e^2 - 2B_1(\bar{\rho} - \rho_e) - 2B_2\ln\frac{\bar{\rho}}{\rho_e} - 2B_3 f_1(\bar{\rho}) \tag{6-3-69}$$

并考虑到式(6－3－67)第一式积分值主要取决于 $\Theta(\bar{\rho})$ 在积分区间的最小绝对值，对有升力弹道，在正升力作用下，弹道是往上弯曲的，因此 Θ 的绝对值将随 $\bar{\rho}$ 的增加而单调减小，一直到它的极小值。为了便于后面进行积分，将 $\ln\frac{\bar{\rho}}{\rho}$ 以 $(1-\frac{\bar{\rho}}{\rho})$ 进行展开并取前四项，即

$$\begin{aligned} \ln\frac{\bar{\rho}}{\rho} &= \ln\left[1 - \left(1 - \frac{\bar{\rho}}{\rho}\right)\right] \\ &= -\left[\left(\frac{\rho - \bar{\rho}}{\rho}\right) + \frac{1}{2}\left(\frac{\rho - \bar{\rho}}{\rho}\right)^2\right] \end{aligned}$$

令

$$\zeta = \frac{\rho - \bar{\rho}}{\rho}$$

则前式写成

$$\ln \frac{\overline{\rho}}{\rho} = (\zeta + \frac{1}{2} \zeta^2) \qquad (6-3-70)$$

在式(6-3-69)中,注意到

$$\ln \frac{\overline{\rho}}{\rho_e} = \ln (\frac{\rho}{\rho_e} \frac{\overline{\rho}}{\rho})$$

$$= \ln \frac{\rho}{\rho_e} + \ln \frac{\overline{\rho}}{\rho}$$

将式(6-3-70)代入上式得

$$\ln \frac{\overline{\rho}}{\rho_e} = \ln \frac{\rho}{\rho_e} - (\zeta + \frac{1}{2} \zeta^2) \qquad (6-3-71)$$

再注意到

$$\overline{\rho} - \rho_e = - (\rho - \overline{\rho}) + (\rho - \rho_e)$$

$$= \rho \zeta + (\rho - \rho_e) \qquad (6-3-72)$$

将式(6-3-71)、(6-3-72)代入式(6-3-69),则有

$$\Theta^2 (\overline{\rho}) = \Theta_e^2 + 2B_1 \rho \zeta - 2B_1 (\rho - \rho_e) - 2B_2 \ln \frac{\rho}{\rho_e} + 2B_2 (\zeta + \frac{1}{2} \zeta^2)$$

$$- 2B_3 \{ (1 - c_1 B_4 + c_2 B_4^2) [\ln \frac{\rho}{\rho_e} - (\zeta + \frac{1}{2} \zeta^2)]$$

$$+ (c_1 B_4 - c_2 B_4^2) [\frac{\rho - \rho_e}{\rho_e} - \frac{\rho}{\rho_e} \zeta]$$

$$+ \frac{1}{2\rho_e^2} c_2 B_4^2 [(\rho - \rho_e) - \rho \zeta]^2 \}$$

上式中只有 ζ 为变量,ρ 是给定的再入段某点所决定的值。经过整理,上式可写为

$$\Theta^2 (\overline{\rho}) = \overline{\Theta}^2 + k_1 \zeta + k_2 \zeta^2 \qquad (6-3-73)$$

其中

$$\overline{\Theta}^2 = \Theta_e^2 - (2B_1 + \frac{2}{\rho_e} c_1 B_3 B_4 + c_2 B_3 B_4^2 \frac{\rho - 3\rho_e}{\rho_e}) (\rho - \rho_e)$$

$$- 2 (B_2 + B_3 - c_1 B_3 B_4 + c_3 B_3 B_4^2) \ln \frac{\rho}{\rho_e} \qquad (6-3-74)$$

$$K_1 = 2 (B_1 \rho + B_2 + B_3 - c_1 B_3 B_4 + c_2 B_3 B_4^2)$$

$$+ 2 c_1 B_3 B_4 \frac{\rho}{\rho_e} - 2 c_2 B_3 B_4^2 \frac{\rho}{\rho_e} + 2 c_2 B_3 B_4^2 \frac{\rho}{\rho_e^2} (\rho - \rho_e)$$

$$= 2 [B_1 \rho + B_2 + B_3 + c_1 B_3 B_4 (\frac{\rho - \rho_e}{\rho_e})]$$

$$+ c_2 B_4 B_4^2 (\frac{\rho_e - \rho}{\rho_e}) + c_2 B_3 B_4^2 \frac{\rho}{\rho_e} (\frac{\rho - \rho_e}{\rho_e})]$$

$$= 2 [B_1 \rho + B_2 + B_3 + c_1 B_3 B_4 (\frac{\rho - \rho_e}{\rho_e}) + c_2 B_3 B_4^2 (\frac{\rho - \rho_e}{\rho_e})^2]$$

$$(6-3-75)$$

$$K_2 = B_2 + B_3 - c_1 B_3 B_4 + c_2 B_3 B_4^2 - c_2 B_3 B_4 \frac{\rho^2}{\rho_e^2}$$
$$= B_2 + B_3 - c_1 B_3 B_4 - c_2 B_3 B_4^2 \frac{\rho^2 - \rho_e^2}{\rho_e^2} \qquad (6-3-76)$$

有了上述辅助关系式，直接对式(6-3-37)着手进行积分还有困难，为此，还需将积分号内的分母 $\sin\Theta$ 按照再入角的值的大小用两种不同的形式展成 Θ 的级数：

对于 $|\Theta|$ 小于 60°时，可将其展成

$$\frac{1}{\sin\Theta} \cong \frac{1}{\Theta - \frac{1}{6}\Theta^2} = \frac{1}{\Theta} + \frac{1}{6}\Theta \qquad (6-3-77)$$

利用该式，最大误差将小于 3%。

对于 $|\Theta|$ 大于 45°时，同样的项可展成 $(\Theta_e - \Theta)$ 的级数，在达到最小负加速度之前，$|\Theta_e - \Theta|$ 是比 $|\Theta_e|$ 小的，则

$$\frac{1}{\sin\Theta} = \frac{1}{\sin[\Theta_e - (\Theta_e - \Theta)]}$$
$$\cong \frac{1}{\sin\Theta_e} + \frac{\cos\Theta_e}{\sin^2\Theta_e}(\Theta_e - \Theta) \qquad (6-3-78)$$

上式对于 $\Theta_e = -45°, \Theta_e - \Theta = -2°$，最大误差小于 5%。

下面根据再入角的大小对式(6-3-67)中的第一式进行积分。

(ⅰ) $|\Theta| < 60°$

根据式(6-3-73)和(6-3-77)有

$$\frac{C_x S_M}{2m\beta}\int_{\rho_e}^{\rho} \frac{d\bar{\rho}}{\sin(\bar{\rho})} = \frac{-C_x S_M}{2m\beta}\Big[\int_{\rho_e}^{\rho} \frac{d\bar{\rho}}{\sqrt{\bar{\Theta}^2 + k_1\zeta + k_2\zeta^2}}$$
$$+ \frac{1}{6}\int_{\rho_e}^{\rho} \sqrt{\bar{\Theta}^2 + k_1\zeta + k_2\zeta^2}\, d\bar{\rho}\Big] \qquad (6-3-79)$$

上式右端两项积分，只要将积分变量 $\bar{\rho}$ 用配元法写成变量 ζ，再根据 k_2 的正负可用积分表查得积分结果。

(a) $k_2 > 0$

$$\int_{\rho_e}^{\rho} \frac{d\bar{\rho}}{\sqrt{\bar{\Theta}^2 + k_1\zeta + k_2\zeta^2}}$$
$$= \frac{-\rho}{\sqrt{k_2}} \ln \frac{k_1 + 2\sqrt{k_2}\,\bar{\Theta}}{k_1 + 2k_2(1-\sigma) + 2\sqrt{k_2}\sqrt{\bar{\Theta}^2 + k_1(1-\sigma) + k_2(1-\sigma)^2}} \qquad (6-3-80)$$

$$\frac{1}{6}\int_{\rho_e}^{\rho} \sqrt{\bar{\Theta}^2 + k_1\zeta + k_2\zeta^2}\, d\bar{\rho}$$
$$= \frac{-\rho}{24k_2}\{k_1\bar{\Theta} - [k_1 + 2k_2(1-\sigma)]\sqrt{\bar{\Theta}^2 + k_1(1-\sigma) + k_2(1-\sigma)^2}\}$$
$$+ \rho\frac{k_1^2 - 4k_2\bar{\Theta}^2}{48k_2\sqrt{k_2}} \ln \frac{k_1 + 2\sqrt{k_2}\,\bar{\Theta}}{k_1 + 2k_2(1-\sigma) + 2\sqrt{k_2}\sqrt{\bar{\Theta}^2 + k_1(1-\sigma) + k_2(1-\sigma)^2}}$$
$$(6-3-81)$$

上两式中曾令

$$\sigma = \frac{\rho_e}{\rho} \tag{6-3-82}$$

将式(6－3－80)、(6－3－81)代入式(6－3－79)得

$$\frac{C_x S_M}{2m\beta}\int_{\rho_e}^{\rho}\frac{\mathrm{d}\bar{\rho}}{\sin\Theta(\bar{\rho})} = \frac{B_5}{\sqrt{k_2}}f_2(\rho) + f_3(\rho) \tag{6-3-83}$$

其中

$$\begin{cases} B_5 = \dfrac{C_x S_M \rho}{2m\beta}\left(1 + \dfrac{4k_2\overline{\Theta}^2 - k_1^2}{48k_2}\right) \\ f_2(\rho) = \rho \cdot \ln\dfrac{k_1 + 2\sqrt{k_2}\,\overline{\Theta}}{k_1 + 2k_2(1-\sigma) + 2\sqrt{k_2}\sqrt{\overline{\Theta}^2 + k_1(1-\sigma) + k_2(1-\sigma)^2}} \\ f_3(\rho) = \dfrac{C_x S_M \rho}{48m\beta k_2}\left\{k_1\overline{\Theta} - [k_1 + 2k_2(1-\sigma)]\sqrt{\overline{\Theta}^2 + k_1(1-\sigma) + k_2(1-\sigma)^2}\right\} \end{cases} \tag{6-3-84}$$

最后将式(6－3－68)及(6－3－83)代入式(6－3－67)即可得到

$$\ln\frac{v}{v_e} = -\frac{B_3}{\cos\Theta_e}f_1(\rho) + \frac{B_5}{\sqrt{k_2}}f_2(\rho) + f_3(\rho) \tag{6-3-85}$$

(b) $k_2 < 0$

$$\int_{\rho_e}^{\rho}\frac{\mathrm{d}\bar{\rho}}{\sqrt{\overline{\Theta}^2 + k_1\zeta + k_2\zeta^2}} = -\frac{\rho}{\sqrt{1-k_2}}\left[\arcsin\frac{k_1 + 2k_2(1-\sigma)}{\sqrt{k_1^2 - 4k_2\overline{\Theta}^2}} - \arcsin\frac{k_1}{\sqrt{k_1^2 - 4k_2\overline{\Theta}^2}}\right] \tag{6-3-86}$$

$$\begin{aligned} &\frac{1}{6}\int_{\rho_e}^{\rho}\sqrt{\overline{\Theta}^2 + k_1\zeta + k_2\zeta^2}\cdot \mathrm{d}\bar{\rho} \\ &= -\frac{k_1^2 - 4k_2\overline{\Theta}^2}{48k_2\sqrt{1-k_2}}\rho\left[\arcsin\frac{k_1 + 2k_2(1-\sigma)}{\sqrt{k_1^2 - 4k_2\overline{\Theta}^2}} - \arcsin\frac{k_1}{\sqrt{k_1^2 - 4k_2\overline{\Theta}^2}}\right] \\ &\quad + \frac{\rho}{24k_2}\left\{[k_1 + 2k_2(1-\sigma)]\sqrt{\overline{\Theta}^2 + k_1(1-\sigma) + k_2(1-\sigma)^2} - k_1\overline{\Theta}\right\} \end{aligned} \tag{6-3-87}$$

将式(6－3－86)、(6－3－87)代入式(6－3－79)得：

$$\frac{C_x S_M}{2m\beta}\int_{\rho_e}^{\rho}\frac{\mathrm{d}\bar{\rho}}{\sin\Theta(\bar{\rho})} = \frac{B_5}{\sqrt{-k_2}}f_4(\rho) + f_3(\rho) \tag{6-3-88}$$

其中

$$\begin{cases} f_4(\rho) = \rho\left[\arcsin\dfrac{k_1 + 2k_2(1-\sigma)}{\sqrt{k_1^2 - 4k_2\overline{\Theta}^2}} - \arcsin\dfrac{\sqrt{k_1}}{\sqrt{k_1^2 - 4k_2\overline{\Theta}^2}}\right] \\ B_5 \text{ 及 } f_3(\rho) \text{ 如前面给出} \end{cases} \tag{6-3-89}$$

将式(6－3－68)及(6－3－88)代入式(6－3－67)即得

$$\ln\frac{v}{v_e} = -\frac{B_3}{\cos\Theta_e}f_1(\rho) + \frac{B_5}{\sqrt{-k_2}}f_4(\rho) + f_3(\rho) \tag{6-3-90}$$

(ⅱ) $|\Theta|>45°$

利用式(6－3－78),并将式(6－3－73)代入,仿照上述方法可最终导得:

(a) $k_2>0$

$$\ln\frac{v}{v_e}=-\frac{B_3}{\cos\Theta_e}f_1(\rho)+B_6(\rho-\rho_e)-\frac{B_7}{\sqrt{k_2}}f_2(\rho)-B_8f_3(\rho) \qquad (6-3-91)$$

其中

$$\begin{cases} B_6=\dfrac{C_xS_M}{2m\beta}\left(\dfrac{1}{\sin\Theta_e}+\dfrac{\Theta_e\cos\Theta_e}{\sin^2\Theta_e}\right) \\ B_7=\dfrac{C_xS_M\cos\Theta_e(4k_2\overline{\Theta}^2-k_1^2)}{16m\beta k_2\sin^2\Theta_e} \\ B_8=\dfrac{6\cos\Theta_e}{\sin^2\Theta_e} \\ B_3、f_2(\rho)、f_3(\rho)\text{ 如前给出} \end{cases} \qquad (6-3-92)$$

(b) $k_2<0$

$$\ln\frac{v}{v_e}=-\frac{B_3}{\cos\Theta_e}f_1(\rho)+B_6(\rho-\rho_e)-\frac{B_7}{\sqrt{1-k_2}}f_4(\rho)-B_8f_3(\rho) \qquad (6-3-93)$$

其中 B_3、B_6、B_7、B_8、$f_1(\rho)$、$f_4(\rho)$、$f_3(\rho)$ 均同前。

以上推导结果,由式(6－3－65)和根据 Θ、k_2 之值的大小或正负所决定的式(6－3－85)、(6－3－90)、(6－3－91)、(6－3－93)四式中之一式组成了再入段考虑升力时之一般情况下的解析解。

2) 再入弹道上的最大加速度

不难理解,再入弹道在为一平面弹道的假设条件下,其加速度大小值为

$$a=\sqrt{\left(\frac{dv}{dt}\right)^2+\left(v\frac{d\Theta}{dt}\right)^2} \qquad (6-3-94)$$

考虑到再入段的最大加速度在 v_e 的一半以前出现,此时,升力和阻力较之引力和离心力要大得多,故只求取空气动力造成的最大加速度。据此,再入段任一点之加速度为

$$a=\frac{1}{m}\sqrt{X^2+Y^2}=\frac{1}{2m}C_xS_M\rho v^2\sqrt{1+\left(\frac{C_Y}{C_X}\right)^2} \qquad (6-3-95)$$

因假设 C_x、C_y 为常数,而最大加速度满足条件

$$\frac{da}{dt}=0$$

故得

$$v^2\frac{d\rho}{dt}+2\rho v\frac{dv}{dt}=0 \qquad (6-3-96)$$

注意到式(6－3－56),则有

$$\left(1+\frac{2g}{\beta v_m^2}\right)\sin\Theta_m=-\frac{C_xS_M}{m\beta}\rho_m \qquad (6-3-97)$$

其中 v_m、Θ_m、ρ_m 表示弹道上满足式(6－3－96)极值条件之参数。

观察上式,由于$\frac{2g}{\beta v_m^2}$通常较 1 小得多,为便于求解,将式(6－3－97)近似为

$$\sin\Theta_m = -\frac{C_x S_M}{\beta m}\rho_m \tag{6-3-98}$$

这样就可根据式(6－3－65)及(6－3－98)来求解出 Θ_m、ρ_m,注意到式(6－3－65)为一超越方程,直接求解是困难的。工程上的一个简便方法即是将式(6－3－65)与(6－3－98)分别画出 $\Theta \sim \rho$ 关系曲线,两曲线的交点即为所要求的 Θ_m、ρ_m。还有就是用迭代的办法求解,关于迭代求解的 Θ_m 初值选取,我们只要注意到式(6－3－98),即为前面讨论中忽略引力及离心力条件下,求最小负加速度的极值条件,那么就可用式(6－3－42)来求 Θ_m 作为解式(6－3－98)的初值 $\Theta_m^{(1)}$。显然,由于引力和离心力较之升力和阻力确实小很多,故用式(6－3－42)解得的 Θ_m 是一个很好的近似值。将 $\Theta_m^{(1)}$ 代入式(6－3－98)求得 $\rho_m^{(1)}$,用此 $\rho_m^{(1)}$ 代入式(6－3－65)再算得 $\Theta_m^{(2)}$,若 $\Theta_m^{(2)}$ 在精度上不能满足式(6－3－98)则进行逐次迭代,直至满足精度要求为止。一般情况下,迭代两次即可得到满意的结果。将最终得到的 Θ_m、ρ_m 代入根据 k_2、Θ 的正负和大小所选定的 $\ln\frac{v}{v_e}$表达式可算得 v_m,这样最后即可用式(6－3－95)算得再入弹道上的最大加速度值。

在图 6－21、6－22 中,给出初始条件为 $v_e = 10675\text{m/s}$、$h_e = 122\text{km}$ 的 $a_m/g \sim \Theta_e$ 及 $v_m \sim \Theta_e$ 的精确计算及近似解析解算得的结果。

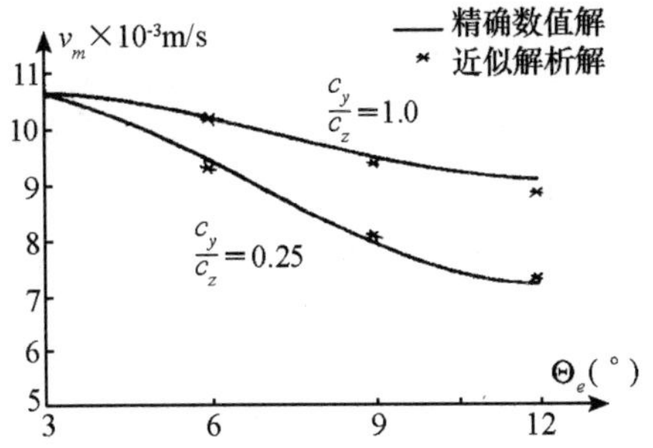

图 6－21　最大加速度时的 v_m 与再入角 Θ_e 的关系曲线

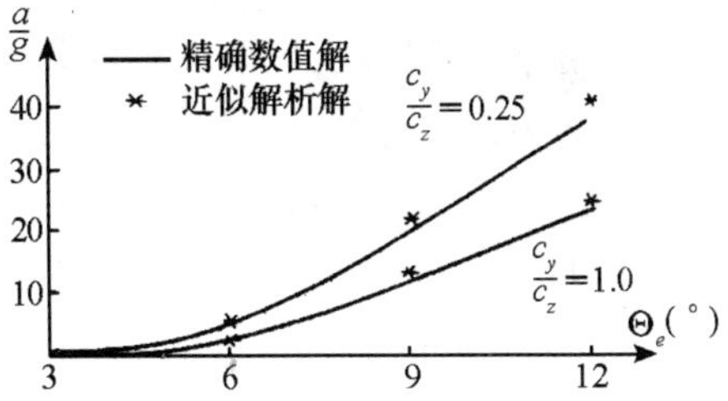

图 6－22　最大过载($\frac{a}{g}$)与再入角 Θ_e 的关系曲线

第七章　主动段运动特性及设计参数选择

前面各章按火箭飞行中受力特性分别建立了主动段、自由段与再入段弹道方程。当给定火箭各分系统参数及发射点的位置、射击方位角后，即可逐段求解。但在新型号设计中，如何根据应用部门对导弹、卫星提出的战术技术指标，如载荷重量、导弹的射程或卫星的轨道根数及精度指标等，进行方案论证，还涉及分配和协调各分系统设计指标有关的弹道问题。在这一章中，首先建立适用于方案论证阶段简化弹道方程。然后分析火箭在主动段的运动特性，将影响火箭分系统的因素归结为五个设计参数。并以此为基础，讨论火箭主动段终点参数及导弹射程的近似估算方法。最后，研究如何根据射程或主动段终点速度 V_k 来选择各分系统的设计参数。

§7.1　用于方案论证阶段简化的纵向方程

在方案论证阶段，主要关心各分系统设计参数对射程的影响，因此，只研究火箭的纵向运动。为方便计算，可对纵向运动方程式(3－4－15)作进一步的简化。

由于主动段射程较小，可以认为引力只有沿 y 轴的分量，且近似认为 $h=y$；另注意到瞬时平衡假设条件下有

$$\delta_\varphi = -\frac{M_{Z1}^{\alpha}}{M_{Z1}^{\delta}}\alpha = -\frac{Y_1^{\alpha}(x_g - x_p)}{R'(x_g - x_c)}\cdot\alpha$$

当近似认为 $Y_1^{\alpha}=Y^{\alpha}$ 后，则有

$$Y + R'\delta_\varphi = \left(1-\frac{x_g - x_p}{x_g - x_c}\right)Y^{\alpha}\cdot\alpha$$

记

$$C=\frac{x_p - x_c}{x_g - x_c} \tag{7-1-1}$$

即有

$$Y + R'\delta_\varphi = CY^{\alpha}\cdot\alpha \tag{7-1-2}$$

这样，纵向运动方程式(3－4－15)即成为

$$
\begin{cases}
\dot{v} = \dfrac{P_e}{m} - \dfrac{1}{m} C_x q S_M + g\sin\theta \\
\dot{\theta} = \dfrac{1}{mv}(P_e + CY^{\alpha})\alpha + \dfrac{g}{v}\cos\theta \\
\dot{x} = v\cos\theta \\
\dot{y} = v\sin\theta \\
\alpha = A_{\varphi}(\varphi_{pr-\theta}) \\
A_{\varphi} = \dfrac{a_0^{\varphi} M_{Z1}^{\delta}}{M_{Z1}^{\alpha} + a_0^{\varphi} M_{Z1}^{\delta}} \\
h = y \\
m = m_0 - \dot{m} t
\end{cases}
\tag{7-1-3}
$$

上式中，A_{φ} 是一个系数表达式，实际是 7 个方程式，只要给定 $t=0$：$v=x=y=h=\alpha=0$、$\theta=90°$、$m=m_0$，即可进行数值积分求解。积分至 $m=m_k$、m_k 为火箭除去全部燃料后的质量，即得 v_k、θ_k、x_k、y_k。然后按下式

$$\beta_k = \arctan\frac{x_k}{R+y_k}$$

$$\Theta_k = \theta_k + \beta_k$$

$$r_k = R + h_k$$

算得关机点的参数 Θ_k、r_k。最后运用椭圆弹道计算出被动段射程 β_c，从而得全射程 $\beta = \beta_k + \beta_c$。

§7.2　主动段运动特性分析

简化后的纵向运动方程式(7-1-3)，虽然在形式上已大大简化，但它仍是一组非线性的变系数微分方程组，只有采用数值积分求解。下面对单级火箭主动段运动特性进行定性分析，以助于对主动段运动的物理现象的理解。

1. 切向运动的分析

由式(7-1-3)之切向方程

$$\dot{v} = \frac{P_e}{m} - \frac{X}{m} + g\sin\theta$$

已知

$$P_e = \dot{m}u'_e - A_e p_H - X_{1c}$$

将上式中略去舵阻力或是摇摆发动机的推力损失 X_{1c}，并代入前式，则有

$$\dot{v} = \frac{\dot{m}}{m}u'_e + g\sin\theta - \frac{X}{m} - \frac{S_e p_H}{m} \tag{7-2-1}$$

将上式由 $t=0$ 积分至 t_k 时刻，并记

$$
\begin{cases}
v_{idk} = \int_0^{t_k} \frac{\dot{m}}{m} \mu'_e \mathrm{d}t \\
\Delta v_{1k} = -\int_0^{t_k} g\sin\theta \mathrm{d}t \\
\Delta v_{2k} = \int_0^{t_k} \frac{X}{m} \mathrm{d}t \\
\Delta v_{3k} = \int_0^{t_k} \frac{S_e p_H}{m} \frac{\mathrm{d}t}{m}
\end{cases}
\tag{7-2-2}
$$

则

$$
v(t_k) = v_{idk} - \Delta v_{1k} - \Delta v_{2k} - \Delta v_{3k} \tag{7-2-3}
$$

v_{idk}为火箭在真空无引力作用下推力所产生的速度，称为理想速度，注意到 $\dot{m} = -\frac{\mathrm{d}m}{\mathrm{d}t}$，而 u'_e 为一常数，则 v_{idk}可直接积分得到

$$
v_{idk} = -u'_e \ln \frac{m_k}{m_0} \tag{7-2-4}
$$

记 $\mu_k = \frac{m_k}{m_0}$，如果至 t_k 时燃料全部烧完，则 m_k 即为火箭的结构质量，故 μ_k 称为结构比。由式(7-2-4)可知，减小 μ_k 和增大 u'_e 可提高理想速度。

Δv_{1k}为引力加速度分量引起的速度损失，称为引力损失。不难理解，引力损失，在主动段飞行时间较长时损失就较大，反之则较小；主动段弹道愈陡，即 θ 角变化缓慢，损失就大，反之则较小。对中程导弹而言，该项损失 Δv_{1k}约为理想速度的 20% ~ 30% 。

Δv_{2k}为阻力造成的速度损失，火箭运动过程是由静止起飞，不断加速。固然，阻力与飞行速度的平方成正比，但还与大气密度及阻力系数有关，主动段飞行过程中，开始虽在稠密大气层内飞行，但火箭速度很低，而后尽管速度增加，但大气密度又显著下降。所以在主动段的阻力变化是两头小中间大的变化过程。阻力造成的速度损失 Δv_2，对于中程导弹而言，约占理想速度的 3% ~ 5% 。

Δv_{3k}为发动机在大气中工作时大气静压力所引起的速度损失，该损失对中程导弹也约占理想速度的 5% 左右。

对于远程导弹而言，由于要求关机点的速度倾角较小，其弹道曲线也比中近程导弹的弹道曲线要平缓，故引力引起的速度损失相对比例要减小。另外远程导弹主动段中，大气层外的飞行时间增长，因此，阻力及大气静压所引起的速度损失的相对比例也将减小。

图 7-1 所示的是一射程约 3000km 的典型导弹的有效推力 P_e、阻力 X、引力 mg 及其分量 $mg\sin\theta$、切向力、相应加速度 $\dot{v}$ 随时间的变化曲

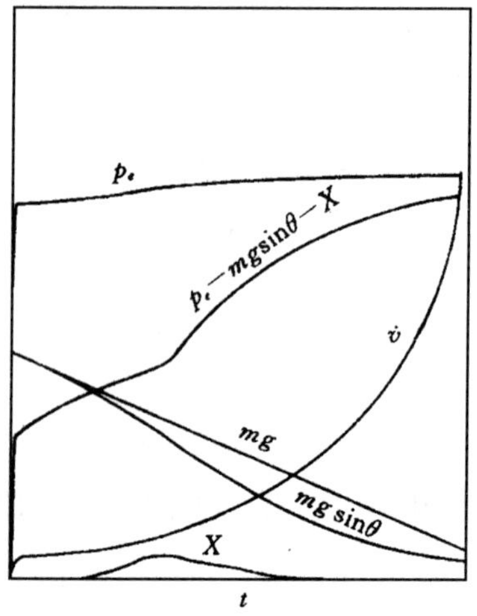

图 7-1　切向力和切向加速度随时间的变化

线。

2. 主动段转变过程及 α、δ_φ、$\Delta\varphi_{pr}$ 的变化

远程火箭发射时通常采用竖直发射，火箭起飞后，弹轴 x_1 及速度轴 x_v 均沿发射点垂直向上，即 $\varphi=\theta=90°$。作为火箭根据其射程或入轨点参数要求，应于关机点将速度轴转到某一个角度值 θ_k。由式(7－1－3)之法向加速度方程

$$\theta=\frac{1}{mv}(P_e+CY^\alpha)\cdot\alpha+\frac{g}{v}\cos\theta \tag{7-2-5}$$

可见，要使速度矢量转变，必须提供垂直于速度矢量的法向力。显然引力 g 可使 θ 减小，但垂直起飞后，$\theta=90°$，因此不能靠引力首先使速度轴变弯。即使速度轴处于 $\theta<90°$ 的状态，由于 g 本身只随高度变化，也不能作为一个控制量，此外，g 对 θ 的影响很小，而主动段发动机工作时间有一定的限制，因此不能依靠引力分量来作为使速度轴转弯的主要法向力。从法向加速度方程可知，只有将升力和推力在法向的分量作为主要法向力，且该法向力与攻角 α 有关。注意到攻角 α 是反映速度轴 x_v 与弹轴 x_1 的夹角，当转动 x_1 轴使 x_1 与 x_v 不重合，即可产生 α 以提供法向力。显然，要使 x_1 轴转弯就必须提供绕 z_1 轴的转动力矩。这可通过控制系统的执行机构（如燃气舵或摇摆发动机）提供控制力矩来实现，已知

$$M_{x1c}=M_{x1c}^{\delta}\delta_\varphi=R'(x_g-x_c)\delta_\varphi \tag{7-2-6}$$

而 δ_φ 的值是按所要求的程序规律 φ_{pr} 来赋予的，即

$$\delta_\varphi=a_0^\varphi(\varphi-\varphi_{pr}) \tag{7-2-7}$$

通常俯仰程序 φ_{pr} 取为图 7－2 的形式，其具体确定方法见第九章。

当给定 δ_φ 值后，则根据“力矩瞬时平衡假设”，可得对应的攻角

$$\alpha=-\frac{M_{x1}^{\delta}}{M_{x1}^{\alpha}}\delta_\varphi=-\frac{R'(x_g-x_c)}{Y_1^\alpha(x_g-x_p)}\delta_\varphi \tag{7-2-8}$$

从而产生法向力使得速度轴 x_v 转动，直至保证关机时刻 t_k，其倾角值为 θ_k。

观察式(7－2－8)可知，对于静稳定火箭（$x_g-x_p<0$）和静不稳定火箭（$x_g-x_p>0$），当 δ_φ 取定后，相应的 α 的表现值是不同号的。因此，它们转变过程中的物理景象也有区别。现根据图 7－2 中程序角 φ_{pr} 的分段，逐段对两种火箭的转弯过程及 $\Delta\varphi_{pr}$、α、δ_φ 的变化进行讨论。

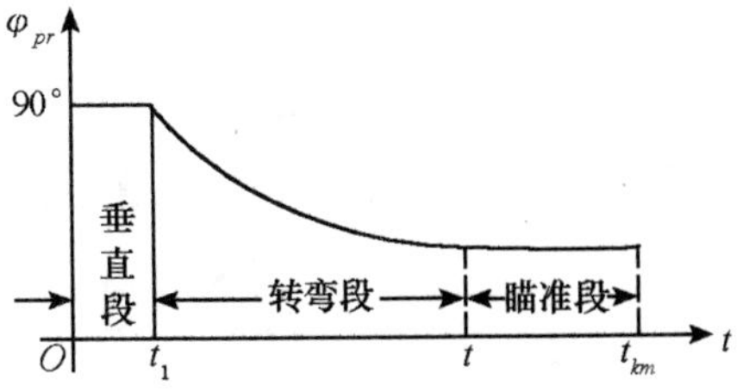

图 7－2　弹道导弹的飞行程序

(1)垂直段

火箭垂直起飞段约几秒到 10 余秒钟。在此段 $\varphi_{pr}=90°$，对应程序角设有一虚拟的程序轴 x_{1pr}，则此时程序轴 x_{1pr} 与实际弹轴 x_1 重合，且均垂直于地面坐标系 x 轴，故 $\Delta\varphi_{pr}=0$、$\delta_\varphi=0$。而速度轴 x_v 的起始状态也与 x_1 重合，即 $\alpha=0$。因此，在垂直起飞段，既没有使弹轴 x_1 转弯的力矩、也没有使速度轴转弯的法向力，所以 x_{1pr}、x_1、x_v 三轴始终重合，亦即 $\varphi=\varphi_{pr}=\theta=90°$。

(2)转弯段

静稳定火箭

垂直段结束后,首先程序机构赋予虚拟的程序轴 x_{1pr} 一个小于 90°的程序角 φ_{pr},使处于垂直状态的 x_1 轴与 x_{1pr} 轴形成正的程序误差角 $\Delta\varphi_{pr}$,此时,相应地执行机构产生一个正的等效舵偏角 δ_φ,从而使火箭受到负的控制力矩 M_{x1c} 作用,促使弹轴 x_1 向地面坐标系 x 轴方向偏转,则 $\varphi < 90°$。但此时速度轴 x_v 仍处于垂直状态,这就产生一负攻角。由式(7-2-5)可知,负攻角 α 将产生负的法向力,在该力作用下,速度轴 x_v 向地面坐标系 x 方向偏转,亦即 $\theta < 0$。由于负攻角的出现,对于静稳定火箭,则相应产生正的安定力矩 M_{x1st},该力矩与负的控制力矩 M_{z1c} 平衡,抑制 x_1 不再继续转动。但程序机构在转弯段不断使程序角减小,则上述物理过程在连续进行。事实上,θ 还取决于引力分量的作用,因 g 为负值,所以该项的效应也使 x_v 轴向 x 轴方向偏转

静不稳定火箭

转弯段起始时,也是先形成正的程序误差角 $\Delta\varphi_{pr}$,相应即有正的等效舵偏角 δ_φ,使 x_1 轴向 x 轴偏转,从而出现负的攻角 α,产生负的法向力,使速度轴 x_v 也向 x 轴偏转。但对静不稳定火箭而言,负攻角产生负升力,相应形成负的安定力矩 M_{x1st}。该力矩与正舵偏角 δ_φ 所产生的负的控制力矩同时作用在火箭上,加快了弹轴 x_1 向 x 轴的偏转,直至 $\varphi < \varphi_{pr}$,从而出现负的程序误差角,而使 δ_φ 由正值变为负值,这样就造成正的控制力矩 M_{x1c} 与负的安定力矩平衡。此后,程序角 φ_{pr} 不断减小,致使 $\Delta\varphi_{pr}$(一)的绝对值减小,δ_φ(一)的绝对值减小,相应的正的控制力矩减小。从而使绕 z_1 轴的负向安定力矩大于绕 z_1 轴的正向控制力矩,促使 x_1 轴继续向 x 轴偏转。而负攻角的存在,则使 x_v 轴不断地偏转。

在图 7-3、图 7-4 中,分别描述转弯过程中静稳定火箭与静不稳定火箭的程序轴 x_{1pr}、弹轴 x_1、速度轴 x_v 的位置状态及力和力矩的方向。

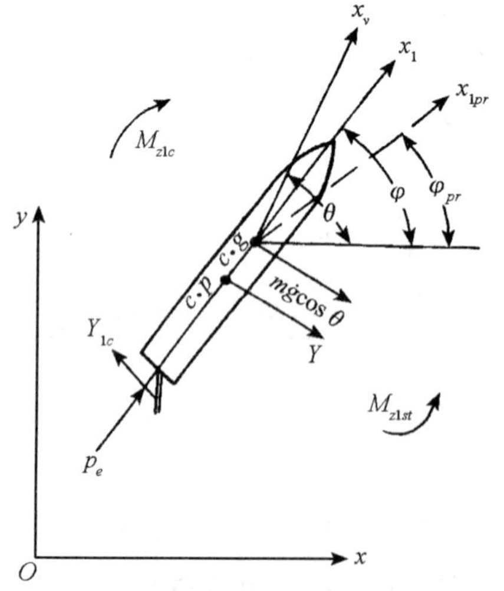

图 7-3　静稳定火箭转弯段情况

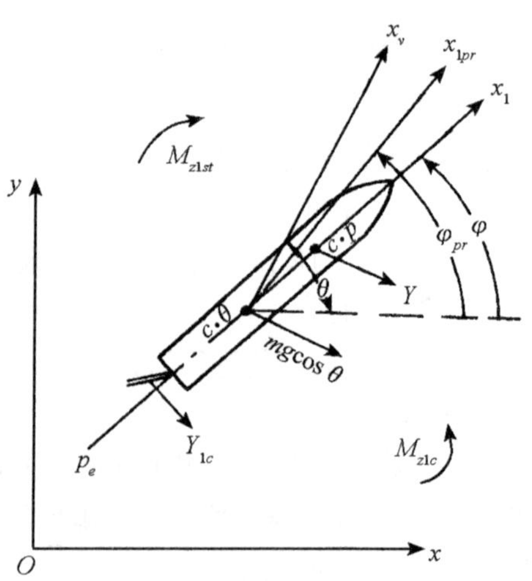

图 7-4　静不稳火箭转弯段情况

当转弯段快结束时，程序角取为定值，两种火箭速度轴 x_v 在负法向力作用下继续偏转，逐渐向 x_1 轴靠拢，从而形成气动力矩减小，则控制力矩较安定力矩大，促使 x_1 轴向 x_{1pr} 偏转，直至 x_1、x_v、x_{1pr} 三轴重合，形成在转弯段末点 $\Delta\varphi_{pr}=\delta_\varphi=\alpha=0$。

(3)瞄准段

该段的特点是程序角 φ_{pr} 为一常值。而这一段起始状态是 x_1、x_v、x_{1pr} 三轴重合，因此 x_1 保持与 x_{1pr} 重合。但速度轴 x_v 在引力法向分量作用下偏离 x_{1pr}，θ 角在减小，其结果使得火箭出现正攻角 α，对静稳定火箭则形成负的安定力矩，使弹轴 x_1 向 φ 减小的方向转动而形成负的程序误差角 $\Delta\varphi_{pr}$，但对静不稳定火箭则形成正的安定力矩，使弹轴 x_1 向 φ 增大的方向转动而形成正的程序误差角。这时，两种火箭便会产生与 $\Delta\varphi_{pr}$ 符号一致的舵偏角。从而这两种火箭均处于安定力矩 M_{x1st} 与控制力矩 M_{x1c} 瞬时平衡的状态。在该段中，x_{1pr}、x_1、x_v、三轴的位置状态和作用在火箭上的力与力矩，于图 7-5、图 7-6 分别描述。

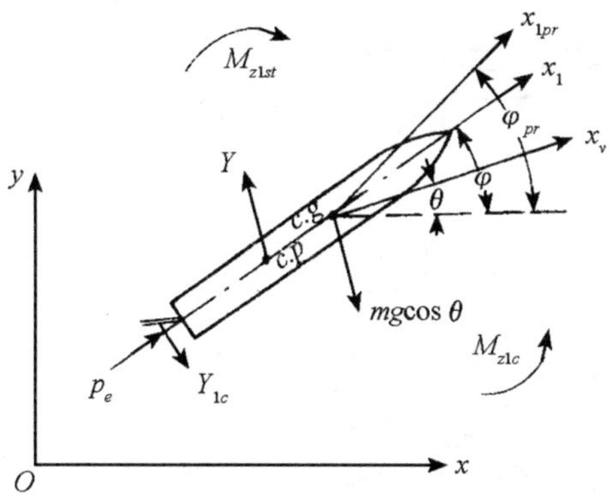

图 7-5　静稳定火箭瞄准段情况

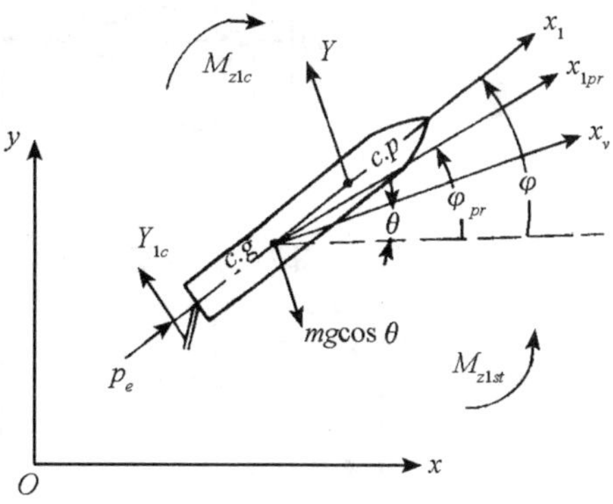

图 7-6　静不稳定火箭瞄准段情况

在整个瞄准段，引力法向分量始终作用，故正攻角总是存在，似乎有不断增大的趋势。但正攻角出现，会使推力与升力的正法向分量增大，且推力远大于引力，故必然会对引力法向分量起抵消作用，以致超过引力法向分量，从而使得速度轴 x_v 又向 θ 增大的方向偏转，减小了正攻角。

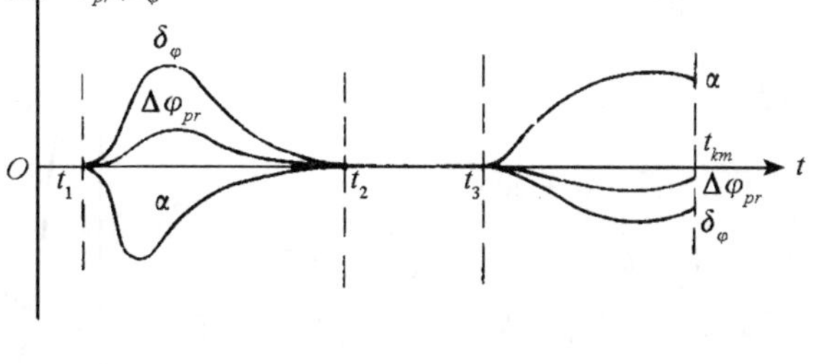

图 7-7　静稳定弹在飞行过程中的 $a(t)$、$\delta_\varphi(t)$ 和 $\Delta\varphi_{pr}(t)$

图 7-7、图 7-8 分别给出静稳定火箭与静不稳定火箭在整个主动段中攻角 α、舵偏角 δ_φ 及程序误差角 $\Delta\varphi_{pr}$ 变化关系示意图。

图 7-9、图 7-10 为对应上两图的程序角 φ_{pr}、速度倾角 θ 及火箭俯仰角 φ 变化关系

示意图。

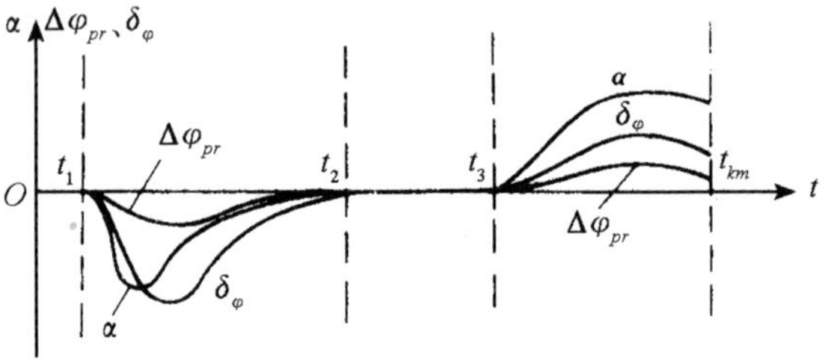

图 7-8　在飞行过程中静不稳定弹的 $a(t)$、$\delta_{\varphi}(t)$和 $\Delta\varphi_{pr}(t)$

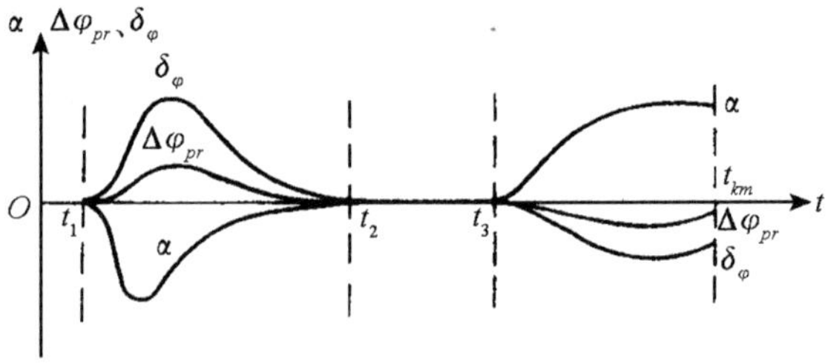

图 7-9　静稳定弹在飞行过程中的 $a(t)$、$\delta_{\varphi}(t)$和 $\Delta\varphi_{pr}(t)$

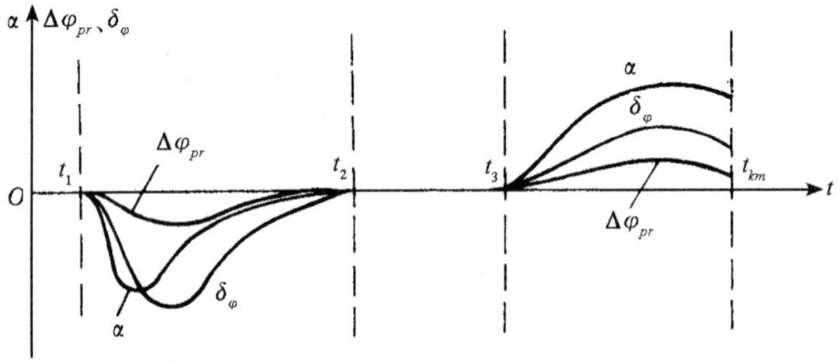

图 7-10　在飞行过程中静不稳定弹的 $a(t)$、$\delta_{\varphi}(t)$和 $\Delta\varphi_{pr}(t)$

3. 角速度 $\dot{\theta}$ 和法向加速度 $v\dot{\theta}$

由法向加速度方程

$$v\dot{\theta} = \frac{1}{m}(P_e + CY^{\alpha})\alpha + g\cos\theta$$

可知,法向加速度 $v\dot{\theta}$ 的大小反映火箭在主动段飞行时所受法向力的大小。由于攻角 α 较小,故该力基本与 y_1 轴平行。为了减少火箭的结构重量,设计者应考虑尽量减小法向加速度,避免因承受较大法向力而对火箭采取横向加固措施。由于法向加速度与飞行速度 v 及速度倾角的变化率$\dot{\theta}$ 有关,而前面讨论可知 θ 的变化与程序角 φ_{pr}

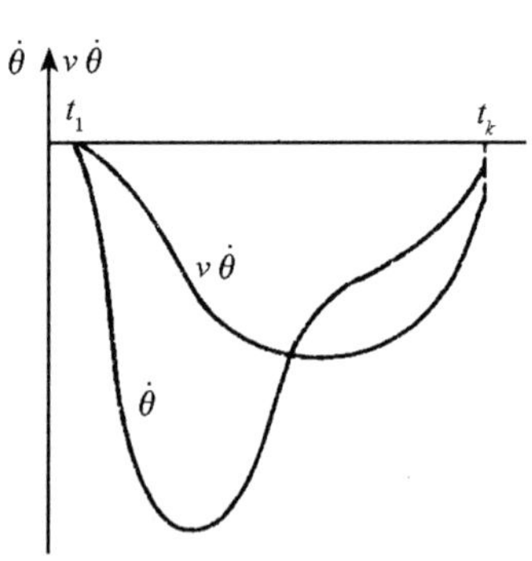

图 7-11　飞行中 $\dot{\theta}$ 和 $v\dot{\theta}$ 的变化

有关，这是可由设计者选择的，为此可使火箭在飞行速度较小时，让速度轴转得快些，而在速度较大时，转得慢些，这样即使火箭在整个主动段法向加速度不致过大，主动段终点时速度轴 x_v 也能转到预定的 θ_k 值。

事实上，主动段角速度 $\dot{\theta}$ 和法向加速度 $v\dot{\theta}$ 随时间变化的规律如图 7－11 所示。

§7.3　主动段终点速度、位置及全射程估算

根据自由飞行段得知，导弹全射程取决于主动段终点的运动参数，即

$$\beta = \beta(v_k、\Theta_k、r_k、\beta_k)$$

由于关机点速度倾角的最佳值 $\Theta_{k\cdot opT}$ 与能量参数 ν_k 有关，而 ν_k 又主要取决于 v_k，因此，要解决全射程的估算问题，首先要对 v_k 进行估算。

影响 v_k 的因素很多，如导弹的结构重量、气动力外形、发动机系统参数、控制系统参数等对关机点的速度均有影响。为了估算 v_k，将其主要影响因素归结为 5 个设计参数，然后运用半径验的方法找出 v_k 与 5 个设计参数的关系。这样在选取一组设计参数后即可估算 v_k 及相应的 x_k、y_k，进而估算出导弹的全射程。

1. 设计参数

(1)结构比 μ_k

μ_k 为导弹推进剂全部燃烧完后的纯结构质量 m_k(或结构重量 G_k)与起飞质量 m_0(或起飞重量 G_0)之比，即

$$\mu_k = \frac{m_k}{m_0} = \frac{G_k}{G_o} \qquad (7-3-1)$$

可见，在相同的起飞重量 G_0 下，μ_k 小，即意味着导弹结构重量小，相应地可携带的推进剂量多，因而导弹的结构优越。故 μ_k 是衡量导弹结构优劣的主要参数之一。由理想速度 v_{idk}表达式(7－2－4)：

$$v_{idk} = -u'_e \ln\mu_k$$

可知，μ_k 愈小，则导弹所能达到的理想速度愈大。在目前的材料及工艺水平下，单级液体火箭 μ_k 的下限约为 0.08～0.1，对固体推进剂导弹则要稍大些。

(2)地面重推比 ν_0

ν_0 为导弹起飞重量与火箭发动机地面额定推力之比，即

$$\nu_0 = \frac{G_0}{P_0} \qquad (7-3-2)$$

ν_0 愈小，表示导弹的加速性能愈好，要达到一定速度的飞行时间愈短，从而使引力造成的速度损失减小。但 ν_0 不宜太小，因为加速度太大，会要求导弹有较强的结构，这必将使导弹的结构重量增加。

(3)地面比推力 $P_{SP.O}$

如式(2-1-45)所示:

$$P_{SP.O}=\frac{P_0}{G_0} \tag{7-3-3}$$

比推力反映了火箭推进剂地面重量秒消耗量所产生的地面推力,这是衡量火箭发动机性能指标之一。为了获得一定的地面推力,比推力大,则表示单位时间所消耗的推进剂重量少。比推力主要取决于发动机所使用的推进剂以及发动机工作情况。

(4)发动机高空特性系数 a

a 为火箭发动机真空比推力与地面比推力之比,即

$$a=\frac{P_{SP.V}}{P_{SP.O}} \tag{7-3-4}$$

该系数反映了火箭发动机高空的工作性能,其变化范围很小,约为 1.10~1.15。

(5)起飞截面负荷 P_M

P_M 为导弹起飞重量与其最大截面积之比,即

$$P_M=\frac{G_0}{S_M} \tag{7-3-5}$$

可见,P_M 为起飞时单位截面上所承受的重量。导弹起飞重量一定时,S_M 愈小,则 P_M 愈大。而 S_M 愈小,即一般来说导弹就愈长,所以 P_M 直接与导弹的长细比有关,而导弹的长细比直接影响导弹的空气动力,故也称 P_M 为空气动力特性参数。

除上述 5 个设计参数外,通常还引进另一辅助参数 T。该 T 为将导弹起飞时的整个重量看作全部是推进剂,按重量秒耗量燃烧完所需的时间。即

$$T=\frac{G_0}{\dot{G}} \tag{7-3-6}$$

T 称为理想时间,它不是独立参数,可用上述 5 个设计数中的 $P_{SP.O}$、ν_0 来表示

$$T=\frac{G_0}{P_0}\frac{P_0}{\dot{G}}=\nu_0 P_{SP.O} \tag{7-3-7}$$

2. 主动段终点速度 v_k 的估算

由式(7-2-1)及式(7-2-3)知,v_k 可以用理想速度及引力、阻力和大气静压引起的 3 个速度损失量来表示。下面设法将这些量用设计参数来表示。

已知

$$v_{idk}=-u'_e\ln\mu_k$$

由于真空推力为

$$P_v=\dot{m}u'_e$$

则

$$u'_e=\frac{P_v}{\dot{m}}=g_0\frac{P_v}{\dot{G}}=g_0 P_{SP.V}$$

将其代入理想速度表达式,且注意到式(7-3-4)则有

$$v_{idk} = -g_0 a P_{SP.O} \ln\mu_k \tag{7-3-8}$$

考虑到

$$t = \frac{m_0 - m}{\dot{m}} = \frac{m_0}{\dot{m}}(1 - \frac{m}{m_0}) = T(1-\mu)$$

则有

$$dt = -Td\mu \tag{7-3-9}$$

因此,引力、阻力和大气静压引起的速度损失的积分式(7-2-2)通过置换变量后可导得

$$\Delta v_{1k} = -\int_0^{t_k} g\sin\theta dt = g_0 \nu_0 P_{SP.O}\int_{\mu_k}^1 \sin\theta d\mu \tag{7-3-10}$$

$$\Delta v_{2k} = \int_0^{t_k} \frac{X}{m}dt = \frac{g_0 \nu_0 P_{SP.O}}{P_M}\int_{\mu_k}^1 c_x \frac{\rho v^2}{2}\frac{d\mu}{\mu} \tag{7-3-11}$$

$$\Delta v_{3k} = \int_0^{t_k} \frac{A_e p_H}{m}dt = g_0 P_{SP.O}(a-1)\int_{\mu_k}^1 \frac{p_H}{p_0}\frac{d\mu}{\mu} \tag{7-3-12}$$

记

$$\begin{cases} I_{1k} = \int_{\mu_k}^1 \sin\theta d\mu \\ I_{2k} = \int_{\mu_k}^1 c_x \frac{\rho v^2}{2}\frac{d\mu}{\mu} \\ I_{3k} = \int_{\mu_k}^1 \frac{p_H}{p_0}\frac{d\mu}{\mu} \end{cases} \tag{7-3-13}$$

则

$$\begin{cases} \Delta v_{1k} = g_0 \nu_0 P_{SP.O} I_{1k} \\ \Delta v_{2k} = \frac{g_0 \nu_0 P_{SP.O}}{P_M} I_{2k} \\ \Delta v_{3k} = g_0 P_{SP.O}(a-1) I_{3k} \end{cases} \tag{7-3-14}$$

将式(7-3-8)及式(7-3-14)代入式(7-2-3),即有

$$v_k = -g_0 a P_{SP.O}\ln\mu_k - g_0\nu_0 P_{SP.O} I_{1k} - \frac{g_0\nu_0 P_{SP.O}}{P_M} I_{2k} - g_0 P_{SP.O}(a-1) I_{3k} \tag{7-3-15}$$

现在的问题是如何将式(7-3-14)各积分式表述成5个设计参数的函数。下面分别进行讨论。

(1) I_{1k}的估算

I_{1k}是$\theta(\mu)$正弦函数的积分值,而$\theta(\mu)$与导弹的飞行程序有关。在控制系统作用下,程序误差角$\Delta\varphi_{pr}$与攻角α均不大,可近似认为$\theta(\mu) = \varphi_{pr}(\mu)$,对于弹道导弹而言,考虑到实际限制条件,一般所选出的俯仰程序都具有近似相同的特征,即起飞时有一段垂直飞行段,接近终点处有一段为常值俯仰程序角的瞄准段,而这常值俯仰角是与关机点最佳速度倾角有关的。显然对不同的射程,θ_k不一样。至于垂直段终点与瞄准段起点之间的

转弯段程序，则是一条曲线，考虑到 $\varphi_{pr}(\mu)$ 的微小变化对终点速度的影响并不显著，因此，通常选定用同一种函数的二次曲线来连接垂直段终点和瞄准段起点的 θ 值，估算中将 $\theta(\mu)$ 取为下面的典型程序：

$$\begin{cases}\theta = 90^\circ & 1 \geqslant \mu \geqslant 0.95 \\ \theta = 4\left(\dfrac{\pi}{2} - \theta_k\right)(\mu - 0.45)^2 + \theta_k & 0.95 \geqslant \mu \geqslant 0.45 \\ \theta = \theta_k & 0.45 \geqslant \mu \end{cases} \tag{7-3-16}$$

由上式可知，不同的 θ_k 值，即有不同的 $\theta(\mu)$，图 7-12 为不同 θ_k 值对应的典型程序 $\theta(\mu)$ 曲线。

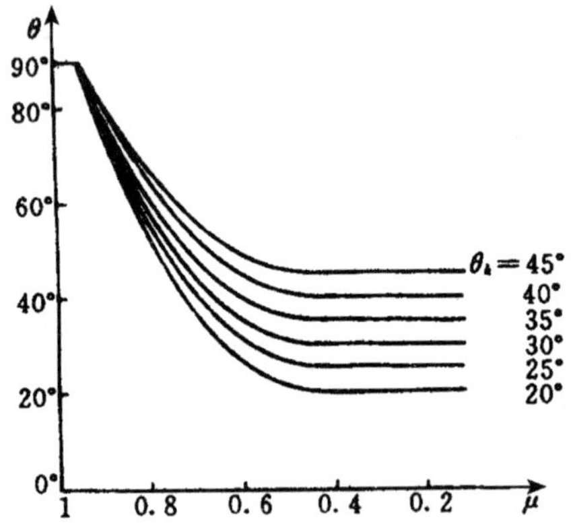

图 7-12　近似计算飞行性能时用的典型程序

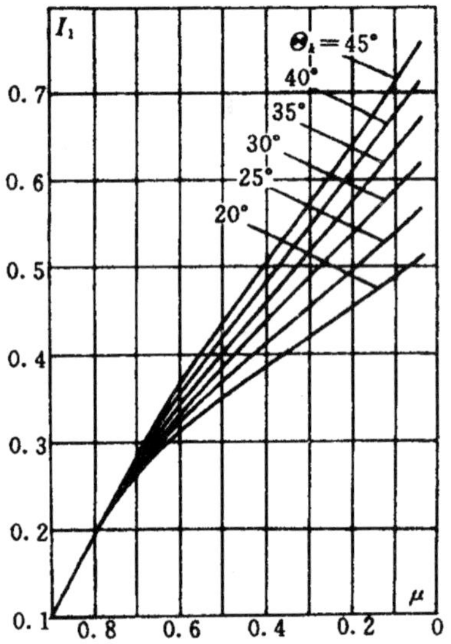

图 7-13　近似计算重力损失时所用的函数

将 $\theta = \theta(\mu)$ 关系式(7-3-16)代入

$$I_1 = \int_{\mu}^{1} \sin\theta \mathrm{d}\mu$$

即可积分得 $I_1 = I_1(\mu、\theta_k)$，其积分结果列于表 7.1，并可绘出 $I_1(\mu、\theta_k)$ 曲线，如图 7-13。

这样，当设计参数给定后，先算出理想速度 v_{idk}，考虑存在速度损失，取该值的 70% 左右求出最佳速度倾角，将其作为 θ_k。然后根据 $I_1(\mu、\theta_k)$ 的图、表，查出 I_{1k}，从而可算出引力造成的速度损失 Δv_1。这样即可得到 v 的一次近似值：

$$v_1(\mu) = v_{idk}(\mu) - \Delta v_1(\mu) \tag{7-3-17}$$

表 1　$I_1(\mu、\theta_k)$函数表

μ	$\ln\mu$	I_1					
		20°	25°	30°	35°	40°	45°
0.90	0.1054	0.100	0.100	0.100	0.100	0.100	0.100
0.80	0.2231	0.189	0.191	0.192	0.194	0.195	0.196
0.70	0.3567	0.260	0.266	0.271	0.275	0.280	0.283
0.60	0.5108	0.312	0.324	0.335	0.345	0.354	0.372
0.50	0.6931	0.352	0.371	0.388	0.405	0.422	0.436
0.45	0.7985	0.369	0.392	0.414	0.436	0.454	0.471
0.40	0.9163	0.386	0.413	0.438	0.463	0.486	0.506
0.35	1.0498	0.404	0.434	0.464	0.491	0.518	0.542
0.30	1.2040	0.421	0.455	0.488	0.520	0.550	0.577
0.25	1.3863	0.438	0.477	0.513	0.548	0.582	0.612
0.20	1.6094	0.455	0.498	0.538	0.577	0.614	0.645
0.15	1.8972	0.472	0.519	0.563	0.606	0.646	0.683
0.10	2.3026	0.488	0.540	0.588	0.634	0.678	0.683
0.05	2.9957	0.505	0.561	0.613	0.663	0.710	0.754

(2)I_{2k}的估算

由式(7-3-13)可见,要估算 I_{2k},需知道阻力系数 $C_x(M)$及 ρ、v 随 μ 的变化规律。$C_x(M)$曲线虽与具体导弹气动特性有关,但一般情况下阻力的影响是个小量,因此 $C_x(M)$的误差所引起的速度损失误差是较小的。故可取一典型导弹的 C_x 来计算。v 即用一次近似值 $v_1(\mu)$来代替。至于计算密度 ρ 和 M 数所依据的高度,则可近似为 y,由于

$$y = \int_0^t v\sin\theta \mathrm{d}t$$

将积分变量用 μ 置换,并取 $v = v_1$,则可得

$$y = \nu_0 P_{SP.O}\int_m^1 v_1 \sin\theta(\mu)\mathrm{d}\mu \tag{7-3-18}$$

有了 y 即可根据大气表查得$\rho(y)$、$a(y)$,再根据 v_1、a 算得 M,即可查 $C_x(M)$曲线,注意到 y、μ、M 有一一对应关系,则将 ρ、v_1、C_x 代入 I_2 表达式进行数值积分。在进行大量计算基础上,对计算结果进行整理,可得经验曲线,图 7-14 将曲线 I_2 表示为 $I_2(v_1$、$\sigma)$。其中

$$\sigma = \nu_0 P_{SP.O}\sqrt{\frac{1}{2}g_0 P_{SP.O}(a+1)\sin\theta_k}\cdot 10^{-3} \tag{7-3-19}$$

当由设计参数计算出 v_1 及 σ 后,即可由图 7-14 查得 I_2,从而可算得阻力引起的速度损失 Δv_{2k}。显然即可求得速度 v 的二次近似值。

$$v_2(\mu) = v_{idk}(\mu) - \Delta v_1(\mu) - \Delta v_2(\mu) \tag{7-3-20}$$

(3) I_{3k}的估算

由式(7－3－13)，I_{3k}与P_H有关，而P_H是高度的函数，这可采用速度的二次近似值v_2去计算$y(\mu)$，即

$$y(\mu) = \nu_0 P_{SP.O}\int_{\mu}^{1} v_2(\mu)\sin\theta(\mu)\mathrm{d}\mu \tag{7-3-21}$$

根据$y(\mu)$查大气表可得p_H/p_0，代入I_3表达式中进行数值积分，经大量计算后，可将结果整理成经验曲线，如图7－15所示。该曲线为$\eta = \eta(t_k、\nu_0)$，而$t_k = \nu_0 P_{SP.O}(1-\mu_k)$。

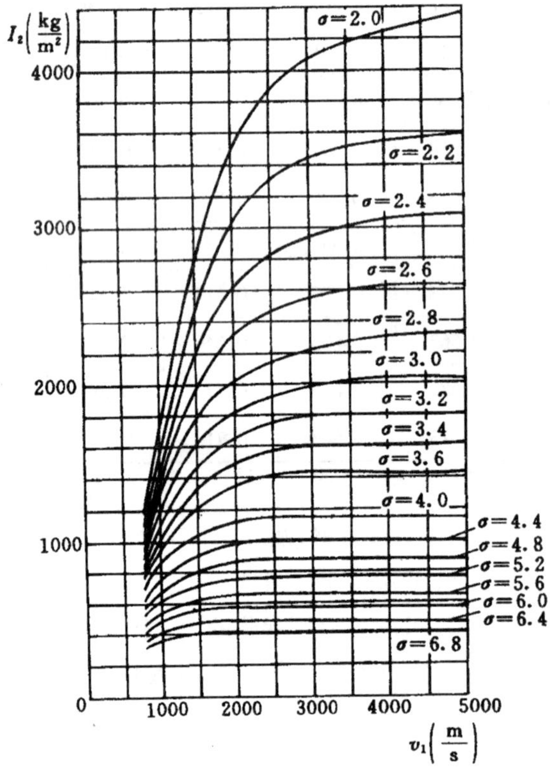

图7－14　计算阻力损失用的函数$I_2(v_2、\sigma)$

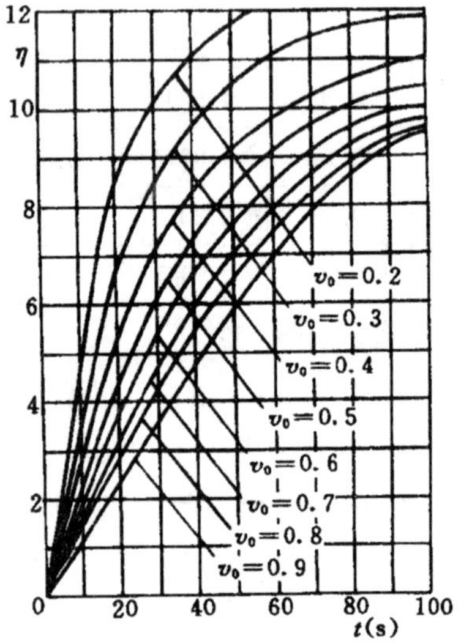

图7－15　计算I_3用的函数$\eta(t、v)$

I_{3k}与η的关系式为

$$I_{3k} = \frac{\eta}{\frac{1}{2}g_0 P_{SP.O}(a+1)\sqrt[3]{\frac{1}{2}g_0 P_{SP.O}(a+1)\sin\theta_k}\cdot 10^{-3}} \tag{7-3-22}$$

因此，只要知道了设计参数，即可先找到I_{1k}、I_{2k}、I_{3k}及算出三种速度损失，从而估算出主动段终点速度v_k。

现以一典型导弹为例，已知某导弹的设计参数为：

$$\nu_0 = 0.577,\ P_{SP.V} = 288\mathrm{s},\ P_{SP.O} = 240\mathrm{s},\ P_M = 10000\mathrm{kg/m^2},\ \theta_k = 38°20'$$

按上述方法算得的v_{id}和Δv_1、Δv_2、Δv_3及相应的百分比变化绘于图7－16。图7－17、

7－18、7－19 分别画出了 Δv_1、Δv_2、Δv_3 近似计算结果与精确计算结果的比较图形，其中(1)为数值积分计算结果，(2)为近似计算结果。

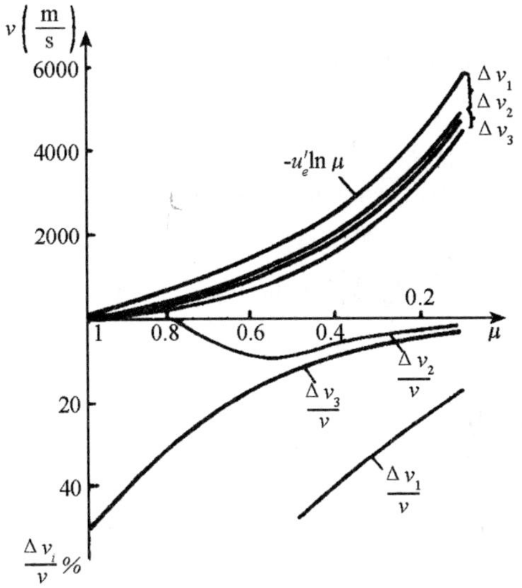

图 7－16　$\Delta v_1(\mu)$、$\Delta v_2(\mu)$、$\Delta v_3(\mu)$及其对飞行速度的百分比

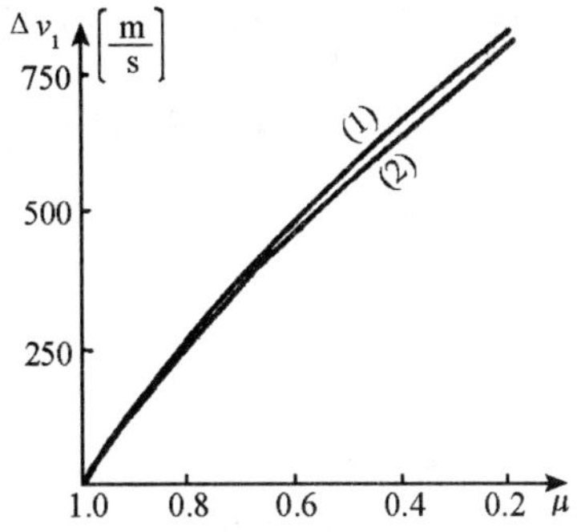

图 7－17　Δv_1 的近似计算与精确计算的结果比较

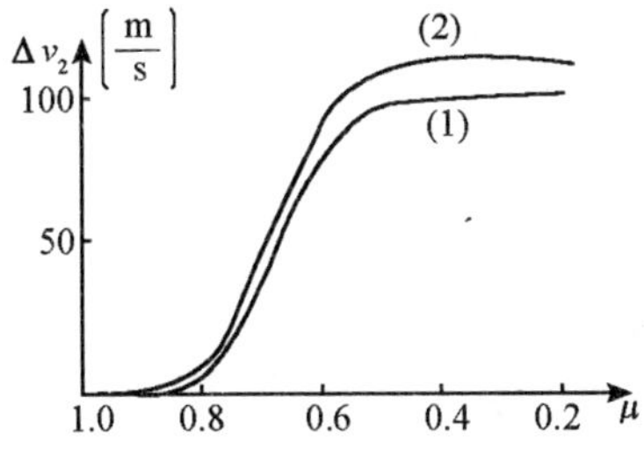

图 7－18　Δv_2 的近似计算与精确计算结果比较

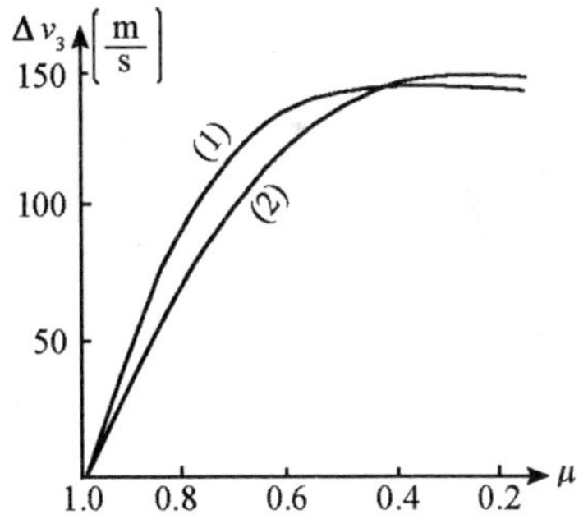

图 7－19　Δv_3 的近似计算与精确计算结果比较

3. 主动段终点坐标近似计算

将式(7－3－8)之理想速度改写为

$$u_{id}=-g_0P_{SP.O}\ln\mu+g_0(a-1)P_{SP.O}\int_{\mu}^{1}\frac{d\mu}{\mu}$$

则由式(7－3－15)，可将主动段的速度表示成

$$v(\mu)=-g_0P_{SP.O}\ln\mu-g_0\nu_0P_{SP.O}I_1$$
$$-\frac{g_0\nu_0P_{SP.O}}{P_M}\int_{\mu}^{1}C_x\frac{\rho v^2}{2}\frac{d\mu}{\mu}+g_0P_{SP.O}(a-1)\int_{\mu}^{1}\left(1-\frac{p_H}{p_0}\right)\frac{d\mu}{\mu}$$

该等式右端最后两项符号相反，彼此可抵消一部分，在近似计算导弹主动段终点坐标

时可略去,则

$$v(\mu) = -g_0 P_{SP.O}\ln\mu - g_0 \nu_0 P_{SP.O} I_1 \tag{7-3-23}$$

主动段终点坐标为

$$y_k = \nu_0 P_{SP.O}\int_{p_k}^{1} v(\mu)\sin\theta(\mu、\theta_k)\mathrm{d}\mu \tag{7-3-24}$$

$$x_k = \nu_0 P_{SP.O}\int_{\mu_k}^{1} v(\mu)\cos(\mu、\theta_k)\mathrm{d}\mu \tag{7-3-25}$$

将式(7-3-23)代入式(7-3-24)得:

$$y_k = g_0 \nu_0 P_{SP.O}^2\int_{\mu_k}^{1}\sin\theta\ln\frac{1}{\mu}\mathrm{d}\mu - g_0 \nu_0^2 P_{SP.O}^2\int_{\mu_k}^{1}\sin\theta I_1\mathrm{d}\mu \tag{7-3-26}$$

注意到

$$I_1 = \int_{\mu}^{1}\sin\theta\mathrm{d}\mu$$

即有

$$\mathrm{d}I_1 = -\sin\theta\mathrm{d}\mu$$

则式(7-3-26)可写为

$$y_k = g_0 \nu_0 P_{SP.O}^2\left(\int_{\mu_k}^{1}\sin\theta\ln\frac{1}{\mu}\mathrm{d}\mu - \nu_0\int_{I_1}^{1} I_1\mathrm{d}I_1\right) \tag{7-3-27}$$

将式(7-3-25)代入式(7-3-24)得

$$x_k = g_0 \nu_0 P_{SP.O}^2\left(\int_{\mu_k}^{1}\cos\theta\ln\frac{1}{\mu}\mathrm{d}\mu - \nu_0\int_{\mu_k}^{1} I_G\cos\theta\mathrm{d}\mu\right) \tag{7-3-28}$$

记

$$\begin{cases} \Phi_1 = \displaystyle\int_{\mu_k}^{1}\sin\theta\ln\frac{1}{\mu}\mathrm{d}\mu \\ \Phi_2 = \displaystyle\int_{\mu_k}^{1}\cos\theta\ln\frac{1}{\mu}\mathrm{d}\mu \\ \Phi_3 = \displaystyle\int_{\mu_k}^{1}\cos\theta I_1\mathrm{d}\mu \end{cases} \tag{7-3-29}$$

Φ_1、Φ_2、Φ_3 均为 μ_k、θ_k 的函数,根据 θ_k 选定的典型程序 $\theta(\mu)$,代入式(7-3-29),由 μ_k 积分至1,结果绘成图7-20、7-21、7-22。

这样,主动段终点坐标的近似计算公式(7-3-27)、(7-3-28)即可写成:

$$\begin{cases} y_k = g_0 \nu_0 P_{SP.O}^2\left(\Phi_1 - \dfrac{1}{2}\nu_0 I_1^2\right) \\ x_k = g_0 \nu_0 P_{SP.O}^2\left(\Phi_2 - \nu_0 \Phi_3\right) \end{cases} \tag{7-3-30}$$

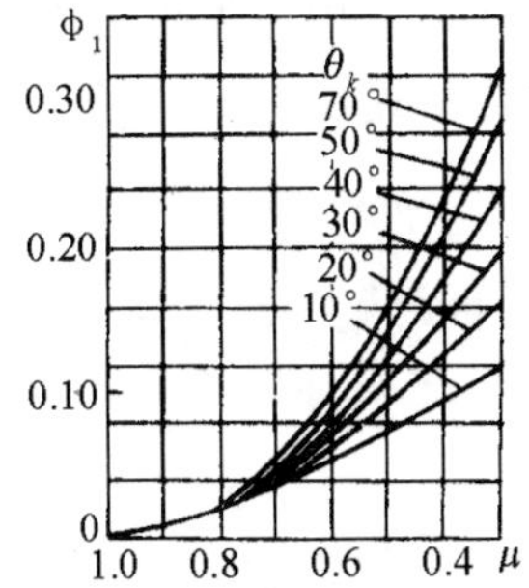

图 7-20　ϕ_1 与 μ 和 θ_k 的关系

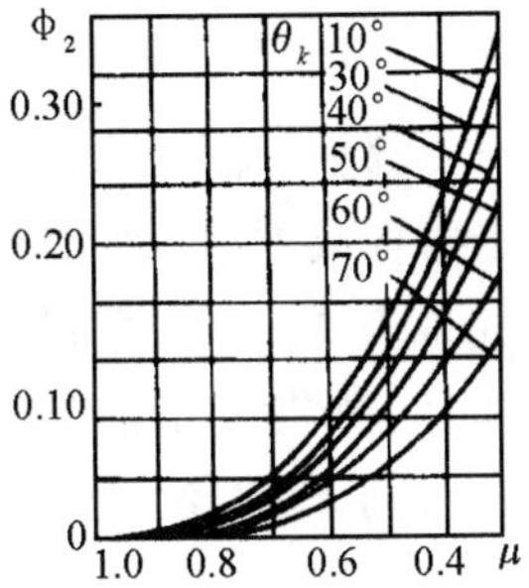

图 7-21　ϕ_2 与 μ 和 θ_k 的关系

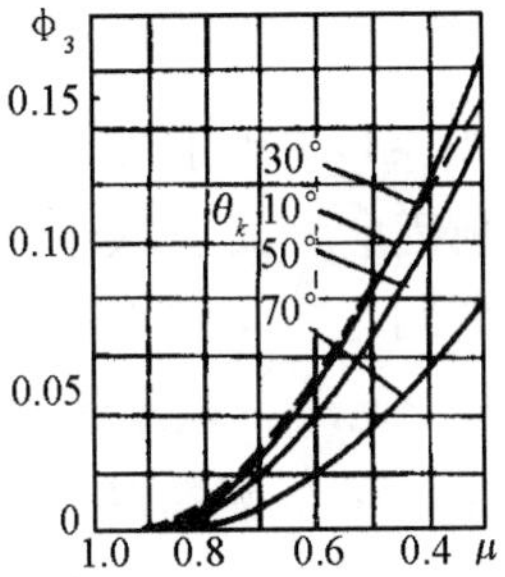

图 7-22　ϕ_3 与 μ 和 θ_k 的关系

4. 全射程估算

根据上面估算出的主动段终点参数 v_k、x_k、y_k，即可进行全射程的估算，由于

$$h_k \approx y_k$$

$$\beta_k = \arctan \frac{x_k}{R + y_k}$$

$$\Theta_k = \theta_k + \beta_k$$

则由被动段射程计算公式

$$\tan \frac{\beta_c}{2} = \frac{B + \sqrt{B^2 - 4AC}}{2A}$$

其中

$$A = 2R(1 + \tan^2 \Theta_k - \nu_k) - \nu_k h_k$$

$$B = 2R\nu_k \tan\Theta_k$$

$$C = -h_k \nu_k$$

计算出 β_c，于是全射程为

$$L = R(\beta_c + \beta_k)$$

不言而喻，上面估算的全射程，是将再入大气层的空气动力忽略了，而将再入段作为自由飞行段椭圆弹道的延伸。

在新型导弹的方案论证阶段，还可采用更为简便估算全射程的方法，即在不考虑主动段终点坐标的条件下，直接用估算出的速度 v_k 计算出在最佳速度倾角 $\Theta_{ke.opT}$ 下的自由段射程，见式(4－3－23)：

$$\tan\frac{\beta_e}{2}=\frac{1}{2}\frac{\nu_k}{\sqrt{1-\nu_k}}$$

即有

$$L_{ke}=2R\arctan\frac{\nu_k}{2\sqrt{1-\nu_k}}$$

然后将自由段射程乘上一系数 k，来估得全射程。即

$$L=k\cdot L_{ke}=2R\cdot\arctan\frac{\nu_k}{2\sqrt{1-\nu_k}} \tag{7-3-31}$$

其中 k 为比例系数。由于自由飞行段射程占全射程的绝大部分。因此，k 是大于 1 而接近 1 的数。射程愈大，k 愈接近 1。事实上，k 不仅取决于射程或主动段终点速度，而且与主动段工作时间有关，而工作时间依赖于设计参数地面比推力 $P_{SP.O}$ 及重推比 ν_0。注意到理想时间 $T=P_{SP.O}\cdot\nu_0$，故用这具有共同效应的参数 T 作为一个参变量，则 $k=k(v_k、T)$。

为了确定 k，在大量精确计算的基础上，画出 $k(v_k、T)$ 的函数曲线，见图 7－23。

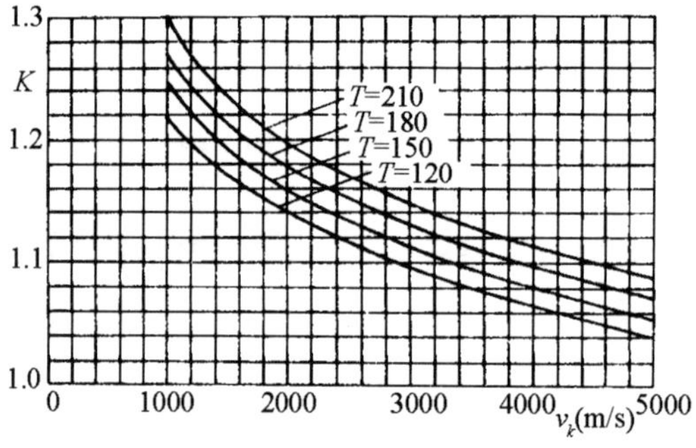

图 7－23　不同理想时间 T 时比例系数 k 和 v_k 的关系

图 7－23 给出了不同 T 时比例系数 k 随 v_k 的变化。由于 $T=P_{SP.O}\nu_0=\frac{G_0}{\dot{G}_0}$，所以 T 反映主动段发动机工作时间的长短。由图可见，当 T 一定时，即反映主动段工作时间相当，而 v_k 愈大，自由飞行段射程愈大，自由飞行段占全射程的比例就愈大，则 k 值就减小；当 v_k 一定时，被动段射程则为定值，T 愈大，则主动段工作时间增长，主动段射程就增加，故 k 值增大。

因此在选定一组设计参数后，即可算出 T 及 v_k，然后查图 7－23 得 k，即可由式(7－3－31)来估得全射程。

工程上，为方便估算，还可近似取 $r_k=R$，则相应有

$$\nu_k=\frac{Rv_k^2}{fM}$$

将 $r_k = R$ 及 ν_k 代入式(7－3－31),可整理为

$$L = 222.4k \cdot \arctan \frac{v_k^2}{15.82\sqrt{62.57 - v_k^2}} \qquad (7-3-32)$$

该式中反正切值取为度值,长度单位取为千米。

由式(7－3－32)可看出,也能用全射程 L 来反估 v_k。由

$$\tan\frac{\beta_e}{2} = \frac{\nu_k}{2\tan\Theta_{ke.opT}} = \frac{\nu_k}{2\tan(\frac{\pi}{4} - \frac{\beta_e}{4})}$$

其中 ν_k 取为

$$\nu_k = \frac{R\nu_k^2}{fM}$$

则由 $L = k \cdot L_{ke}$ 可解出

$$v_k = 11.19\sqrt{\tan(\frac{L}{222.4k})\tan(45° - \frac{L}{2\times 222.4k})} \qquad (7-3-33)$$

但该式中 k 实际为 v_k、T 的函数。为方便应用,考虑到设计参数 $P_{SP.O}$、ν_0 给定,则 T 即随之确定。因此,可在给定 T 的条件下,对不同的 v_k 值,求出 $k = k(v_k)_{T=const}$,从而由式(7－3－32)求出 $L = L(v_k)_{T=const}$,经计算后,可画出以 T 为参变量的全射程 L 与主动段终点速度 v_k 的关系曲线,如图 7－24 所示。

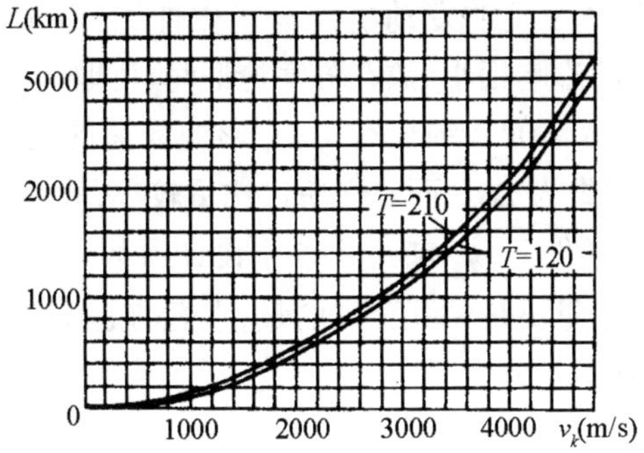

图 7－24　不同 T 值时 v_k 与 L 的关系

§7.4　设计参数的选择

火箭设计的方案论证阶段,首先是要使设计参数的选择能满足预定的战术、技术要求。对导弹设计而言,就是要根据射程来选择 5 个设计参数。这是一个与上节相反的问题。

由于全射程 L 主要取决于主动段终点速度,由图 7－24 知,若已知 T,即可由 L 找出 v_k。然而 ν_0 及 $P_{SP.O}$ 也是要选择的设计参数。在方案论证时,可先粗估一个 T 值,求出

v_k，然后去选择设计参数。如果选出的 ν_0、$P_{SP.O}$ 所确定的 T 与粗估值差别较大，则进行迭代，直到两者相差不大时为止。

事实上，主动段终点速度 v_k 除与 5 个设计参数有关外，还受到关机点速度倾角 θ_k 的影响。为此先要确定 θ_k，由式(7－3－31)知

$$\beta_{ke} = \frac{L}{Rk}$$

其中 k 由主动段终点速度 v_k 及粗估的理想时间 T 查图 7－23 得到。

主动段射程角可表示为

$$\beta_k = \frac{L}{2Rk}(k-1)$$

由 β_{ke} 可求得自由飞行段的最佳弹道倾角

$$\Theta_{ke.opt} = \frac{1}{4}(\pi - \beta_{ke})$$

则主动段终点的速度倾角即为

$$\theta_k = \Theta_{ke.opt} - \beta_k = \frac{1}{4}\left[\pi - \frac{L}{Rk}(2k-1)\right] \qquad (7-4-1)$$

在 θ_k 确定后，v_k 仅是 5 个设计参数的函数。

地面比推力 $P_{sp.o}$ 主要取决于推进剂的种类及发动机设计水平，这与当前的技术条件有关，另外考虑到技术的延用性，可在方案论证阶段根据具体情况选定。

发动机高空特性系数 a 反映发动机高空工作性能，由于它的变化范围较小，约为 1.10～1.15，且 a 对速度的影响很小，故在方案论证时，可取 $a = 1.13$。

起飞截面负荷 P_M 与火箭的长细比有关，它影响火箭的空气动力特性，因此，它通过对空气动力引起的速度损失为 Δv_2，而 Δv_2 所占比重较小，故在方案论证时也可先选定。

因此，在给定射程 L 条件下，影响 v_k 的 5 个设计参数中，仅需选择 μ_k、ν_0，亦即 v_k 是 μ_k 与 ν_0 的组合。但这两个量不是相互独立的量，它们与起飞重量 G_0 有关，故不能独立地任意选择，要受重量方程的约束。

1. 火箭的重量方程

火箭的起飞质量(或重量)可表示为各部分质量之和

$$m_0 = m_p + m_c + m_u \qquad (7-4-2)$$

其中，m_p——推进剂质量；

m_c——结构、发动机及其它附件的质量；

m_u——有效载荷质量(包括部分控制仪器在内的头部质量)。

为便于设计参数的选择，将上面各部分质量细化，并与设计参数相联系：

$$m_p = (1-\mu_k)m_0 \qquad (7-4-3)$$

$$m_c = m_{en} + m_b + m_{pt} \qquad (7-4-4)$$

其中 m_{en} 为发动机及其附件质量，它取决于推力、发动机结构形式、材料性能、燃烧室压力和喷管出口压力等。通常可将发动机质量近似看作只与推力成正比，即

$$m_{en}=\frac{b}{g_0}P_0=\frac{b}{\nu_0}m_0 \tag{7-4-5}$$

m_b 为包括壳体、仪器舱及控制仪器质量，可近似看成与起飞质量成正比，即

$$m_b=Bm_0 \tag{7-4-6}$$

m_{pt} 为推进剂箱质量，可近似看成与推进剂质量成正比，即

$$m_{pt}=Km_p=K(1-\mu_k)m_0 \tag{7-4-7}$$

将以上各式代入式(7-4-2)得到：

$$m_0=\left[B+\frac{b}{\nu_0}+(1+K)(1-\mu_k)\right]m_0+m_v \tag{7-4-8}$$

或

$$m_0=\frac{m_u}{1-B-\dfrac{b}{\nu_0}-(1+K)(1-\mu_k)} \tag{7-4-9}$$

其中比例系数 b、B、K 由经验统计关系给出。

称式(7-4-8)或式(7-4-9)为火箭的重量方程。它反映了火箭各部分质量之间的关系。

令

$$\lambda=\frac{m_u}{m_o} \tag{7-4-10}$$

λ 称为火箭有效载荷比。则重量方程可改写为

$$\mu_k=\frac{K+B+\dfrac{b}{\nu_0}}{1+K}+\frac{\lambda}{1+K} \tag{7-4-11}$$

这样，通过重量方程将 μ_k 与 ν_0 联系起来。

如果火箭没有有效载荷，即 $\lambda=0$，则记

$$(\mu_k)_{\lim}=\frac{K+B+\dfrac{b}{\nu_0}}{1+K} \tag{7-4-12}$$

称为火箭的极限结构比，目前水平 $(\mu_k)_{\lim}$ 约为 0.08，这样，式(7-4-11)即可写成

$$(\mu_k)=(\mu_k)_{\lim}+\frac{\lambda}{1+K} \tag{7-4-13}$$

2. μ_k 和 ν_0 的选择

由重量方程式(7-4-11)可知，在有效载荷比 λ 一定时，μ_k 与 ν_0 有一定的对应关系。根据式(7-3-14)，似乎 ν_0 愈小，则引力及气动力引起的速度损失 Δv_1、Δv_2 愈小，因而主动段终点速度 v_k 愈大，事实上，在 m_0 一定的条件下，ν_0 愈小，即意味着需要较大的地面推力 P_0，因而就要增大发动机及其附件质量 m_{en}，从而使得火箭的结构比 μ_k 增大。而 μ_k 的增大，就减小了理想速度 v_{id}，也就影响到 v_k。因此，在给定有效载荷比 λ 时，为获得最大的主动段终点速度 v_k，或在给定的 v_k 时，为获得最大的有效载荷比 λ，ν_0 与 μ_k 之间必

然存在一组最佳组合。

为选取 ν_0 和 μ_k 的组合,工程上可对应一定的有效载荷比 λ,给出一组 ν_0 值,根据重量方程(7-4-11)求出相应的 μ_k。这样,在 5 个设计参数为已知的情况下,利用上节介绍的方法求出与之对应的一组 v_k,并可画出 v_k 与 ν_0 的关系曲线。因此,对应不同的 λ 值,可得出一族曲线,如图 7-25 所示。这样,根据给定射程所对应的关机点速度 v_k^* 值,可在图 7-25 的曲线族中,找到一个与最大的有效载荷比 λ_{max} 相应的 ν_0^*,这即为所需的重推比,将 ν_0^* 值代入式(7-4-11)就可求得所需的结构比。

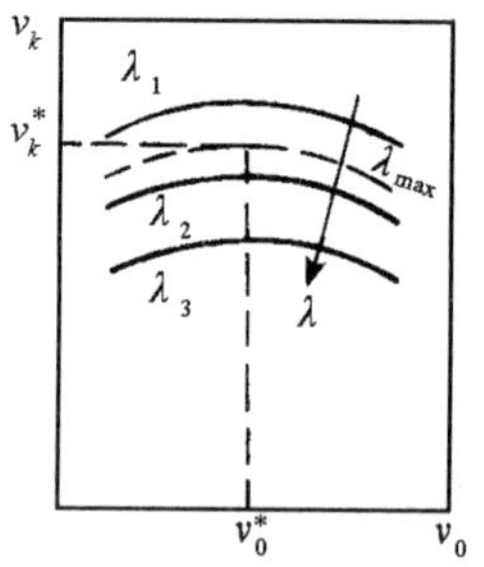

图 7-25 利用不同载荷比时 v_k 与 ν_0 的关系,求出一定速度时能获得最大载荷比的重推比

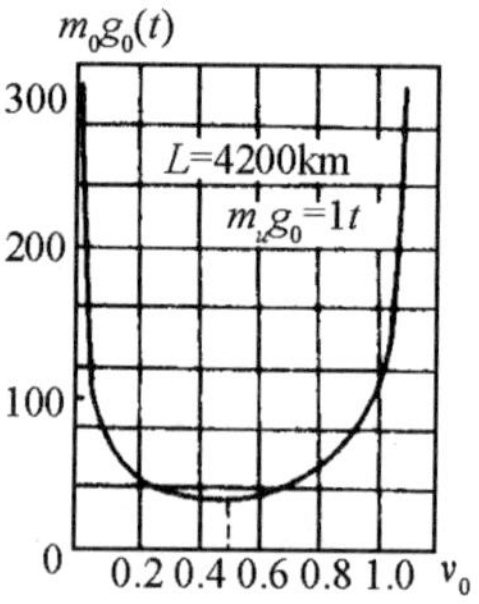

图 7-26 射程和有效载荷重量一定时导弹起飞重量和重推比的关系

由图 7-25 可看出,在射程一定(亦即 v_k 一定)的条件下,重推比 ν_0 与有效载荷比 λ 有对应关系。由于有效载荷比 λ 为有效载荷质量与起飞质量之比,因此,在固定有效载荷质量时,即可找到重推比 ν_0 与起飞质量 m_0 之间的关系。图 7-26 即为射程为 4200km、有效载荷重量 G_u 为 1t 时,重推比 ν_0 与起飞重量 G_0 的关系曲线。曲线最低点对应于重推比的最佳值 ν_0^*,即有效载荷重量 G_u 一定,且要使其达到一定的射程时,重推比 ν_0 取此值最合理。否则,$\nu_0 < \nu_0^*$ 时,由于火箭加速性能好,过载大,则要增大火箭结构重量,而使起飞重量 G_0 增大;$\nu_0 > \nu_0^*$ 时,因加速性能差,则主动段飞行中引力造成的速度损失增大,为要达到一定的关机点速度 v_k,则要增加推进剂量,从而使起飞重量 G_0 增大。函数 $G_0(\nu_0)$在 ν_0^* 附近较平滑,故 ν_0 偏离 ν_0^* 较小时,G_0 增加很少。这对火箭设计是有利的,在设计中,可考虑利用现有的发动机,而不必为了追求使 ν_0 取最佳值而重新设计发动机,以使火箭研制周期缩短和成本减少。

第八章　多级火箭

单级火箭的理想速度为

$$v_{id} = -u'_e \ln \mu_k$$

为了达到较大的理想速度，就要提高发动机的有效排气速度 u'_e 和减小结构比 μ_k，根据现推进剂种类、发动机设计水平和材料的强度，即使以当前最先进的技术水平而言，若能使得 $u'_e = 4\text{km/s}$、$\mu = 0.1$，则可使理想速度 v_{id} 达到 9km/s 左右。当扣除引力损失、气动力损失及大气静压损失，单级火箭动力飞行段终点速度仅为 6km/s 左右。这与作为远程、洲际导弹或发射卫星等航天飞行器的运载火箭所需的动力飞行段终点速度相比，还有较大的差距。这是由于单级火箭的推进剂贮箱是根据推进剂总质量而设计的，在单级火箭动力飞行中，它随着有效载荷一并被火箭加速，而消耗能量。这就启发人们考虑，如果火箭带多个推进剂贮箱，在动力飞行中不断地将燃料消耗完的空贮箱抛掉，以减少多余部分所消耗的能量。事实上，不可能只抛掉空贮箱，而是抛掉一个完整的推进装置，即把贮箱、发动机及推进剂输送系统一起抛掉。这样，火箭就由多个推进剂装置所组成即多级火箭。中程以上的导弹和大型运载火箭一般均采用多级火箭。多级火箭的联结方式有串联、并联和混合式三种形式。

串联系火箭各级依次同轴配置，纵向联结成宝塔形。在飞行时，开始是最下面一级工作，第一级关机后，将该级的贮箱及发动机抛掉，第二级点火工作，依此类推。该种类型火箭的优点是对接机构简单、火箭结构紧凑、总体结构功效高，故起飞重量小；级间分离干扰小，易于分离，空气阻力小；装配、运载、发射设备简单。其缺点是需要设计、研制每一级及大直径结构，因而增加了研制的周期和成本；第二级及以后各级发动机处于高空低压下点火，故带来点火的复杂性和可靠性问题；火箭长细比大，弯曲刚度差，对飞行中的弹性振动稳定不利，使运输及飞行中的横向载荷加大；增加对发射设备和勤务工作的困难。

并联式火箭是由第一级（旁侧的火箭）与第二级（中间的火箭）按纵轴平行或倾斜一个小角度组合。可以是旁侧级发动机先点火，当其推进剂消耗完后，将该级抛掉，然后中间的火箭发动机点火继续飞行直至关机；也可是两级同时点火，第一级先熄火并抛掉，第二级继续工作至关机为止。当然还可采用其它方案。并联式火箭的优点是长度短；发射时发动机可同时点火，可靠性高；由于使用通用件或对已有火箭进行组合，因此可简化和加速大型火箭的研制进度，节省研制经费和提高可靠性。缺点有：径向尺寸大，发射设备较复杂、费用高；级间连接机构较复杂，装配麻烦，因此总体功效低，起飞重量较大；推力偏心干扰大；空气阻力大。

混合式联结即将串联式和并联式合在一起。例如，第一级和第二级为并联，而第三级则串联在第二级上。这种联结方式的优缺点介乎于前两种联结方式之间。

一般弹道导弹均采用串联式,而运载火箭可采用串联式或混合式。

由以上介绍可知,多级火箭较单级火箭具有如下优点:多级火箭在每级工作后可依次抛掉废重(即用过了的前一级),使火箭飞行过程中获得良好的加速性能;可灵活地选择每级的推力大小、工作时间长短及火箭的重量;可根据每一级火箭所在的高度范围设计发动机,使发动机处于最佳工作状态,减少非理想膨胀造成的推力损失。但是,随着级数的增加,使火箭长度增加及火箭结构、控制的复杂性增大,带来了操作使用不便和可靠性降低等缺点。为此,一般总希望选择尽可能少的级数。

§8.1 多级火箭的参数及理想速度

1. 多级火箭的参数

为了准确理解本章讨论的内容及正确使用所导出的结果,首先对多级火箭有关术语进行定义。多级火箭的"级"与"子火箭"是两个概念。"级"是一个完整的推进装置,它包括发 动机、推进剂输送系统、推进剂、贮箱和控制系统部分设备等。当这一级的推进剂全部消耗完时,这一级就被整个地抛掉。"子火箭"则是一个完整的运载火箭,它由连同有效载荷、控制系统在内的一级或多级火箭所组成。以一个串联式三级火箭为例,见图 8-1。该火箭有三个级和三个子火箭,第一子火箭就是整个运载火箭;第二子火箭就是第一子火箭减去第一级;第三子火箭就是第二子火箭减去第二级,或者等同于有效载荷加上第三级。由图还可看出,第三子火箭的有效载荷即为运载火箭的实际有效载荷 m_u,据此可推广定义第二子火箭的有效载荷即为第三子火箭,第一子火箭的有效载荷即为第二子火箭。

根据上述定义,可推广写出一个 N 级火箭的一般文字表达式:

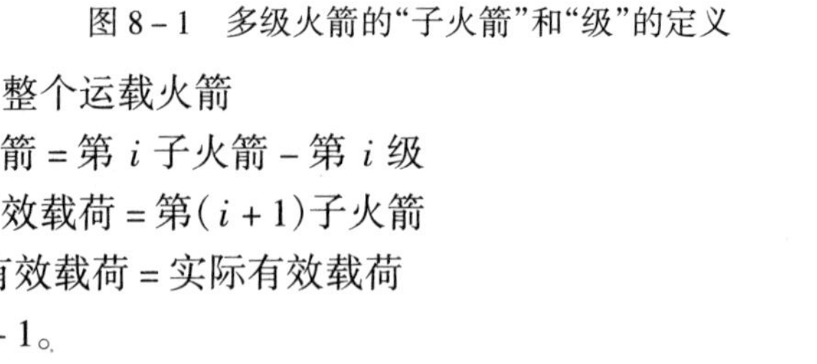

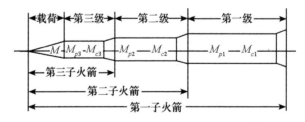

图 8-1 多级火箭的"子火箭"和"级"的定义

$$
\begin{cases}
\text{第 1 子火箭} = \text{整个运载火箭} \\
\text{第}(i+1)\text{子火箭} = \text{第 } i \text{ 子火箭} - \text{第 } i \text{ 级} \\
\text{第 } i \text{ 子火箭有效载荷} = \text{第}(i+1)\text{子火箭} \\
\text{第 } N \text{ 子火箭有效载荷} = \text{实际有效载荷}
\end{cases}
$$

其中 $i=1,2,\cdots,N-1$。

首先引入第 i 子火箭的一些参数定义:

(1)初始质量 m_{oi}

仿照单级火箭质量方程式(7-4-2),可写出第 i 子火箭的初始质量 m_{oi} 为第 i 级的推进剂质量 m_{pi}、结构质量 m_{ci} 和第 i 子火箭的有效载荷 m_{ui} 之和。即

$$m_{oi} = m_{pi} + m_{ci} + m_{ui} \tag{8-1-1}$$

其中 m_{ui} 由 N 级火箭的一般表达式可知为:

$$\begin{cases} m_{ui} = m_{ci} + 1 \\ m_{uN} = m_u \end{cases} \qquad i = 1,2\cdots,N-1 \tag{8-1-2}$$

(2)有效载荷比 λ_i

λ_i 为第 i 子火箭的有效载荷质量与该子火箭的初始质量之比,即

$$\lambda_i = \frac{m_{ui}}{m_{oi}} = \frac{m_{oi+1}}{m_{oi}} \tag{8-1-3}$$

(3)结构系数 ε_i

ε_i 为第 i 级结构质量与该级初始质量之比,即

$$\varepsilon_i = \frac{m_{ci}}{m_{ci} + m_{pi}} \tag{8-1-4}$$

(4)结构比 μ_{ki}

μ_{ki} 为第 i 子火箭的有效载荷与第 i 级的结构质量之和与第 i 子火箭初始质量之比,即

$$\mu_{ki} = \frac{m_{ui} + m_{ci}}{m_{oi}} = \frac{m_{oi} - m_{pi}}{m_{oi}} \tag{8-1-5}$$

由第 i 子火箭重量方程式(8-1-1)可得

$$\begin{aligned} 1 &= \frac{m_{ui}}{m_{oi}} + \frac{m_{ci} + m_{pi}}{m_{oi}} \\ &= \frac{m_{ui}}{m_{oi}} + \frac{m_{ci} + m_{pi}}{m_{ci}} \cdot \frac{m_{ci} + m_{ui} - m_{ui}}{m_{oi}} \\ &= \lambda_i + \frac{1}{\varepsilon_i}(\mu_{ki} - \lambda_i) \end{aligned}$$

故可得

$$\mu_{ki} = \lambda_i + \varepsilon_i(1 - \lambda_i) \tag{8-1-6}$$

式(8-1-6)反映了第 i 子火箭的三个参数 ε_i、λ_i、μ_{ki} 之间的关系,也是重量方程的另一种形式。

对于整个运载火箭,可作类似的定义,作为衡量多级火箭结构和载荷性能指标,这些参数为:

1)总有效载荷比 λ_{tot}

λ_{tot} 为 N 级运载火箭的第 N 子火箭的实际有效载荷与整个火箭的初始质量的比值,即

$$\lambda_{tot} = \frac{m_u}{m_o} \tag{8-1-7}$$

注意到式(8-1-2),上式即可写为

$$\lambda_{tot} = \frac{m_{u1}}{m_{o1}} \cdot \frac{m_{u2}}{m_{o2}} \cdots\cdots \frac{m_{uN}}{m_{oN}} = \lambda_1 \lambda_3 \cdots \lambda_N \tag{8-1-8}$$

2)总结构系数 ε_{tot}

ε_{tot}为各级结构质量之和与各级初始质量之和的比值,即

$$\varepsilon_{tot} = \frac{\sum_{i=1}^{N} m_{ci}}{\sum_{i=1}^{N} (m_{ci} + m_{pi})} \tag{8-1-9}$$

注意到

$$\sum_{i=1}^{N} (m_{ci} + m_{pi}) = m_o - m_u = m_o (1 - \frac{m_u}{m_o})$$

将其代入式(8-1-9),并运用式(8-1-7),则有:

$$\varepsilon_{tot} = \frac{1}{1 - \lambda_{tot}} \sum_{i=1}^{N} \frac{m_{ci}}{m_o} \tag{8-1-10}$$

由式(8-1-4)可得

$$\frac{\varepsilon_i}{1 - \varepsilon_i} = \frac{m_{ci}}{m_{pi}}$$

即有

$$\frac{m_{ci}}{m_o} = \frac{\varepsilon_i}{1 - \varepsilon_i} \frac{m_{pi}}{m_0} \tag{8-1-11}$$

注意到 $m_o = m_{o1}$,则有

$$\frac{m_{ci}}{m_o} = \frac{m_{ci}}{m_{oi}} \frac{m_{ci}}{m_{oi-1}} \cdots \frac{m_{o2}}{m_{o1}} = \frac{m_{pi}}{m_{oi}} \lambda_1 \lambda_3 \cdots \lambda_{i-1} \tag{8-1-12}$$

而

$$\frac{m_{pi}}{m_{oi}} = \frac{m_{oi} - (m_{ci} + m_{ui})}{m_{oi}} = 1 - \mu_{ki} = (1 - \varepsilon_i)(1 - \lambda_i) \tag{8-1-13}$$

将式(8-1-13)代入式(8-1-12)再代入式(8-1-11),从而最终可将式(8-1-10)整理成

$$\varepsilon_{tot} = \frac{1}{1 - \lambda_{tot}} \sum_{i=1}^{N} \varepsilon_i (1 - \lambda_i) \lambda_1 \lambda_2 \cdots \lambda_{i-1} \tag{8-1-14}$$

3)总结构比 μ_{ktot}

μ_{ktot}为实际有效载荷与各级结构质量之和与整个火箭的初始质量的比值,即

$$\mu_{ktot} = \frac{m_u + \sum_{i=1}^{N} m_{ci}}{m_o} = \frac{m_o - \sum_{i=1}^{N} m_{pi}}{m_o} = 1 - \sum_{i=1}^{N} \frac{m_{pi}}{m_o} \tag{8-1-15}$$

将式(8-1-13)代入上式可得

$$\mu_{ktot} = 1 - \sum_{i=1}^{N} (1 - \mu_{ki}) \lambda_1 \lambda_2 \cdots \lambda_{i-1} \tag{8-1-16}$$

或

$$\mu_{ktot} = 1 - \sum_{i=1}^{N}(1-\varepsilon_i)(1-\lambda_i)\lambda_1\lambda_2\cdots\lambda_{i-1} \tag{8-1-17}$$

根据式(8－1－15)不难导出 μ_{ktot}、λ_{tot}、ε_{tot} 三者之间的关系，其形式与单级火箭的结果类似：

$$\mu_{ktot} = \lambda_{tot} + \varepsilon_{tot}(1-\lambda_{tot}) \tag{8-1-18}$$

2. 多级火箭的理想速度

根据齐奥尔柯夫斯基公式(1－4－11)，可知每个子火箭的理想速度增量为

$$\Delta v_{idi} = -u'_{ei}\ln\mu_{ki} \tag{8-1-19}$$

对多级火箭而言，由于初始速度为零，故第 N 子火箭的关机速度为

$$v_{id} = \sum_{i=1}^{N}\Delta v_i = -\sum_{i=1}^{N}u'_{ei}\ln\mu_{ki} \tag{8-1-20}$$

应用式(8－1－6)，上式还可写为

$$v_{id} = -\sum_{i=1}^{N}u'_{ei}\ln[\lambda_i + \varepsilon_i(1-\lambda_i)] \tag{8-1-21}$$

显然，该理想速度是衡量多级火箭性能的一个指标。

由式(8－1－21)可看出，多级火箭的理想速度是各级的参数 u'_{ei}、ε_i、λ_i 及多级火箭级数 N 的函数。由于排气速度 u'_{ei} 主要取决于所选择的燃料，而结构系数 ε_i 取决于结构材料及工艺，这些都受着客观条件的限制。通常在总体设计中多级火箭需要加以选择的是各级载荷比的分配和级数 N。

§8.2　多级火箭各级载荷比的分配

选择各级载荷比 λ_i 的原则，一种提法是在理想速度 v_{id} 一定的条件下，要求选择的 λ_i 使总有效载荷比 λ_{to} 最大；另一种提法是在总有效载荷比 λ_{tot} 一定的条件下，要求所选择的 λ_i 使理想速度 v_{id} 最大。这类属于研究如何进行设计参数的组合，以得到最理想的多级火箭的设计方案问题，称之为火箭设计参数的最佳化问题。对于带约束的设计参数最佳化问题，当约束条件无解析表达式时，通常用估算的方法，或是用计算机优化设计。有关设计参数优化设计的方法，将在下一章介绍。当约束条件有解析表达式时，如本节所讨论的问题，可运用拉格朗日乘子法，将有约束条件求极值问题转化成无约束条件求极值的问题。

首先讨论在保证理想速度 v_{id} 为定值条件下，如何选择各级载荷比 λ_i，使总有效载荷比 λ_{tot} 取极值。

设 u'_{ei}、ε_i 及 N 为给定值，则由式(8－1－21)可知

$$v_{id} = v_{id}(\lambda_i)$$

而

$$\lambda_{tot} = \lambda_1 \lambda_2 \cdots \lambda_N \tag{8-2-1}$$

可见，要使 λ_{tot} 取极值，也即使

$$\ln\lambda_{tot} = \sum_{i=1}^{N} \ln\lambda_i \tag{8-2-2}$$

取极值

按拉格朗日乘子法，先定义一增广函数 F：

$$F(\lambda_i) = \sum_{i=1}^{N} \ln\lambda_i + \eta\{-\sum_{i=1}^{N} u'_{ei} \ln[\lambda_i + \varepsilon_i(1-\lambda_i)] - v_{id}\} \tag{8-2-3}$$

其中 η 为拉格朗日乘子。

那么，满足约束条件 $v_{id}(\lambda_i)$ 为常值，并使 $\ln\lambda_{tot}$ 取极值的必要条件为

$$\frac{\partial F}{\partial \lambda_i} = 0 \qquad i = 1,2,\cdots,N$$

即

$$\frac{1}{\lambda_i} - \frac{\eta u'_{ei}}{\lambda_i + \varepsilon_i(1-\lambda_i)}(1-\varepsilon_i) = 0$$

故可得

$$\lambda_i = \frac{\varepsilon_i}{(\eta u'_{ei} - 1)(1-\varepsilon_i)} \tag{8-2-4}$$

为确定拉格朗日乘子 η 的值，应将式(8-2-4)代入式(8-1-21)求解，即得到：

$$v_{id} + \sum_{i=1}^{N} u'_{ei} \ln\{\frac{\varepsilon_i}{(\eta u'_{ei} - 1)(1-\varepsilon_i)} + \varepsilon_i[1 - \frac{\varepsilon_i}{(\eta u'_{ei} - 1)(1-\varepsilon_i)}]\} = 0 \tag{8-2-5}$$

该式为超越方程，一般不能求出解析结果。现设各级有效排气速度相同，即

$$u'_{ei} = c \qquad i = 1,2,\cdots,N$$

则式(8-2-5)可写为

$$v_{id} = -\sum_{i=1}^{N} c\ln(\frac{\eta c}{\eta c - 1}\varepsilon_i) \tag{8-2-6}$$

令

$$z = \frac{v_{id}}{c} \tag{8-2-7}$$

Z 称为理想速度比，则式(8-2-6)可写为

$$-Z = \ln\prod_{i=1}^{N} \frac{\eta c}{\eta c - 1}\varepsilon_i = \ln[(\frac{\eta c}{\eta c - 1})^N \varepsilon_1 \varepsilon_2 \cdots \varepsilon_N]$$

由上式可解得：

$$\eta c - 1 = \frac{(\varepsilon_1 \varepsilon_2 \cdots \varepsilon_N)^{\frac{1}{N}}}{e^{-\frac{Z}{N}} - (\varepsilon_1 \varepsilon_2 \cdots \varepsilon_N)^{\frac{1}{N}}} \tag{8-2-8}$$

已知式(8-2-4)为

$$\lambda_i = \frac{\varepsilon_i}{(\eta c - 1)(1-\varepsilon_i)}$$

将式(8-2-8)结果代入上式后得

$$\lambda_i = \frac{\varepsilon_i[\mathrm{e}^{-\frac{Z}{N}} - (\varepsilon_1\varepsilon_2\cdots\varepsilon_N)^{\frac{1}{N}}]}{(1-\varepsilon_i)(\varepsilon_1\varepsilon_2\cdots\varepsilon_N)^{\frac{1}{N}}} \tag{8-2-9}$$

将该结果代入式(8-2-1)得

$$(\lambda_{tot})_{\max} = \frac{[\mathrm{e}^{-\frac{Z}{N}} - (\varepsilon_1\varepsilon_2\cdots\varepsilon_N)^{\frac{1}{N}}]^N}{(1-\varepsilon_1)(1-\varepsilon_2)\cdots(1-\varepsilon_N)} \tag{8-2-10}$$

上述结果说明在给定 $u'_{ci}=c$、ε_i 及级数 N 时，在保证理想速度 v_{id} 为定值条件下，各级有效载荷比 λ_i 按式(8-2-9)进行分配，则可使总有效载荷比 λ_{tot} 取极大值，$(\lambda_{tot})_{\max}$ 则按式(8-2-10)求得。

用上述同样方法，可求得在级数 N 及各级燃气排气速度 u'_{ei} 及结构比 ε_i 给定时，保证总有效载荷比不变条件下，所选择的各级有效载荷比 λ_i 使理想速度 v_{id} 取最大值。

显然，约束条件为

$$\sum_{i=1}^{N}\ln\lambda_i - \ln\lambda_{tot} = 0 \tag{8-2-11}$$

而理想速度 v_{id} 与各级参数关系式为式(8-1-21)，则所作增广函数为

$$F(\lambda_i) = v_{id}(\lambda_i) + \eta\left(\sum_{i=1}^{N}\ln\lambda_i - \ln\lambda_{tot}\right)$$

使 v_{id} 取极大值的必要条件为

$$\frac{\partial F}{\partial\lambda_i} = 0 \qquad i=1,2,\cdots,N$$

即有

$$\lambda_i = \frac{\varepsilon_i\eta}{(1-\varepsilon_i)(u'_{ei}-\eta)} \tag{8-2-12}$$

将该式代入约束条件式(8-2-11)得

$$\sum_{i=1}^{N}\ln\frac{\varepsilon_i\eta}{(1-\varepsilon_i)(u'_{ei}-\eta)} - \ln\lambda_{\mathrm{tot}} = 0 \tag{8-2-13}$$

为解出拉格朗日乘子 η，设 $u'_{ei}=c$，$i=1,2,\cdots,N$，则式(8-2-13)可写为

$$\prod_{i=1}^{N}\frac{\varepsilon_i\eta}{(1-\varepsilon_i)(c-\eta)} = \lambda_{tot}$$

由该式不难导出

$$\frac{\eta}{c-\eta} = \left[\lambda_{tot}\frac{(1-\varepsilon_1)(1-\varepsilon_2)\cdots(1-\varepsilon_N)}{\varepsilon_1\varepsilon_2\cdots\varepsilon_n}\right]^{\frac{1}{N}}$$

将其代入式(8-2-12)即可得各级有效载荷比 λ_i

$$\lambda_i = \frac{\varepsilon_i}{1-\varepsilon_i}\left[\lambda_{tot}\frac{(1-\varepsilon_1)(1-\varepsilon_2)\cdots(1-\varepsilon_N)}{\varepsilon_1\varepsilon_2\cdots\varepsilon_N}\right]^{\frac{1}{N}} \tag{8-2-14}$$

将此 λ_i 代入式(8-1-21)可导得最大的理想速度表达式

$$(v_{id})_{max} = -c\ln\left\{\varepsilon_1\varepsilon_2\cdots\varepsilon_N\left[1+\left(\lambda_{tot}\frac{(1-\varepsilon_1)(1-\varepsilon_2)\cdots(1-\varepsilon_N)}{\varepsilon_1\varepsilon_2\cdots\varepsilon_N}\right)^{\frac{1}{N}}\right]^N\right\} \tag{8-2-15}$$

将上述结果,应用于一枚两级火箭,当已知每级的燃气有效排气速度 $u'_{e1} = u'_{e2} = c$ 及各级结构系数 ε_1、ε_2 时,若要求理想速度 v_{id} 为定值,则当每级有效载荷比按下式决定,即

$$\lambda_i = \frac{\varepsilon_i[e^{-\frac{Z}{2}} - (\varepsilon_1\varepsilon_2)^{\frac{1}{2}}]}{(1-\varepsilon_i)(\varepsilon_1\varepsilon_2)^{\frac{1}{2}}} \qquad i=1,2 \qquad (8-2-16)$$

则可使总有效载荷比达到极大值:

$$(\lambda_{tot})_{\max} = \frac{[e^{-\frac{Z}{2}} - \sqrt{\varepsilon_1\varepsilon_2}]^2}{(1-\varepsilon_1)(1-\varepsilon_2)} \qquad (8-2-17)$$

若要求总有效载荷比 λ_{tot} 为定值,则各级有效载荷比按下式决定,即

$$\lambda_i = \frac{\varepsilon_i}{(1-\varepsilon_i)}[\lambda_{tot}\frac{(1-\varepsilon_1)(1-\varepsilon_2)}{\varepsilon_1\varepsilon_2}]^{\frac{1}{2}} \qquad i=1,2 \qquad (8-2-18)$$

此时可使理想速度达到极大值:

$$(v_{id})_{\max} = -2c\ln[\sqrt{\varepsilon_1\varepsilon_2} + \sqrt{\lambda_{tot}(1-\varepsilon_1)(1-\varepsilon_2)}] \qquad (8-2-19)$$

当给出不同的 ε_1 及 ε_2 数值时,可根据式(8-2-17)画出两级火箭的总有效载荷比 λ_{tot} 与理想速度比 Z 的关系曲线。图 8-2 是取 $\varepsilon_1 = 0.1$,改变 ε_2 值所画出的 λ_{tot} 与 Z 的一组关系曲线。由该图可看出,ε_2 越小,即意味着第二级结构设计越好,结构重量减轻,或推进剂重量增大。若火箭装入的推进剂增多,则对应一定的 λ_{tot},理想速度 v_{id} 加大,也可理解为对应一定的 v_{id},总有效载荷比增大,即增大了实际有效载荷 m_u,此外,由该图还可看出,对于较小的理想速度或较大的总有效载荷比,调整结构系数,其效果并不明显。

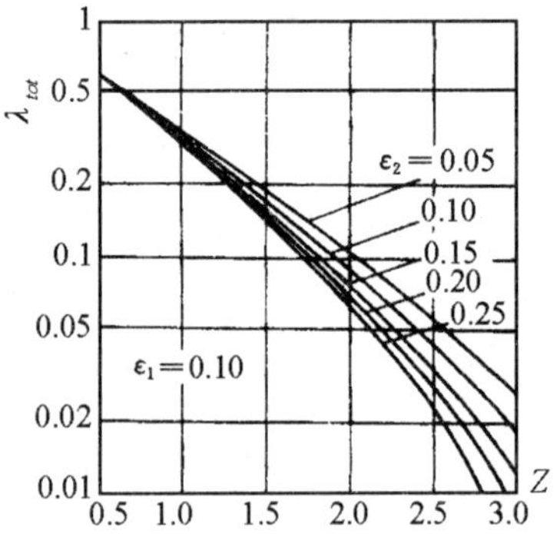

图 8-2 两级火箭的总载荷比与理想速度比的关系

§ 8.3 多级火箭的级数与火箭理想速度和总有效载荷比的关系

1. 恒等级情况

所谓恒等级即不仅假设各级燃气排气速度相等,而且假设各级结构系数相同,即

$$\begin{cases} u'_{ei} = c \\ \varepsilon_i = \varepsilon \end{cases} \qquad i = 1,2,\cdots,N$$

此时,当各级有效载荷比满足式(8-2-14)可使理想速度最大,将 $\varepsilon_i = \varepsilon$ 代入式(8-2-14)可知

$$\lambda_i = \lambda_{tot}^{1/N} = \lambda$$

显然在恒等级条件下，当各级有效载荷比满足式(8－2－9)时，同样有 $\lambda_i=\lambda$，可使总有效载比取最大值。

因此，可作如下结论，当多级火箭是处于恒等级时，即：

$$\begin{cases} u'_{ei}=c \\ \varepsilon_i=\varepsilon \\ \lambda_i=\lambda \end{cases} \tag{8-3-1}$$

若已知总有效载荷比 λ_{tot}，则各级有效载荷比 λ_i 当

$$\lambda_i=\lambda=\lambda_{tot}^{1/N} \tag{8-3-2}$$

此时理想速度取最大值：

$$(v_{id})_{max}=-cN\ln[\varepsilon+\lambda_{tot}^{1/N}(1-\varepsilon)] \tag{8-3-3}$$

若已知理想速度 v_{id}，则各级有效载荷比 λ_i 为

$$\lambda_i=\lambda=\frac{e^{-\frac{Z}{N}}-\varepsilon}{1-\varepsilon} \tag{8-3-4}$$

此时总有效载荷取最大值：

$$(\lambda_{tot})_{\max}=[\frac{e^{-\frac{Z}{N}}-\varepsilon}{1-\varepsilon}]^N \tag{8-3-5}$$

根据上面式子，可画出恒等级时，对于不同的火箭级数 N，总有效载荷比 λ_{tot} 与理想速度比 Z 的关系曲线图。如图 8－3 所示。

由该图可知：

(1)当 $N=1$(即单级火箭)时，理想速度比 Z 的极值，显然应是 $m_u=0$，亦即，$\lambda=0$，此时即 $\varepsilon=\mu_k$，故由式(8－3－4)有：

$$(\frac{v_{id}}{c})_{max}=-\ln\varepsilon$$

随着有效载荷比的增加，则 μ_k 增加，因而所能达到的理想速度将减小。

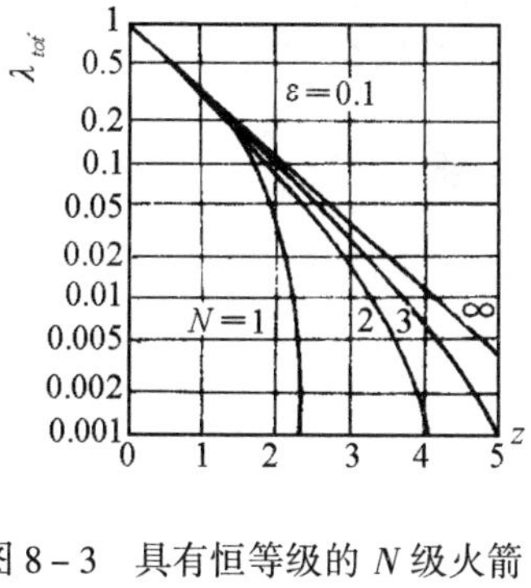

图 8－3　具有恒等级的 N 级火箭的总载荷比

(2)对于多级火箭，若要使理想速度取极限值，则应使 $\lambda_{tot}=0$，由式(8－3－3)知

$$(v_{id})_{\max}=-cN\ln\varepsilon$$

则

$$e^{-\frac{Z}{N}}=\varepsilon \tag{8-3-6}$$

由式(8－3－6)可知，当给定 Z 及 ε 后，即可确定多级火箭在恒等级条件下的最小级数 $N_{\min}$，即

$$N_{\min}=-\frac{Z}{\ln\varepsilon} \tag{8-3-7}$$

显然，该 $N_{\min}$ 并不一定是整数，那就取 $N\geqslant N_{\min}$ 的最小整数值。

(3)当给定各级结构系数为 ε 及总的有效载荷比 λ_{tot}，理想速度比 Z 随着级数 N 的增加

而增加。或者说在给定 ε 和 Z 时，总有效载荷比 λ_{tot} 随着级数 N 的增加而增大。由图 8－3 可看出，理想速度比 Z 与总有效载荷比 λ_{tot} 并不是随着级数的增加而正比例地增加。以给定 $\varepsilon=0.1,\lambda_{tot}=0.01$ 为例，级数 N 与理想速度比 Z 的数值关系可由式(8－3－3)算得：

$$N=2 \qquad Z=3.32146$$

$$N=3 \qquad Z=3.67355$$

$$N=4 \qquad Z=3.82215$$

可见，三级火箭较二级火箭，理想速度比增大 10.6%；四级火箭较三级火箭，理想速度比仅增大 4.04%。因此，对运载火箭，当级数超过二、三级以后，理想速度比或总有效载荷比的增值并不多，为了提高火箭的可靠性和减少研制和使用方面的复杂程度，通常应尽可能减少运载火箭的级数。

2. 结构系数可变的情况

上面有关恒等级的情况，只是一种近似假设，事实上，实际火箭级的结构系数是随着级重 $(G_{oi}-G_{oi+1})$ 变化的，如图 8－4 所示。可见当级重超过 40t，结构系数 ε_i 才接近于常数。所以，恒等级的假设只是对较重的火箭级才有较好的近似，而在级重较小时，必须考虑结构系数随级重的变化。

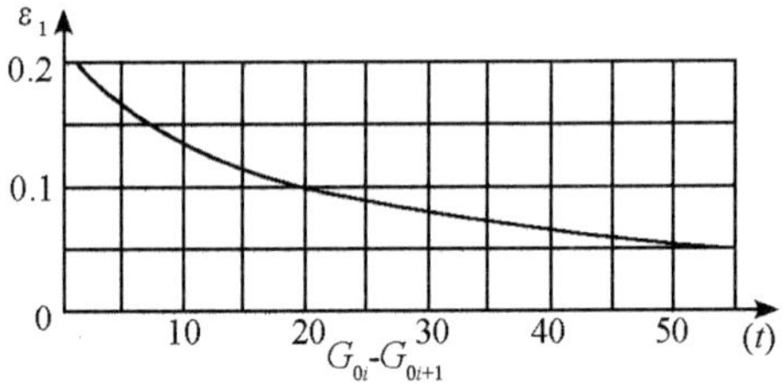

图 8－4　火箭结构系数随级重的变化

结构系数随级重的变化，一般可考虑成两种情况：

(1)线性关系

将结构系数与级重的关系简化为线性关系，即

$$\begin{aligned}\varepsilon_i &= A_i(m_{oi}-m_{oi+1})+B_i \\ &= A_i m_{oi}(1-\lambda_i)+B_i\end{aligned} \tag{8-3-8}$$

根据有效载荷比的定义，不难知道

$$\begin{cases}\prod\limits_{k=i}^{N}\lambda_k = \dfrac{m_{oN+1}}{m_{oi}} = \dfrac{m_u}{m_{oi}} \\ \prod\limits_{k=1}^{i-1}\lambda_k = \dfrac{m_{oi}}{m_{o1}} = \dfrac{m_{oi}}{m_o}\end{cases} \tag{8-3-9}$$

因此，当给定有效载荷 m_u 时，式(8－3－8)可写成

$$\varepsilon_i = A_i\frac{m_u}{\prod\limits_{k=i}^{N}\lambda_k}(1-\lambda_i)+B_i \tag{8-3-10}$$

当给定初始总质量 m_o 时，式(8－3－8)可写成

$$\varepsilon_i = A_i m_0(1-\lambda_i)\prod_{k=1}^{i-1}\lambda_k + B_i \tag{8-3-11}$$

以上各式中之 A_i、B_i 均为常数，可由统计资料确定。

(2)高次曲线关系

将结构系数与级重的关系拟合为一高次曲线,即

$$\begin{aligned}\varepsilon_i &= C_i(m_{oi} - m_{oi+1})^{\alpha_i - 1} \\ &= C_i[m_{oi}(1-\lambda_i)]^{\alpha_i - 1}\end{aligned} \tag{8-3-12}$$

根据式(8-3-9),上式可改写为:

在给定有效载荷时

$$\varepsilon_i = C_i\left[\frac{m_u}{\prod_{k=1}^{N}\lambda_k}(1-\lambda_i)\right]^{\alpha_i - 1} \tag{8-3-13}$$

在给定初始总质量 m_o 时

$$\varepsilon_i = C_i\left[m_o(1-\lambda_i)\prod_{k=1}^{i-1}\lambda_k\right]^{\alpha_i - 1} \tag{8-3-14}$$

以上各式中之 C_i、α_i 为拟合常数。

在考虑结构系数随级重变化条件下,研究各级有效载荷比的最佳分配时,同样可用朗格朗日乘子法来讨论。例如,当给定理想速度 v_{id} 及弹头有效载荷 m_u,并设结构系数 ε_i 与第 i 级的初质量 m_{oi} 成线性关系时,求使总有效载荷比 λ_{tot} 最大的各级有效载荷的分配。

已知要使总有效载荷比 λ_{tot} 取极值,即使

$$\ln\lambda_{tot} = \sum_{i-1}^{N}\ln\lambda_i$$

取极值。

其约束条件为

$$\phi(\lambda_i) = -\sum_{i-1}^{N}u'_{ei}\ln[\varepsilon_i + \lambda_i(1-\varepsilon_i)] - v_{id} = 0$$

将式(8-3-10)代入上式,则有

$$\phi(\lambda_i) = -\sum_{i-1}^{N}u'_{ei}\ln\left[B_i + (1-B_i)\lambda_i + \frac{A_i m_u}{\prod_{k=i}^{N}\lambda_k}(1-\lambda_i)^2\right] - v_{id} = 0 \tag{8-3-15}$$

可作增广函数

$$F(\lambda_i) = \sum_{i=1}^{N}\ln\lambda_i + \eta\phi(\lambda_i)$$

则使 λ_{tot} 取极值的条件为

$$\frac{\partial F}{\partial\lambda_i} = \frac{1}{\lambda_i} + \eta\frac{\partial\phi(\lambda_i)}{\partial\lambda_i} = 0$$

经过推导可得

$$\eta = \frac{B_i + (1 - B_i)\lambda_i + \dfrac{\frac{A_i m_u}{N}}{\prod\limits_{k=i} \lambda_k}(1 - \lambda_i)^2}{u'_{ei}\left[(1 - B_i)\lambda_i - \dfrac{\frac{A_i m_u}{N}}{\prod\limits_{k=i} \lambda_k}(1 - \lambda_i^2)\right]} \tag{8-3-16}$$

此时，η 与有效载荷比 λ_i 的关系比较复杂，η 与各级有效载荷比 λ_i 均有关。因此，只能采用逐级多次迭代计算，求出满足所给约束条件下的有效载荷比的最佳分配。

由式(8-3-16)可建立迭代关系式

$$\frac{B_n + (1 - B_n)\lambda_n + \dfrac{\frac{A_n m_u}{N}}{\prod\limits_{k=n} \lambda_n}(1 - \lambda_n)^2}{u'_{en}\left[(1 - B_n)\lambda_n - \dfrac{\frac{A_n m_u}{N}}{\prod\limits_{k=n} \lambda_n}(1 - \lambda_n^2)\right]}$$

$$= \frac{B_{n-1} + (1 - B_{n-1})\lambda_{n-1} + \dfrac{\frac{A_{n-1} m_u}{N}}{\prod\limits_{k=n-1} \lambda_k}(1 - \lambda_{n-1})^2}{u'_{en-1}\left[(1 - B_{n-1})\lambda_{n-1} - \dfrac{\frac{A_{n-1} m_u}{N}}{\prod\limits_{k=n-1} \lambda_k}(1 - \lambda_{n-1}^2)\right]} \quad (2 \leqslant n \leqslant N)$$

(8-3-17)

为求各级有效载荷比，首先假定一个 λ_N 值，通过式(8-3-17)迭代求得满足该式的 λ_{N-1}值，然后用 λ_{N-1}再由式(8-3-17)迭代求得 λ_{N-2}，这样依次迭代出以后各级之有效载荷比值。用所有迭代出的 $\lambda_i(i=1,2,\cdots,N)$值代入约束条件 $\phi(\lambda_i)$表达式(8-3-15)，验算是否满足，如果不满足，则改变 λ_N，重复上述迭代运算，直至满足式(8-3-15)为止。

3. 存在最佳级数的一种证明

在恒等级情况所讨论的结论中提到在各级结构系数 ε 相同时，总有效载荷比 λ_{tot}与理想速度比 Z 中一个量给定则另一个量将随级数的增加而增加。该结论只是在各级结构系数与级数无关的情况下才成立。事实上这是不可能的，因为初始总质量固定时，如果增加级数，则每级的推进剂质量就减少，相应地每级的贮箱质量也随之减少。然而，二者减少的速度不同，前者较后者要快。因此，各级火箭的结构系数将随着级数的增加而增大，当级数为无穷大时，结构系数将达到 1。由此可见，最佳级数将是一个有限值。

由于所求最佳级数与所选用的参数及所作的假设有密切关系，为了说明当考虑结构重量随级数变化时存在最佳级数，现定义一个与结构质量有关的参数：

$$S_i = \frac{m_{ci}}{m_{oi}} = \frac{m_{ci}}{m_{ci} + m_{pi} + m_{oi+1}} \tag{8-3-18}$$

S_i 称为结构质量比，是指第 i 级结构质量 m_{ci}与第 i 子火箭的初始质量 m_{oi}之比值。

假设结构质量比与级数无关，即

$$S_i = S \qquad (i = 1,2,\cdots,N)$$

在此情况下,结构比可表示为:

$$\mu_{ki} = \frac{m_{ui} + m_{ci}}{m_{oi}} = \lambda_i + S_i \tag{8-3-19}$$

因此,N 级火箭的理想速度为

$$v_{id} = -\sum_{i=1}^{N} u'_{ei}\ln(\lambda_i + S_i)$$

如果再令各级子火箭的燃气排气速度 u'_{ei} 与有效载荷比 λ_i 均相同,即有

$$\begin{cases} u'_{ei} = c \\ \lambda_i = \lambda \end{cases} \qquad (i = 1,2,\cdots,N)$$

于是理想速度为

$$v_{id} = -C\ln(\lambda + S) \tag{8-3-20}$$

或写为

$$\lambda = e^{-\frac{Z}{N}} - S \tag{8-3-21}$$

因此总有效载荷比是

$$\lambda_{tot} = (e^{-\frac{Z}{N}} - S)^N \tag{8-3-22}$$

当给定结构质量比 S 及不同的理想速度比 Z 值之下,由式(8-3-22)可作出总有效载荷比 λ_{tot} 与级数 N 的关系曲线。见图 8-5。这里,N 被看作连续变量,实际上它只能是不连续的整数值。由该图可见,对应于固定的结构质量比 S 及理想速度比 Z,总有效载荷比 λ_{tot} 与级数 N 之间存在着极值关系。这可由式(8-3-22)对 N 求偏导数来计算最佳级数 N_{opt},即先将式(8-3-22)两边取对数,可得

$$\begin{aligned}\ln\lambda_{tot} &= N\ln\left[\frac{1 - S/e^{-\frac{Z}{N}}}{e^{\frac{Z}{N}}}\right] \\ &= N\left[\ln(1 - Se^{\frac{Z}{N}}) - \frac{Z}{N}\right]\end{aligned}$$

将上式对 N 求偏导数并令其等于零,即有

$$(1 - Se^{\frac{Z}{N}})\ln(1 - Se^{\frac{Z}{N}}) + S\frac{Z}{N}e^{\frac{Z}{N}} = 0 \tag{8-3-23}$$

上式给出了最佳级数的 Z/N 与 S 的关系,如图 8-6 所示。可见,对于给定各级相同的结构质量比 S,则最佳级数 N_{opt} 与理想速度比 Z 成正比;最佳级数的 Z/N 随 S 的增加几乎是线性地减小,也即是说在给定理想速度比 Z 之下,最佳级数 N_{opt} 随结构质量比 S 的增加呈线性增加。

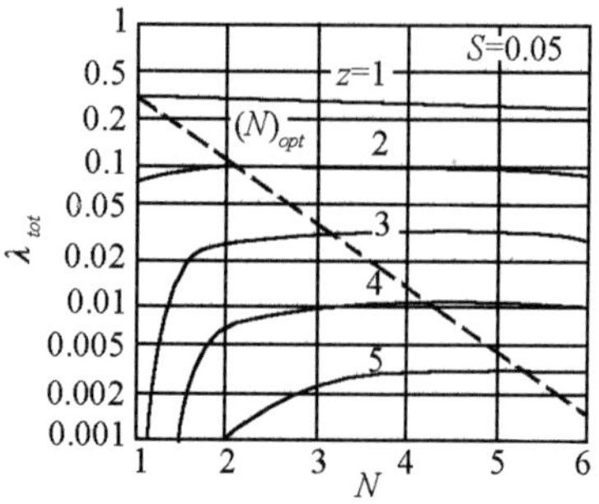

图 8-5　级的结构质量比 S 一定时总载荷比与级数的关系

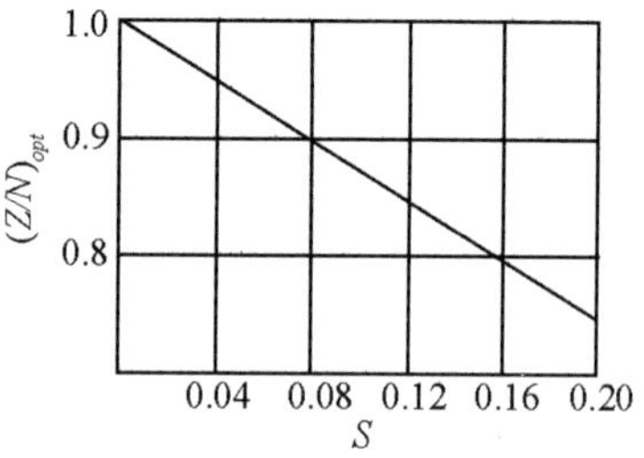

图 8-6　最佳级数时的 Z/N 值随级的结构质量比 S 的变化

§8.4　考虑速度损失时各级结构比的选择

以上讨论了在给定各级结构系数 ε_i 条件下，按理想速度 v_{id} 来选择有效载荷比 λ_i。由于结构比 μ_{ki} 与 ε_i、λ_i 满足关系式(8-1-6)，因此，当 ε_i 给定，选择确定 λ_i，也即是对应选择确定了 μ_{ki}，反之亦然。事实上，火箭飞行中存在着速度损失，由式(7-3-14)可知，引力和阻力引起的速度损失与重推比 ν_{oi} 有关，但重推比 ν_{oi} 与结构比 μ_{ki} 互相不独立，它们是通过重量方程联系起来的。因此，要考虑速度损失时如何来进行各级结构比的最佳选择问题。

考虑速度损失时，多级火箭主动段终点的速度表达式为

$$v_k = \sum_{i=1}^{N}(-u'_{ei}\ln\mu_{ki} - \Delta v_{1i} - \Delta v_{2i} - \Delta v_{3i}) \tag{8-4-1}$$

其中 Δv_{1i}、Δv_{2i}、Δv_{3i} 分别为第 i 级的引力速度损失、阻力速度损失、大气静压速度损失。

考虑到多级火箭第 2 子火箭飞行高度已相当高，因而二级及其以上各级的速度损失中的阻力和大气静压造成的速度损失 Δv_{2i}、Δv_{3i} $(i \geqslant 2)$，均可忽略不计。至于第一级的阻力和大气静压造成的速度损失 Δv_{21}、Δv_{31}，在主动段终点速度中所占的分量甚小，处理的办法是或者忽略不计或者参考同类型的火箭取一值 $Q = \Delta v_{21} + \Delta v_{31}$ 将其扣除。因此，将式(8-4-1)中之 Δv_{1i} 用式(7-3-14)代入后，可写为：

$$v_k = \sum_{i-1}^{N}[-u'_{ei}\ln\mu_{ki} - g_0\nu_{oi}P_{spo.i}I_{ik}(\mu_{ki}\cdot\theta_{ki})] - Q \tag{8-4-2}$$

定义两个参数 μ_{pi}、ν_i：

μ_{pi} 为第 i 级推进剂质量 m_{pi} 与第 i 子火箭起始质量之比，即

$$\mu_{pi} = \frac{m_{pi}}{m_{oi}} = 1 - \mu_{ki} \tag{8-4-3}$$

ν_i 为第 i 子火箭初始重量 C_{oi} 与第 i 级发动机真空比推力 $P_{spv.i}$ 之比，即

$$\nu_i = \frac{G_{oi}}{P_{spv.i}} = \frac{\nu_{oi}P_{spoi}}{P_{spv.i}} \tag{8-4-4}$$

注意到

$$I_{ik} = \int_{\mu ki}^{1} \sin\theta_i \, \mathrm{d}\mu$$

其中 $\sin\theta_i$ 是随结构比 μ 变化的，现近似取为 $\sin\theta_i$ 在第 i 子火箭主动段的积分平均值，即

$$\sin\theta_{av.i} = \frac{1}{1-\mu_{ki}} \int_{\mu ki}^{1} \sin\theta_i \, \mathrm{d}\mu$$

其中 θ_i 可按典型程序式(7－3－16)或图 7－12 参考确定。则

$$I_{ik} = (1-\mu_{ki})\sin\theta_{av.i} \tag{8-4-5}$$

将定义式(8－4－5)代入式(8－4－2)整理可得

$$v_k = g_o \sum_{i=1}^{N} P_{spv.1}\left(\ln\frac{1}{1-\mu_{pi}} - \nu_i\mu_{pi}\sin\theta_{av.i}\right) - Q \tag{8-4-6}$$

现在讨论在考虑速度损失后给定主动段终点速度 v_k 的情况下，如何选择各级结构比 μ_{ki} 以保证在有效载荷 m_u 一定时，使总有效载荷比 λ_{tot} 取最大值，即相当于使

$$\ln\lambda_{tot} = \ln\lambda_1\lambda_2\cdots\lambda_N$$

取最大值

下面以一个三级火箭为例。

注意在式(7－4－9)中，引入式(8－4－3)及式(8－4－4)，则可写出各级子火箭的有效载荷比

$$\lambda_i = 1 - B_i - \frac{b_i}{\nu_i} - (1+K_i)\mu_{pi} \qquad i = 1,2,3$$

式中的 b_i 是与发动机真空推力有关的经验统计系数。

此时，所求极值的函数可写为

$$\ln\lambda_{tot} = \sum_{i=1}^{3}\ln\left[1 - B_i - \frac{b_i}{\nu_i} - (1+K_i)\mu_{pi}\right] \tag{8-4-7}$$

而约束函数 $\phi(\mu_{pi}、\nu_i)$ 由式(8－4－6)可知

$$\phi(\mu_{pi}、\nu_i) = v_k - g_o\sum_{i=1}^{3} P_{spv.i}\left[\ln\frac{1}{1-\mu_{pi}} - \nu_i\mu_{pi}\sin\theta_{av.i}\right] + Q \tag{8-4-8}$$

这里所要研究的仍然是一个求函数极值的问题，即求下列增广函数最大值：

$$F = \ln\lambda_{tot} + \eta\phi(\mu_{pi}、\nu_i) \tag{8-4-9}$$

其中 η 为待定拉格朗日乘子。

增广函数 F 是二元函数，其取极值的必要条件为

$$\begin{cases} \dfrac{\partial F}{\partial \mu_{pi}} = 0 \\ \dfrac{\partial F}{\partial \nu_i} = 0 \end{cases} \quad (i = 1,2,3) \tag{8-4-10}$$

为了简化问题，假定重量系数 B_i、b_i、K_i 与 μ_{pi}、ν_i 无关，则上述欧拉方程可具体地写为：

$$\frac{1+K_i}{1-B_i-\dfrac{b_i}{\nu_i}-(1+K_i)\mu_{pi}}+\eta g_o P_{spv.i}\left(\frac{1}{1-\mu_{pi}}-\nu_i\sin\theta_{av.i}\right)=0 \qquad i=1,2,3 \tag{8-4-11}$$

及

$$\frac{b_i}{\left[1-B_i-\dfrac{b_i}{\nu_i}-(1+K_i)\mu_{pi}\right]v_i^2}+\eta g_o P_{spv.i}\mu_{pi}\sin\theta_{av.i}=0 \qquad i=1,2,3 \tag{8-4-12}$$

上述 6 个方程中包含有 μ_{pi}、ν_i 各 3 个未知数及一个待定的拉格朗日系数 η. 只要再加上应满足的约束条件式(8－4－6),原则上就可解出 μ_{pi} 及 ν_i。

将式(8－4－11)及式(8－4－12)中消去 η 后,可得如下方程组:

$$\begin{aligned}&\frac{P_{spv.1}}{1+K_1}\left(\frac{1}{1-\mu_{p1}}-\nu_1\sin\theta_{av.1}\right)\left[1-B_1-\frac{b_1}{\nu_1}-(1+K_1)\mu_{p1}\right]\\&=\frac{P_{spv.2}}{1+K_2}\left(\frac{1}{1-\mu_{p2}}-\nu_2\sin\theta_{av.2}\right)\left[1-B_2-\frac{b_2}{\nu_2}-(1+K_2)\mu_{p2}\right]\\&=\frac{P_{spv.3}}{1+K_3}\left(\frac{1}{1-\mu_{p3}}-\nu_3\sin\theta_{av.3}\right)\left[1-B_3-\frac{b_3}{\nu_3}-(1+K_3)\mu_{p3}\right]\end{aligned} \tag{8-4-13}$$

$$\nu_i=\frac{b_i}{2(1+K_i)\mu_{pi}}\left[\sqrt{1+\frac{4(1+K_i)\mu_{pi}}{b_i(1-\mu_{pi})\sin\theta_{av.i}}}-1\right] \qquad i=1,2,3 \tag{8-4-14}$$

该方程可按图解法进行求解:

将 ν_i 表达式代入式(8－4－13)后,即变成仅取决于自变量 μ_{pi} 的三个函数式,故式(8－4－13)成如下形式

$$f_1(\mu_{p1})=f_2(\mu_{p2})=f_3(\mu_{p3}) \tag{8-4-15}$$

可见,每一个函数值 f_i 都与 μ_{pi} 间有一定的关系相对应,故可绘制 $f_i(\mu_{pi})$ 的函数曲线图如图 8－7 所示。

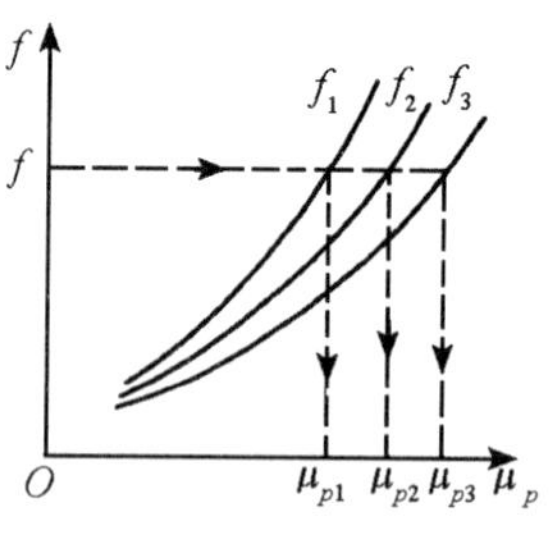

图 8－7　函数 $f_i(\mu_{pi})$ 曲线

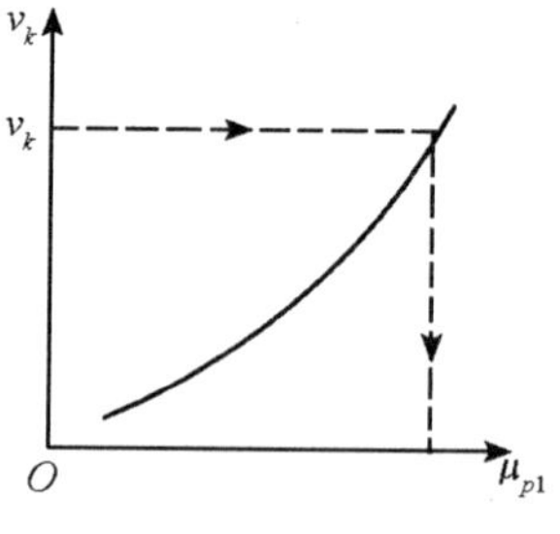

图 8－8　$v_k=v_k(\mu_{p1})$

将 ν_i 代入式(8－4－6)后,三级火箭主动段终点速度 v_k 变成仅与 μ_{p1}、μ_{p2}、μ_{p3} 三个参数有关的函数。由于 μ_{p1}、μ_{p2}、μ_{p3} 由式(8－4－15)相联系,因此,只要确定 μ_{p1}、μ_{p2}、μ_{p3} 即可由式(8－4－15)或图 8－7 来求得。这样,即可将所得到的 $v_k=v_k(\mu_{p1}$、μ_{p2}、$\mu_{p3})$ 表示为 $v_k=v_k(\mu_{p1})$。因此,给出一系列 μ_{p1},根据图 8－7 找出相应的 μ_{p2}、μ_{p3},然后根据每一组

μ_{p1}、μ_{p2}、μ_{p3}通过式(8－4－6)算出相应的速度 v_k,即可画出 $v_k(\mu_{p1})$曲线图,见图 8－8。

有了图 8－7、图 8－8,则可对给定的主动段终点速度 v_k 值,由图 8－8 找出对应的 μ_{p1}值,然后再由图 8－7 找出对应的 μ_{p2}和 μ_{p3}。再通过式(8－4－14),求出 ν_1、ν_2、ν_3。最后通过各子火箭的重量方程,求出各级子火箭的有效载荷比

$$\lambda_i = \frac{m_{ui}}{m_{oi}} = 1 - B_i - \frac{b_i}{\nu_i} - (1 + K_i)\mu_{pi}$$

以上介绍的是考虑速度损失时的主动段终点速度 v_k 为定值时所求出的各级结构比 μ_{ki}(＝1－μ_{p1})与重推比 ν_i 最佳值是近似的,主要是在推导中,近似认为系数 B_i、b_i、K_i 与子火箭的起始质量无关,此时 m_{ui}与 m_{oi}呈线性关系,如图 8－9 中的虚线所示,而在射程一定时,即 v_k 一定,所选择的 ν_i、μ_{pi}也即决定。但实际的 B_i、b_i、K_i 是与各子火箭起始质量有关的,因此 m_{ui}与 m_{oi}的关系如图 8－9 的实线所示。此外,在计算各子火箭的重力损失时,采用了积分平均值

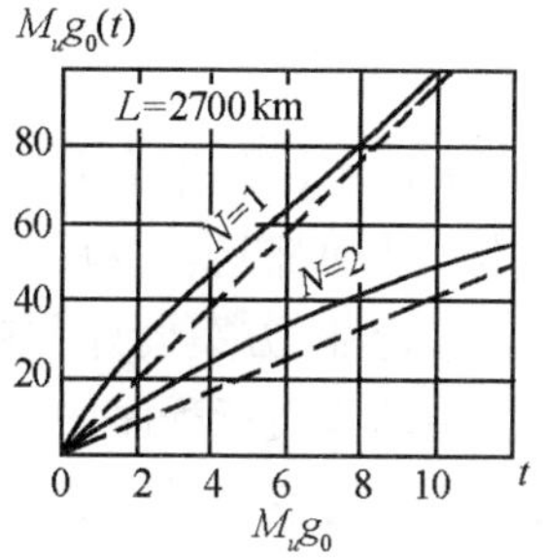

图 8－9 射程一定时液体推进剂导弹起飞质量与有效载荷质量的关系

$$\sin\theta_{av.i} = \frac{1}{1-\mu_{ki}}\int_{\mu_{ki}}^{1} \sin\theta_{av.i}\,\mathrm{d}\mu_i$$

实际该积分平均值不仅与 μ_{ki}有关,而且也与 ν_i 有关,因为重推比的大小会影响弹道性能,即会使角速度 θ 产生变化。尽管如此,该结果可作为一次近似值,并通过工程实际将其修正后,再通过弹道优化计算即可选出精确值。

最后需强调指出:

(1)上述以三级火箭为例所进行的讨论,可以很容易地推广到任何级数的运载火箭,仅要注意式(8－4－13)及式(8－4－14)项数应与火箭的级数相一致,求解步骤与三级火箭相同。

(2)本节所介绍的方法,对多级液体运载火箭和多级固体运载火箭均适用。

第九章　主动段飞行程序的选择

远程火箭不论是作为人造地球卫星的运载工具，还是作为远程导弹使用时，其弹道设计在总体设计中都起着极其重要的作用。火箭总体方案、设计参数及运载性能分析等，不论是在方案论证、方案设计和初步设计阶段，还是在火箭的研制和试验阶段都与弹道密切相关。而主动段飞行程序的选择则是弹道设计中的一个重要部分。本章对主动段飞行程序的选择将进行专题讨论。

§9.1　飞行程序的作用及选择飞行程序的原则

飞行程序通常指的就是远程火箭主动段飞行时俯仰角的变化规律。飞行程序的选择是远程火箭总体设计工作中很重要的一部分。因为这是关系到能否正确使用和充分发挥远程火箭的战术技术性能的一个大问题。一些重要的战术技术性能，例如最大射程，落点散布以及远程火箭飞行中受载和受热情况等都与所选择的飞行程序有关。

下面我们对一个设计参数和总体布置已经确定的远程火箭，分析一下采用不同的飞行程序时的情况。若规定使主动段弹道倾角 $\Theta_k = \Theta_{kopl}$，那么就有三种不同的主动段弹道(如图 9－1 所示)：

(1)火箭垂直上升，到接近主动段终点时使弹道倾角突然转到 Θ_{kopl}。这样的弹道穿过稠密大气层的时间较短，因而空气阻力造成的速度损失较小，但长时间的垂直上升，重力造成的速度损失很大。况且，在短时间内在较大的关机点速度之下，使速度倾角突然从 90°改变到 Θ_{kopl} 时，$\dot{\theta}$ 和 $\ddot{\theta}$ 的值很大，因而要造成很大的法向力，这样会使火箭的结构和其中的元件横向受力过大，同时也要求控制系统的执行元件提供极大的控制力和控制力矩。所以实际不会采用这样的弹道。

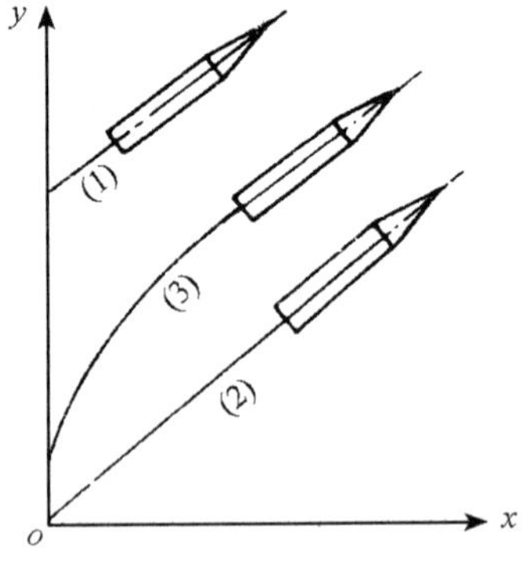

图 9－1　不同飞行程序的比较

(2)火箭从起飞开始就按不变的速度倾角飞行，直到主动段终点。这样虽然可减少重力造成的速度损失，但火箭穿过稠密大气层的飞行时间较长，速度的阻力损失加大。由于在稠密大气层中飞行时间长，使火箭会受到较严重的空气动力加热，所以要采取防热措施从而增加了结构质量。此外，这一方案还有一个显著的弱点是倾斜发射，它会使发射装置复杂化。所以对大型运载火箭而言，通常不采用这种弹道。

(3)火箭垂直起飞，然后逐渐转弯，达到主动段终点所需要的速度倾角。这是一种使用得当的方案。垂直发射使发射装置简单，逐渐转弯使法向过载和控制力比较小，速度的阻力损失和重力损失也不至于过大。

通过以上分析可知，同一远程火箭选用不同形状的弹道，就会有不同的飞行性能。火箭姿态角的程序控制就是改变弹道形状的一种基本方法。由程序机构产生事先规定好的俯仰程序角变化规律 $\varphi_{pr}(t)$，使火箭在主动段飞行时的实际俯仰角 $\varphi(t)$按 $\varphi_{pr}(t)$的变化规律变化，从而达到间接控制 $\theta(t)$以改变弹道形状的目的。

由上面的分析也可以看到，选择飞行程序时，不仅要从弹道的观点考虑，如使速度损失减小，而且还要考虑到弹体结构强度，控制和发射使用方面的许多实际约束条件，对飞行程序的要求正是应该充分考虑到这些实际问题。还应指出，选择飞行程序还与发射火箭时对弹道所规定的具体任务有关。如发射导弹和发射卫星的飞行程序，导弹飞行试验时，采用高弹道和低弹道进行试验所要求的飞行程序显然是不同的。

下面我们就远程火箭的飞行程序的选择提出一些基本的原则：

1)垂直起飞

垂直起飞能克服倾斜发射的缺点，使发射设备简单，只需要结构简单的发射台，同时也使火箭在起飞时保持稳定。垂直起飞段的时间应合理选择，此段时间过长，就会增大速度的重力损失，并且使得转弯时因速度过大而需要较大的法向力。但如果垂直段时间过短，那么很可能发动机还未达到额定工作状态，控制系统的执行元件还不能产生足够大的控制力，从而会影响弹道性能。因此，通常垂直段应至少保证延续到发动机进入额定工作状态的时刻，此时控制机构也能正常地控制转弯。初步设计时可根据垂直上升时间与火箭推重比(地面额定推力与起飞重量的比值)的经验关系选定。如图 9-2 所示，推重比大，则表示起飞加速性能好，因此相应的垂直上升时间就可取得较短些。

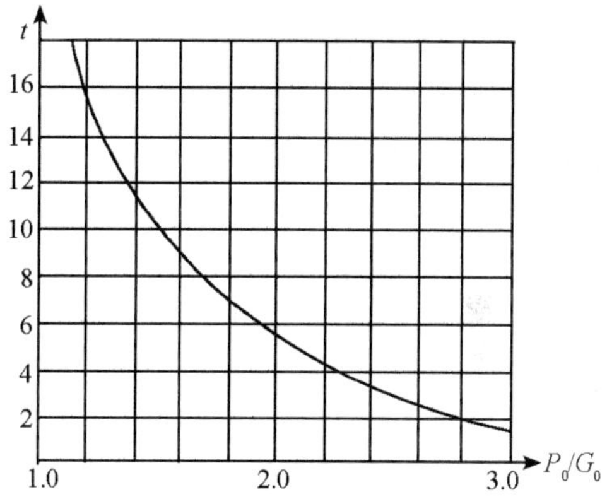

图 9-2　垂直段时间与推重比的关系

2)火箭转弯时的法向过载要有限制

法向过载

$$n_y = \frac{(P_e + CY^{\alpha})\alpha}{mg_o} = \frac{v\dot{\theta} - g\cos\theta}{g_o}$$

式中

$$Y^{\alpha} = C_y^{\alpha} qS$$

因此限制法向过载就要限制攻角 α 以及攻角和动压的乘积 $q\alpha$ 的值。飞行时作用在火箭上的空气动力矩以及由此造成的法向过载也与乘积 $q\alpha$ 值成正比，因此通常要求在跨音速及其整个具有大动压头的转弯段弹道上攻角为零或尽可能地小。这样火箭只在重力

法向分量 $-mg\cos\theta$ 作用下转弯,这种转弯称为零攻角转弯或重力转弯,重力转弯减少了速度的阻力损失,同时也在空气动力急剧变化的跨音速段改善了控制系统的工作条件。

从加速度的观点看,限制法向过载也就是要限制 $v\dot{\theta}$ 的值,因此在速度增大以后 $\dot{\theta}$ 的值更要受到限制。因为

$$\dot{\theta}=\dot{\varphi}-\dot{\alpha}$$

当 α 保持为零时,$\dot{\theta}=\dot{\varphi}$,因此限制法向过载也就意味着 $\dot{\varphi}$ 值要受到限制。

3)程序俯仰角变化应连续,角速度 $\dot{\varphi}_{pr}(t)$ 及角加速度 $\ddot{\varphi}_{pr}(t)$ 要有限制

如果程序俯仰角 $\varphi_{pr}(t)$ 间断,则与程序俯仰角的物理意义相矛盾,同时 $\varphi_{pr}(t)$ 的突变也使角速度 $\dot{\varphi}_{pr}(t)$ 过大,从而会使法向过载过大。$\ddot{\varphi}_{pr}(t)$ 过大时就会有过大的惯性力矩,有可能使控制机构提供不了所需的控制力矩。

有时候提出使 $\dot{\varphi}_{pr}(t)$ 及 $\ddot{\varphi}_{pr}(t)$ 都要连续的要求。因为 $\dot{\varphi}_{pr}(t)$ 的间断相应于控制力矩为无穷大,而 $\ddot{\varphi}_{pr}(t)$ 的间断则相应于控制力矩即舵偏角的瞬时变化,或者说相应于舵偏转的角速度为无穷大。这当然是做不到的,因为会使火箭有短暂的"失控"。如果这种短暂的"失控"对实际俯仰角没有造成实际影响的话,就可以不必严格遵守这样的要求。

4)应保证可靠的级间分离或弹头分离的飞行条件

为了保证级间或弹头的可靠分离,要求分离时产生的扰动尽可能小,这样不致增大散布。因此通常要求分离时攻角尽可能小,使分离时空气动力扰动减小。高度较高时也可以在有攻角时分离,因为气动力影响已经较小,当然推力应已处于末级关机状态,因此分离时的扰动不会很大。

5)应考虑有合适的再入条件

再入大气层时的弹道参数与主动段终点的弹道参数密切相关。为了增加射程,通常远程火箭主动段终点速度倾角很小,因此再入时的再入角的绝对值也很小,这样使弹头在大气层中的飞行时间增长,弹头气动加热就更严重,这将要求增加防热涂层的重量。同时,较小的再入角也使落速过低,从而增加了突防敌人反导弹防御系统的困难。因此考虑再入条件时就要将主动段终点的速度倾角取大一些。

6)根据对弹道规定的任务,选定合适的飞行程序

可以根据对弹道规定的不同任务,选择合适的飞行程序。如要求满足上述五个条件,并在规定的射程散布条件下向接近射程上限的射程发射时,就要求采用最大射程的程序。规定的射程散布指的就是由射程控制方案所规定的散布,包括采用这一射程控制方案的工具误差和方法误差。

需要指出的是,射程控制的工具误差和方法误差,在选择不同的弹道时是不同的,这是因为不同弹道关机点上的射程偏导数值不同,所以当不向最大射程射击,但仍用最大射程的程序时,那么就可能因对应关机点上的射程偏导数改变而使射程散布增大。因此当向射程范围内最大射程以下的各射程射击时,最好就根据规定的射程,选择使散布最小的弹道程序,通常称之为最小散布程序。为了发射使用时方便,应把射程范围尽可能少地划分为若干区域,对每一区域上的射程射击时就采用同一程序。采用尽可能少的程序,这也是便于实际战斗使用的一个要求。对于小射程或者射程范围很窄的大射程火箭,往往就

只使用一条程序。对近程火箭，最大射程和最小散布的要求则可统一于采用最小能量弹道。

上述这些要求是选择飞行程序的一般性原则，对于特定型号或特定任务的火箭，在选择飞行程序时，还应考虑到某些特殊的要求。

§9.2　飞行程序选择的工程方法

根据远程火箭主动段的飞行特点，飞行程序的选择在工程上通常将其分为大气层飞行段与真空飞行段两部分进行。一般来说，远程火箭的第一级基本上是在稠密大气层内飞行，而其第二级以及更上面的各级则基本上是在稀薄大气层或真空中飞行。火箭在大气层飞行段与稠密大气层外的飞行段受力状况有着显著不同。对于稠密大气层外的飞行段，火箭主要受到发动机推力和地球引力的作用，所受到的空气动力很小，可忽略不计，火箭载荷基本上决定于发动机的工作状态。所以此段飞行程序的选择主要考虑怎样使火箭关机时达到有效载荷所要求的运动状态，同时尽量减小火箭在地球引力作用下的重力速度损失以及发动机推力偏离速度方向的攻角速度损失。但对于大气层飞行段的飞行程序的选择，除了考虑减小火箭的重力速度损失和攻角速度损失之外，则主要考虑怎样减小火箭所受到的空气动力，特别是空气阻力，以减小火箭速度的气动阻力损失，同时减小作用在火箭上的气动载荷。

下面我们介绍一种在基本设计参数选定以后选择飞行程序的工程方法。

1. 大气层飞行段

在选择大气层飞行段的飞行程序时采用简化的平面运动方程组(7-1-3)：

$$\begin{cases}\dot{v}=\dfrac{P_e-X}{m}+g\sin\theta\\ \dot{\theta}=\dfrac{1}{mv}(P_e+CY^{\alpha})\alpha+\dfrac{g}{v}\cos\theta\\ \dot{y}=v\sin\theta\\ \dot{x}=v\cos\theta\\ \alpha=A(\varphi_{pr}-\theta)\end{cases}\tag{9-2-1}$$

因为基本设计参数已选定，故上述方程中要求解的未知数为 $v(t)$、$\theta(t)$、$y(t)$、$x(t)$、$\alpha(t)$及 $\varphi_{pr}(t)$，即

$$\begin{cases}\dot{v}=\dot{v}(v,\theta,y)\\ \dot{\theta}=\dot{\theta}(v,\theta,y,\alpha)\\ \dot{y}=\dot{y}(v,\theta)\\ \dot{x}=\dot{x}(v,\theta)\\ \alpha=\alpha(\varphi_{pr},\theta)\end{cases}\tag{9-2-2}$$

上述方程组中未知函数有 6 个，而方程只有 5 个，显然其解不唯一。因此，工程法的

想法就是根据对选择飞行程序的要求,给定 $\alpha(t)$或 $\varphi_{pr}(t)$,积分上述方程组。对于给定的 $\alpha(t)$或 $\varphi_{pr}(t)$进行适当调整后就可以选择出合乎要求的飞行程序。对于中近程火箭,一般就要求主动段终点的速度倾角取最小能量弹道的倾角,即 $\Theta_k = \Theta_{kopt}$,而对于远程火箭的第一级则要求其关机时能连续地过渡到下一级的程序。

具体选择时,首先根据对程序的要求,将主动段弹道分成三段,如图 9-3 所示。

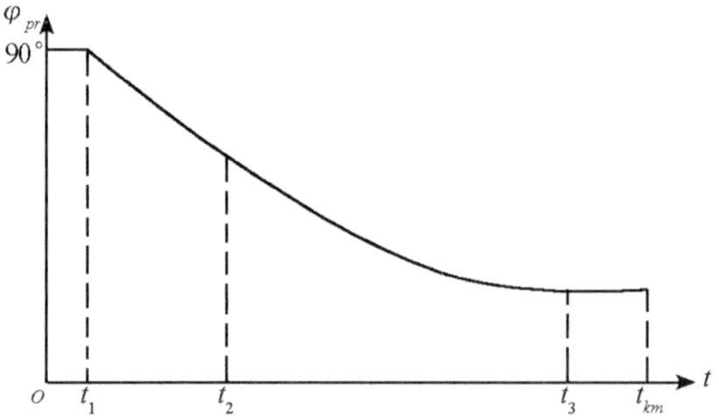

图 9-3　程序的分段

图中:

o—t_1 为垂直上升段;

t_1—t_3 为转弯段;

t_3—t_{km} 为瞄准段。

下面分别介绍每段飞行程序选择的方法:

o—t_1:垂直上升段。t_1 为从火箭起飞到垂直段结束时间,可按§9.1 所述要求确定。t_1 选择得过大,则会使转弯时攻角增大,过载增大,同时速度损失也相应增大。t_1 主要取决于火箭的推重比 $1/\nu_o$,初步确定时可根据推重比查图 9-2,或者近似由式

$$t_1 = \sqrt{40 \Big/ \left(\frac{1}{\nu_o} - 1\right)} \tag{9-2-3}$$

确定,然后由试算加以修正最后确定。

t_1—t_3:转弯段。转弯段前期($t_1 \sim t_2$)为有攻角的转弯,根据要求应在气动力急剧变化的跨音速之前结束,以减少气动载荷和气动干扰。故可在对应于马赫数 $M(t_2) = 0.7 \sim 0.8$ 时使攻角收缩为零。在以后的整个大动压段($t_2 \sim t_3$)只依靠重力的法向分量缓慢地转弯,即重力转弯。转弯段结束时间 t_3 则对应于远程火箭的程序转弯截止时间或中近程火箭的最小射程的关机时间。

确定这一段的飞行程序时,根据对攻角的实际要求,攻角的变化规律可由下述两种经验关系式确定:

(1)

$$\alpha(t) = \begin{cases} -\alpha_m \cdot \sin^2 f(t) & t_1 < t < t_2 \\ 0 & t_2 < t < t_3 \end{cases} \tag{9-2-4}$$

式中

$$f(t)=\frac{\pi(t-t_1)}{k(t_2-t)+(t-t_1)}$$

$$K=\frac{t_m-t_1}{t_2-t_m}$$

α_m 为音速段上攻角绝对值的最大值；

t_m 为攻角达到极值 α_m 的时间。

分析式(9－2－4)易知，通过调整参数 K，即调整了 t_m，从而达到调整 $\alpha(t)$的变化规律。由式(9－2－4)还可看出：

$$\alpha(t_m)=-\alpha_m$$

$$\alpha(t_1)=\alpha(t_2)=0$$

$$\left.\frac{\mathrm{d}\alpha}{\mathrm{d}t}\right|_{t=t_1}=\left.\frac{\mathrm{d}\alpha}{\mathrm{d}t}\right|_{t=t_2}=0$$

由式(9－2－4)所描述的 $\alpha(t)$的变化规律如图 9－4 所示。

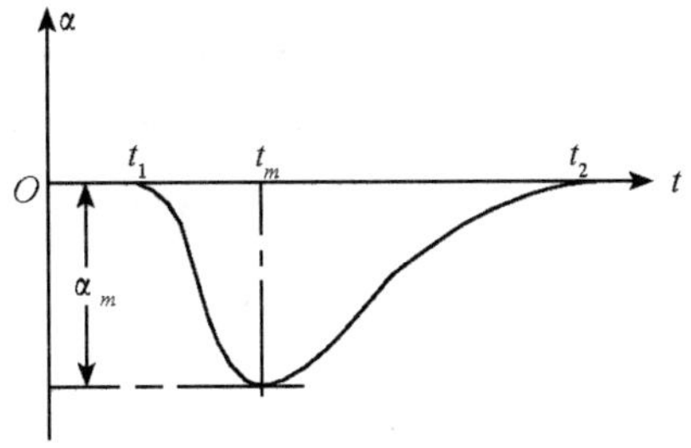

图 9－4　$\alpha(t)$变化规律曲线

(2)

$$\alpha(t)=-4\alpha_m Z(1-Z) \tag{9-2-5}$$

式中

$$Z=\mathrm{e}^{-a(t-t_1)} \tag{9-2-6}$$

α_m 亦为音速段上攻角绝对值的最大值，a 为选取的某一常值。

(9－2－5)式所描述的 $\alpha(t)$的变化规律曲线如图 9－5 所示。

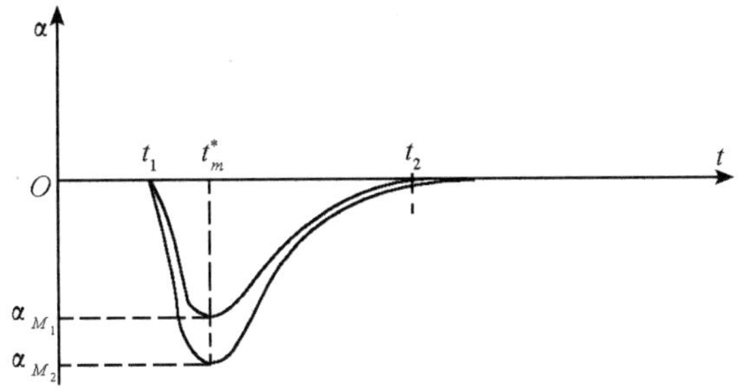

图 9－5　转变段上给出的 $\alpha(t)$曲线

从式(9－2－5)所给出的 $\alpha(t)$的关系式可以看出，$\alpha(t)$开始迅速地达到负极值，然后绝对值开始变小，以指数速率趋向于 0，趋向于 0 的速度由参数 a 决定。

$\alpha(t)$对 t 的导数

$$\frac{\mathrm{d}\alpha(t)}{\mathrm{d}t}=-4\alpha_m(1-2Z)\frac{\mathrm{d}z}{\mathrm{d}t}$$

由

$$\frac{\mathrm{d}\alpha(t)}{\mathrm{d}t}=0$$

即得

$$Z=\frac{1}{2}$$

将上式代入式(9-2-6),从而可求得攻角达到极值的时间

$$t_m=t_1+\frac{\ln\alpha}{a}\approx t_1+\frac{0.6931}{a} \tag{9-2-7}$$

由上式可见,a 值愈大,则 t_m 愈小,即最大攻角来得愈早,弹道转弯愈快。显然调整 a 值及 α_m 值,就可调整弹道转弯的快慢。

与式(9-2-4)不同,式(9-2-5)所给出的 $\alpha(t)$ 的变化规律并不能严格保证 $\alpha(t_2)=0$,要保证 $\alpha(t_2)$ 满足足够小的条件,则可通过适当调整 a 值来实现。

当选定了 $\alpha(t)$,就可积分式(9-2-1),求解出 $v(t)$、$\theta(t)$、$y(t)$、$x(t)$ 及 $\varphi_{pr}(t)$,同时增加射程计算式:

$$L=L(v,\theta,x,y)$$

当 $L=L_{\min}$ 时,便得到 t_3,或者先选定 t_3 值。

t_3—t_{km}:瞄准段或称常段值。在此段上保持不变的程序角,即 $\varphi_{pr}(t)=\varphi_{pr}(t_3)$。

根据运动特性的分析,在此段内,要作渐增的正攻角飞行。因而运动方程与有攻角的转弯段相同,所不同的是积分此段运动方程时将不是给出 $\alpha(t)$,而是给出 $\varphi_{pr}(t)=\varphi_{pr}(t_3)$。因为是正攻角飞行,因此 $\theta(t)$ 变化减慢,使它与相应的 $\Theta_{kopt}(t)$ 的变化规律趋近。即如果保证了 t_{km} 时,$\Theta_{km}=\Theta_{kopt}(t_{km})$,则在 $t_3\sim t_{km}$ 的其他时间关机时 $\Theta_k(t)\approx\Theta_{kopt}$,如图 9-6 所示。

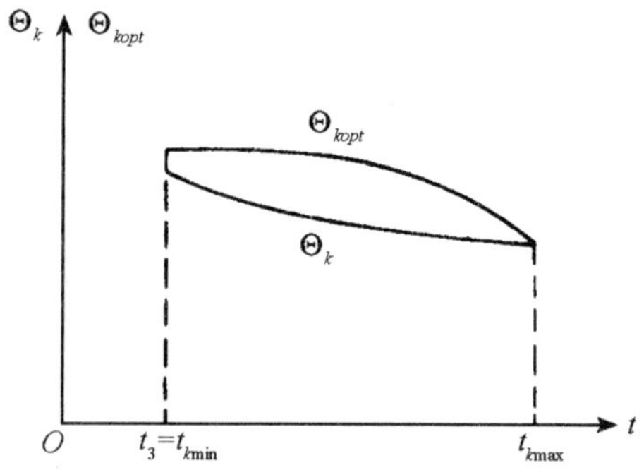

图 9-6　$\Theta_k(t)$ 及 $\Theta_{kopt}(t)$

注意到

$$\Theta_k=\theta_k+\arctan\frac{x}{R+y}$$

Θ_{kopt} 由 v、x 和 y 计算出。

经过上述逐段求解运动方程,对不同的 α_m 值(或 a 值)就可得出不同的程序曲线及其对应的主动段参数 v_{km}、Θ_{km} 及 x_{km} 和 y_{km},如图 9-7 所示。

如何从这些曲线中选择使 $\Theta_{km}=\Theta_{kopt}$ 的程序呢?为了减小工作量,一般可采用作图方法,即画出不同的 α_m 值时的 Θ_{km} 曲线 $\Theta_{km}(\alpha_m)$,再根据不同的 α_m 值时的终点参数计算出 Θ_{kopt},并画出 $\Theta_{kopt}(\alpha_m)$ 曲线,在此二曲线的交点上 $\Theta_{km}=\Theta_{kopt}$,此时所对应的 α_m^* 值即为所要求的值。α_m^* 对应的 $\varphi_{pr}(t)$ 即为所要求的程序曲线。如图 9-8 所示。

用上述工程方法能选择出一条符合实际要求的程序,但并不一定是最大射程的程序。可以用更进一步的方法,例如变分方法寻求有约束条件下射程的极值解,但这些方法将导致去求解复杂的微分方程边值问题。并且由于受选择程序时那些实际要求的限制,因此可能变分的范围是很窄的。实际计算表明,对中程火箭采用最大射程的"最优程序",较上

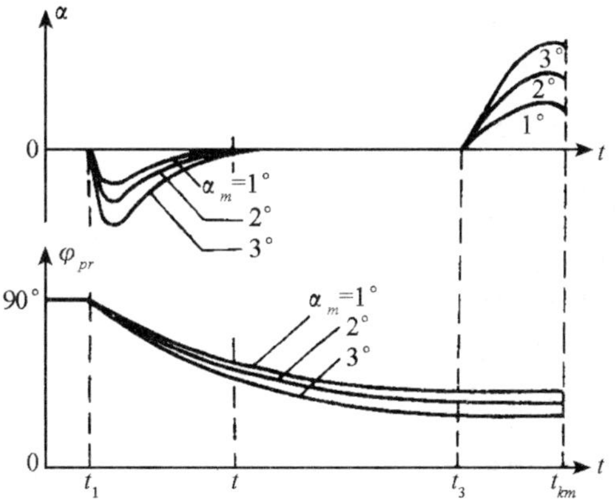

图 9－7　不同 α_m 值时的 $\alpha(t)$ 及 $\varphi_{pr}(t)$

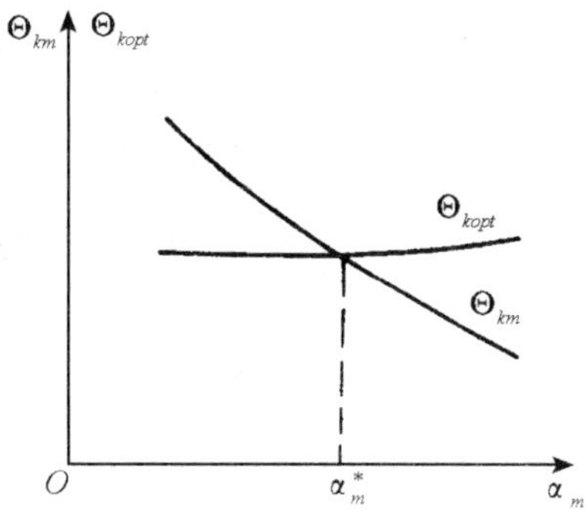

图 9－8　α_m^* 值的确定

述“工程程序”所增加的射程仅在 5% 的范围。

2. 真空飞行段

远程火箭第二级及其以上的各级已处于稀薄大气层中飞行，这时空气动力对俯仰角程序选择的影响可以忽略不计，所以称为真空飞行段。在这一段，从气动载荷方面来说，对弹道没有什么特殊要求，所以在真空飞行段对俯仰角程序选择时可以完全从提高导弹性能(如射程和散布度)来考虑。下面运用变分原理来研究真空飞行段最优俯仰角程序。

如取发射坐标系，并认为地球是圆球时，则其运动方程为：

$$\begin{cases} \dot{v}_x = \dfrac{P}{m}\cos\varphi(t) - \dfrac{fM}{r^3}x \\ \dot{v}_y = \dfrac{P}{m}\sin\varphi(t) - \dfrac{fM}{r^3}(y+R) \\ \dot{x} = v_x \\ \dot{y} = v_y \end{cases} \tag{9-2-8}$$

式中，r 为地心到火箭质心的距离，fM 为地球引力常数和地球质量的乘积。若火箭第二级从离地面 100km 飞行到 200km 的高度，则 fM/r^3 仅减小不到 5%，因此可以考虑取一平均距离 r 而近似认为 $fM/r^3 = a^2 =$ 常数。这样式(9－2－8)近似成为一常系数线性非齐次方程组：

$$\begin{cases} \dot{v}_x = -a^2 x + \dfrac{P}{m}\cos\varphi(t) \\ \dot{v}_y = -a^2 y + \dfrac{P}{m}\sin\varphi(t) - a^2 R \\ \dot{x} = v_x \\ \dot{y} = v_y \end{cases} \tag{9-2-9}$$

设第二级开始 $t=0$ 时初始条件已由第一级终点参数决定，则有：

$$\begin{cases} v_x(0) = v_{xo}, v_y(0) = v_{y0} \\ x(0) = x_0, y(0) = y_0 \end{cases}$$

在式(9－2－9)中，由于第一式与第二式相互独立，故可分别求解。
以

$$\ddot{x}+a^{2}x=\frac{P}{m}\cos\varphi(t) \tag{9-2-10}$$

为例具体求解。该式为二阶常系数线性非齐次方程。按一般原理要找此方程的通解，就要找对应齐次方程的一般解及该非齐次方程的任一特解来组成该非齐次方程的特解。

显然式(9－2－10)中对应齐次方程的一般解的形式可写为：

$$x'=C_{1}\cos at+C_{2}\sin at \tag{9-2-11}$$

其中 C_1、C_2 为常数。

为要找非齐次方程的特解，这里用常数变易法来求取。具体做法是将一般解式(9－2－11)中的常数 C_1、C_2 换成自变量 t 的函数 $D_1(t)$、$D_2(t)$，那么，非齐次方程(9－2－10)就有一个特解

$$\bar{x}=D_{1}(t)\cos at+D_{2}(t)\sin at \tag{9-2-12}$$

式中 $D_1(t)$、$D_2(t)$ 为待定函数，它们的导数满足下列方程组：

$$\begin{cases}D'_{1}\cos at+D'_{2}\sin at=0\\-D'_{1}a\sin at+D'_{2}a\cos at=\dfrac{P}{m}\cos\varphi(t)\end{cases} \tag{9-2-13}$$

由上式可解待定函数的导数 $D'_1(t)$ 和 $D'_2(t)$：

$$\begin{cases}D'_{1}(t)=\dfrac{\begin{vmatrix}0 & \sin at\\ \dfrac{P}{m}\cos\varphi t & a\cos at\end{vmatrix}}{\begin{vmatrix}\cos at & \sin at\\ -a\sin at & a\cos at\end{vmatrix}}=-\dfrac{P}{ma}\sin at\cdot\cos\varphi(t)\\[2ex] D'_{2}(t)=\dfrac{\begin{vmatrix}\cos at & 0\\ -a\sin at & \dfrac{P}{m}\cos\varphi(t)\end{vmatrix}}{\begin{vmatrix}\cos at & \sin at\\ -a\sin at & a\cos at\end{vmatrix}}=-\dfrac{P}{ma}\cos at\cdot\cos\varphi(t)\end{cases} \tag{9-2-14}$$

将式(9－2－14)进行积分可得

$$\begin{cases}D_{1}(t)=-\displaystyle\int_{0}^{t}\frac{P}{ma}\sin(a\tau)\cos\varphi(\tau)\mathrm{d}\tau\\ D_{2}(t)=\displaystyle\int_{0}^{t}\frac{P}{ma}\cos(a\tau)\cos\varphi(\tau)\mathrm{d}\tau\end{cases} \tag{9-2-15}$$

将式(9－2－15)代入式(9－2－12)，即得非齐次方程的特解：

$$\begin{aligned}\bar{x}&=-\int_{0}^{t}\frac{P}{ma}\sin(a\tau)\cos\varphi(\tau)\cos(at)\mathrm{d}\tau+\int_{0}^{t}\frac{P}{ma}\cos(a\tau)\cos\varphi(\tau)\sin(at)\mathrm{d}\tau\\&=\frac{1}{a}\int_{0}^{t}\frac{P}{m}\cos\varphi(\tau)\sin[a(t-\tau)]\mathrm{d}\tau\end{aligned} \tag{9-2-16}$$

于是由式(9－2－11)与式(9－2－16)即可组成非齐次方程(9－2－10)的通解形式为：

$$x = C_1\cos at + C_2\sin at + \frac{1}{a}\int_0^t \frac{P}{m}\cos\varphi(\tau)\sin a(t-\tau)\mathrm{d}\tau \qquad (9-2-17)$$

由初始条件

$$x(0) = x_0, \qquad \dot{x}(0) = v_{x0}$$

可将待定常数 C_1、C_2 确定为：

$$C_1 = x_0, \qquad C_2 = \frac{v_{x0}}{a}$$

那么在上述初始条件下，式(9－2－17)的特解即为：

$$x(t) = x_0\cos at + \frac{v_{x0}}{a}\sin at + \frac{1}{a}\int_0^t \frac{P}{m}\cos\varphi(\tau)\sin a(t-\tau)\mathrm{d}\tau \qquad (9-2-18)$$

将式(9－2－18)对 t 微分，即得

$$\dot{x}(t) = v_{x0}\cos at - x_0 a\sin at + \int_0^t \frac{P}{m}\cos\varphi(\tau)\cos a(t-\tau)\mathrm{d}\tau \qquad (9-2-19)$$

同理可对式(9－2－9)中的第二式求解得

$$y(t) = y_0\cos at + \frac{v_{y0}}{a}\sin at + \frac{1}{a}\int_0^t \left[\frac{P}{m}\sin\varphi(\tau) - a^2R\right]\cdot\sin(t-\tau)\mathrm{d}\tau \qquad (9-2-20)$$

$$\dot{y}(t) = v_{y0}\cos at - y_0 a\sin at + \int_0^t \left[\frac{P}{m}\sin\varphi(\tau) - a^2R\right]\cdot\cos a(t-\tau)\mathrm{d}\tau \qquad (9-2-21)$$

于是由式(9－2－18)至式(9－2－21)可解得 t_k 时刻的运动参数为：

$$\begin{cases} v_{xk} = v_{x0}\cos at_k - x_0 a\sin at_k + \int_0^{t_k}\cos a(t_k-\tau)\cdot\frac{P}{m}\cos\varphi(\tau)\mathrm{d}\tau \\ v_{yk}v_{y0} = \cos at_k - y_0 a\sin at_k + \int_0^{t_k}\cos a(t_k-\tau)\cdot\left[\frac{P}{m}\sin\varphi(\tau) - a^2R\right]\mathrm{d}\tau \\ x_k = x_0\cos at_k + \frac{v_{x0}}{a}\sin at_k + \int_0^{t_k}\frac{1}{a}\sin a(t_k-\tau)\cdot\frac{P}{m}\cos\varphi(\tau)\mathrm{d}\tau \\ y_k = y_0\cos at_k + \frac{v_{y0}}{a}\sin at_k + \int_0^{t_k}\frac{1}{a}\sin a(t_k-\tau)\cdot\left[\frac{P}{m}\cos\varphi(\tau) - a^2R\right]\mathrm{d}\tau \end{cases} \qquad (9-2-22)$$

由变分法则可求得程序角变分 $\delta\varphi(t)$ 引起的运动参数变分为：

$$\begin{cases} \delta v_{xk} = -\int_0^{t_k}\cos a(t_k-\tau)\cdot\frac{P}{m}\sin\varphi(\tau)\cdot\delta\varphi(\tau)\mathrm{d}\tau \\ \delta v_{yk} = \int_0^{t_k}\cos a(t_k-\tau)\cdot\frac{P}{m}\cos\varphi(\tau)\cdot\delta\varphi(\tau)\mathrm{d}\tau \\ \delta x_k = -\int_0^{t_k}\frac{1}{a}\sin a(t_k-\tau)\cdot\frac{P}{m}\sin\varphi(\tau)\cdot\delta\varphi(\tau)\mathrm{d}\tau \\ \delta y_k = \int_0^{t_k}\frac{1}{a}\sin a(t_k-\tau)\cdot\frac{P}{m}\cos\varphi(\tau)\cdot\delta\varphi(\tau)\mathrm{d}\tau \end{cases} \qquad (9-2-23)$$

则射程的变分为：

$$\delta L = \left(\frac{\partial L}{\partial v_k}\right)_k \cdot \delta v_{xk} + \left(\frac{\partial L}{\partial v_y}\right)_k \cdot \delta v_{yk} + \left(\frac{\partial L}{\partial x}\right)_k \cdot \delta x_k + \left(\frac{\partial L}{\partial y}\right)_k \cdot \delta y_k$$
$$= \int_0^{t_k} \left\{ - \left[\left(\frac{\partial L}{\partial v_x}\right)_k \cdot \cos a(t_k - \tau) + \left(\frac{\partial L}{\partial x}\right)_k \cdot \frac{1}{a}\sin a(t_k - \tau) \right] \cdot \frac{P}{m}\sin\varphi(\tau)\delta\varphi(\tau) \right.$$
$$+ \left[\left(\frac{\partial L}{\partial v_y}\right)_k \cdot \cos a(t_k - \tau) + \left(\frac{\partial L}{\partial y}\right)_k \cdot \frac{1}{a}\sin a(t_k - \tau) \right]$$
$$\left. \cdot \frac{P}{m}\cos\varphi(\tau)\delta\varphi(\tau) \right\} \mathrm{d}\tau$$
$$(9-2-24)$$

射程取极值的必要条件是其一阶变分为零,故由式(9 – 2 – 24)令 $\delta L = 0$ 得出最优俯仰程序角随时间的变化规律为:

$$\tan\varphi(t) = \frac{\left(\frac{\partial L}{\partial y}\right)_k \frac{1}{a}\sin a(t_k - t) + \left(\frac{\partial L}{\partial v_y}\right)_k \cos a(t_k - t)}{\left(\frac{\partial L}{\partial x}\right)_k \frac{1}{a}\sin a(t_k - t) + \left(\frac{\partial L}{\partial v_x}\right)_k \cos a(t_k - t)} \qquad (9-2-25)$$

因为 a 是一个小量,因此 $\sin a(t_k - t)$ 及 $\cos a(t_k - t)$ 可以写成级数取两项,故 $\tan\varphi(t)$ 又可近似取为:

$$\tan\varphi(t) = \frac{\left(\frac{\partial L}{\partial y}\right)_k (t_k - t)\left[1 - \frac{a^2}{6}(t_k - t)^2\right] + \left(\frac{\partial L}{\partial v_y}\right)_k \left[1 - \frac{a^2}{2}(t_k - t)^2\right]}{\left(\frac{\partial L}{\partial x}\right)_k (t_k - t)\left[1 - \frac{a^2}{6}(t_k - t)^2\right] + \left(\frac{\partial L}{\partial v_x}\right)_k \left[1 - \frac{a^2}{2}(t_k - t)^2\right]}$$
$$(9-2-26)$$

当进一步将主动段认为是平行而均匀的不变引力场时,则运动方程(9 – 2 – 9)可简化为

$$\begin{cases} \dot{v}_x = \frac{P}{m}\cos\varphi(t) \\ \dot{v}_y = \frac{P}{m}\sin\varphi(t) + \boldsymbol{g} \\ \dot{x} = v_x \\ \dot{y} = v_y \end{cases} \qquad (9-2-27)$$

则最优俯仰角程序成为一分式线性函数:

$$\tan\varphi(t) = \frac{\left(\frac{\partial L}{\partial y}\right)_k (t_k - t) + \left(\frac{\partial L}{\partial v_y}\right)_k}{\left(\frac{\partial L}{\partial x}\right)_k (t_k - t) + \left(\frac{\partial L}{\partial v_x}\right)_k} \qquad (9-2-28)$$

由上式可看出 $\varphi(t)$由 $t = 0$ 时的值

$$\varphi(0) = \arctan \frac{\left(\frac{\partial L}{\partial y}\right)_k t_k + \left(\frac{\partial L}{\partial v_y}\right)_k}{\left(\frac{\partial L}{\partial x}\right)_k t_k + \left(\frac{\partial L}{\partial v_x}\right)_k} \qquad (9-2-29)$$

变化到 $t = t_k$ 时的值

$$\varphi(t_k)=\arctan\frac{\left(\dfrac{\partial L}{\partial v_y}\right)_k}{\left(\dfrac{\partial L}{\partial v_x}\right)_k}\tag{9-2-30}$$

值得指出的是 $t=t_k$ 时俯仰程序角 $\varphi(t_k)$ 的表达式与瞬时冲量发射时满足最小能量弹道条件的速度倾角所应有的表达式

$$\tan\Theta_{k,opt}=\frac{\left(\dfrac{\partial L}{\partial v_y}\right)_k}{\left(\dfrac{\partial L}{\partial v_x}\right)_k}\tag{9-2-31}$$

是相同的。但仅只是表达形式相同。式(9－2－30)是相对于发射坐标系计算的，$\varphi(t_k)$ 为相对于发射点水平线的程序角，而式(9－2－31)则是相对于主动段终点的当地坐标系计算的，$\Theta_{k,opt}$ 为相对于当地水平线的速度倾角。计算 $\varphi(t_k)$ 时的偏导数值取决于 t_k 时的运动参数 v_k，Θ_k 及 r_k，而计算 $\theta_{k,opt}$ 时的偏导数值取决于给定的速度和高度。只有在瞬时发射的情况下，两者的内容和形式才相同。所以前者可以包括后者这一特殊情况。由此也可以了解到，在非瞬时发射的一般情况下，使射程最大的主动段终点速度倾角已经不是最小能量弹道条件下对应的速度倾角了。

应当注意，因为准确的射程偏导数值在开始计算时是未知的，所以用上述公式确定最优俯仰角程序是一个迭代过程。开始只能选择一近似程序，进行弹道计算，算出对应的偏导数值，然后用公式(9－2－26)或(9－2－28)计算最优俯仰角程序的第一次近似值，再进行弹道计算，确定偏导数的进一步近似值，再确定最优程序的进一步近似值，如此重复计算。迭代过程的收敛速度取决于 $\varphi(t)$ 的首次近似对最优程序的逼近程度。

用公式(9－2－26)或(9－2－28)计算最优俯仰角程序时，如果采用考虑地球自转时的偏导数值，那么就可以把地球自转对被动段射程的影响考虑在内。不变引力场的条件对中近程火箭比远程火箭引起的误差要小，但真空段假设对远程火箭更为接近。

上面所得最优俯仰角程序是在二级起始点运动参数确定情况下的解。把二级起始点运动参数看成为一级关机点俯仰角程序 φ_0 的函数时，则还可求出使全射程最大所需的一级关机点的最佳程序角 φ_{OM}，即由式(9－2－27)可得

$$\begin{cases}v_{xk}=v_{x0}+\displaystyle\int_0^{t_k}\frac{P}{m}\cos\varphi(t)\mathrm{d}t\\ v_{yk}=v_{y0}+\displaystyle\int_0^{t_k}\frac{P}{m}\sin\varphi(t)\mathrm{d}t+gt_k\\ x_k=x_0+v_{x0}t_k+\displaystyle\int_0^{t_k}(t_k-t)\frac{P}{m}\cos\varphi(t)\mathrm{d}t\\ y_k=y_0+v_{y0}t_k+\displaystyle\int_0^{t_k}(t_k-t)\left[\frac{P}{m}\sin\varphi(t)+g\right]\mathrm{d}t\end{cases}\tag{9-2-32}$$

$$\begin{cases}\delta v_{xk} = \dfrac{\partial v_{xo}}{\partial \varphi_0}\delta\varphi_0 - \displaystyle\int_0^{t_k} \dfrac{P}{m}\sin\varphi(t)\delta\varphi(t)\mathrm{d}t \\ \delta v_{yk} = \dfrac{\partial v_{yo}}{\partial \varphi_0}\delta\varphi_0 + \displaystyle\int_0^{t_k} \dfrac{P}{m}\cos\varphi(t)\delta\varphi(t)\mathrm{d}t \\ \delta x_k = \dfrac{\partial x_o}{\partial \varphi_0}\delta\varphi_0 + t_k \cdot \dfrac{\partial v_{xo}}{\partial \varphi_0}\delta\varphi_0 - \displaystyle\int_0^{t_k} (t_R - t)\dfrac{P}{m}\sin\varphi(t)\delta\varphi(t)\mathrm{d}t \\ \delta y_k = \dfrac{\partial y_o}{\partial \varphi_0}\delta\varphi_0 + t_k \cdot \dfrac{\partial v_{yo}}{\partial \varphi_0}\delta\varphi_0 + \displaystyle\int_0^{t_k} (t_k - t)\dfrac{P}{m}\cos\varphi(t)\delta\varphi(t)\mathrm{d}t \end{cases} \tag{9-2-33}$$

式中$\dfrac{\partial v_{xo}}{\partial \varphi_0}$、$\dfrac{\partial v_{yo}}{\partial \varphi_0}$、$\dfrac{\partial x_o}{\partial \varphi_0}$和$\dfrac{\partial y_o}{\partial \varphi_0}$表示选择第一级程序时，第一级关机点程序角改变所引起的v_{x0}、v_{y0}、x_0和y_0的改变。

利用射程一阶变分$\delta L=0$的条件，除得出二级最优俯仰角程序必须满足的解(9-2-28)以外，还必须满足条件：

$$\frac{\partial L}{\partial v_{xk}}\cdot\frac{\partial v_{xo}}{\partial \varphi_0} + \frac{\partial L}{\partial v_{yk}}\cdot\frac{\partial v_{yo}}{\partial \varphi_0} + \frac{\partial L}{\partial x_k}\cdot\left(\frac{\partial x_0}{\partial \varphi_0} + t_k\frac{\partial v_{xo}}{\partial \varphi_0}\right) + \frac{\partial L}{\partial y_k}\left(\frac{\partial y_0}{\partial \varphi_0} + t_k\frac{\partial v_{yo}}{\partial \varphi_0}\right) = 0 \tag{9-2-34}$$

当第一级关机前近似为重力转弯时，则

$$\theta_0 \approx \varphi_0$$

故

$$\begin{cases}\dfrac{\partial v_{x0}}{\partial \varphi_0} = \dfrac{\partial v_o}{\partial \varphi_0}\cdot\cos\varphi_0 - v_0\sin\varphi_0 \\ \dfrac{\partial v_{y0}}{\partial \varphi_0} = \dfrac{\partial v_o}{\partial \varphi_0}\cdot\sin\varphi_0 + v_0\cos\varphi_0\end{cases} \tag{9-2-35}$$

考虑到$\dfrac{\partial x_0}{\partial \varphi_0}$，$\dfrac{\partial y_0}{\partial \varphi_0}$的值较小可略去。那么将式(9-2-35)代入(9-2-34)，得一级关机点的最佳程序角

$$\varphi_{OM} = \arctan\frac{\dfrac{\partial v_o}{\partial \varphi_0}\left(\dfrac{\partial L}{\partial v_{xk}} + t_k\dfrac{\partial L}{\partial x_k}\right) + v_0\left(\dfrac{\partial L}{\partial v_{yk}} + t_k\dfrac{\partial L}{\partial y_k}\right)}{-\dfrac{\partial v_o}{\partial \varphi_0}\left(\dfrac{\partial L}{\partial v_{yk}} + t_k\dfrac{\partial L}{\partial y_k}\right) + v_0\left(\dfrac{\partial L}{\partial v_{xk}} + t_k\dfrac{\partial L}{\partial x_k}\right)} \tag{9-2-36}$$

上式中$\dfrac{\partial v_o}{\partial \varphi_0}$表示选择第一级程序时第一级关机点程序角改变引起的关机速度改变值。因为$\dfrac{\partial v_0}{\partial \varphi_0}$主要由速度重力损失的改变所引起的，故$\dfrac{\partial v_0}{\partial \varphi_0}<0$，因而$\varphi_{OM}$小于按式(9-2-29)算得的$\varphi(0)$值。

根据飞行程序的选择原则，作为与第一级程序相连接的第二级程序，在转级处不应有间断，为此可在$t_{k1}=t_0$前某一小段时间内用一连接段加以连接，如图9-9所示。但这样一个处于一级关机和一、二级级间分离过程中的连接段有许多不利影响。首先在推力随机下降的关机过程中不宜作程序偏转，关机时间的偏差也将增大程序角的偏差，分离时刻

的控制力矩将造成对下一级的扰动。

为了避免连接段等的不利因素的影响，可将式(9-2-28)所给出的最优俯仰角程序表示成更具有普遍意义的形式：

$$\varphi(t)=\arctan\frac{A+Bt}{1+Ct} \tag{9-2-37}$$

在工程设计中可以直接选择其系数 A、B、C，在保持满足飞行程序选择的基本原则的条件下，使目标最优。

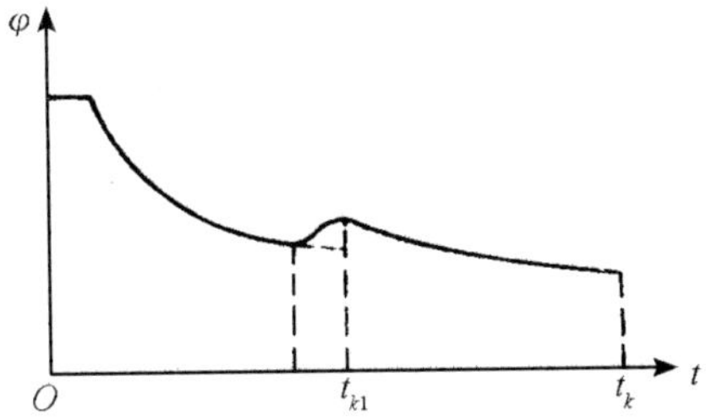

图 9-9　一、二级转级时的连接段

为使二级飞行程序机构简化，在工程设计中也可以采用简化形式，此时俯仰角程序按时间的线性关系表达为：

$$\varphi(t)=\varphi_0+\dot{\varphi}t \tag{9-2-38}$$

在优化理论研究中，用数值方法得到的最优解是很接近线性关系的。

式(9-2-38)不仅适用于真空段的二级飞行段，而且直接适用于真空段二级以上的各级飞行段。其中 φ_0 为该级起始点的俯仰角程序，它应与上一级终止点的俯仰角程序相等。$\dot{\varphi}$ 为该级俯仰角程序的常值变化率。显然可以通过选择 φ_0 和 $\dot{\varphi}$ 等使目标最优。

进一步简化，通常可使二级俯仰角程序保持为某一常值。如果这一常值取得合适，那么不至于使射程比采用最优俯仰角程序时有明显减小。下面利用使射程一阶增量为零的条件求出这一常值俯仰角。

因为

$$\begin{cases} v_{xk}=v_{x0}+\mathrm{g}\cos\varphi\int_0^{t_k}\frac{P}{G}\mathrm{d}\tau \\ v_{yk}=v_{y0}+\mathrm{g}\sin\varphi\int_0^{t_k}\frac{P}{G}\mathrm{d}\tau+gt_k \\ x_k=x_0+v_{x0}t_k+\mathrm{g}\sin\varphi\int_0^{t_k}(t_k-\tau)\frac{P}{G}\mathrm{d}\tau \\ y_k=y_0+v_{y0}t_k+\mathrm{g}\sin\varphi\int_0^{t_k}(t_k-\tau)\frac{P}{G}\mathrm{d}\tau+\frac{1}{2}gt_k^2 \end{cases} \tag{9-2-39}$$

式中 $\mathrm{g}=fM/r^2$；v_{x0}；v_{y0}；x_0 和 y_0 取决于第一级终点的速度倾角，若第一级后期作重力转弯，则速度倾角就是程序角。根据转级时程序应连续的要求，第一级终点的程序角 φ_0 应与第二级程序角 φ 相等。故

$$\begin{cases} v_{x0}=v_0\cos\varphi_0=v_0\cos\varphi \\ v_{y0}=v_0\sin\varphi_0=v_0\sin\varphi \end{cases} \tag{9-2-40}$$

记

$$\begin{cases} \int_0^{t_k}\frac{P}{G}\mathrm{d}\tau=N \\ \int_0^{t_k}\tau\frac{P}{G}\mathrm{d}\tau=N_1 \end{cases}$$

则当俯仰角有一常值数小增量 $\delta\varphi$ 时

$$
\left\{\begin{aligned}
\delta v_{xk} &= -v_0\sin\varphi\delta\varphi+\left(\frac{\partial v_0}{\partial\varphi_0}\right)\cos\varphi\delta\varphi-gN\sin\varphi\delta\varphi\\
\delta v_{yk} &= v_0\cos\varphi\delta\varphi+\left(\frac{\partial v_0}{\partial\varphi_0}\right)\sin\varphi\delta\varphi+gN\cos\varphi\delta\varphi\\
\delta x_k &= \left(\frac{\partial x_o}{\partial\varphi_0}\right)\delta\varphi-t_kv_0\sin\varphi\delta\varphi+t_k\left(\frac{\partial v_0}{\partial\varphi_0}\right)\cos\varphi\delta\varphi\\
&\quad -g(Nt_k-N_1)\sin\varphi\delta\varphi\\
\delta y_k &= \left(\frac{\partial y_o}{\partial\varphi_0}\right)\delta\varphi+t_kv_0\cos\varphi\delta\varphi+t_k\left(\frac{\partial v_0}{\partial\varphi_0}\right)\sin\varphi\delta\varphi\\
&\quad +g(Nt_k-N_1)\cos\varphi\delta\varphi
\end{aligned}\right. \tag{9-2-41}
$$

式中$\frac{\partial v_0}{\partial\varphi_0}$，$\frac{\partial x_0}{\partial\varphi_0}$和$\frac{\partial y_0}{\partial\varphi_0}$分别表示选择第一级程序时第一级终点从程序角改变所引起的 x_0，y_0 和 y_0 的变化。$\frac{\partial x_0}{\partial\varphi_0}$和$\frac{\partial y_0}{\partial\varphi_0}$较小从略时射程的一阶增量为：

$$
\begin{aligned}
\delta L &= \frac{\partial L}{\partial v_{xk}}\left[-v_0\sin\varphi+\left(\frac{\partial v_0}{\partial\varphi_0}\right)\cos\varphi-gN\sin\varphi\right]\delta\varphi+\frac{\partial L}{\partial v_{yk}}\left[v_0\cos\varphi+\left(\frac{\partial v_0}{\partial\varphi_0}\right)\sin\varphi+gN\cos\varphi\right]\delta\varphi\\
&\quad+\frac{\partial L}{\partial x_k}\left[-t_k\left(v_0\sin\varphi-\left(\frac{\partial v_0}{\partial\varphi_0}\right)\cos\varphi\right)-gN(t_k-N_1)\sin\varphi\right]\delta\varphi\\
&\quad+\frac{\partial L}{\partial y_k}\left[t_k\left(v_0\cos\varphi+\left(\frac{\partial v_0}{\partial\varphi_0}\right)\sin\varphi\right)+\mathrm{g}(Nt_k-N_1)\cos\varphi\right]\delta\varphi
\end{aligned} \tag{9-2-42}
$$

由 $\delta L=0$ 得出

$$
\tan\varphi_c=\frac{\frac{\partial v_0}{\partial\varphi_0}\left(\frac{\partial L}{\partial v_{xk}}+t_k\frac{\partial L}{\partial x_k}\right)+(gN+v_0)\left(\frac{\partial L}{\partial v_{yk}}\right)+[g(Nt_k-N_1)+t_kv_0]\left(\frac{\partial L}{\partial y_k}\right)}{-\frac{\partial v_o}{\partial\varphi_0}\left(\frac{\partial L}{\partial v_{yk}}+t_k\frac{\partial L}{\partial y_k}\right)+(gN+v_0)\left(\frac{\partial L}{\partial v_{xk}}\right)+[g(Nt_k-N_1)+t_kv_0]\left(\frac{\partial L}{\partial x_k}\right)} \tag{9-2-43}
$$

式(9-2-43)中 φ_c 即为所求二级常值俯仰角。

式(9-2-43)中偏导数$\frac{\partial L}{\partial v_{xk}}$，$\frac{\partial L}{\partial v_{yk}}$，$\frac{\partial L}{\partial x_k}$和$\frac{\partial L}{\partial y_k}$的准确值在开始时也是未知的，因此计算时也要有一个迭代过程。

图 9-10 上画出了二级最优程序角 $\varphi(t)$及 φ_c 和 φ_{OM}的示意图。

下面再介绍一种选择真空段二级程序的近似方法，可以减少迭代计算而作为式(9-2-43)的首次近似。这一方法的出发点是把被动段也假定为平行而均匀的不变引力场，认为在一定射程范围内不变引力场中的最大射程与有心力场中的最大射程成正比，因此使不变引力场中射程最大的程序角也就是使有心力场中的射程最大。

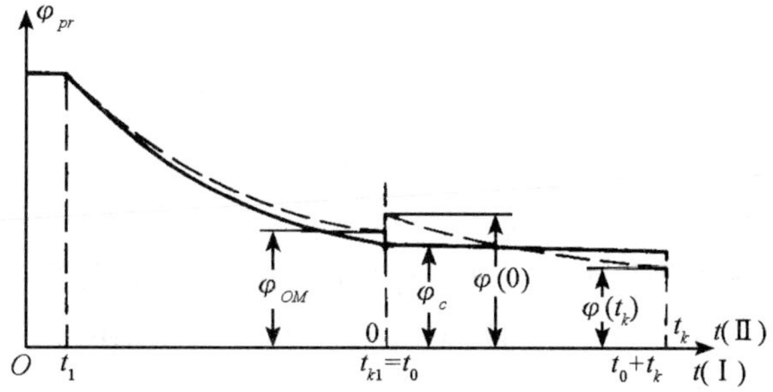

图 9-10　φ_{OM}、φ_C 和二级最优程序的示意图

$t_{(1)}$—从第一级开始计算的飞行时间

$t_{(\sigma)}$—从第二级开始计算的飞行时间

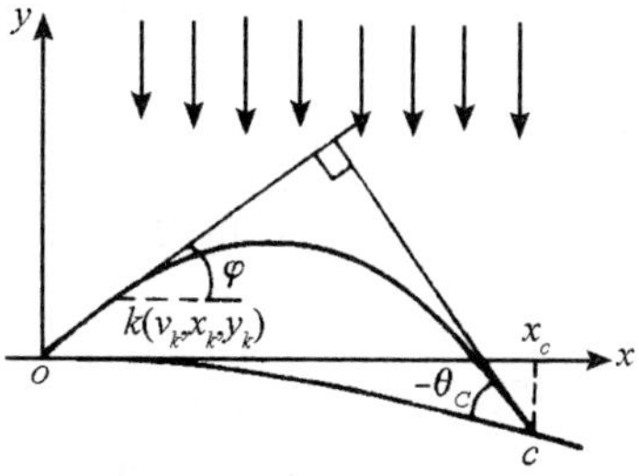

图 9-11　不变引力场中的弹道

图 9-11 画出了不变引力场中的弹道，其射程近似看作是落点 C 对应的坐标 x_c，即

$$L \approx x_c = x_k + v_{xk}t_c \qquad (9-2-44)$$

式(9-2-44)中 t_c 为被动段飞行时间，若令 $g = fM/r^2$，则 t_c 可由下式求出：

$$y_k + v_{yk}t_c - \frac{1}{2}gt_c^2 = y_c$$

$$t_c = \frac{v_{yk} + \sqrt{v_{yk}^2 + 2g(y_k - y_c)}}{g} \qquad (9-2-45)$$

故由式(9-2-44)得

$$L = x_k + \frac{v_{xk}\left(v_{yk} + \sqrt{v_{yk}^2 + 2g(y_k - y_c)}\right)}{g} \qquad (9-2-46)$$

由上式可求得射程对各主动段运动参数的偏导数。

$$\begin{cases} \dfrac{\partial L}{\partial x_k} = 1 \\ \dfrac{\partial L}{\partial y_k} = \dfrac{v_{xk}}{\sqrt{v_{yk}^2 + 2g(y_k - y_c)}} \\ \dfrac{\partial L}{\partial v_{xk}} = \dfrac{v_{yk} + \sqrt{v_{yk}^2 + 2g(y_k - y_c)}}{g} = t_c \\ \dfrac{\partial L}{\partial v_{yk}} = t_c \cdot \dfrac{\partial L}{\partial y_k} \end{cases} \qquad (9-2-47)$$

将式(9-2-47)中各偏导数值代入式(9-2-28)即得出使 x_c 为最大的程序角

$$\tan\varphi = \frac{\partial L/\partial v_{yk}}{\partial L/\partial v_{xk}} = \frac{\partial L}{\partial y_k}$$

即

$$\tan\varphi = \frac{v_{sk}}{\sqrt{v_{yk}^2 + 2g(y_k - y_c)}} \qquad (9-2-48)$$

利用式(9-2-45),这一结果还可写成为:

$$\tan\varphi = -\frac{v_{xk}}{v_{yk} - gt_c} = -\frac{v_{xc}}{v_{yc}} = -\operatorname{ctan}\theta_c \tag{9-2-49}$$

故

$$\varphi + (-\theta_c) = \pi/2 \tag{9-2-50}$$

即为了达到不变引力场中的最大射程,应使推力方向与落速方向垂直。

在式(9-2-48)或者式(9-2-49)中,v_{xk}、v_{yk}或v_{xc}、v_{yc}都还与φ角有关,因此为了求出φ角,还要进一步利用一些关系。

首先可以由运动方程式(9-2-27)直接积分求出落点参数:

$$\begin{cases} v_{xc} = v_{xo} + gN\cos\varphi \\ v_{yc} = v_{yo} + g(N\sin\varphi - T_c) \\ x_c = x_0 + v_{x0}T_c + g(NT_c - N_1)\cos\varphi \\ y_c = y_0 + v_{y0}T_c + g\left[(NT_c - N_1)\sin\varphi - \frac{T_c^2}{2}\right] \end{cases} \tag{9-2-51}$$

式(9-2-51)可以从第一级开始计算,故运动参数的初始值可取自发射点:

$$v_{x0} = v_{y0} = x_0 = y_0 = 0$$

T_c 为总飞行时间。

N_1、N 则可用两级的设计参数表示:

$$\begin{cases} N = \int_0^{t_{k1}}\left(\frac{P}{G}\right)_{\mathrm{I}}\mathrm{d}t + \int_0^{t_{k2}}\left(\frac{P}{G}\right)_{\mathrm{II}}\mathrm{d}t \\ \quad = \int_0^{t_{k1}}\frac{P_{sp1}}{T_1 - t}\mathrm{d}t + \int_0^{t_{k2}}\frac{P_{sp2}}{T_2 - t}\mathrm{d}t \\ \quad = -P_{sp1}\ln\mu_{k1} - P_{sp2}\ln\mu_{k2} \\ N_1 = \int_0^{t_{k1}}\left(\frac{P}{G}\right)_{\mathrm{I}}t\,\mathrm{d}t + \int_0^{t_{k2}}\left(\frac{P}{G}\right)_{\mathrm{II}}t\,\mathrm{d}t \\ \quad = -P_{sp1}(T_1\ln\mu_{k1} + t_{k1}) - P_{sp2}(T_2\ln\mu_{k2} + t_{k2}) \end{cases} \tag{9-2-52}$$

式中:

t_{k1}、t_{k2}分别为第一、二级发动机工作时间;

P_{sp1}、P_{sp1}分别为第一、二级发动机比推力;

T_1、T_2 分别为第一、二级火箭的理想时间。

即

$$\begin{cases} T_1 = \frac{G_{01}}{G_1} \\ T_2 = \frac{G_{02}}{G_2} \end{cases}$$

G_1、G_2 分别为第一、二级发动机的燃料秒消耗量,假设分别为常值。

由式(9-2-49)得

$$v_{yc}\sin\varphi + v_{xc}\cos\varphi = 0$$

将式(9 - 2 - 51)中的 v_{xc} 及 v_{yc} 代入上式，则得

$$N - T_c \sin\varphi = 0$$

这样由上式就得出了显含 φ 角的 T_c 表达式

$$T_c = \frac{N}{\sin\varphi} \tag{9-2-53}$$

将式(9 - 2 - 53)代入式(9 - 2 - 51)，就得出显含 φ 角的 x_c、y_c 表达式

$$\begin{cases} x_c = g\left(\dfrac{N^2}{\sin\varphi} - N_1\right)\cos\varphi \\ y_c = g\left[\left(\dfrac{N^2}{\sin\varphi} - N_1\right)\sin\varphi - \dfrac{N^2}{2\sin^2\varphi}\right] \end{cases} \tag{9-2-54}$$

记无因次量

$$\begin{cases} \dfrac{N_1}{N_2} = A \\ \dfrac{(gN)^2}{gR} = \dfrac{gN^2}{R} = B \end{cases} \tag{9-2-55}$$

式中 R 为地球半径，gN 相当于两级火箭瞬时燃烧时的熄火速度，因此 B 值相当于能量参数。

于是将式(9 - 2 - 55)代入式(9 - 2 - 54)，则 x_c、y_c 的表达式变为：

$$\begin{cases} x_c = RB\,\mathrm{ctan}\varphi(1 - A\sin\varphi) \\ y_c = \dfrac{RB}{2\sin^2\varphi}(2\sin^2\varphi - 2A\sin^3\varphi - 1) \end{cases} \tag{9-2-56}$$

落点 $C(x_c, y_c)$应满足地表面上大圆弧方程

$$y = -R + \sqrt{R^2 - x^2}$$

但通过计算发现，采用 $y = -\dfrac{x^2}{2R}$的抛物线弧作为地表面交线所计算出的最优程序角更接近于有心力场的结果。实际上，可这样近似来看，大圆弧相当于有心引力场中沿地表面以第一宇宙速度$\sqrt{gR}$发射的圆轨道，抛物线弧则相当于不变引力场中沿地表面以同一宇宙速度$\sqrt{gR}$发射的轨道，因此用不变引力场代替有心引力场时弹道平面与表面的交线就须作这一转换。

故

$$-\frac{1}{2R}[RB\,\mathrm{ctan}\varphi(1 - A\sin\varphi)]^2 = \frac{RB}{2\sin^2\varphi}(2\sin^2\varphi - 2A\sin^3\varphi - 1)$$

即

$$\sin\varphi = \left\{\frac{1}{2 - B}[A^2 B\sin^4\varphi + 2A(1 - B)\sin^3\varphi - A^2 B\sin^2\varphi + 2AB\sin\varphi + 1 - B]\right\}^{\frac{1}{2}} \tag{9-2-57}$$

方程式(9 - 2 - 57)可以进行数值求解。

当 $A = 0$ 时，则相当于瞬时发射，上述结果(9 - 2 - 57)式成为

$$\sin\varphi=\sqrt{\frac{1-B}{2-B}}$$

或

$$\tan\varphi=\sqrt{1-B} \tag{9-2-58}$$

式(9-2-58)给出的程序角与最小能量弹道条件下所要求的最佳速度倾角相同。还可以由式(9-2-56)求出此时的射程。

$$x_c=\frac{RB}{\sqrt{1-B}} \tag{9-2-59}$$

而用椭圆理论算出的射程为

$$L_e=2R\arctan\frac{B}{2\sqrt{1-B}}$$

比较两者关系得出：

$$L_e=2R\arctan\frac{x_c}{2R} \tag{9-2-60}$$

由此看出，不变引力场中的最大射程与有心引力场中的最大射程成正比，由于有心引力场的影响，使按椭圆理论计算的射程 L_e 小于 x_c。

§9.3 飞行程序优化设计方法

在§9.2中我们运用变分原理分析研究了远程火箭真空段的最优飞行程序。这是一种控制变量无约束条件下求解优化问题的间接方法。除古典的变分法之外，在控制变量为有约束的条件下，则运用极大值原理求解优化问题，这也是一种间接方法。间接方法中，一般作为飞行程序优化的自变量，是整个动力飞行段的时间的函数。期望获得极大值的"目标"是一个泛函。解决问题的办法是用古典变分原理导得的两点边界条件之间的迭代法等。其实，在实际工程设计中，远程火箭的飞行程序一般用若干个参数即可完全确定。正如在§9.2中所分析的那样，一级飞行程序由 α_m 即可基本确定，真空段二级飞行程序如取简化形式，即俯仰角程序按时间的线性关系变化，则该段飞行程序由其起始俯仰角 φ_0 和常值俯仰角速率 $\dot{\varphi}$ 即可确定。由此分析易知，全弹道的俯仰角飞行程序可表示为如下形式：

$$\varphi_{pr}(t)=f(\alpha_m,\varphi_0,\dot{\varphi},\cdots) \tag{9-3-1}$$

这样就使得飞行程序 $\varphi_{pr}(t)$ 的选择转化为参数 $\alpha_m,\varphi_0,\dot{\varphi}$ 等的选择，所以飞行程序的优化设计完全可以归结为一个"参数优化"问题，目标函数已不再是一个泛函。运用容量大、速度高的计算机，进行参数优化的直接遴选，是当今优化设计中的一个新方向。常见的直接优化方法有很多，本节介绍的是对飞行程序优化较有效的一种方法：随机方向法。

飞行程序的设计与其飞行任务密切相关。那么飞行程序参数的优化，当然要受工程设计上的一系列约束，包括等式约束和不等式约束。如一级飞行程序要求满足最大速度头 $q_{\max}\leqslant C$；又如二级飞行程序要求满足速度倾角 $\Theta_k=\Theta_{kopt}$，等等。处理这类含有约束条件的优化问题的办法较多,方法之一是拉格朗日乘子法,这在多级火箭参数的选择中已进行了介绍。本节将用"罚函数法"的办法来进行处理分析。下面从原理上就飞行程序优化设计中的参数优化法加以介绍。

1. 目标函数

飞行程序的优化设计是挖掘远程火箭的潜力,以提高其使用价值的重要手段。假设飞行程序由 n 个参数决定,即由 n 维空域 $\boldsymbol{R}_n$ 中的某一点——n 维向量

$$\boldsymbol{X} = [x_1, x_2, \cdots, x_n]^{\mathrm{T}}$$

唯一确定,那么优化的目的就是在空域 $\boldsymbol{R}_n$ 中选择某一个点 $\boldsymbol{X} = \boldsymbol{X}^*$,使远程火箭所获得的某一个(单目标)或几个(多目标)设计指标达到极大。这些设计指标当然因任务而有差异。如发射卫星时,可以是给定入轨条件下的最大有效载荷,或给定载荷下的最大圆轨道高度等;又如发射导弹时,则可以是一定条件下的最大射程,等等。所有这些要求达到极值的量,就是飞行程序优化问题中的"目标函数",它们是 n 维向量 $\boldsymbol{X}$ 的单值函数。

用 J 表示目标函数,则有

$$J = J(\boldsymbol{X}) \tag{9-3-2}$$

值得注意的是,如果目标有 m 个,即 $J_1, J_2, \cdots, J_m$。那么,一般情况下,n 维空域 $\boldsymbol{R}_n$ 中不存在一点,使它们同时达到极大。处理这类问题的有效方法是引入"权系数",即根据这些目标的重要程度,分别乘以相应的权因子 $a_i(i = 1,2,\cdots,m)$,使其综合成单一的"目标函数"来处理:

$$\begin{cases} J = \sum\limits_{i=1}^{m} a_i J_i \\ a_i \geqslant 0 \\ \sum\limits_{i=1}^{m} a_i = 1 \end{cases} \tag{9-3-3}$$

2. 优化自变量的选择

由式(9-3-1)知,全弹道的飞行程序主要由 $\alpha_m, \varphi_0, \dot{\varphi}$ 等参数确定。这些参数即是飞行程序优化设计中所需要进行优化的自变量。优化自变量的选取通常要根据远程火箭的总体结构,发动机的性能以及具体飞行任务等实际情况来确定。

例如远程火箭作为发射人造卫星等的运载器使用,火箭由三级组成,且三级具有二次启动能力,则飞行程序的优化自变量一般可以选取下述主要参数:

第一级亚音速段最大负攻角　α_m

第二级常值俯仰角速率　$\dot{\varphi}_{pr2}$

三级首次动力飞行段熄火点重量　G_{k3}

三次首次动力飞行段常值俯仰角速率　$\dot{\varphi}_{pr3}^{(1)}$

无动力滑行段飞行时间　T_{c3}

三级二次动力飞行段起始俯仰角　$\varphi_{pro3}^{(2)}$

三级二次动力飞行段常值俯仰角速率　$\dot{\varphi}_{pro3}^{(2)}$

对于不具备二次启动能力，也不具备级间滑行能力的二级远程火箭来说，其飞行程序的优化自变量一般主要选取 α_m、$\dot{\varphi}_{pr2}$ 以及 $\dot{\varphi}_{pro2}$ 等参数。

3. 约束条件的处理

飞行程序设计受一系列工程设计上的限制或约束。如在稠密大气层中飞行的最大速度头的限制，各级残骸落区的约束，飞行试验时关机点高度的约束以及飞行试验时靶场距离的约束等。它们可表示为等式约束和不等式约束：

$$\begin{cases} h_j(\boldsymbol{X}) = 0, & j = 1,2,\cdots,p \\ g_k(\boldsymbol{X}) \geqslant 0, & k = 1,2,\cdots,q \end{cases} \tag{9-3-4}$$

通常将约束极值问题转化为无约束极值问题来求解。一个有效的办法是采用“罚函数法”。它是通过改变目标函数的办法来达到消去约束的目的，即在目标函数中加入与偏离约束程度有关的“惩罚函数”（或称“代价函数”）形成一个增广的“代价目标函数”（罚函数），从而使有约束条件下的求极值问题转化为求解无约束的极值问题。

罚函数法分为内罚函数法和外罚函数法。内罚函数法的基本思想是，在约束区域的边界筑起一道“墙”来，当迭代点靠近边界时，函数值陡然增加起来，于是最优点就被“挡”在容许区域内部。例如约束条件式（9-3-4），可取内罚函数为

$$\boldsymbol{B}(\boldsymbol{X}) = \sum_{k=1}^{q} \frac{1}{g_k(\boldsymbol{X})} \tag{9-3-5}$$

显然内罚函数只能用以改进“可行方案”，优化开始时的自变量必须位于“可行域”之内，亦即必须是满足约束条件的允许的飞行程序角。

而外罚函数法的优点则是允许优化从任意“不可行方案”开始，即其自变量允许位于“可行域”之外，所以一般应用外罚函数法的较为普遍。对于不等式约束，外罚函数又可分为“悬岩代价函数”和“非悬岩代价函数”。“悬岩代价函数”使综合目标面在约束边界（可行域边界）处形成一个陡峭的“悬岩”，设置它是为了加速攀登，并保证优化结果必然地满足约束的可行方案。

那么，对于约束条件式（9-3-4），若采用“外罚函数法”，并对其不等式约束采用“悬岩代价函数”，则外罚函数为

$$\boldsymbol{P} = \sum_{j=1}^{p} k_j \left| h_j(\boldsymbol{X}) \right|^2 + \sum_{k=1}^{q} l_k \left(1 + \left| g_k(\boldsymbol{X}) \right|^2\right) \tag{9-3-6}$$

其中

$$l_k = \begin{cases} 0 & g_k(\boldsymbol{X}) \geqslant 0 \\ l'_k & g_k(\boldsymbol{X}) < 0 \end{cases}$$

l'_k、k_j 为惩罚系数。

于是可得到代价目标函数。

$$\tilde{J}(\boldsymbol{X}) = J(\boldsymbol{X}) + \boldsymbol{P}(\boldsymbol{X}) \tag{9-3-7}$$

这样问题即完全转化为利用随机方向法优化飞行程序中的自变量 $\boldsymbol{X}$（如参数 α_m，$\dot{\varphi}_{pr}$ 等），使无约束的代价目标函数达到极大值或最佳值。

4. 随机方向法的原理

下面以二维自变量为例介绍随机方向法的基本原理。从变量空间(现该空间为一平面)内,取任意"0"点为起始点,对应矢量 $\boldsymbol{X}_0$ 表示初始方案,然后由计算机随机地确定一个调优矢 $d\boldsymbol{X}$,其大小和方向均是随机的,与 $\boldsymbol{X}_c$ 矢量叠加得新方案 $\boldsymbol{X'}_1$(对应点为 1′),求其目标函数值。从等高线图 9-12 分析可知,"1′"点比"0"点低,则探索失败,这时应返回到"0"点,重新随机地给一个调优矢,例如得到新点"1",对应的矢量为 $\boldsymbol{X}_1$,求其目标函数值。如"1"点比"0"点高,则探索成功,于是将"1"点取代"0"点作为新的起始点,并沿成功的方向加大步长前进,直到探索失败,回到最后一次成功的位置上,如图 9-12 中的"2"点,以此作为起始点重复上述过程,直到迫近顶峰(最优点)。

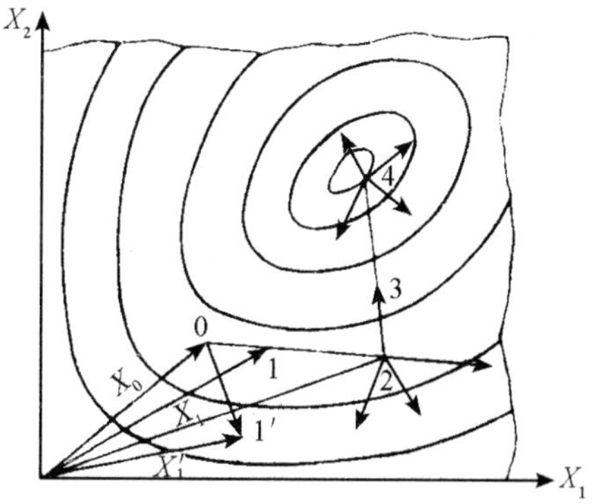

图 9-12　随机方向法的原理

当起始点与顶峰点间距离小于调优矢 $d\boldsymbol{X}$ 的长度时,则会出现连续无数次探索不得成功,如图 9-12 中"4"点处所示的情形。此时要缩小调优矢的长度,继续上述过程,直到调优矢的长度缩小到规定的精度,探索停止,最后得到的最高点即为最优点。该点所对应的参数也就是对应的最优设计参数。

§9.4　远程固体火箭的能量管理

由以上所述知,对于远程火箭,主动段飞行程序的选择一般是与总体设计指标和性能相对应的。当选定好飞行程序后,远程火箭在主动段飞行过程中,即可按该俯仰角程序进行导引控制,以保证其达到目标点的偏差在允许范围之内。这对于有推力终止系统工作的火箭来说,由于其制导技术的日臻完善,所以不论火箭的推进剂是固体的,还是液体的,都是容易实现的。

然而固体火箭一般从增加其强度和最大射程的角度来考虑,总希望取消其推力终止系统。这是因为固体火箭发动机的壳体通常采用的是玻璃纤维或由有机纤维缠绕制造工艺制造而成,若在发动机上安装推力终止机构,则需要在壳体上开几个大孔,这样势必切断纤维、影响发动机的强度,同时反向喷管与壳体的连接也有一定的困难。这类问题即使可以通过改进制造工艺的方法得到解决,但也要使发动要的结构重量增加,从而影响到最大射程。显然取消推力终止系统可以提高固体火箭发动机的推重比,提高最大有效射程,并且可以避免推力终止机构在制造工艺上的困难和降低其发动机的结构强度等问题。

取消推力终止系统后,对远程固体火箭飞行程序的选择提出以下新的要求:

(1)在总能量固定的前提条件下,对于从最小射程到最大射程之间的任意目标射击时,如何消耗掉多余的能量;

(2)如何保证最大有效射程取极值;

(3)如何确保在能量耗尽的条件下,主动段所造成的误差能在末修级低推力修正能力的范围之内;

(4)在能量耗尽的条件下,如何保证射击诸元计算尽可能简单且精度较高。

显然上述问题的实质是要解决过剩能量的耗尽管理问题。当然这一问题的解决用高、低弹道的方法在理论上说也是可以的。但高弹道的再入角和再入速度均较大,给弹头造成较大的气动加热,对弹头的结构设计和材料的要求会更高些,从而给弹头的设计带来新的困难。而低弹道的再入角较小,相应的再入飞行时间较长,由于气动干扰的影响,其落点散布会相应增大。另一方面,再入角还受具体飞行任务要求的制约。因此简单地用选择高弹道或低弹道,以保证远程固体火箭动力段关机时使能量全部恰好耗尽,事实上并不可取。比较有效的方法是通过飞行程序的导引控制火箭本身姿态的变化来达到消耗过剩能量的目的。

下面就远程固体火箭的飞行程序的选择及其能量管理的基本原理作一般性介绍。

1. 大气层飞行段飞行程序的选择

与远程液体火箭一样,远程固体火箭的第一级一般都在稠密大气层内飞行,由于在该段飞行过程中火箭受力情况复杂,故其飞行程序通常仍采用§9.2所述的固定飞行程序。即取

$$\varphi_{pr}(t)=\begin{cases}90^\circ & (t\leqslant t_1)\\ \theta_T+\alpha(t) & (t_1<t\leqslant t_2)\\ \theta_T & (t_2<t\leqslant t_3)\\ \varphi_{pr}(t_3) & (t_3<t\leqslant t_{k1})\end{cases}\tag{9-4-1}$$

为了适应于不同射向,不同射程能量耗尽管理的要求,通常该段飞行程序还可取下述形式:

$$\varphi_{pr}(t)=\begin{cases}90^\circ & (t\leqslant t_1)\\ \theta_T+\varepsilon\alpha(t) & (t_1<t\leqslant t_2)\\ \theta_T & (t_1<t\leqslant t_3)\\ \varphi_{pr}(t_3) & (t_3<t\leqslant t_{k1})\end{cases}\tag{9-4-2}$$

其中 ε 为一可调节的权系数。显然只要取不同的 ε 值,便可满足不同射向、不同射程的要求。即可将 ε 的取值作为射击诸元的一项。对于最大射程附近的目标要求 ε 值比较准确,以便使射程最大。对于一般射程的目标,ε 的取值要求不严格,只要将其表示为射程的简单函数即可。

2. 真空段飞行程序的选择

与远程液体火箭真空飞行段飞行程序的选择方法不同,远程固体火箭真空飞行段飞行程序的选择还必须解决一个剩余能量的耗尽管理的技术问题。为此下面首先引入与火箭固有能量有关的视速度模量的概念。

(1)视速度模量

由于第二级及其以上的各级一般都在稠密大气层外飞行，火箭所受空气动力与推力和重力相比甚小，若忽略空气动力的影响，那么在地面比推力 P_{spo} 为常值的条件下，运用式(2－1－42)则可将二级及其以上的各级的视速度模量表示为

$$W_M = \int_{t_0}^{t_k} |\dot{W}| \mathrm{d}t = \int_{t_0}^{t_k} \frac{P}{m}\mathrm{d}t = g_0 P_{spo} \ln \frac{G_0}{G_k} \tag{9-4-3}$$

其中 t_0 为第一级关机，第二级起始的时刻。

式(9－4－3)表明：视速度模量只与发动机比推力以及各级的点火和熄火点质量有关。它是火箭固有能量的一个度量指标，是火箭各级所能提供的视速度增量的最大值，W_M 的误差一般主要取决于比推力 P_{spo} 的偏差。那么在该级若取 W_M 的标准值来进行能量耗尽管理，其实际视速度模量的偏差则需靠下一级或者末修级来给予修正。

(2)能量管理模型

真空段各级飞行程序一般可以分为两部分，其中第一部分主要用于能量耗散管理，第二部分则主要用于误差的适当补偿修正。若记 ΔW_{I}、ΔW_{II} 分别为这两部分的视速度模量，通常 ΔW_{I} 占 W_M 的 85% 左右，ΔW_{II} 占 W_M 的 15% 左右。

假设在该级起始时刻已求出多余的视速度模量 W_e，且假定火箭的纵轴已与所要求的视速度 $\boldsymbol{W}_D$ 方向一致，那么能量管理的目的就是要通过调整火箭本身姿态的变化，消耗掉剩余的视速度模量。即在该段结束时，使其视速度增量在 $\boldsymbol{W}_D$ 方向上，其大小等于 $W_D - \Delta W_{\mathrm{II}}$，若用曲线 W_{I} 表示能量管理段起点与终点之间长度为 ΔW_{I} 的任一曲线，那么上述基本思想可以形象地用图 9－13 表示。

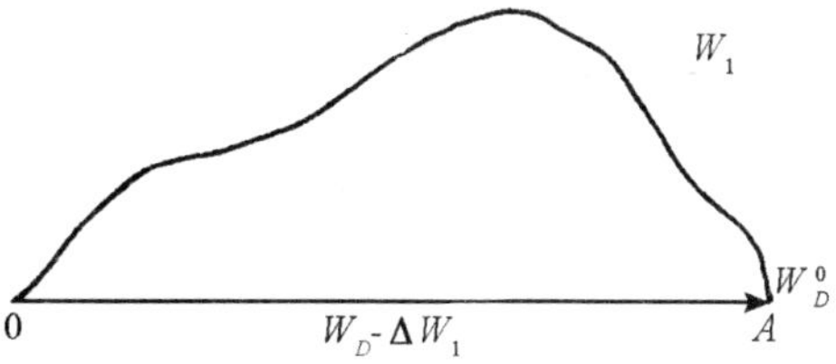

图 9－13　能量耗尽管理基本思想示意图

根据飞行程序选择的基本原则，为使火箭的姿态控制方便，一般取 W_{I} 为一光滑连续且以 $\overline{OA}$ 垂直平分线为轴对称的曲线，如图 9－14 所示。显然若视曲线 W_{I} 与直线 $W_D - \Delta W_{\mathrm{II}}$ 为质点运动的轨迹，同样从 0 点到达 A 点，能量曲线 W_{I} 明显比直线 $W_D - \Delta W_{\mathrm{II}}$ 长，即偏离 $\boldsymbol{W}_D$ 方向的运动与沿 $\boldsymbol{W}_D$ 方向的运动相比需要更多的能量，才能到达 A 点。所以通过调整火箭的姿态，使其偏离 $\boldsymbol{W}_D$ 方向飞行，可以达到消耗掉剩余能量的目的。

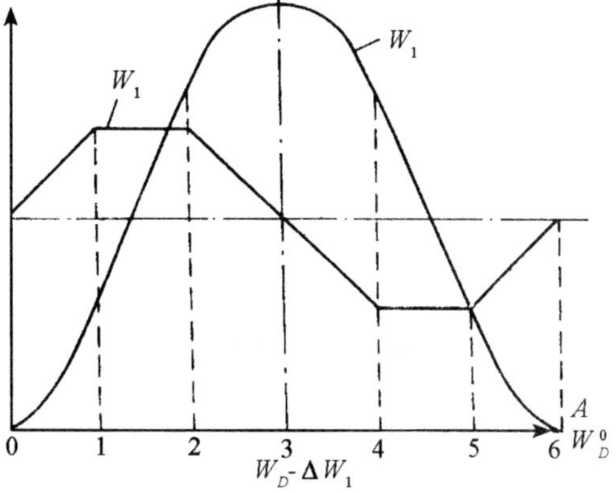

图 9－14　W_{I} 及 $\dot{W}_{\mathrm{II}}$ 的模型示意图

图 9－14 中 $\dot{W}_{\mathrm{I}}$ 是曲线 W_{I} 的斜率变化曲线，它反映了 W_{I} 从 0 点到 A 点偏离 $\boldsymbol{W}_D^0$ 的方向变化过程。显然，在火箭的飞行过程中要实现图 9－14 所示的视速度 W_{I} 的变化

规律,其姿态变化规律只要选取图 9-15 所示的曲线即可。

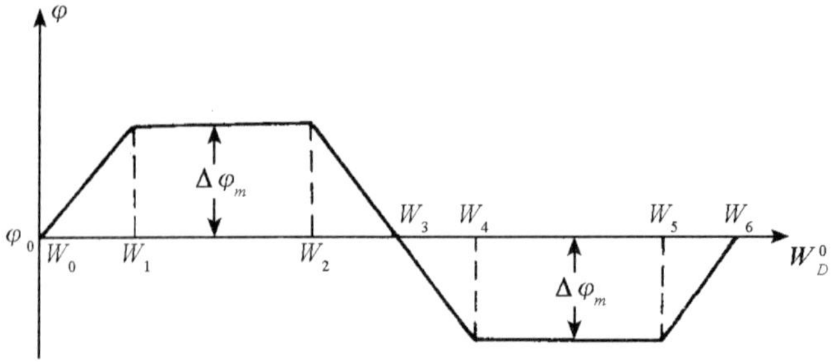

图 9-15　φ 随 W 的变化规律

图 9-15 所示的 φ 曲线的斜率 $\dfrac{d\varphi}{dW_{\mathrm{I}}}$ 的变化规律如图 9-16 所示。

由以上分析易知,在火箭的动力飞行过程中完全可以由视加速度的测量值 $\dot{W}_S$ 实时地确定其飞行姿态角 $\varphi(t)$,亦即实时地确定其飞行程序。由于

$$\frac{d\varphi}{dt_1}=\frac{d\varphi}{dW_{\mathrm{I}}}\cdot\frac{dW_{\mathrm{I}}}{dt}=\dot{W}_{\mathrm{I}}\frac{d\varphi}{dW_{\mathrm{I}}} \tag{9-4-4}$$

若假设远程固体火箭动力飞行中的视加速度 $\dot{W}_{\mathrm{I}}$ 服从给定的规律,记为 $\dot{W}_{\mathrm{I}}^{\sim}$,则有

$$\frac{d\varphi^{\sim}}{dt}=\dot{W}_{\mathrm{I}}^{\sim}\cdot\frac{d\varphi^{\sim}}{dW_{\mathrm{I}}} \tag{9-4-5}$$

或者

$$\frac{d\varphi^{\sim}}{dW_{\mathrm{I}}}=\frac{d\varphi^{\sim}}{dt}/\dot{W}_{\mathrm{I}}^{\sim} \tag{9-4-6}$$

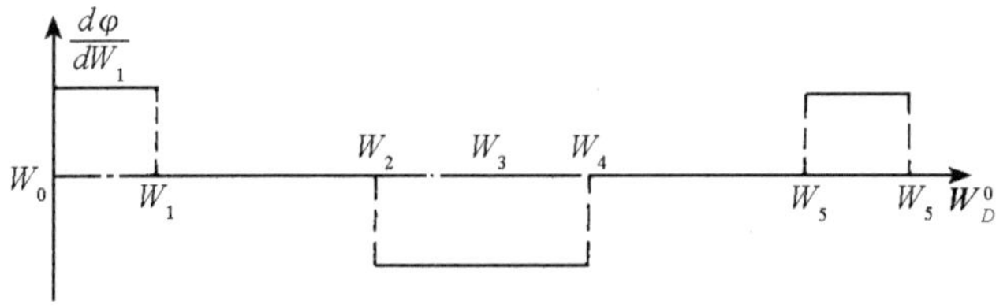

图 9-16　$d\varphi/dW_{\mathrm{I}}$ 随 W 的变化规律

其中 $\varphi^{\sim}$ 为对应给定规律 $\dot{W}_{\mathrm{I}}^{\sim}$ 条件下的姿态角。在火箭的实际飞行过程中应有

$$\frac{d\varphi_s}{dW_{\mathrm{I}}}=\frac{d\varphi_s}{dt}/\dot{W}_s \tag{9-4-7}$$

其中 φ_s 为与视加速度测量值 $\dot{W}_s$ 相对应的姿态角。

不难看出,式(9-4-6)表示的是在给定视加速度变化规律的条件下,飞行姿态角的变化率与给定的视加速度 $\dot{W}_{\mathrm{I}}^{\sim}$ 之间的关系。而式(9-4-7)则表示的是在实际飞行过程中,飞行姿态角的变化率与测量的视加速度 $\dot{W}_s$ 之间的关系。

显然为了保证实际飞行的 W_{I} 曲线与给定的形式一致,应满足条件:

$$\frac{d\varphi^{\sim}}{dW_{\mathrm{I}}}=\frac{d\varphi_s}{dW_{\mathrm{I}}} \tag{9-4-8}$$

于是由式(9－4－6)～式(9－4－8),即可求得

$$\frac{d\varphi_s}{dt}=\frac{d\varphi_s}{dW_{\mathrm{I}}}\cdot\dot{W}_S=\frac{d\varphi^{\sim}}{dW_{\mathrm{I}}}\cdot\dot{W}_S=\frac{\dot{\varphi}^{\sim}}{\dot{W}_{\mathrm{I}}^{\sim}}\cdot\dot{W}_s \tag{9-4-9}$$

那么由式(9－4－9)积分可得

$$\varphi(t)=\int_{t_0}^{t}\frac{\dot{\varphi}^{\sim}}{\dot{W}^{\sim}}\cdot\dot{W}_S dt+\varphi_0 \tag{9-4-10}$$

考虑到 $\dot{\varphi}^{\sim}$ 具有分段连续的特点,由式(9－4－5)和图 9－16,可以得到如图 9－17 所示的 $\dot{\varphi}^{\sim}$ 随时间的变化规律和图 9－18 所示的 $\varphi^{\sim}$ 随时间的变化规律。所以式(9－4－10)中的积分式应分段积分。

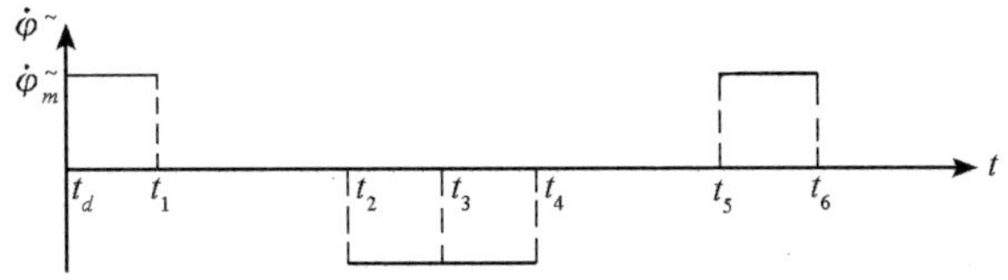

图 9－17　$\dot{\varphi}^{\sim}$ 随 t 的变化规律

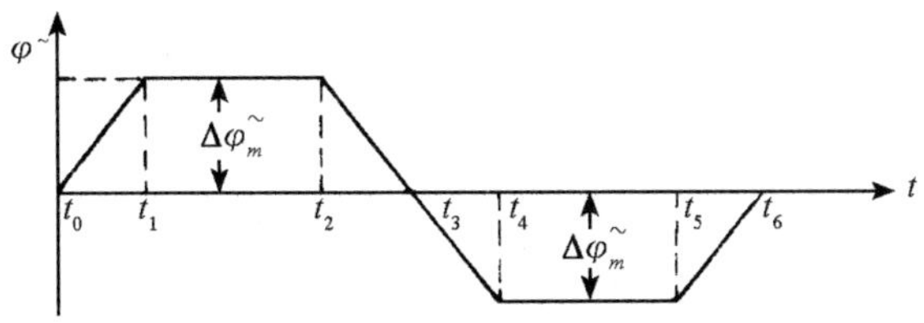

图 9－18　$\varphi^{\sim}$ 随 t 的变化规律

取能量管理段总能量

$$\Delta W_{\mathrm{I}}=4\cdot\Delta W_1+2\cdot\Delta W_2 \tag{9-4-11}$$

其中

$$\begin{cases}\Delta W_1=W_1-W_0=W_3-W_1=W_4-W_3=W_6-W_5\\ \Delta W_2=W_2-W_1=W_5-W_4\end{cases} \tag{9-4-12}$$

并注意到

$$\begin{cases}\dot{\varphi}_m^{\sim}=\Delta\varphi_m^{\sim}=/\Delta t_1\\ \Delta W_1=\dot{W}^{\sim}\cdot\Delta t_1\end{cases} \tag{9-4-13}$$

其中 $\Delta\varphi_m^{\sim}$ 为允许的最大调姿角,Δt_1 为从调姿起始时刻到调姿角达到 $\Delta\varphi_m^{\sim}$ 的时间。

于是由式(9－4－10)即可求得以视速度模量为自变量的飞行程序:

$$\varphi_{pr}(W)=\begin{cases}\varphi_0+\dfrac{\Delta\tilde{\varphi}_m}{\Delta W_1}(W-W_0) & W_0\leqslant W<W_1\\ \varphi_0+\Delta\tilde{\varphi}_m & W_1\leqslant W<W_2\\ \varphi_0+\Delta\tilde{\varphi}_m-\dfrac{\Delta\tilde{\varphi}_m}{\Delta W_1}(W-W_2) & W_2\leqslant W<W_4\\ \varphi_0-\Delta\tilde{\varphi}_m & W_4\leqslant W<W_5\\ \varphi_0-\Delta\tilde{\varphi}_m-\dfrac{\Delta\tilde{\varphi}_m}{\Delta W_1}(W-W_5) & W_5\leqslant W<W_6\end{cases} \tag{9-4-14}$$

(3)最大调姿角的确定

能量管理段消耗多余能量的多少主要取决于最大调姿角 $\Delta\tilde{\varphi}_m$ 的值。$\Delta\tilde{\varphi}_m$ 大则耗散的剩余能量就多。因此必须根据飞行任务的能量要求，首先确定出所需要调整的最大姿态角增量 $\Delta\varphi_m$。

由飞行程序模型(如图 9－18)分析易知：在第一个斜坡段的机动期间，消耗掉的视速度为：

$$\begin{aligned}W_{1com} &= \int_{t_0}^{t_1}\dot{W}_s(1-\cos\Delta\varphi)\mathrm{d}t\\ &= \int_0^{\Delta\tilde{\varphi}_m}\frac{\dot{W}_s}{\dot{\tilde{\varphi}}}(1-\cos\Delta\varphi)\mathrm{d}\Delta\varphi\\ &= \frac{\Delta W_1}{\Delta\tilde{\varphi}_m}(\Delta\tilde{\varphi}_m-\sin\Delta\tilde{\varphi}_m)\\ &= \Delta W_1\left(1-\frac{\sin\Delta\tilde{\varphi}_m}{\Delta\tilde{\varphi}_m}\right)\end{aligned} \tag{9-4-15}$$

同理在常值期间，消耗掉的视速度为：

$$\begin{aligned}W_{2com} &= \int_{t_0}^{t_2}\dot{W}_s(1-\cos\Delta\varphi)\mathrm{d}t\\ &= (1-\cos\tilde{\varphi}_m)\int_{t_1}^{t_2}\dot{W}_s\mathrm{d}t\\ &= (1-\cos\tilde{\varphi}_m)\cdot\Delta W_2\end{aligned} \tag{9-4-16}$$

于是在 $t_0\sim t_6$ 整个机动期间，总消耗掉的视速度为

$$\begin{aligned}W_{com} &= 4\cdot W_{1com}+2\cdot W_{2com}\\ & 4\cdot\Delta W_1\left(1-\frac{\sin\Delta\tilde{\varphi}_m}{\Delta\tilde{\varphi}_m}\right)+2\cdot\Delta W_2(1-\cos\Delta\tilde{\varphi}_m)\end{aligned} \tag{9-4-17}$$

所以总的消耗掉的视速度模量应满足方程：

$$4\cdot\Delta W_1\left(1-\frac{\sin\Delta\tilde{\varphi}_m}{\Delta\tilde{\varphi}_m}\right)+2\cdot\Delta W_2(1-\cos\Delta\tilde{\varphi}_m)=W_M-W_D \tag{9-4-18}$$

式(9－4－18)是关于 $\Delta\tilde{\varphi}_m$ 的超越方程，式中 $W_M,\Delta W_1,\Delta W_2$ 均可在火箭发射之前确定，只有 W_D 需要由火箭上面的测量计算装置确定。式(9－4－18)的精确解只能通过迭

代方法求出。为了减少箭载计算机的计算量,可用下述近似方法求解。注意式(9-4-18),取$\frac{\sin\Delta\tilde{\varphi}_m}{\Delta\tilde{\varphi}_m}$,$\cos\Delta\tilde{\varphi}_m$ 的六阶级数展开式:

$$\begin{cases}\frac{\sin\Delta\tilde{\varphi}_m}{\Delta\tilde{\varphi}_m}=1-\frac{1}{6}\Delta\tilde{\varphi}_m^2+\frac{1}{120}\Delta\tilde{\varphi}_m^4-\frac{1}{5040}\Delta\tilde{\varphi}_m^6\\ \cos\Delta\tilde{\varphi}_m=1-\frac{1}{2}\Delta\tilde{\varphi}_m^2+\frac{1}{24}\Delta\tilde{\varphi}_m^4-\frac{1}{720}\Delta\tilde{\varphi}_m^6\end{cases}\qquad(9-4-19)$$

将式(9-4-19)代入式(9-4-18),并考虑到 $\Delta\tilde{\varphi}_m^6$ 项影响很小,将其略去后,即得

$$A\cdot\Delta\tilde{\varphi}_m^4-B\Delta\tilde{\varphi}_m^2+W_M-W_D=0\qquad(9-4-20)$$

式中

$$\begin{cases}A=\frac{\Delta W_1}{30}+\frac{\Delta W_2}{12}\\ B=\frac{2}{3}\Delta W_1+\Delta W_2\end{cases}$$

于是求解式(9-4-20)得

$$\Delta\tilde{\varphi}_m=\left[\frac{B-\sqrt{B^2-4A(W_M-W_D)}}{2A}\right]^{1/2}\qquad(9-4-21)$$

若记

$$a=B/2A,\qquad b=a^2,\qquad c=1/A,\qquad \eta_c=\frac{W_{com}}{\Delta W_1}$$

则式(9-4-21)又可写为:

$$\Delta\tilde{\varphi}_m=\{a-\sqrt{b-c\eta_e}\}^{\frac{1}{2}}\qquad(9-4-22)$$

方程式(9-4-20)的另一解$\{a+\sqrt{b-c\eta_e}\}^{\frac{1}{2}}$为不合理解,显然当 $\eta_e=0$ 时由该解得出 $\Delta\tilde{\varphi}_m\neq0$,故舍去。

在$|\Delta\tilde{\varphi}_m|\ll1$ 的条件下,由于以上近似公式推导过程中忽略了 $\Delta\tilde{\varphi}_m^6$ 以上的高阶项,且(9-4-19)式的级数展开式是交错级数,所以,由近似公式(9-4-21)或式(9-4-22)求出的$\Delta\tilde{\varphi}_m$ 具有较高的精度,其误差小于 $\Delta\tilde{\varphi}_m^6$,当然若要求更高精度,则可由近似确定的 $\Delta\tilde{\varphi}_m$ 作为初值,由超越方程迭代求解。

$\Delta\tilde{\varphi}_m$ 与 η_e 的关系曲线如图 9-19 所示。

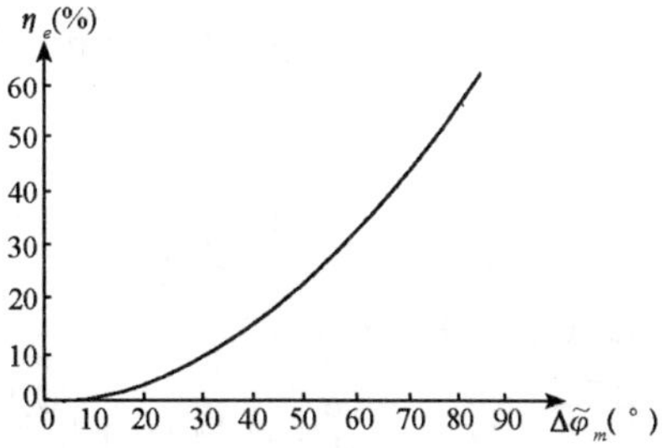

图 9-19　$\Delta\tilde{\varphi}_m$ 与 η_e 的关系

(4)常姿态飞行段

当能量管理段结束后火箭通常保持一段常姿态角飞行。设置此段程序的主要目的是消除交变姿态导引的误差,并保证在给定的比推力误差前提下,使能量耗尽所造成的偏差最小,换句话说,使末修级用以修正上述偏差所需消耗的燃料最少。

附录[Ⅰ] 雷诺迁移定理

[定理] 连续运动的流体场中同一部分的流体质点上，标量或矢量点函数体积分的全导数和该点函数局部导数的体积分之间有如下关系：

$$\frac{\mathrm{d}}{\mathrm{d}t}\int_V A\mathrm{d}V = \int_V \frac{\partial A}{\partial t}\mathrm{d}V + \int_S A(\boldsymbol{V}\cdot\boldsymbol{n})\mathrm{d}s$$

其中，A—— 标量场或矢量场；

V—— 所研究部分流体的体积；

S—— 所研究部分流体的表面积；

$\boldsymbol{V}$—— 表面 S 上流体质点的运动速度矢量；

$\boldsymbol{n}$—— 表面 S 外法向上的单位矢量。

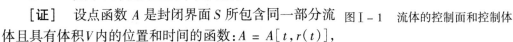

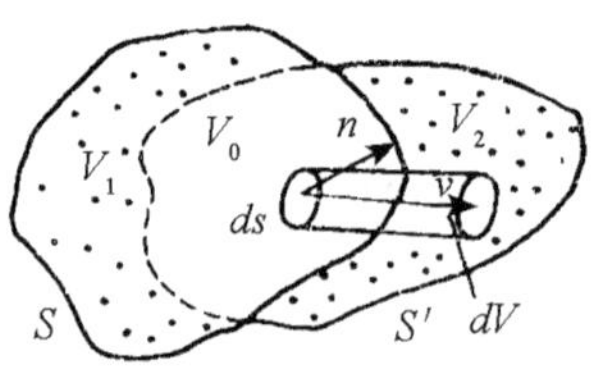

图Ⅰ-1 流体的控制面和控制体

[证] 设点函数 A 是封闭界面 S 所包含同一部分流体且具有体积 V 内的位置和时间的函数：$A = A[t, r(t)]$，
由于流体运动时，所研究的这一部分流体的位置和形状都要发生变化，则点函数 A 将相应变化。

根据导数定义有

$$\frac{\mathrm{d}}{\mathrm{d}t}\int_V A\mathrm{d}V = \lim_{\Delta t\to 0}\frac{1}{\Delta t}\left\{\int_{V_0+V_2} A[t+\Delta t, r(t+\Delta t)]\mathrm{d}V - \int_{V_0+V_1} A[t, r(t)]\mathrm{d}V\right\} \tag{Ⅰ-1}$$

由图 Ⅰ-1 可见，流体体积 $V(t)$ 与 $V(t+\Delta t)$ 具有共同的部分 V_0，对于这部分体积而言，A 是同一坐标 r 的函数，因此有

$$\lim_{\Delta t\to 0}\frac{1}{\Delta t}\int_{V_0}[A(t+\Delta t, r) - A(t, r)]\mathrm{d}V = \int_V \frac{\partial A}{\partial t}\mathrm{d}V \tag{Ⅰ-2}$$

则式(Ⅰ-1)可写为

$$\frac{\mathrm{d}}{\mathrm{d}t}\int_V A\mathrm{d}V = \int_V \frac{\partial A}{\partial t}\mathrm{d}V + \lim_{\Delta t\to 0}\left\{\int_{V_2} A[t+\Delta t, r(t+\Delta t)]\mathrm{d}V - \int_{V_1} A[t, r(t)]\mathrm{d}V\right\} \tag{Ⅰ-3}$$

式(Ⅰ-3)右端大括号一项实质上表示边界 S 上 A 值乘以界面上质点在时间间隔 Δt 内运动所扫过的体积，$\mathrm{d}V = \mathrm{d}s(\boldsymbol{V}, \boldsymbol{n})\Delta t$，再沿界面 S 的面积分。故可写成

$$\frac{\mathrm{d}}{\mathrm{d}t}\int_V A\mathrm{d}V = \int_V \frac{\partial A}{\partial t}\mathrm{d}V + \int_S A(\boldsymbol{V}, \boldsymbol{n})\mathrm{d}s \tag{Ⅰ-4}$$

式(Ⅰ－4)即为雷诺迁移定理。

由奥氏定理有

$$\int_S A(\boldsymbol{v},\boldsymbol{n})\mathrm{d}s = \int_V \mathrm{div}(A\boldsymbol{V})\mathrm{d}V \tag{Ⅰ－5}$$

因此,将式(Ⅰ－5)代入式(Ⅰ－4),并根据 A 为标量或矢量时,可导得:

当 A 为标量时:

$$\frac{\mathrm{d}}{\mathrm{d}t}\int_V A\mathrm{d}V = \int_V\left[\frac{\partial A}{\partial t} + \nabla\cdot(A\boldsymbol{V})\right]\mathrm{d}V \tag{Ⅰ－6}$$

当 A 为矢量时:

$$\frac{\mathrm{d}}{\mathrm{d}t}\int_V \boldsymbol{A}\mathrm{d}V = \int_V\left[\frac{\partial \boldsymbol{A}}{\partial t} + \boldsymbol{A}(\nabla\cdot\boldsymbol{v}) + (\boldsymbol{V}\cdot\nabla)\boldsymbol{A}\right]\mathrm{d}V \tag{Ⅰ－7}$$

式中 ∇ 为哈密顿算子:

$$\nabla = \boldsymbol{i}\frac{\partial}{\partial x} + \boldsymbol{j}\frac{\partial}{\partial y} + \boldsymbol{k}\frac{\partial}{\partial z} \tag{Ⅰ－8}$$

式(Ⅰ－6)与式(Ⅰ－7)即是 A 为标量或矢量时的雷诺迁移定理,现就 A 为一定的物理量进行讨论。

1. 设 A 为流体密度 ρ,此为一标量场

由式(Ⅰ－6)可知为

$$\frac{\mathrm{d}}{\mathrm{d}t}\int_V \rho\mathrm{d}V = \int_V\left[\frac{\partial \rho}{\partial t} + \nabla\cdot(\rho\boldsymbol{V})\right]\mathrm{d}V \tag{Ⅰ－9}$$

因为研究的是同一部分流体,故质量不变。因此有

$$\frac{\mathrm{d}}{\mathrm{d}t}\int_V \rho\mathrm{d}V = 0$$

故由式(Ⅰ－9)有

$$\frac{\partial \rho}{\partial t} + \nabla\cdot(\rho\boldsymbol{V}) = 0$$

上式展开写为

$$\frac{\partial \rho}{\partial t} + \frac{\partial \rho}{\partial x}v_x + \frac{\partial \rho}{\partial y}v_y + \frac{\partial \rho}{\partial z}v_z + \rho\left(\frac{\partial v_x}{\partial x} + \frac{\partial v_y}{\partial y} + \frac{\partial v_z}{\partial z}\right) = 0$$

亦即

$$\frac{\partial \rho}{\partial t} + \rho(\nabla\cdot\boldsymbol{V}) = 0 \tag{Ⅰ－10}$$

该式称为质量守恒方程,它表示流体流动时应遵循的连续性方程。

2. 设 A 为矢量函数,它是密度 ρ(标量)与矢量点函数 $\boldsymbol{H}$ 的乘积

在这种情况下,

$$\boldsymbol{A} = \rho\boldsymbol{H}$$

对于具有流动且形状(体积)固定,并有内部运动的流体,即有这类结果。设固定形状的体积为 V,其表面为 S,流体流经 S 时,相对于 S 的速度为 $\boldsymbol{V}_{rel}$,流体的绝对速度为 $\boldsymbol{V}$,因

此表面 S 的速度为

$$\boldsymbol{V}_s = \boldsymbol{V} - \boldsymbol{V}_{rel} \tag{Ⅰ-11}$$

则由式(Ⅰ-4)可得

$$\frac{\mathrm{d}}{\mathrm{d}t}\int_V \rho \boldsymbol{H}\mathrm{d}V = \int_V \frac{\partial(\rho\boldsymbol{H})}{\partial t}\mathrm{d}V + \int_V \rho\boldsymbol{H}(\boldsymbol{V}_s, \boldsymbol{n})\mathrm{d}s$$

将式(Ⅰ-11)代入上式,即有

$$\frac{\mathrm{d}}{\mathrm{d}t}\int_V \rho \boldsymbol{H}\mathrm{d}V = \int_V \frac{\partial(\rho\boldsymbol{H})}{\partial t}\mathrm{d}V + \int_S \rho\boldsymbol{H}(\boldsymbol{V}, \boldsymbol{n})\mathrm{d}s - \int_S \rho\boldsymbol{H}(\boldsymbol{V}_{rel} \cdot \boldsymbol{n})\mathrm{d}s$$

利用奥氏定理,将上式中右端的第一个面积分改成体积分后,则有

$$\frac{\mathrm{d}}{\mathrm{d}t}\int_V \rho \boldsymbol{H}\mathbf{d}\boldsymbol{V} = \int_{\boldsymbol{V}} \left[\frac{\partial(\boldsymbol{\rho}\boldsymbol{H})}{\partial t} + \rho\boldsymbol{H}(\nabla \cdot \boldsymbol{V}) + (\boldsymbol{V} \cdot \nabla)\rho\boldsymbol{H}\right]\mathrm{d}V - \int_S \rho\boldsymbol{H}(\boldsymbol{V}_{rel}, \boldsymbol{n})\mathrm{d}s \tag{Ⅰ-12}$$

由于

$$\frac{\partial(\rho\boldsymbol{H})}{\partial t} + (\boldsymbol{V}, \nabla)\rho\boldsymbol{H} = \frac{\partial(\rho\boldsymbol{H})}{\partial t} = \frac{\mathrm{d}\rho}{\mathrm{d}t}\boldsymbol{H} + \rho\frac{\mathrm{d}\boldsymbol{H}}{\mathrm{d}t}$$

将其代入式(Ⅰ-12)并注意到质量守恒方程,最终可化成

$$\frac{\mathrm{d}}{\mathrm{d}t}\int_V \rho \boldsymbol{H}\mathrm{d}V = \int_V \frac{\mathrm{d}\boldsymbol{H}}{\mathrm{d}t}\rho\mathrm{d}V - \int_S \rho\boldsymbol{H}(\boldsymbol{V}_{rel}, \boldsymbol{n})\mathrm{d}s \tag{Ⅰ-13}$$

应用时常以 $\delta/\delta t$ 代替 $\mathrm{d}/\mathrm{d}t$,以表示一旋转系统中的导数,同时考虑到 $\mathrm{d}m = \rho\mathrm{d}V$,则式(Ⅰ-13)写成

$$\int_m \frac{\delta\boldsymbol{H}}{\delta t}\mathrm{d}m = \frac{\delta}{\delta t}\int_m \boldsymbol{H}\mathrm{d}m + \int_m \boldsymbol{H}(\rho\boldsymbol{V}_{rel} \cdot \boldsymbol{n})\mathrm{d}s \tag{Ⅰ-14}$$

附录Ⅱ

标准大气表

附录[Ⅱ] 标准大气压

高度		温度			密度	
Z(m)	H(m)	T(K)	t(℃)	T_M(K)	ρ(kg/m^3)	ρ/ρ_0
0	0	288.150	15.000	288.150	1.2250 * 0	1.0000 * 0
500	500	284.900	11.750	284.900	1.1673	9.5288 - 1
1000	1000	281.651	8.501	281.651	1.1117	9.0748
1500	1500	278.402	5.252	278.402	1.0581	8.6376
2000	1999	275.154	2.004	275.154	1.0066	8.2168
2500	2499	271.906	- 1.244	271.906	9.5695 - 1	7.8119
3000	2999	268.659	- 4.491	268.659	9.0925	7.4225
3500	3498	265.413	- 7.737	265.413	8.6340	7.0482
4000	3997	262.166	- 10.984	262.166	8.1935	6.6885
4500	4497	258.921	- 14.229	258.921	7.7704	6.3432
5000	4996	255.676	- 17.474	255.676	7.3643	6.0117
5500	5495	252.431	- 20.719	252.431	6.9747	5.6936
6000	5995	249.187	- 23.963	249.187	6.6011	5.3887
6500	6493	245.943	- 27.207	245.943	6.2431	5.0964
7000	6992	242.700	- 30.450	242.700	5.9002	4.8165
7500	7491	239.457	- 33.693	239.457	5.5719	4.5485
8000	7990	236.215	- 36.935	236.215	5.2579	4.2921
8500	8489	232.974	- 40.176	232.974	4.9576	4.0740
9000	8987	229.733	- 43.417	229.733	4.6706	3.8128
9500	9486	226.492	- 46.658	226.492	4.3966	3.5891
10000	9984	223.252	- 49.898	223.252	4.1351	3.3756
10500	10483	220.013	- 53.137	220.013	3.8857	3.1720
11000	10981	216.774	- 56.376	216.774	3.6480	2.9780
12000	11977	216.650	- 56.500	216.650	3.1194	2.5464
13000	12973	216.650	- 56.500	216.650	2.6660	2.1763
14000	13969	216.650	- 56.500	216.650	2.2767	1.8601
15000	14965	216.650	- 56.500	216.650	1.9476	1.5898
16000	15960	216.650	- 56.500	216.650	1.6647	1.3589
17000	16955	216.650	- 56.500	216.650	1.4230	1.1616
18000	17949	216.650	- 56.500	216.650	1.2165	9.9304 - 2
19000	18943	216.650	- 56.500	216.650	1.0400	8.4894
20000	19937	216.650	- 56.500	216.650	8.8910 - 2	7.2580
21000	20931	217.581	- 55.569	217.581	7.5715	6.1808
22000	21924	218.574	- 54.576	218.574	6.4510	5.2661
23000	22917	219.567	- 53.583	219.567	5.5006	4.4903
24000	23910	220.560	- 52.590	220.560	4.6938	3.8317
25000	24902	221.552	- 51.598	221.552	4.0084	3.2722
26000	25894	222.544	- 50.606	222.544	3.4257	2.7965

续 表

压力			重力加速度	压力标高	分子量	音速
P(mbar)	P(Torr)	P/P_0	g(m/s^2)	Hp(m)	M(kg/kmol)	Cs(m/s)
1.01325 * 3	7.6002 * 2	1.00000 * 0	9.8066	8434.5	28.964	340.29
9.5461 * 2	7.1601	9.4212 - 1	9.8051	8340.7	28.964	338.37
8.9876	6.7412	8.8700	9.8036	8246.9	28.964	336.43
8.4559	6.3424	8.3453	9.8020	8153.0	28.964	334.49
7.9501	5.9630	7.8461	9.8005	8059.2	28.964	332.53
7.4691	5.6023	7.3715	9.7989	7965.3	28.964	330.56
7.0121	5.2595	6.9204	9.7974	7871.4	28.964	328.58
6.5780	4.9339	6.4920	9.7959	7777.5	28.964	326.59
6.1660	4.6249	6.0854	9.7943	7683.6	28.964	324.59
5.7752	4.3317	5.6997	9.7928	7589.7	28.964	322.57
5.4048	4.0539	5.3341	9.7912	7495.7	28.964	320.55
5.0539	3.7907	4.9878	9.7897	7401.8	28.964	318.50
4.7217	3.5416	4.6600	9.7882	7307.8	28.964	316.45
4.4075	3.3059	4.3499	9.7866	7213.8	28.964	314.39
4.1105	3.0831	4.0567	9.7851	7118.3	28.964	312.31
3.8299	2.8727	3.7798	9.7835	7024.1	28.964	310.21
3.5651	2.6740	3.5185	9.7820	6929.8	28.964	308.11
3.3154	2.4867	3.2720	9.7804	6835.5	28.964	305.98
3.0800	2.3102	3.0397	0.7789	6741.2	28.964	303.85
2.8584	2.1440	2.8210	9.7774	6646.9	28.964	301.70
2.6499	1.9876	2.6153	9.7758	6552.5	28.964	299.53
2.4540	1.8406	2.4219	9.7743	6458.1	28.964	297.35
2.2699	1.7026	2.2403	9.7727	6363.6	28.964	295.15
1.9399	1.4550	1.9145	9.7697	6365.6	28.964	295.07
1.6579	1.2435	1.6362	9.7666	6367.6	28.964	295.07
1.4170	1.0628	1.3985	9.7635	6369.6	28.964	295.07
1.2111	9.0846 * 1	1.1953	9.7604	6371.7	28.964	295.07
1.0352	7.7652	1.0217	9.7573	6373.7	28.964	295.07
8.8497 * 1	6.6378	8.3740 - 2	9.7543	6375.7	28.964	295.07
7.5652	5.6743	7.4663	9.7512	6377.7	28.964	295.07
6.4674	4.8510	6.3829	9.7481	6379.7	28.964	295.07
5.5293	4.1473	5.4570	9.7450	6381.7	28.964	295.07
4.7289	3.5469	4.6671	9.7420	6413.2	28.964	295.07
4.0475	3.0358	3.9945	9.7389	6444.7	28.964	296.38
3.4668	2.6003	3.4215	9.7358	6476.8	28.964	297.05
2.9717	2.2289	2.9328	9.7327	6507.8	28.964	297.72
2.5492	1.9210	2.5158	9.7297	6539.3	28.964	298.39
2.1883	1.6414	2.1597	9.7266	6570.9	28.964	299.06

高度		温度			密度	
Z(m)	H(m)	T(K)	t(℃)	T_M(K)	ρ(kg/m³)	ρ/ρ_0
27000	26886	223.536	-49.614	223.536	2.9298-2	2.3917-2
28000	27877	224.527	-48.623	224.527	2.5076	2.0470
29000	28868	225.518	-47.632	225.518	2.1478	1.7533
30000	29859	226.509	-46.641	226.509	1.8410	1.5029
31000	30850	227.500	-45.650	227.500	1.5792	1.2891
32000	31840	228.490	-44.660	228.490	1.3555	1.1065
34000	33819	233.743	-39.407	233.743	9.8874-3	8.0714-3
36000	35797	239.282	-33.868	239.282	7.2579	5.9248
38000	37774	244.818	-28.332	244.818	5.3666	4.3809
40000	39750	250.350	-22.800	250.350	3.9957	3.2618
42000	41724	255.878	-17.272	255.878	2.9948	2.4447
44000	43698	261.403	-11.747	261.403	2.2589	1.8440
46000	45669	266.925	-6.225	266.925	1.7142	1.3393
48000	47640	270.650	-2.500	270.650	1.3167	1.0749
50000	49610	270.650	-2.500	270.650	1.0269	8.3827-4
55000	54528	260.771	-12.379	260.771	5.6810-4	4.6376
60000	59439	247.021	-26.129	247.021	3.0968	2.5280
65000	64342	233.292	-39.858	233.292	1.6321	1.3323
70000	69238	219.585	-53.565	219.585	8.2829-5	6.7616-5
75000	74125	208.399	-64.751	208.399	3.9921	3.2589
80000	79006	198.639	-74.511	198.639	1.8458	1.5068
85000	83878	188.893	-84.257	188.893	8.2196-6	6.7099-6
90000	88744	186.87	-86.28	187.210	3.416	2.789
95000	93601	188.42	-84.73	189.92	1.393	1.137
100000	98451	195.08	-78.07	198.99	5.604-7	4.575-7
110000	108129	240.00	-33.15	254.93	9.708-8	7.925-8
120000	117777	360.00	86.85	397.91	2.222	1.814
130000	127395	469.27	196.12	534.36	8.152-9	6.655-9
140000	136983	559.63	286.48	654.94	3.831	3.128
150000	146542	634.39	361.24	762.35	2.076	1.694
160000	156072	696.29	423.14	858.63	1.233	1.007
170000	165572	747.57	474.42	945.46	7.815-10	6.380-10
180000	175043	790.07	516.92	1024.24	5.194	4.240
190000	184486	825.31	552.16	1096.07	3.581	2.923
200000	193899	854.56	581.41	1161.85	2.541	2.074
210000	203284	878.84	605.69	1222.31	1.846	1.507
220000	212641	899.01	625.86	1278.02	1.367	1.116
230000	221969	915.78	642.63	1329.43	1.029	8.402-11

续 表

压 力			重力加速度	压力标高	分子量	音 速
P(mbar)	P(Torr)	P/P_0	$g(m/s^2)$	Hp(m)	M(kg/kmol)	Cs(m/s)
1.8799 * 1	1.4100 * 1	1.8553 - 2	9.7235	6602.5	28.964	299.72
1.6161	1.2122	1.5950	9.7204	6634.1	28.964	300.39
1.3904	1.0429	1.3722	9.7174	6665.7	28.964	301.05
1.1970	8.9784 * 0	1.1813	9.7173	6697.4	28.964	301.71
1.0312	7.7351	1.0177	9.7172	6729.1	28.964	302.37
8.8906 * 0	6.6685	8.7743 - 3	9.7082	6760.8	28.964	303.02
6.6341	4.9760	6.5473	9.7020	6930.7	28.964	306.49
4.9852	3.7392	4.9200	9.6959	7100.9	28.964	310.10
3.7713	2.8287	3.7220	9.6898	7271.3	28.964	313.67
2.8714	2.1537	2.8338	9.6836	7441.9	28.964	317.19
2.1996	1.6498	2.1709	9.6775	7612.7	28.964	320.67
1.6949	1.2713	1.6728	9.6714	7783.8	28.964	324.12
1.3134	9.8513 - 1	1.2962	9.6652	7955.0	28.964	327.52
1.0229	7.6728	1.0095	9.6591	8043.3	28.964	329.80
7.9779 - 1	5.9839	7.8735 - 4	9.6530	8048.4	28.964	329.80
4.2525	3.1896	4.1969	9.6377	7727.6	28.964	323.72
2.1958	1.6470	2.1671	9.6241	7367.8	28.964	315.07
1.0929	8.1979 - 2	1.0786	9.6091	6969.1	28.964	306.19
5.2209 - 2	3.9160	5.1526 - 5	9.5942	6569.9	28.964	297.06
2.3881	1.7912	2.3569	9.5793	6244.9	28.964	289.40
1.0524	7.8942 - 3	1.0387	9.5644	5961.7	28.964	282.54
4.4568 - 3	3.3429	4.3985 - 6	9.5496	5678.0	28.964	275.52
1.8359	1.3771	1.8119	9.5348	5636	28.91	
7.5966 - 4	5.6979 - 4	7.4973 - 7	9.5200	5727	28.73	
3.2011	2.4010	3.1593	9.5052	6009	28.40	
7.1042 - 5	5.3286 - 5	7.0113 - 8	9.4759	7723	27.27	
2.5382	1.9038	2.5050	9.4466	12091	26.20	
1.2505	9.3795 - 6	1.2341	9.4175	16288	25.44	
7.2028 - 6	5.4026	7.1087 - 9	9.3886	20025	24.75	
4.5422	3.4070	4.4828	9.3597	23380	24.10	
3.0395	2.2798	2.9997	9.3310	26414	23.49	
2.1210	1.5909	2.0933	9.3034	29175	22.90	
1.5271	1.1455	1.5072	9.2740	31703	22.34	
1.1266	8.4499 - 7	1.1118	9.2457	34939	21.81	
8.4736 - 7	6.3557	8.3628 - 10	9.2175	36183	21.30	
6.4756	4.8571	6.3910	9.1895	38182	20.83	
5.0149	3.7615	4.9494	9.1615	40043	20.37	
3.9276	2.9460	3.8763	9.1337	41781	19.95	

高　　度		温　　度			密　　度	
Z(m)	H(m)	T(K)	t(℃)	T_M(K)	ρ(kg/m^3)	ρ/ρ_0
240000	231268	929.73	656.58	1376.91	7.858 - 11	6.415 - 11
250000	240540	941.33	668.18	1420.80	6.073	4.957
260000	249784	950.99	677.84	1461.34	4.742	3.871
270000	258999	959.04	685.89	1498.80	3.738	3.052
280000	268187	965.75	692.60	1533.38	2.971	2.425
290000	277347	971.34	698.19	1565.32	2.378	1.941
300000	286480	976.01	702.86	1594.83	1.916	1.564
320000	304663	983.16	710.01	1647.42	1.264	1.032
340000	322738	988.15	715.00	1692.90	8.503 - 12	6.941 - 12
360000	340705	991.65	718.50	1733.05	5.805	4.739
380000	358565	994.10	720.95	1769.66	4.013	3.276
400000	376320	995.83	722.68	1804.54	2.803	2.288
420000	393970	997.04	723.89	1839.52	1.975	1.612
440000	411516	997.90	724.75	1876.48	1.402	1.144
460000	428959	998.50	725.35	1917.39	1.002	8.180 - 13
480000	446300	998.93	725.78	1964.36	7.208 - 13	5.884
500000	463540	999.24	726.09	2019.69	5.215	4.257
550000	506202	999.67	726.52	2211.70	2.384	1.946
600000	548252	999.85	726.70	2517.10	1.137	9.279 - 14
650000	589701	999.93	726.78	2980.36	5.712	4.663
700000	630563	999.97	726.82	3621.27	3.070	2.506
750000	670850	999.99	726.84	4402.64	1.788	1.400
800000	710574	999.99	726.84	5225.06	1.136 - 14	9.272 - 15
850000	749747	1000.00	726.85	5973.45	7.824 - 15	6.387
900000	788380	1000.00	726.85	6577.11	5.759	4.701
950000	826484	1000.00	726.85	7026.78	4.453	3.635
1000000	864701	1000.00	726.85	7351.15	3.561	2.907

[附注] 气压单位：

mbar —毫巴，1mbar = 10.197kg/m^2

Torr —托，1Torr = 13.59kg/m^2

续 表

压 力			重力加速度	压力标高	分子量	
P(mbar)	P(Torr)	P/P_0	g(m/s^2)	Hp(m)	M(kg/kmol)	
3.1059 - 7	2.3296 - 7	3.0653 - 10	9.1061	43405	19.56	
2.4767	1.8577	2.4443	9.0785	44924	19.19	
1.9894	1.4922	1.9634	9.0511	46346	18.85	
1.6083	1.2063	1.5872	9.0238	47578	18.53	
1.3076	9.8075	1.2905	8.9966	48925	18.24	
1.0685	9.0141	1.0545	8.9696	50095	17.97	
8.7704 - 8	6.5783	8.6557 - 11	8.9427	51193	17.73	
5.9796	4.4850	5.9014	8.8892	53199	17.29	
4.1320	3.0992	4.0779	8.8361	54996	16.91	
2.8878	2.1661	2.8501	8.7836	56637	16.57	
2.0384	1.5289	2.0117	8.7315	58178	16.27	
1.4518	1.0889	1.4328	8.6799	19678	15.98	
1.0427	7.8211 - 9	1.0291	8.6288	61195	15.70	
7.5517 - 9	5.6642	7.4529 - 12	8.5780	62794	15.40	
5.5155	4.1370	5.4434	8.5278	64541	15.08	
4.0642	3.0484	4.0111	8.4780	66511	14.73	
3.0236	2.2679	2.9840	8.4286	68785	14.33	
1.5137	1.1354	1.4939	8.3070	76427	13.09	
8.2130	6.1602 - 10	8.1956 - 13	8.1880	88244	11.51	
4.8865	3.6651	4.8236	8.0716	105992	9.72	
3.1908	2.3933	3.1491	7.9576	130630	8.00	
2.2599	1.6951	2.2303	7.8460	161074	6.58	
1.7036 - 10	1.2778	1.6813	7.7368	193862	5.54	
1.3415	1.0062	1.3240	7.6298	224737	4.85	
1.0873	8.1556 - 11	1.0731	7.5250	250894	4.40	
8.9816 - 11	6.7368	8.8642 - 14	7.4224	271754	4.12	
7.5138	5.6358	7.4155	7.3218	288203	3.94	

附录[Ⅲ] 不考虑地球旋转的二阶误差系数

1. 被动段射程的误差系数

$$\frac{\partial^2 \beta_c}{\partial v_k^2} = \frac{\partial \beta_c}{\partial v_k}\left\{\frac{\partial \beta_c}{\partial v_k}\left[\cot\frac{\beta_c}{2} + \frac{r_k - R}{\sin\beta_c\left(r_k - R + R\tan\Theta_k\tan\frac{\beta_c}{2}\right)}\right] - \frac{3}{v_k}\right\}$$

$$\frac{\partial^2 \beta_c}{\partial v_k \partial \Theta_k} = \frac{\partial \beta_c}{\partial v_k}\left\{2\tan\Theta_k - \frac{\nu_k v_k}{4\sin^2\frac{\beta_c}{2}} \cdot \frac{\partial \beta_c}{\partial v_k}\right.$$

$$\left.\frac{\partial \beta_c}{\partial \Theta_k}\left[\cot\frac{\beta_c}{2} + \frac{-r_k - R}{\sin\beta_c\left(r_k - R + R\tan\Theta_k\tan\frac{\beta_c}{2}\right)}\right]\right\}$$

$$\frac{\partial^2 \beta_c}{\partial \Theta_k^2} = v_k\left[\left(\frac{\nu_k}{2\tan\frac{\beta_c}{2}} - \tan\Theta_k\right)\frac{\partial^2 \beta_c}{\partial v_k \partial \Theta_k} - \frac{\partial \beta_c}{\partial v_k}\left(1 + \tan^2\Theta_k + \frac{\nu_k}{4\sin^2\frac{\beta_c}{2}}\frac{\partial \beta_c}{\partial \Theta_k}\right)\right]$$

$$\frac{\partial^2 \beta_c}{\partial v_k \partial r_k} = \frac{\partial \beta_c}{\partial r_k}\left[\frac{\partial \beta_c}{\partial r_k}\left(\cot\frac{\beta_c}{2} + \csc\beta_c\right) - \left(\frac{1}{r_k} + \frac{1 + \frac{R}{2}\tan\Theta_k\sec^2\frac{\beta_c}{2}\frac{\partial \beta_c}{\partial r_k}}{r_k - R + R\tan\Theta_k\tan\frac{\beta_c}{2}}\right)\right]$$

$$\frac{\partial^2 \beta_c}{\partial \Theta_k \partial r_k} = \frac{\partial \beta_c}{\partial \Theta_k}\left(\frac{\frac{\nu_k}{r_k} - \sec^2\frac{\beta_c}{2}\tan\Theta_k\frac{\partial \beta_c}{\partial r_k}}{\nu_k - 2\tan\frac{\beta_c}{2}\tan\Theta_k} + \frac{\partial \beta_c}{\partial r_k}\cot\frac{\beta_c}{v_k^2} - \frac{1}{r_k}\right.$$

$$\left.- \frac{1 + \frac{R}{2}\tan\Theta_k\sec^2\frac{\beta_c}{2}\frac{\partial \beta_c}{\partial r_k}}{r_k - R + R\tan\Theta_k\tan\frac{\beta_c}{2}}\right)$$

$$\frac{\partial^2 \beta_c}{\partial r_k^2} = \frac{2R\sec^2\Theta_k\sin^2\frac{\beta_c}{2}\left(\cot\frac{\beta_c}{2} \cdot \frac{\partial \beta_c}{\partial r_k} - \frac{2}{r_k}\right)}{r_k\nu_k\left(r_k - R + R\tan\Theta_k\tan\frac{\beta_c}{2}\right)} - \frac{1 + \frac{R}{2}\tan\Theta_k\sec^2\frac{\beta_c}{2}\frac{\partial \beta_c}{\partial r_k}}{r_k - R + R\tan\Theta_k\tan\frac{\beta_c}{2}}\frac{\partial \beta_c}{\partial r_k}$$

2. 被动段飞行时间的误差系数

$$\frac{\partial^2 T_c}{\partial v_k^2} = \frac{\partial T_c}{\partial v_k}\left(\frac{1}{v_k} + \frac{6av_k}{\mu}\right) - \frac{3T_c a^2\nu_k}{\mu r_k} + \frac{2\nu_k}{v_k n}\left\{\frac{R}{r_k}(2 - \nu_c)\frac{\partial F_c}{\partial v_k}\right.$$

$$-2\left(\frac{R}{r_k}\right)^2\frac{\nu_k}{v_k}F_c+(2-\nu_k)\frac{\partial F_k}{\partial v_k}-\frac{2\nu_kF_R}{v_k}$$

$$+\left[(1-\nu_k+e^2)F_k+(1-\nu_c+e)F_c\right]\left[1-\frac{2(\nu_k-1)^2\cos^2\Theta_k}{e^2}\right]\frac{2\nu_k\cos^2\Theta_k}{v_ke^2}$$

$$+\frac{(\nu_k-1)\cos^2\Theta_k}{e^2}\left[(1-\nu_k+e^2)\frac{\partial F_k}{\partial v_k}-\frac{2\nu_k}{v_k}\left(F_k+\frac{F_cR}{r_k}\right)\right.$$

$$\left.\left.+(1-\nu_c+e^2)\frac{\partial F_c}{\partial v_k}+\frac{4\nu_k(\nu_k-1)\cos^2\Theta_k}{v_k}(F_k+F_c)\right]\right\}$$

$$\frac{\partial^2T_c}{\partial\Theta_k^2}=\left[\frac{2}{\tan2\Theta_k}+\frac{\nu_k(\nu_k-2)}{e^2}\sin2\Theta_k\right]\frac{\partial T_c}{\partial\Theta_k}$$

$$+\frac{\nu_k(2-\nu_k)\sin2\Theta_k}{2e^2n}\left[(1-\nu_k+e^2)\frac{\partial F_c}{\partial\Theta_k}+(1-\nu_c+e^2)\frac{\partial F_c}{\partial\Theta_k}\right.$$

$$\left.-\nu_k(\nu_k-2)\sin2\Theta_k(F_k+F_c)\right]$$

$$\frac{\partial^2T_c}{\partial v_k\partial\Theta_k}=\frac{3\nu_k\alpha}{v_kr_k}\cdot\frac{\partial T_c}{\partial\Theta_k}+\frac{2\nu_k}{v_kn}\left(\frac{R}{r_k}(2-\nu_k)\frac{\partial F_c}{\partial\Theta_k}+(2-\nu_k)\frac{\partial F_c}{\partial\Theta\theta_k}\right.$$

$$-\frac{(\nu_k-1)\sin2\Theta_k}{e^4}\left[(1-\nu_c+e^2)F_c+(1-\nu_k+e^2)F_k\right]$$

$$+\frac{(\nu_k-1)\cos^2\Theta_k}{e^2}\left[(1-\nu_c+e^2)\frac{\partial F_c}{\partial\Theta_k}+(1-\nu_k+e^2)\frac{\partial F_c}{\partial\Theta_k}\right.$$

$$\left.\left.-\nu_k(\nu_k-2)\sin2\Theta_k(F_k+F_c)\right]\right\}$$

$$\frac{\partial^2T_c}{\partial v_k\partial r_k}=\frac{1}{r_k}\left(1+\frac{3a}{r_k}\right)\frac{\partial T_c}{\partial v_k}+\frac{3a\nu_k}{r_kv_k}\left[\frac{\partial T_c}{\partial r_k}-\frac{T_c}{r_k}\left(1+\frac{a}{r_k}\right)\right]$$

$$+\frac{2\nu_k}{nv_k}\left\{\frac{R(\nu_c-2)}{r_k^2}F_c-\frac{2R^2}{r_k^3}F_c+\frac{R}{r_k}(2-\nu_c)\frac{\partial F_c}{\partial r_k}\right.$$

$$+(2-\nu_k)\frac{\partial F_k}{\partial r_k}-\frac{\nu_k}{r_k}F_k+\frac{\nu_k\cos^2\Theta_k}{e^2r_k}\left[1-\frac{2(\nu_k-1)^2\cos^2\Theta_k}{e^2}\right]$$

$$\times\left[(1-\nu_c+e^2)F_c+(1-\nu_k+e^2)F_k\right]$$

$$+\frac{(\nu_k-1)\cos^2\Theta_k}{e^2}\left[\frac{2\nu_k}{r_k}(\nu_k-1)(F_k+F_c)\cos^2\Theta_k\right.$$

$$\left.\left.-\frac{1}{r_k}\left(F_k\nu_k+\frac{2R}{r_k}F_c\right)+(1-\nu_c+e^2)\frac{\partial F_c}{\partial r_k}+(1-\nu_k+e^2)\frac{\partial F_k}{\partial r_k}\right]\right\}$$

$$\frac{\partial^2T_c}{\partial\Theta_k\partial r_k}=\frac{1}{r_k}\frac{\partial T_c}{\partial\Theta_k}\left[\frac{2(\nu_k-1)}{\nu_k-2}+\frac{3a}{r_k}-\frac{2\nu_k(\nu_k-1)\cos^2\Theta_k}{e^2}\right]$$

$$-\frac{\nu_k(\nu_k-2)\sin2\Theta_k}{2ne^2}\left[\frac{2\nu_k(\nu_k-1)\cos^2\Theta_k}{r_k}(F_k+F_c)\right.$$

$$\left.-\frac{1}{r_k}\left(\nu_kF_k+\frac{2R}{r_k}F_c\right)-(1-\nu_k+e^2)\frac{\partial F_k}{\partial r_k}+(1-\nu_c+e^2)\frac{\partial F_c}{\partial r_k}\right]$$

$$\frac{\partial^2 T_c}{\partial r_k^2}=\frac{1}{r_k}\left(\frac{6a}{r_k}-1\right)\frac{\partial T_c}{\partial r_k}-\frac{3T_ca}{r_k^3}\left(\frac{a}{r_k}+1\right)+\frac{1}{nr_k}\left\{\frac{2R}{r_k^2}\left[\nu_c-2\left(1+\frac{R}{r_k}\right)\right]F_c\right.$$

$$-2\frac{\nu_k}{r_k}(1-\nu_k)F_k+2\frac{R}{r_k}(2-\nu_c)\frac{\partial F_c}{\partial r_k}+\nu_k(2-\nu_k)\frac{\partial F_k}{\partial r_k}$$

$$+\frac{\nu_k(2\nu_k-1)\cos^2\Theta_k}{r_ke^2}\left[\frac{R}{r_k}(2-\nu_c)F_c+\nu_k(2-\nu_k)F_k\right]$$

$$+\frac{\nu_k(\nu_k-1)\cos^2\Theta_k}{e^2}\left[\frac{2}{r_k}(\nu_k-1)\cos^2\Theta_k(F_k+F_c)+\frac{\nu_k}{r_k}F_k\right.$$

$$\left.\left.-2\frac{R}{r_k^2}F_c+(1-\nu_k+e^2)\frac{\partial F_k}{\partial r_k}+(1-\nu_c+e^2)\frac{\partial F_c}{\partial r_k}\right]\right\}$$

其中：

$$\frac{\partial F_k}{\partial v_k}=\frac{2F_k^3}{v_k}\nu_k(\nu_k-1)\sin^2\Theta_k$$

$$\frac{\partial F_k}{\partial v_k}=\frac{F_k^3}{2}\nu_k(\nu_k-2)\sin2\Theta_k$$

$$\frac{\partial F_k}{\partial r_k}=\frac{F_k^3}{r_k}\nu_k(\nu_k-1)\sin^2\Theta_k$$

$$\frac{\partial F_c}{\partial v_k}=\frac{2F_c^3}{v_k}\nu_k\left[(\nu_c-1)\frac{R}{r_k}+(1-\nu_k)\cos^2\Theta_k\right]$$

$$\frac{\partial F_c}{\partial \Theta_k}=\frac{F_c^3}{2v_k}\nu_k(\nu_k-2)\sin2\Theta_k$$

$$\frac{\partial F_c}{\partial r_k}=\frac{F_c^3}{r_k}\left[\nu_k(1-\nu_k)\cos^2\Theta_k-2\frac{R}{r_k}(1-\nu_c)\right]$$

参 考 文 献

[1] 贾沛然,沈为异.弹道导弹弹道学.国防科技大学讲义,1980.

[2] J.W.Cornelise, H.F.R.Schoyer, K.F.Wakker. Rocket propulsion and spaceflight dynamics. Pitman Ltd, First published, 1979.

(中译本:火箭推进与航天动力学.北京:宇航出版社,1986.)

[3] Р. Ф. Аппазов, О. г. Ситин. МеТоды проектирования траекторий носнтедей и сиутников земди. Hayka, 1987.

[4] А. М. Синюков и.т.д. Валлиекая чалета на Твердом толиве. Воениздат, 1972.

(中译本:固体弹道式导弹.北京:国防工业出版社,1984.)

[5] R.R.Bate,等著,航天动力学基础.吴鹤鸣,李肇杰,译.北京航空航天大学出版社,1990.

[6] A.A.列别捷夫,H.Φ.盖拉秀塔,等著.远程火箭弹道学及某些问题.国防科技大学三〇三教研室,译,国防科技大学,1978.

[7] 肖峰编.球面天文学与天体力学基础.长沙:国防科技大学出版社,1989.

[8] 程国采,编著.弹道导弹制导方法与最优控制.长沙:国防科技大学出版社,1987.

[9] 任萱,编著.人造地球卫星轨道力学.长沙:国防科技大学出版社,1988.

[10] 赵汉元,编.大气飞行器姿态动力学.长沙:国防科技大学出版社,1987.

[11] 徐延万,主编.控制系统.北京:宇航出版社,1989.

[12] 龙乐豪,主编.总体设计.北京:宇航出版社,1989.

[13] 张最良,林金,谢可兴,等编.弹道导弹的制导与控制.长沙:国防科技大学出版社,1981.

[14] 钱学森,宋健,著.工程控制论(修订版).北京:科学出版社,1981.

[15] 肖业伦,编著.飞行器运动方程.北京:宇航工业出版社,1987.

[16] 钱杏芳,张鸿端,林瑞雄,编著.导弹飞行力学.北京工业学院,1987.

[17] 李连仲.弹道飞行器自由飞行轨道的解析解法.宇航学报,1982(1).

[18] 杨炳尉.标准大气参数的公式表示.宇航学报,1983(1).

［19］ M.M.卡普兰，著.空间飞行器动力学和控制.凌福根，译.北京：科学出版社，1981.

［20］ 王希季，主编.航天器进入与返回技术.北京：宇航出版社，1991.

［21］ 赵汉元.再入飞行器机动弹道设计，宇航学报，1985(1).

［22］ B.B.安德雷耶夫斯基，著.宇航飞行器降落地球动力学.刘仲毓，译.北京：国防工业出版社，1975.

［23］ John.T.Patha，Richard.K.Mcgechee.Guidance energy management and Control of a fixed - impulse solid rocket vehicle during orbit transfer.A76 - 41493，1976.

［24］ 陈克俊.载人飞船上升段轨道的 Newton 迭代设计法.国防科技大学学报，1992(2).